NEW 완전합격
미용사 네일
필기시험문제

류은주

- 현) 류은주 미용교수연구소
- 전) 한서대학교 피부미용화장품과학과 정교수
- 이학박사
- 헤어월드챔피언쉽(일본·미국·유럽) 국가대표선수 역임
- 교육부 교육과정 심의위원
- 한국산업인력공단 이·미용전문가위원
- NCS 능력단위 및 학습모듈 대표저자
- 검정·과정형평가 출제 및 심사위원

윤미선

- 숭실대학교 화학공학과 공학박사
- 한국네일미용학회 이사
- USA NAIL & HAIR 대표
- ELITE NAIL & HAIR(미국 뉴저지주 근무)
- Cosmetology&Hairstyling IN New Jersey
- International CIDESCO in Beauty therapy
- 현) 국제예술대학교 뷰티아트과 학과장
- 현) 남서울대학교 뷰티향장학과 책임교수
- 전) 한성대학교 예술대학원 뷰티예술학과 주임교수

배현영

- el studio 대표
- 류은주 미용교수 연구소 부소장
- 제대로 연구소 뷰티부분 본부장
- 국제전문강사협회 수석강사
- egistered Aromatherapist
- 미국 아로마테라피(NAHA) 1·2 지도사
- 헤어드레서/에스테티션/트라이콜로지스트
- 맞춤형 화장품 조제관리사/천연비누전문가
- ero Waste Elass Intructor

머리말

　미용이 근대화하기 시작한 1960년대를 기점으로 산업체인 이·미용 헤어숍에서 헤어스타일 연출과 함께 네일케어가 대중화되면서 상업적으로도 큰 각광을 받았다. 이를 기반으로 멋의 개념으로 출발했던 네일미용이 2014년 국가기술자격 시험으로 제정·시행되기에 이르렀다. 2022년 개정된 미용사(네일) 검정형 필기시험의 출제기준은 개인직무 수행능력을 객관적으로 평가하기 위한 2015 개정 교육과정에 따른 NCS 학습모듈을 연계시키고 있다. 따라서 2025년 네일미용 이론서의 내용체계는 한국산업인력공단 시험출제기준(필기)에 근거하여 저술되었다. 즉 NCS 학습모듈과 기존 검정형 시험서를 일원화한 집필서로서 집필 목적은 네일 미용사의 직업 준비, 즉 네일미용사의 직무를 해결할 수 있는 수행능력에 평가를 두었다. 따라서 취업시장으로 나가기 전 모든 수험자가 학습해야 하는 핵심개념과 일반적 지식, 기능 등의 교과역량을 위주로 연계, 분류하고 있다. 다시 말하자면 국가기술자격 시험을 준비하는 수험생들에게 포괄성과 배타성의 원리를 적용하여 내·외적 구성요소를 토대로 출제기준에 어긋나지 않도록 집필하였다.

　특히 미국이라는 거대 네일시장에서 건너온 네일 관련 재료 및 도구의 이름, 실전용어들은 국립국어원 외래어 표기법에 근거하여 표기하였다. 또한 한국산업인력공단에서 제시하는 미용사(네일) 출제기준(네일개론, 공중위생관리학, 화장품학, 피부학 등)을 포함한 네일개론, 네일미용기술을 과목별로 그림, 사진, 표 등을 통해 체계화하여 이론적인 기틀을 마련하였다. 더불어 누구나 쉽게 이해할 수 있는 핵심요약과 파트별 출제예상문제, 최신 기출문제를 상세한 해설과 함께 수록하였다.

　산업체와 대학에서 네일테크니션으로 1년간의 준비과정을 거쳐 수험생이 실제 시험을 다각도로 테스트해 볼 수 있도록 제시함으로써 네일리스트가 되기 위해 밤잠을 아껴가며 노력하는 수험생의 원대한 꿈이 합격과 함께 꼭 이뤄지기를 기원한다. 마지막으로 이 책을 출판할 수 있도록 물심양면으로 도움을 주신 크라운출판사 관계자 여러분에게 진심어린 감사의 말씀을 전한다.

대표저자 류은주 올림

필기시험 출제기준

직무 분야	이용·숙박·여행·오락·스포츠	중직무 분야	이용·미용	자격 종목	미용사(네일)	적용 기간	2022.1.1.~2026.12.31.

○ 직무내용 : 고객의 건강하고 아름다운 네일을 유지·보호하기 위해 네일 케어, 컬러링, 인조네일, 네일아트 등의 서비스를 제공하는 직무이다.

필기검정방법	객관식	문제수	60	시험시간	1시간

필기과목명	문제수	주요항목	세부항목	세세항목
네일 화장물 적용 및 네일미용 관리	60	1. 네일미용 위생 서비스	1. 네일미용의 이해	1. 네일미용의 개념과 역사
			2. 네일숍 청결 작업	1. 네일숍 시설 및 물품 청결 2. 네일숍 환경 위생 관리
			3. 네일숍 안전 관리	1. 네일숍 안전수칙 2. 네일숍 시설·설비
			4. 미용기구 소독	1. 네일미용 기기 소독 2. 네일미용 도구 소독
			5. 개인위생 관리	1. 네일미용 작업자 위생 관리 2. 네일미용 고객 위생 관리 3. 네일의 병변
			6. 고객응대 서비스	1. 고객응대 및 상담
			7. 피부의 이해	1. 피부와 피부 부속 기관 2. 피부유형분석 3. 피부와 영양 4. 피부와 광선 5. 피부면역 6. 피부노화 7. 피부장애와 질환
			8. 화장품 분류	1. 화장품 기초 2. 화장품 제조 3. 화장품의 종류와 기능
			9. 손발의 구조와 기능	1. 뼈(골)의 형태 및 발생 2. 손과 발의 뼈대(골격) 3. 손과 발의 근육 4. 손과 발의 신경

필기과목명	문제수	주요항목	세부항목	세세항목
		2. 네일 화장물 제거	1. 일반 네일 폴리시 제거	1. 일반 네일 폴리시 성분 2. 일반 네일 폴리시 제거 작업
			2. 젤네일 폴리시 제거	1. 젤네일 폴리시 성분 2. 젤네일 폴리시 제거 작업
			3. 인조네일 제거	1. 인조네일 제거방법 선택 및 제거 작업
		3. 네일 기본관리	1. 프리에지 모양만들기	1. 네일 파일 사용 2. 자연네일 프리에지 모양
			2. 큐티클 부분 정리	1. 자연네일의 구조 2. 자연네일의 특징 3. 큐티클 부분 정리 작업 4. 큐티클 부분 정리 도구
			3. 보습제 도포	1. 네일미용 보습 제품 적용
		4. 네일 화장물 적용 전처리	1. 일반 네일 폴리시 전처리	1. 네일 유분기 및 잔여물 제거 2. 일반 네일 폴리시 전처리 작업
			2. 젤네일 폴리시 전처리	1. 젤네일 폴리시 전처리 작업
			3. 인조네일 전처리	1. 인조네일 전처리 작업
		5. 자연네일 보강	1. 네일 랩 화장물 보강	1. 네일 랩 화장물 보강 작업 및 도구
			2. 아크릴 화장물 보강	1. 아크릴 화장물 보강 작업 및 도구
			3. 젤 화장물 보강	1. 젤 화장물 보강 작업 및 도구
		6. 네일 컬러링	1. 풀 코트 컬러 도포	1. 풀 코트 컬러링
			2. 프렌치 컬러 도포	1. 프렌치 컬러링
			3. 딥 프렌치 컬러 도포	1. 딥 프렌치 컬러링
			4. 그러데이션 컬러 도포	1. 그러데이션 컬러링
		7. 네일 폴리시 아트	1. 일반 네일 폴리시 아트	1. 기초 색채 배색 및 일반 네일 폴리시 아트 작업
			2. 젤네일 폴리시 아트	1. 기초 디자인 적용 및 젤네일 폴리시 아트 작업

필기과목명	문제수	주요항목	세부항목	세세항목
			3. 통 젤네일 폴리시 아트	1. 네일 폴리시 디자인 도구 및 통 젤 네일 폴리시 아트 작업
		8. 팁 위드 파우더	1. 네일팁 선택	1. 네일 상태에 따른 네일팁 선택
			2. 풀커버 팁 작업	1. 풀커버 팁 활용 및 도구
			3. 프렌치 팁 작업	1. 프렌치 팁 활용 및 도구
			4. 내추럴 팁 작업	1. 내추럴 팁 활용 및 도구
		9. 팁 위드 랩	1. 팁 위드 랩 네일팁 적용	1. 네일팁턱 제거 및 적용 작업
			2. 네일 랩 적용	1. 네일 랩 오버레이 및 네일 랩 적용 작업
		10. 랩 네일	1. 네일 랩 재단	1. 네일 랩 재료 및 작업
			2. 네일 랩 접착	1. 네일 랩 접착제 및 접착 작업
			3. 네일 랩 연장	1. 인조네일 구조 및 네일 랩 연장 작업
		11. 젤네일	1. 젤 화장물 활용	1. 젤네일 기구 및 젤 화장물 사용방법
			2. 젤 원톤 스컬프처	1. 네일폼 적용 및 젤 원톤 스컬프처 작업
			3. 젤 프렌치 스컬프처	1. 젤 브러시 활용 및 젤 프렌치 스컬프처 작업
		12. 아크릴 네일	1. 아크릴 화장물 활용	1. 아크릴 네일 도구 및 사용방법
			2. 아크릴 원톤 스컬프처	1. 아크릴 브러시 활용 및 아크릴 원톤 스컬프처 작업
			3. 아크릴 프렌치 스컬프처	1. 스마일 라인 조형 및 아크릴 프렌치 스컬프처 작업
		13. 인조네일 보수	1. 팁 네일 보수	1. 팁 네일 상태에 따른 화장물 제거 및 보수작업
			2. 랩 네일 보수	1. 랩 네일 상태에 따른 화장물 제거 및 보수작업
			3. 아크릴 네일 보수	1. 아크릴 네일 상태에 따른 화장물 제거 및 보수작업
			4. 젤네일 보수	1. 젤네일 상태에 따른 화장물 제거 및 보수작업
		14. 네일 화장물 적용 마무리	1. 일반 네일 폴리시 마무리	1. 인조네일 잔여물 정리 및 광택
			2. 젤네일 폴리시 마무리	1. 젤네일 폴리시 잔여물 정리 및 경화

필기과목명	문제수	주요항목	세부항목	세세항목
			3. 인조네일 마무리	1. 인조네일 잔여물 정리 및 광택
		15. 공중위생관리	1. 공중보건	1. 공중보건 기초 2. 질병관리 3. 가족 및 노인보건 4. 환경보건 5. 식품위생과 영양 6. 보건행정
			2. 소독	1. 소독의 정의 및 분류 2. 미생물 총론 3. 병원성 미생물 4. 소독방법 5. 분야별 위생·소독
			3. 공중위생관리법규 (법, 시행령, 시행규칙)	1. 목적 및 정의 2. 영업의 신고 및 폐업 3. 영업자 준수사항 4. 면허 5. 업무 6. 행정지도감독 7. 업소 위생등급 8. 위생교육 9. 벌칙 10. 시행령 및 시행규칙 관련 사항

출제기준(실기)

직무 분야	이용·숙박·여행· 오락·스포츠	중직무 분야	이용·미용	자격 종목	미용사(네일)	적용 기간	2022.1.1.~ 2026.12.31.

○ 직무내용 : 고객의 건강하고 아름다운 네일을 유지·보호하기 위해 네일 케어, 컬러링, 인조네일, 네일아트 등의 서비스를 제공하는 직무

○ 수행준거 : 1. 고객에게 안전하고 위생적인 서비스를 제공하기 위해 작업자와 고객의 위생을 관리하고 네일숍 환경을 청결하게 관리할 수 있다.
          2. 고객의 네일을 손상시키지 않고 기 작업된 네일 화장물을 네일 파일과 제거제를 사용하여 제거할 수 있다.
          3. 네일 폴리시와 인조네일 화장물의 접착력을 높이기 위하여 네일표면을 사전 작업할 수 있다.
          4. 네일에 적용하는 화장물의 종류, 작업 방법에 따라 마무리 과정을 선택하여 작업할 수 있다.
          5. 프리에지의 모양을 만들고 큐티클을 정리하여 네일을 보호하고 네일 주변을 건강하게 관리할 수 있다.
          6. 고객의 미적요구를 충족하기 위하여 네일 폴리시를 다양한 방법으로 도포할 수 있다.
          7. 네일팁과 필러 파우더를 적용하여 네일의 길이를 연장하고 조형할 수 있다.
          8. 자연네일이 손상되지 않도록 네일 화장물을 사용하여 자연네일을 보강할 수 있다.
          9. 네일팁과 네일 랩을 적용하여 네일의 길이를 연장하고 조형할 수 있다.
          10. 네일 랩과 필러 파우더를 적용하여 네일의 길이를 연장하고 조형할 수 있다.
          11. 네일폼과 아크릴을 적용하여 네일의 길이를 연장하고 조형할 수 있다.
          12. 네일 폴리시와 도구를 사용하여 네일을 디자인할 수 있다.
          13. 네일폼과 젤을 적용하여 네일의 길이를 연장하고 조형할 수 있다.

실기검정방법	작업형	시험시간	2시간 30분 정도

실기과목명	주요항목	세부항목	세세항목
네일미용 실무	1. 네일미용 위생서비스	1. 네일숍 청결 작업하기	1. 청소도구를 활용하여 실내를 청소할 수 있다. 2. 정리요령에 따라 집기류를 정리할 수 있다. 3. 청소 점검표에 따라 청결상태를 점검할 수 있다.
		2. 네일숍 안전 관리하기	1. 전기안전 수칙에 따라 안전 상태를 수시로 점검할 수 있다. 2. 안전사고 발생 시 대책기관의 연락망을 확보할 수 있다.
		3. 미용기구 소독하기	1. 소독제품의 특성에 따라 소독방법을 선정할 수 있다. 2. 작업자의 개인위생 관리를 위해 손을 소독할 수 있다. 3. 고객의 개인위생 관리를 위해 네일과 네일 주변을 소독할 수 있다. 4. 위생 점검표에 따라 미용기구의 소독상태를 점검하고 정리할 수 있다.
		4. 개인위생 관리하기	1. 소독제품의 특성에 따라 소독방법을 선정할 수 있다. 2. 작업자의 개인위생 관리를 위해 손을 소독할 수 있다. 3. 고객의 개인위생 관리를 위해 네일과 네일 주변을 소독할 수 있다.

실기과목명	주요항목	세부항목	세세항목
네일미용 실무	2. 네일 화장물 제거	1. 일반 네일 폴리시 제거하기	1. 일반 네일 폴리시 제거를 위한 제거제를 선택할 수 있다. 2. 기 작업된 일반 네일 폴리시 제거를 위해 제거제를 사용할 수 있다. 3. 일반 네일 폴리시의 완전 제거 상태를 확인할 수 있다.
		2. 젤네일 폴리시 제거하기	1. 젤네일 폴리시 제거를 위한 제거제를 선택할 수 있다. 2. 기 작업된 젤네일 폴리시 제거를 위해 네일 파일과 제거제를 사용할 수 있다. 3. 젤네일 폴리시의 완전 제거 상태를 확인할 수 있다.
		3. 인조네일 제거하기	1. 인조네일 제거를 위한 제거제를 선택할 수 있다. 2. 기 작업된 인조네일 제거를 위해 네일 파일과 제거제를 사용할 수 있다. 3. 인조네일의 완전 제거 상태를 확인할 수 있다.
	3. 네일 화장물 적용 전처리	1. 일반 네일 폴리시 전처리하기	1. 고객의 요청에 따라 적합한 네일 길이와 모양을 만들 수 있다. 2. 네일 상태에 따라 표면을 정리하여 일반 네일 폴리시의 밀착력을 높일 수 있다. 3. 네일 상태에 따라 큐티클을 정리할 수 있다. 4. 네일 상태에 따라 유분기와 잔여물을 제거할 수 있다.
		2. 젤네일 폴리시 전처리하기	1. 고객의 요청에 따라 작업에 적합한 네일 길이와 모양을 만들 수 있다. 2. 네일 상태에 따라 표면을 정리하여 젤네일 폴리시의 밀착력을 높일 수 있다. 3. 네일 상태에 따라 큐티클을 정리할 수 있다. 4. 젤네일 접착력을 높이기 위하여 전처리제를 도포할 수 있다.
		3. 인조네일 전처리하기	1. 고객의 요청에 따라 작업에 적합한 네일 길이와 모양을 만들 수 있다. 2. 네일 상태에 따라 표면을 정리하여 인조네일 화장물의 밀착력을 높일 수 있다. 3. 네일 상태에 따라 큐티클을 정리할 수 있다. 4. 인조네일 접착력을 높이기 위하여 전처리제를 도포할 수 있다.

실기과목명	주요항목	세부항목	세세항목
네일미용 실무	4. 네일 화장물 적용 마무리	1. 일반 네일 폴리시 마무리하기	1. 일반 네일 폴리시의 잔여물을 네일 폴리시리무버를 사용하여 정리할 수 있다. 2. 일반 네일 폴리시의 건조를 위해 네일 폴리시 건조 촉진제를 사용할 수 있다. 3. 보습을 위해 네일 주변에 큐티클 오일을 사용할 수 있다.
		2. 젤네일 폴리시 마무리하기	1. 경화 상태에 따라 미경화 젤을 젤 클렌저를 사용하여 제거할 수 있다. 2. 네일표면을 매끄럽게 네일 파일 작업을 할 수 있다. 3. 작업 완료를 위해 톱 젤을 도포할 수 있다. 4. 청결을 위해 냉·온 수건과 멸균거즈를 사용할 수 있다. 5. 보습을 위해 네일 주변에 큐티클 오일을 사용할 수 있다.
		3. 인조네일 마무리하기	1. 작업된 화장물에 따라 네일표면의 광택방법을 선택할 수 있다. 2. 분진 제거를 위해 미온수와 네일 더스트 브러시를 사용할 수 있다. 3. 청결을 위해 냉·온 수건과 멸균거즈를 사용할 수 있다. 4. 보습을 위해 네일 주변에 큐티클 오일을 사용할 수 있다.
		4. 네일 기본관리 마무리하기	1. 작업 방법에 따라 네일과 네일 주변의 유분기를 제거할 수 있다. 2. 청결을 위해 냉·온 수건과 멸균거즈를 사용할 수 있다. 3. 고객의 요청에 따라 마무리 방법을 선택할 수 있다. 4. 사용한 제품의 정리정돈을 할 수 있다.
	5. 네일 기본관리	1. 프리에지 모양 만들기	1. 고객의 요청에 따라 자연네일의 길이를 조절할 수 있다. 2. 고객의 요청에 따라 자연네일의 프리에지 모양을 만들 수 있다. 3. 자연네일의 상태에 따라 표면을 정리할 수 있다. 4. 프리에지의 거스러미를 정리할 수 있다.
		2. 큐티클 부분 정리하기	1. 큐티클 부분을 연화하기 위해 손톱과 손톱 주변을 핑거볼에 담글 수 있다. 2. 큐티클 부분을 연화하기 위해 발톱과 발톱 주변을 족욕기에 담글 수 있다. 3. 큐티클 부분을 연화하기 위해 큐티클 연화제를 선택하여 사용할 수 있다. 4. 큐티클 부분 정리 작업 과정에 따라 도구를 선택할 수 있다. 5. 큐티클 부분의 상태에 따라 정리할 수 있다. 6. 정리된 큐티클 부분을 소독할 수 있다.

실기과목명	주요항목	세부항목	세세항목
네일미용 실무		3. 보습제 도포하기	1. 피부 상태에 따라 보습 제품을 선택할 수 있다. 2. 보습 제품을 사용하여 큐티클을 부드럽게 할 수 있다
	6. 네일 컬러링	1. 풀 코트 컬러 도포하기	1. 풀 코트 컬러를 위해 베이스코트와 베이스 젤을 얇게 도포할 수 있다. 2. 풀 코트 컬러 도포 방법을 선정하고 네일 폴리시를 도포할 수 있다. 3. 네일 폴리시를 얼룩 없이 균일하게 도포할 수 있다. 4. 젤네일 폴리시 작업 시 젤 램프기기를 사용할 수 있다. 5. 풀 코트의 컬러 보호와 광택 부여를 위해 톱코트와 톱 젤을 도포할 수 있다.
		2. 프렌치 컬러 도포하기	1. 프렌치 컬러를 위해 베이스코트와 베이스 젤을 얇게 도포할 수 있다. 2. 프렌치 컬러 도포 방법을 선정하고 네일 폴리시를 도포할 수 있다. 3. 균일한 스마일 라인을 위하여 옐로우 라인에 맞추어 프리 에지 부분에 네일 폴리시를 도포할 수 있다. 4. 스마일 라인을 고려하여 얼룩 없이 균일하게 도포할 수 있다. 5. 젤네일 폴리시 작업 시 젤 램프기기를 사용할 수 있다. 6. 프렌치의 컬러 보호와 광택 부여를 위해 톱코트와 톱 젤을 도포할 수 있다.
		3. 딥 프렌치 컬러 도포하기	1. 딥 프렌치 컬러를 위해 베이스코트와 베이스 젤을 얇게 도포할 수 있다. 2. 딥 프렌치 컬러 도포 방법을 선정하고 네일 폴리시를 도포할 수 있다. 3. 균일한 스마일 라인을 위하여 자연네일 길이의 1/2 이상 부분에 네일 폴리시를 도포할 수 있다. 4. 스마일 라인을 고려하여 얼룩 없이 균일하게 도포할 수 있다. 5. 젤네일 폴리시 작업 시 젤 램프기기를 사용할 수 있다. 6. 딥 프렌치 컬러 보호와 광택 부여를 위해 톱코트와 톱 젤을 도포할 수 있다.

실기과목명	주요항목	세부항목	세세항목
네일미용 실무		4. 그러데이션 컬러 도포하기	1. 그러데이션 컬러 도포를 위해 베이스코트와 베이스 젤을 얇게 도포할 수 있다. 2. 그러데이션 컬러 도포 방법을 선정하고 네일 폴리시를 도포할 수 있다. 3. 그러데이션의 위치를 선정하여 경계 없이 그러데이션을 표현할 수 있다. 4. 젤네일 폴리시 작업 시 젤 램프기기를 사용할 수 있다. 5. 그러데이션 컬러 보호와 광택 부여를 위해 톱코트와 톱 젤을 도포할 수 있다.
	7. 팁 위드 파우더	1. 네일팁 선택하기	1. 자연네일의 모양에 따라 적합한 네일팁을 선택할 수 있다. 2. 자연네일의 크기에 알맞은 네일팁의 크기를 선택할 수 있다. 3. 고객의 요청에 따라 다양한 네일팁을 선택할 수 있다.
		2. 풀커버 팁 작업하기	1. 큐티클 부분 라인의 형태에 따라 풀커버 팁을 사전 조형할 수 있다. 2. 필러 파우더를 선택적으로 적용하여 자연네일의 굴곡을 매끄럽게 할 수 있다. 3. 네일 접착제를 사용하여 기포가 들어가지 않도록 풀커버 팁을 접착할 수 있다. 4. 고객의 요청에 따라 길이와 모양을 조절할 수 있다.
		3. 프렌치 팁 작업하기	1. 자연네일의 크기와 모양에 따라 알맞은 프렌치 팁을 선택할 수 있다. 2. 네일 접착제를 사용하여 기포가 들어가지 않도록 프렌치 팁을 접착할 수 있다. 3. 필러 파우더를 사용하여 프렌치 팁의 구조를 조형할 수 있다. 4. 프렌치 팁의 완성을 위하여 네일 파일을 선택하여 작업할 수 있다.
		4. 내추럴 팁 작업하기	1. 네일의 크기와 모양에 따라 알맞은 내추럴 팁을 선택할 수 있다. 2. 네일 접착제를 사용하여 기포가 들어가지 않도록 내추럴 팁을 접착할 수 있다. 3. 내추럴 팁의 팁턱을 자연네일의 손상 없이 제거할 수 있다. 4. 필러 파우더를 사용하여 내추럴 팁의 구조를 조형할 수 있다. 5. 내추럴 팁의 완성을 위하여 네일 파일을 선택하여 작업할 수 있다.

실기과목명	주요항목	세부항목	세세항목
네일미용 실무	8. 자연네일 보강	1. 네일 랩 화장물 보강	1. 네일 랩을 이용하여 약해진 자연네일을 전체적으로 보강할 수 있다. 2. 네일 랩을 이용하여 손상된 자연네일을 부분적으로 보강할 수 있다. 3. 네일 랩을 이용하여 찢어진 자연네일을 보강할 수 있다.
		2. 아크릴 화장물 보강	1. 아크릴을 이용하여 약해진 자연네일을 전체적으로 보강할 수 있다. 2. 아크릴을 이용하여 손상된 자연네일을 부분적으로 보강할 수 있다. 3. 아크릴을 이용하여 찢어진 자연네일을 보강할 수 있다.
		3. 젤 화장물 보강	1. 젤을 이용하여 약해진 자연네일을 전체적으로 보강할 수 있다. 2. 젤을 이용하여 손상된 자연네일을 부분적으로 보강할 수 있다. 3. 젤을 이용하여 찢어진 자연네일을 보강할 수 있다.
	9. 팁 위드 랩	1. 팁 위드 랩 네일팁 적용하기	1. 자연네일의 크기와 모양에 따라 네일팁을 선택할 수 있다 2. 손가락과 손톱 방향에 따라 네일팁을 접착할 수 있다. 3. 네일팁의 종류에 따라 팁턱을 제거할 수 있다.
		2. 네일 랩 적용하기	1. 인조네일의 보강을 위하여 네일 랩을 적용할 수 있다. 2. 네일 상태에 따라 팁 위드 랩의 두께를 조절할 수 있다. 3. 형태를 조형하기 위해 기초 구조를 만들 수 있다.
		3. 팁 위드 랩 네일 파일 적용하기	1. 팁 위드 랩 구조를 고려하여 네일 파일을 선택할 수 있다. 2. 네일 파일을 사용하여 팁 위드 랩 형태를 조형할 수 있다. 3. 팁 위드 랩 완성도를 위하여 순차적인 네일 파일을 선택하여 광택을 낼 수 있다.
	10. 랩 네일	1. 네일 랩 재단하기	1. 자연네일 크기에 따라 네일 랩의 폭과 길이를 측정할 수 있다. 2. 자연네일 상태에 따라 네일 랩의 재단방법을 선택할 수 있다. 3. 방법에 따라 네일 랩을 자연네일에 맞추어 재단할 수 있다.
		2. 네일 랩 접착하기	1. 네일 랩에 기포가 들어가지 않도록 네일표면에 접착할 수 있다. 2. 접착된 네일 랩의 상태에 따라 여분을 자를 수 있다. 3. 네일 랩 고정을 위해 네일 접착제를 도포할 수 있다.

실기과목명	주요항목	세부항목	세세항목
네일미용 실무		3. 네일 랩 연장하기	1. 고객의 요구에 따라 프리에지의 길이를 연장할 수 있다. 2. 고객의 요구에 따라 랩 네일의 프리에지 형태를 조형할 수 있다. 3. 고객의 요구에 따라 랩 네일의 두께를 조절할 수 있다. 4. 고객의 요구에 따라 랩 네일의 형태를 조형할 수 있다.
	11. 아크릴 네일	1. 아크릴 화장물 활용하기	1. 연습용 인조 손에 자연네일 대용의 네일팁을 장착할 수 있다. 2. 연습용 인조 손을 활용하여 아크릴 화장물의 사용방법을 숙련할 수 있다. 3. 연습용 인조 손을 활용하여 올바르게 네일폼을 적용할 수 있다. 4. 적합한 방법으로 아크릴 브러시를 사용할 수 있다. 5. 네일 파일을 활용하여 아크릴 네일의 파일 방법을 숙련할 수 있다.
		2. 아크릴 원톤 스컬프처하기	1. 고객의 요구에 따라 프리에지의 길이를 연장할 수 있다. 2. 고객의 요구에 따라 아크릴 원톤 스컬프처를 위한 두께를 조절할 수 있다. 3. 고객의 요구에 따라 아크릴 원톤 스컬프처의 형태를 조형할 수 있다.
		3. 아크릴 프렌치 스컬프처하기	1. 화이트 아크릴 파우더로 스마일 라인을 조형할 수 있다. 2. 고객의 요구에 따라 프리에지의 길이를 연장할 수 있다. 3. 고객의 요구에 따라 아크릴 프렌치 스컬프처를 위한 두께를 조절할 수 있다. 4. 고객의 요구에 따라 아크릴 프렌치 스컬프처의 형태를 조형할 수 있다.
	12. 네일 폴리시 아트	1. 일반 네일 폴리시 아트하기	1. 네일미용 도구를 사용하여 일반 네일 폴리시 아트를 작업할 수 있다. 2. 페인팅 브러시를 사용하여 일반 네일 폴리시를 조화롭게 디자인할 수 있다. 3. 일반 네일 폴리시의 성질을 이용하여 마블 기법을 시행할 수 있다. 4. 톱코트를 사용하여 일반 네일 폴리시 아트의 지속성을 높일 수 있다.

실기과목명	주요항목	세부항목	세세항목
네일미용 실무		2. 젤네일 폴리시 아트하기	1. 네일미용 도구를 사용하여 젤네일 폴리시 아트를 작업할 수 있다. 2. 젤 페인팅 브러시를 사용하여 젤네일 폴리시를 조화롭게 디자인할 수 있다. 3. 젤네일 폴리시의 성질을 이용하여 마블 기법을 시행할 수 있다. 4. 톱 젤을 사용하여 젤네일 폴리시 아트의 지속성을 높일 수 있다.
		3. 통 젤네일 폴리시 아트하기	1. 네일미용 도구를 사용하여 통 젤네일 폴리시 아트를 작업할 수 있다. 2. 젤 페인팅 브러시를 사용하여 다양한 색상의 통 젤네일 폴리시 아트를 조화롭게 디자인할 수 있다. 3. 통 젤네일 폴리시의 성질을 이용하여 세밀한 디자인을 작업할 수 있다. 4. 톱 젤을 사용하여 통 젤네일 폴리시 아트의 지속성을 높일 수 있다.
	13. 젤네일	1. 젤 화장물 활용하기	1. 연습용 인조 손에 자연네일 대용의 네일팁을 장착할 수 있다. 2. 연습용 인조 손을 활용하여 젤 화장물의 사용방법을 숙련할 수 있다. 3. 연습용 인조 손을 활용하여 올바르게 네일폼을 적용할 수 있다. 4. 적합한 방법으로 젤 브러시를 사용할 수 있다. 5. 네일 파일을 활용하여 젤네일의 파일 방법을 숙련할 수 있다. 6. 젤 램프기기를 이용하여 젤을 경화할 수 있다.
		2. 젤 원톤 스컬프처하기	1. 젤 원톤 스컬프처를 위한 베이스 젤을 적용할 수 있다. 2. 고객의 요구에 따라 프리에지의 길이를 연장할 수 있다. 3. 젤 램프기기를 이용하여 인조네일을 경화할 수 있다. 4. 고객의 요구에 따라 젤 원톤 스컬프처를 위한 두께를 조절할 수 있다. 5. 고객의 요구에 따라 원톤 스컬프처의 형태를 조형할 수 있다.
		3. 젤 프렌치 스컬프처하기	1. 젤 프렌치 스컬프처를 위한 베이스 젤을 적용할 수 있다. 2. 화이트 젤로 스마일 라인을 조형할 수 있다. 3. 고객의 요구에 따라 프리에지의 길이를 연장할 수 있다. 4. 젤 램프기기를 이용하여 젤을 경화할 수 있다. 5. 고객의 요구에 따라 젤 프렌치 스컬프처를 위한 두께를 조절할 수 있다. 6. 고객의 요구에 따라 젤 프렌치 스컬프처의 형태를 조형할 수 있다.

목차

Part 1 — 네일개론

Chapter 1	네일미용의 이해	20
Chapter 2	네일숍 청결 작업	36
Chapter 3	네일숍 안전관리	40
Chapter 4	미용기구 소독	45
Chapter 5	개인위생 관리	50
Chapter 6	고객응대 서비스	57
Chapter 7	피부의 이해	61
Chapter 8	화장품 분류	85
Chapter 9	손발의 구조와 기능	96
출제예상문제		104

Part 2 — 네일 화장물 제거

Chapter 1	일반 네일 폴리시 제거	140
Chapter 2	젤네일 폴리시 제거	143
Chapter 3	인조네일 제거	146
출제예상문제		148

Part 3 — 네일 기본관리

Chapter 1	프리에지 모양만들기	158
Chapter 2	큐티클 부분 정리	161
Chapter 3	보습제 도포하기	166

Part 4 — 네일 화장물 적용 전처리

Chapter 1	일반 네일 폴리시 전처리	172
Chapter 2	젤네일 폴리시, 인조네일 전처리	174

Part 5 — 자연네일 보강

Chapter 1	네일 랩 화장물 보강	178
Chapter 2	아크릴 화장물 보강	180
Chapter 3	젤 화장물 보강	182

Part 6 네일 컬러링

Chapter 1	풀 코트 컬러 도포	186
Chapter 2	프렌치 컬러 도포	188
Chapter 3	딥 프렌치 컬러 도포	189
Chapter 4	그러데이션 컬러 도포	190
출제예상문제		192

Part 7 네일 폴리시 아트

Chapter 1	일반 네일 폴리시 아트	196
Chapter 2	젤네일 폴리시 아트	198
Chapter 3	통 젤네일 폴리시 아트	199

Part 8 팁 위드 파우더

Chapter 1	네일팁 선택	202
Chapter 2	내추럴 팁 작업	205
Chapter 3	풀커버 팁 작업	207
Chapter 4	프렌치 팁 작업	208

Part 9 팁 위드 랩

| Chapter 1 | 팁 위드 랩 네일팁 적용 | 212 |

Part 10 랩 네일

| Chapter 1 | 네일 랩 재단, 접착, 연장 | 216 |
| 출제예상문제 | | 219 |

Part 11 젤네일

Chapter 1	젤 화장물 활용	222
Chapter 2	젤 원톤 스컬프처	223
Chapter 3	젤 프렌치 스컬프처	224
출제예상문제		229

Part 12 아크릴 네일

Chapter 1	아크릴 화장물 활용	232
Chapter 2	아크릴 원톤 스컬프처	233
Chapter 3	아크릴 프렌치 스컬프처(투톤 아크릴 스컬프처)	236
출제예상문제		**241**

Part 13 인조네일 보수

Chapter 1	팁 네일 보수	244
Chapter 2	실크(랩) 네일 보수	245
Chapter 3	아크릴 네일 보수	246
Chapter 4	젤네일 보수	247
출제예상문제		**248**

Part 14 네일 화장물 적용 마무리

Chapter 1	일반 네일 폴리시 마무리	250
Chapter 2	젤네일 폴리시, 인조네일 마무리	251
Chapter 3	네일 제품과 특성	253
출제예상문제		**262**

Part 15 공중위생관리

Chapter 1	공중보건	270
Chapter 2	소독	309
Chapter 3	공중위생관리법규	325
출제예상문제		**347**

실전모의고사   **363**

PART 1
네일개론

Chapter 1	네일미용의 이해
Chapter 2	네일숍 청결 작업
Chapter 3	네일숍 안전작업
Chapter 4	미용기구 소독
Chapter 5	개인위생 관리
Chapter 6	고객응대 서비스
Chapter 7	피부의 이해
Chapter 8	화장품 분류
Chapter 9	손발의 구조와 기능

CHAPTER 1. 네일미용의 이해

Section 01 네일미용의 개념

손톱과 발톱을 총칭하는 네일은 손 관리(매니큐어)와 발 관리(페디큐어)의 상태를 개선 또는 미화 시키는 과학적 작업이다. 네일 미용술이란 형태에 따른 손질의 개념과 색을 칠하는 화장의 실제를 가진 기술이며 예술이다.

1 네일미용의 개요

(1) 네일미용의 정의

네일 미용술의 종류에는 매니큐어, 페디큐어, 매니큐어 컬러링, 페디큐어 컬러링, 인조네일, 아트네일 등으로 구분된다. 매니큐어는 광택을 내는 손톱 에나멜인 '폴리시' 자체를 의미하는 것이 아니라 '손톱을 관리한다'라는 총괄적 의미로서 발톱을 관리하는 페디큐어와 구별된다.

> **tip 매니큐어(Manicure)**
> 매니큐어는 라틴어에서 유래된 의미로 손을 의미하는 '마누스(Manus)'와 관리를 의미하는 '큐라(Cura)'에서 전래되었다. 고대 매니큐어는 '손을 치료한다'는 개념으로 시작하여 현재는 '손의 손질에 따른 관리'뿐 아니라 고급 미용패션의 액세서리 역할로도 이용되고 있다.

(2) 네일미용의 목적

- 토탈미용 패션의 일부로서 심리적 욕구를 충족시키며 인간다움을 돋보이게 하는 매력적인 호감과 함께 서비스 생산성을 높여 준다.
- 손과 발은 개성을 나타내는 이미지 관리는 물론 미적 수단의 도구가 된다. 손과 발의 지속적인 관리는 건강을 증진시키며 노화를 예방하는데 목적이 있다.

(3) 네일미용의 영역

네일미용은 3개의 영역으로 대별되며, 기초(레귤러)와 응용(스페셜) 기술로 영역화된다.

① 네일케어(Nail Care)

매니큐어/매니큐어 컬러링	페디큐어/페디큐어 컬러링
• 습식 매니큐어 • 풀커버 컬러링 • 프리에지 컬러링, 딥 프렌치 컬러링 • 그라데이션 컬러	• 페디큐어 • 풀커버 컬러링 • 프리에지 컬러링, 딥 프렌치 컬러링 • 그라데이션 컬러

② 인조네일(Artifical Nail)

인조팁	네일 랩	아크릴 네일	젤네일
• 내추럴 팁 • 화이트 팁 • 클리어 팁 • 컬러 팁 • 풀 팁 • 롱 팁 • 하프웰 팁	• 팁 위드 파우더 • 팁 위드 랩 (실크·린넨·파이버 글래스) • 실크, 실크 익스텐션 (찢어지거나 깨어진 손톱 보강)	• 아크릴 팁 오버레이 (화이트 팁·내추럴 팁 아크릴 오버레이) • 아크릴 스컬프처 – 원톤 스컬프처 (클리어·핑크·내추럴 파우더) – 프렌치 스컬프처 • 아크릴 스컬프처 디자인	• 팁 위드 젤 오버레이 (화이트 팁·내추럴 팁 젤 오버레이) • 젤 스컬프처 – 원톤 젤 스컬프처 – 프렌치 젤 스컬프처 • 젤 스컬프처 디자인

③ 아트네일(Art Nail)

아트네일		
• 핸드페인팅 • 댕글 • 라인스톤 • 프로트렌스 • 액세서리	• 포크아트 • 3D 아트 • 콘페티 • 워터데칼 • 스티커 데칼	• 에어브러시 • 스트라이핑 테이프 • 마블링 • 스테인드 글래스 • 라인디자인(아트펜, 아트브러시 이용)

tip

네일미용의 특수성	내 용
의사표현의 제한	• 손님의 의견을 우선한다.
소재 선정의 제한	• 손님의 신체 일부인 손톱과 발톱이 소재가 된다.
시간의 제한	• 사용되는 네일 제품의 지속성과 발림성의 제한이 작품의 완성도에 제한을 준다.
미적 표현의 제한	• 손님 각자의 개성과 이미지 변화를 고려하여 표현한다.
부용예술의 제한	• 손톱과 발톱이 갖는 조건이 다양한 예술적 표현에 제한을 받는다. • 고객의 연령, 계절, 경우, 직업에 어울리는 네일 기술을 연출해야 한다.

2 네일화장술

(1) 용제의 종류와 특성

1) 네일 용제

종류	제품명	제형 및 성분	특성
연마제	네일 연마제	연마제 파우더 또는 크림 형태의 원료	조체면에 문지르면 매끄러운 광택이 생긴다.
제거제 (용해제)	폴리시 리무버 (아세톤)	산 또는 에틸렌 용액에 오일과 글리세롤, 연화제 첨가	인조네일 폴리시 제거 시에는 아세톤 성분이 없는 것을 사용한다.
	리무버 원액	자연손톱에 작업된 인조네일 제거 시 사용	아세톤 원액이라고도 한다.
	큐티클 리무버	2~5% 염화칼슘 또는 염화나트륨, 글리세린, pH 11~12 강알칼리성, 유분, 알코올 함유	큐티클에 리무버를 도포하여 연화한 후 니퍼로 자른다.
	큐티클 오일	아몬드 오일, 아보카도, 호호바 오일, 비타민 F 함유	네일과 큐티클에 유분과 수분을 공급하고 큐티클을 유연하게 한다.
건조제	글루 드라이	부탄 농도가 가장 높다.	접착제를 빨리 굳게 하는 액티베이터 기능을 하며 실크나 젤 사용 시 건조시키는 스프레이형으로 네일 제품 중 사용량이 많다.
	액티베이터	액체상	글루 드라이와 기능이 같지만 응고가 느리다.
소독제	에틸알코올	50~70% 에틸알코올 용액	손과 금속 계열 도구를 소독한다.
	손 소독제	70% 알코올	작업 전후 고객과 작업자의 손을 소독한다.
탈색제	네일 블리치	20% H_2O_2, 구연산, 레몬즙, 글리세린, 증류수 등을 함유	자연손톱과 네일 주변에 착색된 얼룩 제거 시 사용한다.
접착제	프라이머	아크릴이 자연손톱에 잘 접착되게 하는 촉매제	자연손톱과 인조네일 사이에 곰팡이 생성을 방지한다.
	프리멕스 본더	산(Acid), 비산(Non-acid)으로 구분	산 성분이 없는 접착제는 큐티클에 닿아도 무방하다.
지혈제	지혈제	아드레날린, 젤라틴, 칼슘, 식염수 함유	네일 작업 시 상처가 생겼을 때 출혈을 멈추게 한다.

(2) 네일 트리트먼트의 분류와 특성

종류	제품명	주성분 및 첨가제	특성
유·수분 보충 및 영양제	핸드크림	• 파라핀 오일, 양기름, 기타 동물성 오일	• 네일 및 그 주위의 피부에 영양 보충 • 네일 성장 촉진
	큐티클 오일 / 크림	• 식물성 오일 – 올리브, 땅콩, 피마자, 비타민 F • 동물성 오일 – 라놀린 추출물	
강화제	네일 보강제	• AND, 글리세롤, 칼리 명반, 푸로틴하드너, 포름알데하이드	• 부러지고 약한 네일에 견고함을 부여

(3) 네일 폴리시의 분류와 특성

네일 폴리시는 네일을 보호하고 색상을 부여하며 광택 등의 효과와 함께 컬러에 따라 네일모양을 시각적으로 변화시킨다.

1) 네일 폴리시의 종류

① 투명 네일 폴리시

색소(염료)가 첨가되지 않은 극히 옅은 투명한 색으로 베이스 코트, 톱 코트, 무색 네일 폴리시 등을 말한다. 겹쳐 바르면 불투명하고 클래식한 느낌과 함께 섬세하고 부드러운 이미지를 준다. 무색 폴리시는 도포(3번 정도)가 쉬우며 지우기도 간단하다.

② 불투명 네일 폴리시

비용해성 색소(염료)가 첨가된 크림 또는 펄 네일 폴리시로서 불투명한 유색의 막을 형성한다. 광물(레드 – 산화 제 2철, 화이트 – 산화티탄)과 식물에서 색소를 추출하며, 운모 또는 생선 비늘에서 펄 색상의 컬러를 추출한다. 짙고 어두운 유색 폴리시는 도포(2번 정도) 시 얼룩이 지며 바르기 어렵다.

tip

구분	폴리시	좋은 폴리시의 특징
유효 기간	• 개봉하지 않은 폴리시는 유효기간이 대략 1~2년	• 피부 및 인체에 무해하고 향이 좋다. • 도포 시 3분 이내에 건조된다. • 부드럽게 잘 발리며 광택이 풍부하다. • 최소 1주일 정도 발림(착색)이 유지된다. • 물이나 세제에 안정하다.
보관	• 냉암소에 보관 • 공기 중에 노출되면 농도가 짙어지면서 끈적해지므로 뚜껑을 잘 닫아야 함	
도포	• 유색 네일 폴리시는 2회 정도 도포하며, 작업 시간은 5~10분 이내가 적당함	
선택	• 컬러와 용제의 질을 보고 선택함. • 네일 브러시 또한 도포 작업의 질을 좌우함	

2) 네일 폴리시 제품

종류	제품명	주성분 및 첨가제	특성
착색 방지제	베이스 코트	• 송진, 아이소프로필알코올, 부틸아세테이트, 나이트로셀룰로오스 등	• 조체 표면에 코팅막을 형성한다. • 폴리시의 착색을 방지하고 조체면을 교정한다. • 자연손톱과 폴리시의 밀착력을 높인다.
지속제	톱 코트	• 송진, 나이트로셀룰로오스, 용해제 알코올, 폴리에스터, 레진 등	• 폴리시의 색감과 광택, 지속력을 유지하고 아트네일 시 접착제 역할을 한다.
색상제	네일 폴리시	• 나이트로세룰로오스, 천연송진 + 벤젠, 셀락, 클로포늄, 폴리초산비닐, 포름알데하이드, 캄퍼 등	• 네일을 보호한다. • 색상 및 광택을 부여한다.
	네일 화이트너	• 산화아연, 티타늄, 다이옥사이드	• 자유연을 더욱 희게 보이게 한다.

유화제	네일 폴리시 유화제(시너)	–	• 1회 2~3방울 정도 첨가해 가볍게 흔들어 사용한다.
건조제	퀵 폴리시 드라이	• 기체상	• 컬러링 후 빠른 건조를 유도하는 스프레이형이다.

(4) 인조네일 재료의 종류와 특성

인조네일은 팁 위드 랩, 실크 익스텐션, 젤 스컬프처, 아크릴 스컬프처 등으로 구분한다.

1) 인조네일 공통 재료의 종류 및 특성

종류	특성
손 소독제 (안티셉틱)	• 피부 소독제로 작업 전 청결을 위해 작업자와 고객의 손을 소독한다. – 액상과 젤 타입이 있다.
리무버	• 네일 폴리시를 제거할 때 사용한다. – 아세톤 타입 : 네일팁을 녹일 때 – 비아세톤 타입 : 폴리시 색상을 제거할 때
지혈제	• 작업 시 출혈이 발생했을 때 출혈을 멈추게 하는 액체 타입이다.
화장솜 멸균 거즈	• 네일 폴리시, 유분 정리, 소독할 때 사용한다. – 뚜껑 있는 용기에 담아 청결하게 보관해야 한다.
페이퍼 타월	• 네일 테이블에서 작업할 때 손톱 잔해 및 핑거볼에 연화시킨 손톱 물기 등을 제거할 때 사용한다.

2) 팁 위드 랩 재료의 종류 및 특성

종류	특성
인조팁	• 조체의 길이가 짧은 자연손톱의 길이를 연장할 때 쓰인다. – 클리어, 내추럴, 화이트, 컬러, 디자인 팁 등 종류가 다양하다.
실크	• 손톱의 길이를 늘이거나 자연손톱의 보호 및 유지를 위해 실크 랩을 자연손톱 위에 붙이거나 연장할 때 쓰인다.
글루	• 인조네일을 조체에 접착하거나 샌딩 블럭을 사용하기 전에 전체 조체 면에 도포한다.
젤글루	• 인조네일을 소재에 접착하거나 인조팁의 투명도 및 투께를 조질힐때 사용힌다.
필러 파우더	• 인조네일을 연장할 때 두께를 조절해 주는 가루 타입의 연장 파우더이다.
글루 드라이	• 글루나 젤을 빠르게 건조시키고 강하게 하는 스프레이이다. – 너무 가까이에서 분무하면 뜨겁기 때문에 10~15cm 거리에서 분무한다.

3) 실크 익스텐션 재료의 종류 및 특성

종류	특성
실크	• 손톱의 길이를 늘이거나 자연손톱의 보호 및 유지를 위해 실크 랩을 자연손톱 위에 붙이거나 연장할 때 쓰인다.

종류	특성
글루	• 인조네일을 조체에 접착하거나 샌딩 블록을 사용하기 전에 전체 조체 면에 도포한다.
젤글루	• 인조네일을 조체에 접착하거나 인조팁의 투명도 및 두께를 조절할때 사용한다.
필러 파우더	• 인조네일을 연장할 때 두께를 조절해 주는 가루 타입의 연장 파우더이다.
글루 드라이	• 글루나 젤을 빠르게 건조시키고 강하게 하는 스프레이이다. • 너무 가까이에서 분무하면 뜨겁기 때문에 10~15cm 거리에서 분무한다.

4) 아크릴 스컬프처 재료의 종류 및 특성

종류	특성
아크릴 리퀴드 (Acrylic Liquid)	• 아크릴 파우더 분말을 녹여 반죽하는 데 사용한다.
아크릴 파우더 (Acrylic Powder)	• 분말 상태로 다양한 컬러가 있다. • 아크릴릭 네일에 사용되는 파우더(또는 분말)이다. – 핑크, 클리어, 내추럴 등은 자연손톱 위에 올리고, 화이트는 자유연 위에 사용한다.
프라이머 (Primer)	• 아크릴 제품이 자연손톱에 잘 접착되도록 발라주는 촉매제이다. • 프라이머를 잘못 사용하면 피부나 눈에 치명상을 입을 수 있기 때문에 주의해야 한다.
브러시 클리너 (Brush Cleaner)	• 아크릴 네일 작업 후 브러시를 세척할 때 사용한다.
네일폼 (Nail Form)	• 아크릴(스컬프처드) 네일 작업 시 아크릴 파우더를 얹는 데 사용하는 폼으로, 일회용과 재사용할 수 있는 두 가지가 있다. – 일회용은 뒷면에 접착제가 붙어 있지만, 재사용하는 것은 알루미늄 플라스틱으로 만들어져 있으며 접착제가 붙어 있지 않다.

5) 젤 스컬프처 재료의 종류 및 특성

종류	특성		
젤 본더	• 젤이 자연손톱에 잘 접착되도록 한다. – 제조회사가 젤 본더를 바르라고 명시한 경우에만 바른다.		
베이스 젤	• 젤 도포 전 손톱을 보호하고 착색을 방지하기 위해 사용한다.		
톱 젤	• 젤 도포 후 네일표면에 광택을 주기 위해 사용한다.		
클리어 젤 or 핑크 젤	• 투명 또는 반투명 젤 타입의 액상으로 손톱을 연장하거나 오버레이할 때 사용한다.		
	소프트 젤	아세톤이나 젤 전용 제거제로 제거한다.	
	하드 젤	아세톤이나 젤 전용 제거제를 사용할 수 없으며 파일링으로 제거한다.	
젤 클리너	• 큐어링 후 표면에 남아 있는 젤을 닦아내는 액체로 젤 전용 클리너를 사용하는 것이 좋다.		
네일폼 (Nail Form)	• 젤(스컬프처드)네일 작업 시 젤 볼을 얹는 데 사용하는 폼으로, 일회용과 재사용할 수 있는 두 가지가 있다. – 일회용은 뒷면에 접착제가 붙어 있지만, 재사용하는 것은 알루미늄 플라스틱으로 만들어져 있으며 접착제가 붙어 있지 않다.		

Section 02 | 네일의 구조와 이해

1 네일의 구조

① 네일 구조

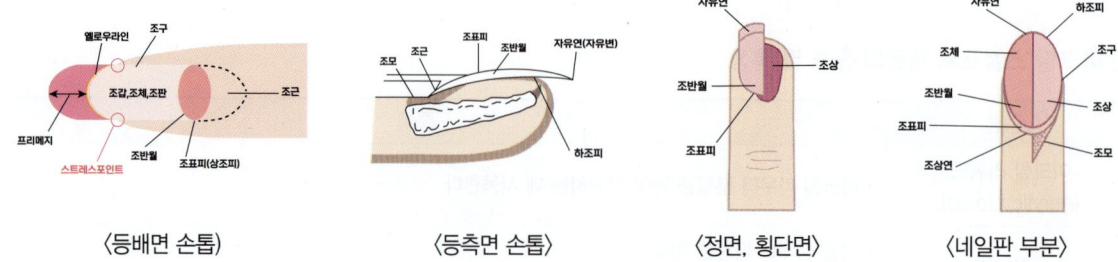

〈등배면 손톱〉　〈등측면 손톱〉　〈정면, 횡단면〉　〈네일판 부분〉

명칭	내용
조근 (Nail Root)	• 네일 루트는 조근이라고도 한다. • 손(발)톱의 근원으로서 피부 밑에 묻혀 있다. • 표피와 접해져 굽어진 곳에 대략 5mm 깊이로 심어져 있으며 매우 부드럽고 얇다. • 세포분열이 형성되는 부분으로서 조상 내에 분포하고 있는 모세혈관으로부터 산소를 공급받아 손(발)톱이 자라기 시작하는 곳이다. • 조근에서 오래되고 딱딱해진 세포들은 조체 방향으로 밀려나면서 자란다.
조체 (Nail Body)	• 손톱 자체의 판으로서 손톱 총 길이(조체 + 옐로우 라인 + 자유연)를 말한다. • 신경조직이 없는 각질화된 딱딱한 세포이다. • 네일 바디는 네일 플레이트(Nail Plate) 또는 조갑(爪甲), 조판(爪版)이라고도 한다.
자유연 (Free Edge)	• 프리에지는 자유연(자유변)이라고도 한다. • 조체 내에서 옐로우 라인이 자유연의 출발선이다. • 옐로우 라인 밖은 수분 공급이 되지 않아 수분 함량이 감소되어 있어 강도가 약한 부분이다. • 네일의 말단면, 즉 조체의 외부로 향해 잘려나가는 부분인 옐로우 라인의 가장 바깥 면을 일컫는다. 　– 신경이나 혈관이 없다. 　– 영양 부족 시 갈라지거나 찢어질 수 있다. 　– 층층싱피세포로 구성되며 미세한 자극에도 부서지는 손상을 초래한다.
옐로우 라인 (Yellow Line)	• 네일의 조체와 자유연의 경계선이다.
스트레스 포인트 (Stress Point)	• 외부적인 충격을 가장 많이 받는 부분으로 조구가 끝나는 지점이다. • 내적 측면의 경계인 옐로우 라인이 시작되는 지점으로 자유연이 찢어지기 시작하는 곳이다.
조상 (Nail Bed)	• 네일 베드는 조상(爪上)이라고도 하며 조체의 밑 피부이다.

명칭	내용
조모 (Nail Matrix)	• 네일 성장을 조정한다. • 매트릭스는 조모(爪母)라고도 한다. • 조모는 피부 속으로 박혀있는 부분으로서 조체의 줄기세포이다. • 림프관과 혈관, 신경이 많이 분포하고 있는 가장 예민한 부분이다. • 각질형성세포에서는 딸세포인 네일세포(Nail Cell)를 생산하며 밤낮으로 쉼 없이 성장한다. • 색소형성세포에서는 미량의 멜라닌 색소가 분비되어 네일의 색을 형성한다.
조반월 (Nail Lunula)	• 네일 루눌라는 조반월(爪半月)이라고도 한다. • 조근과 연결된 부분으로 케라틴화가 덜 된 유백색의 반달 모양이다. • 충분히 각화되지 않아 부드러우며 하부와의 접착 정도가 불충분하여 불완전하다.
하조피 (Hyponychium)	• 조상과 연결된 자유연 밑부분의 피부이다.

② 네일판 밑 부분

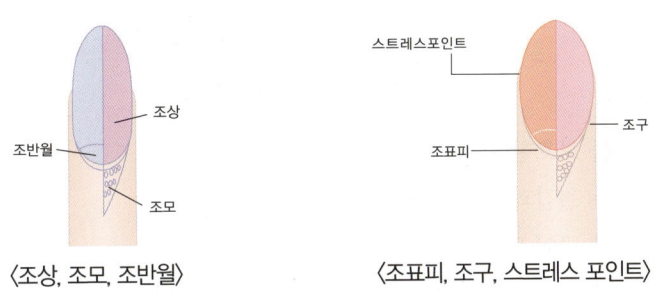

〈조상, 조모, 조반월〉   〈조표피, 조구, 스트레스 포인트〉

2 네일 구조의 이해

피부표피의 각질층과 투명층으로부터 변성된 반투명의 각질판인 네일은 손가락 끝과 발가락 끝을 보호하는 피부의 각질부속기관으로서 신경, 혈관 등이 존재하지 않으나 일생 동안 끊임없이 성장한다.

(1) 네일의 역할

명칭	내용
조근	• 모세혈관으로부터 산소를 공급받아 손·발톱이 자라나기 시작하는 기저 부분이다.
조체	• 조체 아래의 피부인 조상을 보호하는 역할을 한다.
자유연	• 조상의 연장 피부인 하조피를 보호하는 역할을 한다.
조상	• 신경조직과 손톱의 신진대사와 수분 공급을 담당한다. • 조체 밑의 민감한 피부로서 조체를 받쳐주는 역할을 한다.
조모	• 조체를 만드는 각질형성세포로서 세포분열에 의해 네일을 성장시키는 역할을 한다.
조반월	• 반월의 크기에 따라 영양 상태를 추정할 수도 있다.
조표피	• 세균 및 진균의 감염으로 인하여 붉게 부어오르거나 염증 등의 외부 미생물로부터 방어 역할을 한다.
스트레스 포인트	• 옐로우 라인의 시작점으로서 하중을 받을 시 조체 측면의 찢어짐을 방어하는 역할을 한다.

(2) 네일의 성장 및 기능

1) 네일의 성장

① 평균 한 달에 조체 길이의 약 1/8 정도 자란다.

> **tip** 하루 평균 0.1~0.15mm 정도, 한 달 약 3~5mm 정도 밀려나옴(Elongate)으로써 성장한다.

② 완전히 자라는 데 약 4~6개월 걸린다.
③ 겨울보다 여름에 더 빨리 자라며, 어린이들이 성인의 네일보다 더 빨리 자란다.
④ 손가락 중 가운뎃손가락(중지)의 손톱이 가장 빠르게 자란다.
⑤ 손톱은 발톱보다 더 빠르게 자라며, 발톱은 손톱보다 두껍고 단단하다.
⑥ 네일의 성장은 일반적으로 건강과 질병, 영양 상태 등에 의해 영향을 받는다.

2) 네일의 기능

- 장식적인 역할을 한다.
- 손·발가락 끝의 피부를 보호한다.
- 조체는 조상을 보호하는 철갑과 같은 역할을 한다.
- 외부로부터 자극에 대한 방어 또는 공격의 기능을 갖는다.
- 신체의 다른 곳보다 조상의 모세혈관으로부터 산소를 공급받는다.

3 네일의 특성과 형태

(1) 네일의 특성

① **네일의 경도** : 수분량과 단백질 조성에 따라 다르며, 비타민과 미네랄이 부족하면 이상현상이 나타난다.
② **네일의 세포층** : 중층상피세포의 구조로서 단단하며, 반투명한 편평사각형으로서 두께는 0.5~0.75mm이다.
③ **건강한 네일** : 건강한 손(발)톱은 표면이 매끄럽고 광택이 있으며, 모양이 일정하고 두께가 균일하다. 일반적으로 연한 핑크빛을 띠며 수분을 12~18% 정도 보유하고 있다.
④ **네일의 지질함유량** : 지질은 0.15~0.75%를 포함하고 있다.
⑤ **네일의 구조** : 루트, 바디, 프리에지, 베드, 매트릭스 등으로서 특히 네일손질의 대상이 된다.

(2) 네일의 형태

1) 네일 형태의 결정 조건(생태적 형태)

① **네일판 모양 결정** : 조체의 크기는 조구의 모양, 조표피 모양, 스트레스 포인트의 위치에 의해 결정된다. 즉 네일의 크기는 스트레스 포인트를 기준으로 조체 모양의 바깥선(Outline)을 결정한다.

| tip | 자유연의 성장은 6개월일 때 최대 1.8~3cm 정도 자란다. |

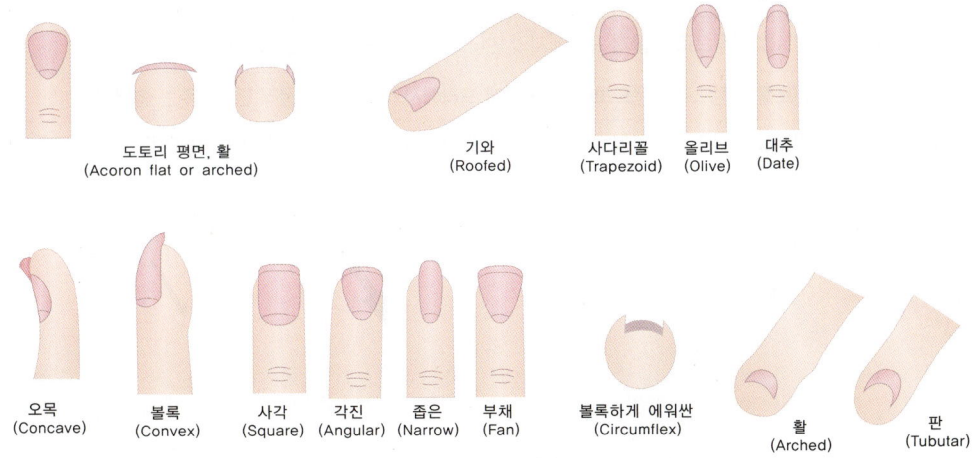

〈생태적 네일 형태의 종류〉

② 네일의 길이 결정

조표피 중앙에서 옐로우 라인까지의 직선 길이에 의해 결정된다.

㉠ 골든 프로포션 : 네일 형태가 가장 아름답고 우아하게 보이는 이상적인 길이를 의미한다.

㉡ 이상적인 길이 : 성장 네일 전체(손톱길이)를 4등분 하였을 때, 자유연은 성장 네일의 1/4 길이로 유지하는 것이 이상적인 비율이다.

㉢ 한계의 길이 : 성장 네일 총 길이에서 자유연이 1/3 이상 길어지면 부러지거나 찢어진다. 따라서 스트레스 포인트 양 측면에 부담을 주지 않도록 길이를 유지하고, 부담이 느껴지면 자유연을 잘라야 한다.

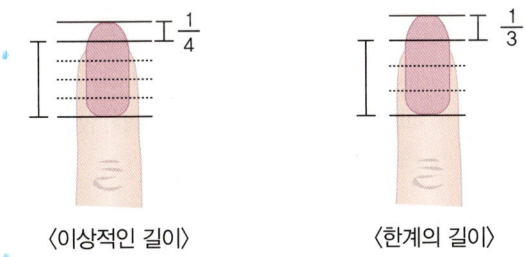

〈이상적인 길이〉   〈한계의 길이〉

2) 네일 디자인 모형(이상적 형태)

① 네일 디자인 모형의 정의 : 생태적 형태에서 출발한 네일은 디자인 모형에 따른 이상적 형태를 갖춤으로써 이미지 메이킹화된 네일 형태가 된다.

② 네일 디자인 유형 : 고객의 손가락 굵기와 길이, 라이프 스타일 및 선호도에 따라 길이와 모양을 이상적 네일 형태로 만드는 것을 네일 디자인 모형이라고 한다. 이는 5가지 유형으로 분류된다.

스퀘어형	스트레스 포인트를 기점으로 프리에지와 만나는 모서리 부분에 각이 생기도록 만들어주는 형태이다.
라운드 스퀘어형	스트레스 포인트를 기점으로 프리에지와 만나는 모서리 부분에 각이 생기지 않도록 모서리 부분만 살짝 굴려 만들어주는 형태이다.
라운드형	스트레스 포인트를 기점으로 둥글게 프리에지와 만나도록 굴려 만들어주는 형태이다.
오발형	스트레스 포인트를 기점으로 라운드보다 더 둥글게 프리에지와 만나도록 굴려 만들어주는 형태이다.
포인트형	스트레스 포인트를 기점으로 오발형보다 더 둥글게 프리에지와 연결하여 뾰족하게 만들어주는 형태이다.

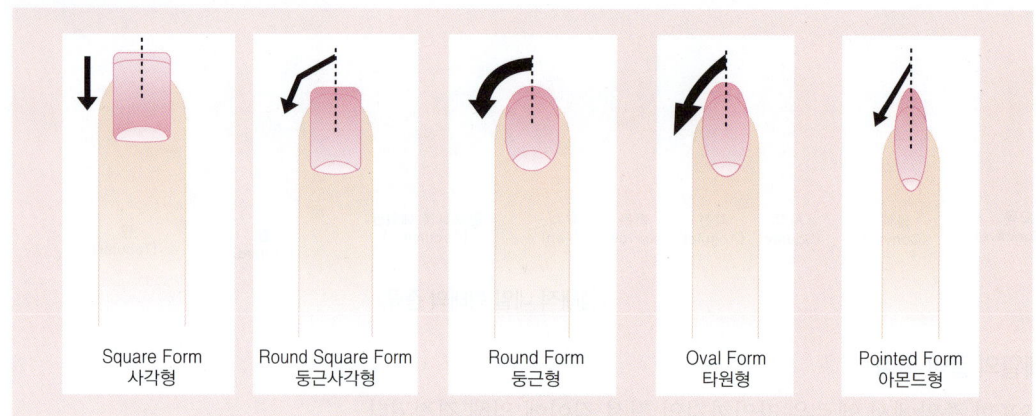

〈네일 디자인 모형〉

3) 네일 디자인 모형 만들기

네일모양이 시작되는 근원은 스트레스 포인트와 조표피에 있다. 네일 디자인 모형 5가지 유형을 기본으로 형태를 만든다.

네일모양 (정면)	네일모양 (측면)	각도	디자인 모형	특 징
		90°	스퀘어 모형	• 파일 각도는 90°로 양쪽 끝을 굴리지 않고 각을 살린 강한 느낌의 형태이다.
		90°	스퀘어오프 모형	• 파일 각도는 45~90°로 양쪽 끝을 약간 둥글게 하는 형태이며 손·발톱에 많이 활용된다.

			모양	설명
		약45°	라운드 모형	• 파일 각도는 45°로 양쪽 네일 그루브에서 이어지는 스트레스 포인트 선은 그대로 남겨두고 양쪽 끝에 각이 지지 않도록 둥글게 한 모양을 말한다.
		약15°	타원 모형	• 파일 각도는 15°~45°로 양쪽 끝을 둥글게 더 많이 다듬는 형태이다.
		약10°	아몬드 모형	• 파일 각도는 10°~45°로 뉘여서 타원형보다 양쪽 끝을 더 많이 갈아 뾰족하게 만들어 주는 형태이다. • 충격이 가해지면 흡수 면적이 작기 때문에 부러지기 쉬운 단점이 있다.

4) 다섯 가지 타입의 폴리시 바르는 방법

	전체 코트 (Full Coat)	손톱 전체를 바르는 방법이다.
	프리에지 (Free Edge)	물건 등을 잡을 때 가장 먼저 닿는 벗겨지기 쉬운 부분으로 프리에지 부분에 폴리시를 하지 않는 방법이다.
	헤어라인 팁 (Hairline Tip)	프리에지와 같은 이유로, 전체를 발라준 후 손톱 끝 둘레를 약 1.5mm 닦아주는 방법이다.
	슬림 라인 또는 프리 월 (Slimline or Free Walls)	손톱을 가늘고 길게 보이도록 하는 방법으로 손톱 양옆을 1.5mm 남겨놓고 바르는 방법이다.
	반달형 (Half Moon or Lunula)	손톱의 반달 부분을 남겨놓고 바르는 방법이다.

Section 03 | 네일미용의 역사

고대 우리나라에서는 문인(文人)을 선호하는 사상에서 희고 가느다란 손가락을 양반 계층으로 보았으며, 손(발)톱이라고 하여 함부로 다루지 않았다. 머리카락과 함께 1년간 모아 두었다가 3월 3일(용날)이 되면 불에 태웠다.

세시 풍속에서도 봉숭아 꽃잎을 따다가 짓이긴 후 백반을 넣어 손톱에 동여매어 곱게 물들이기도 하였다. 서양에서도 손의 관리에 따른 미적 보존 유무에 따라 신분을 판단하기도 하였다. 이러한 네일미용의 역사는 고서 또는 고분, 전래된 구술 또는 풍습, 제품 및 도구 개발에 따른 사회적 유행 등을 통하여 유추할 수 있다.

1 한국의 네일미용

(1) 한국 네일미용의 역사

① **삼국시대** : 바닷가 사람들은 바다와 강에 들어가기 전에 쪽(쌍떡잎식물)으로 손과 발에 물을 들였고, 산촌 사람들은 산에 들어가기 전에 손톱과 발톱에 붉은 칠을 했다.

② **고려시대** : 봉선화를 손톱에 물들인다고 해서 '염지갑화(染指甲花)' 또는 단순히 지갑화라고도 하였는데, 봉선화로 손톱을 물들이는 풍습은 이미 고려시대(1318~1392년)에 부녀자와 처녀들 사이에서 행해졌다.

③ **조선시대**

  ㉠ '동국세서기' 기록에 의하면 봉선화를 따서 백반을 넣어 짓찧어 손톱에 물을 들였다.

  ㉡ 손톱에 물든 봉선화의 붉은색이 내포한 주술성 때문에 귀천에 관계없이 봉선화로 손톱을 물들이는 풍속이 전국적으로 퍼졌고, 현재까지 이어지고 있다.

  ㉢ '섬섬옥수(纖纖玉手)'라는 말을 비롯하여 다산(多産), 다남(多男)을 위해서는 '손은 마치 봄에 솟아난 죽순 같으며, 손바닥의 혈색이 붉어야 한다'는 기록이 남아있어 어느 시대보다 손에 대한 속설이 많이 생겨났음을 알 수 있다.

(2) 근대의 네일미용

1960년대 이후에서 1990년대 이전까지 네일관리의 대중화는 주로 이용실 또는 미용실에서 손톱 손질을 미용 서비스 차원에서 무료로 제공하면서 시작되었다.

> **tip 무료 차원의 네일케어 과정**
> 손가락 끝에서 팔꿈치(엘보)까지 핫 습포 후 오일 또는 크림으로 마사지하는 습식 매니큐어 과정으로서 손톱형태에 따라 금속파일로 큐티클과 손톱모양을 다듬는다. 이때 큐티클 시저스를 이용하여 큐티클을 제거 후 네일 폴리시를 컬러함으로써 간단한 색조화장으로 마무리하는 정도였다.

(3) 현대의 네일미용

연도 / 종류	전문네일살롱	교육기관 설립	협회 및 학회 발족
1988년	• 최초 살롱 개원 – 그리피스(서울 이태원)		
1996년	• 백화점 전문네일코너 입점 (서울 압구정동)		
1997년	• 숍인숍 네일코너 – 미용실 또는 피부 관리실 내 • 전문살롱 오픈 – 세씨네일, 헐리우드네일	• 전문아카데미 개원 – 핑크네일 오브 뉴욕	• 한국네일협회 설립 – 네일 민간인 자격제도 시행
1998년		• 미용 관련 대학 – 네일 교과목 개설	
2014년			• 한국프로네일협회 설립

2 외국의 네일미용

(1) 고대

구분	B.C 3,000 ~ 2,000년경
이집트	• 왕과 왕비의 손톱에 헤나(붉은색 또는 오렌지색)를 칠함 • 왕비의 무덤에서 금속제로 제작된 오렌지 우드스틱 발견 • 신분이 낮은 사람들은 옅은 색을 입힘 • 고분에서 출토된 시녀의 미라에서 보라색 손톱 발견 • 전쟁에 나가는 군인들의 손톱에 색조를 넣음 • 그라데이션 컬러
중국	• B.C 600년 금색과 은색을 손톱에 바름 • 입술과 연지에 사용된 홍화를 손톱에 입혀 조홍이라 함 • 벌꿀과 계란흰자, 아라비아산 고무나무 수액을 조제하여 손톱화장을 함

(2) 중세

① 매니큐어를 남성 전유물로 여겼다.
② 전쟁 출전에 앞서 군인들은 염료를 사용하여 입술과 네일에 동일 계열의 색을 칠하였다.

(3) 15세기

① 명나라 때 흑색과 적색을 손톱에 발랐다.
② 가짜 손톱(인조손톱)을 사용하여 손톱이 길어보이게 하였다.

(4) 17세기

인도	프랑스
조모(Nail Matrix)에 문신 바늘로 헤나를 주입하여 건강한 붉은 손톱을 표현	궁전 문을 노크할 때 긴 손톱을 이용하여 긁는 방식을 취함으로써 귀족들의 손톱 손질이 보편화됨을 엿볼 수 있음

(5) 19세기

연도	내용
1910년	• 뉴욕에서는 네일 폴리시 제조회사(플라워리)가 설립됨 • 네일 손질에 금속파일과 사포파일을 도구로 사용
1917년	• 잡지 '보그'의 닥터 코너에 홈케어 네일 제품이 광고됨 • 네일 폴리시는 주로 투명한 자연스러운 컬러로 제한 • 네일의 반월과 양 가장자리를 뺀 손톱 중앙에 컬러를 도포 • 조체 내 자유연(프리에지)에 사용되는 화이트 폴리시 출시에 의해 네일 폴리시 시장의 대중화가 되어 일반 화장품 가게에서도 폴리시 구입이 용이해짐
1927년	• 네일 큐티클 크림과 큐티클 리무버 출시

1930년	• 제나 연구팀에 의해,
	  – 다양한 채도의 레드 폴리시가 출시
	  – 네일 폴리시 리무버, 워머 로션, 큐티클 오일이 출시
	  – 전기기구를 이용하여 손톱에 광택을 냄

1932년	• 오늘날과 같이 채도, 명도, 색상 등 다양한 폴리시가 출시 • 레브론 사에서 립스틱과 어울리는 네일 폴리시 색상을 출시
1935년	• 인조네일 개발
1940년	• 습식 매니큐어가 남성 이발소에서 최초 작업 • 뾰족한 손톱모양에 빨간색을 가득 메우는 손톱화장이 유행함(영화배우 리타 헤이워드)
1948년	• 네일 손질에 도구 및 기구를 사용(미국의 노린 레호) • 자연네일에 가까운 내추럴 폴리시 색상이 유행
1956년	미용학교에서 네일케어가 교과목으로 최초 채택(미국 여성잡지 편집장, 헬렌 걸리 브라운)
1957년	• 네일팁 사용이 확대 증가 • 호일을 이용한 아크릴 스컬프처가 작업 • 페디큐어가 작업되기 시작

(6) 근·현대

구분	내용
1960년	• 실크와 린넨을 이용하여 네일 랩이 작업 / • 약하고 부서지기 쉬운 손톱 보강술이 시도
1967년	• 손과 발 관리가 대중화
1970년	• 네일케어와 네일아트가 유행되기 시작 • 여성의 직업으로 네일리스트가 확립되기 시작 • 긴 손톱을 위한 인조팁과 아크릴 스컬프처가 본격화
1973년	• 네일 접착제와 접착식 인조네일 개발(미국 네일제조회사 IBD)
1974년	• 네일 폴리시, 리퀴드, 파이버 글래스, 필러 파우더, 프라이머, 베이스 코트 등이 제조 (올리 인터내셔널 제조회사)
1975년	• 네일리스트협회 창립 • 미국 식약청(FDA)에서 메틸 메타크릴레이트 제품의 아크릴을 사용 금지시킴
1976년	• 스퀘어형 손톱모양이 유행 / · 네일아트가 미국에 정착 • 인조팁, 아크릴 스컬프처, 섬유 랩 등이 제조

1981년	• 에씨, 오피아이, 스타 제조회사에서,
	  – 네일 및 핸드용 전문제품이 출시 / – 네일 액세서리가 출시
	  – 네일 제품 부스를 통해 박람회 개최
	  – 건성 또는 지성용의 베이스 코트, 톱 코트 등이 출시

1982년	• 아크릴 스컬프처 제품(파우더, 프라이머, 리퀴드) 개발
1991년	• 전문대 피부미용과에서 네일 과목 개설
1992년	• 인기 여배우들에 의해 네일 대중화가 최고조로 확대 • NIA(The Nail Industry Association)가 창립되어 네일 산업이 정착
1994년	• 독일 라이트 큐어드 젤 시스템이 등장 / · 면허제도(네일 테크니션)가 뉴욕 주에 도입
1999년	• 미용고등학교 또는 4년제 대학 미용학과에서 네일 과목 개설
2000년대	• 젤 스컬프처(UV경화 코팅법에 의한 고강도 · 고광택 특성) 확대
2014년	• 네일미용사 국가자격(한국산업인력공단 시행) 시험 시행
2022년	• 1월 1일 국가기술자격의 현장성 강화 및 활동성을 제고하기 위해 국가직무능력표준(NCS)을 기반으로 자격 내용을 직무 중심으로 개편함

CHAPTER 2 · 네일숍 청결 작업

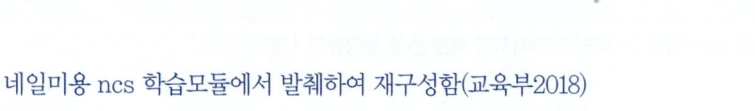

네일미용 ncs 학습모듈에서 발췌하여 재구성함(교육부2018)
네일숍의 시설 및 물품을 청결하게 함으로써 환경을 위생으로 관리할 수 있다.

Section 01 | 네일숍 시설 및 물품 청결

1 네일숍의 최적화 공기 환경

네일숍의 실내는 18±2℃(16~20℃)를 적정온도로 한다. 실외온도가 26℃ 이상일 시 냉방을 10℃ 이하일 시 난방을 요구한다. 즉 인체 자체의 개인차는 있지만 약 10~26℃에서 체온조절 범위와 함께 머리와 발에 2~3℃ 간극을 주는 것도 위생상 좋다.

(1) 온도

온열조건(기온, 기습, 기류, 복사열 등)이 고려되어야 하나 일반적으로 기온을 기준으로 한다.

냉방		난방	
국소	• 선풍기 : 네일작업 시 미세먼지 날림 현상 • 에어컨 : 제한적 공간의 네일숍 실내에 적합	국소	• 난로는 실내 난방에 효율적임 - 난방 원료에 유의하여야 함
중앙	• 캐리어시스템 : 냉·난방, 공기세정 작용 등 위생적임	중앙	• 전체 실내온도를 동일하게 관리함으로서 위생적임 - 설치비용이 높음
실내·외의 온도차 10℃ 이상일 경우 냉방병 유발, 5~7이내가 적정함		전기를 이용하지 않을 경우 난방 원료의 운반 및 보관 등이 불편하며 화재발생 가능성이 있음	

(2) 습도

- 쾌적습도는 실내온도 25℃, 60%를 기준으로 하나, 기온이 높고 40~70% 이상의 습도가 올라가면 불쾌감을 갖는다.
- 네일숍에서는 온·습도 측정기를 이용하여 주기적으로 체크하도록 한다. 건조 시 가습기를 이용하여 관리한다.

(3) 환기 시스템

- 네일숍내 전체 환기(공기정화)를 위해 시설설비 시 인공환기 장치(천정에 배관)를 천정뿐 아니라 아래쪽에도 설치해야 한다.

① 실내공기를 위한 환기

네일화장품 및 폐기물을 보관하거나 사용할 때에는 뚜껑을 닫아 보관한다.

② 충분한 환기를 위한 작업환경

신선한 자연공기 유입이 가능하도록 개폐 가능한 창문을 설치한다.

2 네일숍의 최적화 작업환경

(1) 청소도구 및 청소

- 빗자루, 쓰레받기, 손걸레, 밀대걸레, 먼지떨이, 고무장갑, 진공청소기, 쓰레기통 등을 사용한다. 사용한 후에는 세척 또는 소독하여 적절한 장소에 청결하게 보관한다.
- 네일숍의 안팎을 청결하게 보존하고 위생적인 환경을 접할 수 있도록 이물질 제거를 위해 쓸고 닦는 일련의 행동과 미생물 등이 증식되지 않도록 소독처리하는 과정이다.

> ● 청소 시 유의점
> - 제품 표면의 먼지, 오염을 방지하기 위해 주기적으로 수행한다.
> - 청소 시 장갑이나 가운, 보안경 등을 착용하고 확실하게 규정된 책임을 맡은 감독자를 둔다.
>   - 높고 깨끗한 곳을 우선으로 하여 낮고 더러운 곳은 나중에 한다.
> - 먼지를 발생시키지 않는 청소방법으로서 높은 곳의 먼지나 천장타일벽 등은 아래쪽으로 이물질이 떨어져서 오염되지 않도록 한다.
> - 작업대, 작업의자 전등 등의 표면은 매일 먼지를 닦아야 한다.
> - 바닥은 소독제로 충분히 적시고 마찰을 이용하여 청소한다.
> - 커튼과 카펫은 정기적인 스케줄에 따라 오염을 확인하고 필요 시 교환하고 세탁한다.
>   특히 카펫은 네일숍에 적합하지 않지만 진공청소기를 사용하여 이물질을 흡인한다.
> - 벽, 창문, 문, 문고리 등은 정기적인 스케줄에 따라 관리하되 오염되었을 때에는 즉시 청소한다.

(2) 작업환경 유형에 따른 소독관리

기기 및 도구	• 작업도구관련 도구들은 사용 후에는 소독을 하여 보관함 – 미용기기 및 도구의 손잡이, 작업대, 문손잡이, 조명스위치, 전화기, 리모컨, 의자와 작업관련 도구 등
시설	• 접촉이 적은 표면은 규칙적인 청소 일정에 따라 시행하고 오염이 눈에 보이는 경우 즉시 제거함 – 벽, 커튼, 조명, 환기용 시스템 등
패브릭 제품	• 주기적인 일정에 따라 교환하고 눈에 보이는 오염이 있을 시 즉시 교체함 – 커튼, 테이블덮개, 쿠션 등
화장실 또는 개수대	• 매일 세정용 소독제를 사용하여 청결하게 처리하며, 오염이 눈에 띌 때 즉시 곰팡이가 있는지 확인하고 금이 갔거나 곰팡이가 있는 선반은 제거하거나 교체함 – 욕실 및 개수대 변기 주위 등

숍 바닥	• 바닥은 소독제를 이용하여 청소하며 도구로는 자루걸레와 양동이 빗자루 등을 이용 적절히 세탁하여 건조시킨다. 소독제는 자주 교체한다.
카펫	• 진공청소기를 사용, 정기적으로 청소하고 필터는 주기적으로 일정하게 교체해야 한다. – 카펫은 먼지와 파편을 모으기 때문에 작업장, 왕래가 많은 곳, 액체를 자주 쏟을 수 있는 구역에 설치하는 것은 권장되지 않음

(3) 작업환경 정리·점검

정리	점검
• 소독이 가능한 기구 – 소독이 완료된 상태에서 자외선 소독기 내에 보관 • 네일파일류 및 화장품류 – 종류별로 분리하여 청결한 장소에 정리 보관 • 소독제와 소독관련 물품은 정해진 장소에 보관·관리 • 화학제품의 사용 시 사용설명서 및 MSDS를 비치하여 활용 • 고객의 작업유형에 따라 사용되는 제품을 미리 정리하여 해당 작업 시 보관함에서 꺼내어 작업 함 • 고객의 개인도구(퍼스널 카드) • 고객의 이름과 회원번호에 따라 찾기 쉽도록 정리·보관 • 가운과 타월 사용 후 세탁된 상태에서 위생적으로 관리 함	• 소도구는 전용비누와 뜨거운 물로 세척 • 세척된 소도구는 깨끗한 물에 헹구어 위생처리된 타월로 닦고 건조 • 소독에서 손 소독용 스프레이나 젤을 수시로 사용하거나 살균용 비누로 손을 씻음 • 위생처리가 끝난 도구는 승인된 보관 절차에 따라 보관하거나 봉합, 밀폐된 플라스틱 팩에 보관하도록 함 • 작업테이블은 소독용액을 사용하여 소독하도록 함 • 고객이 사용한 1회용 제품은 반드시 폐기하며 다음 고객을 위해 새제품으로 준비 • 소도구는 작업에 사용하기 전에 20분 동안 소독기에 담가둠

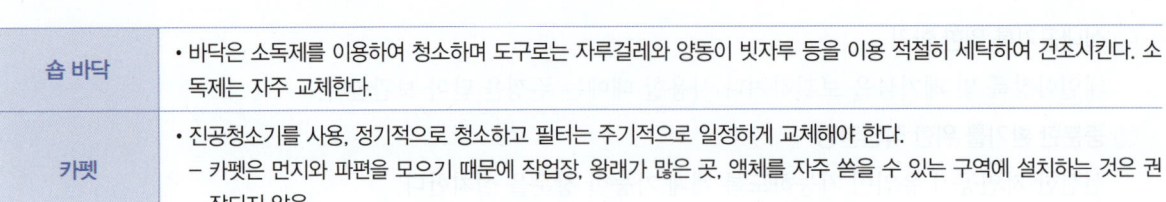

Section 02 네일숍 환경위생관리

1 네일숍 환경위생관리

① 작업 전용 네일 테이블(Ventted Table)에 부착된 통풍구나 환기 필터는 먼지나 냄새를 흡입하는 장치로서 네일 작업 전에 미리 켜둔다.
② 네일숍 내의 냄새뿐 아니라 분진과 먼지를 없애기 위해 환기를 자주 시킨다.

(1) 네일 제품의 성분과 유해

1) 화학물질의 특징

① **독성** : 유독성과 무독성으로 분류된다.
② **농도** : 물질에 오염된 정도와 물질의 농도를 갖고 있다.
③ **오염 시간 정도** : 물질에 오염된 시간과 기간이 드러난다.
④ **화학물질 반응도** : 물질에 따른 개인의 반응도가 다르다.

⑤ 오염된 화학물질은 다른 물질과 상호작용한다.
⑥ 물질에 오염된 경로를 찾을 수 있다.

2) 화학물질의 형태

상	성질	제품	특징
고체 (Solute)	• 형태를 가진 물질 　- 작은 입자를 구성하는 먼지나 섬유질 또는 분말	• UV 젤 • 아크릴 리퀴드 • 파우더	• 매우 조밀하고 견고하여 제거하기 어려움 • UV 젤 사용 시 　- 빛을 차단해야 함 　- 백열전등의 열을 이용해 수분을 증발시킴
액체 (Solvent)	• 유동성이 있는 물질	• 글루 • 베이스 코트 • 톱 코트 • 프라이머 • 네일 폴리시 • 프라이머 : 인조 • 네일 접착제	• 네일 폴리시나 톱 코트는 수분 증발을 통한 건조 과정이 필요함 • 부착력이 약하고 견고성이 떨어져 쉽게 제거
기체 (Gas)	• 대기 중에 부유하는 물질	자외선(UV light)	-
수증기	• 공기 중으로 증발한 액체에서 발생 • 아세톤 액체는 열린 병의 액체가 공기 중에 증발되면서 아세톤 수증기가 생성됨	• 폴리시 리무버 (아세톤)	• 아세톤 : 41℃에서 최적 반응

CHAPTER 3 · 네일숍 안전관리

(네일미용NCS학습모듈에서 발췌하여 재구성 함, 교육부 2018)

Section 01 | 네일숍 안전관리

1 화재안전관리

실화	방화
• 담뱃불, 양촛불, 연탄불 등 화기취급 부주의로 인한 • 전기합선, 단락, 과부하, 스파크, 과열, 정전기 용접 등으로 인한 • 휘발유, 경유, 등유 등 위험물 및 가연성 액체 취급 부주의로 인한 • 액화천연가스(LNG), 액화석유가스(LPG), 부탄가스, 도시가스, 아세틸렌가스 등 가연성 가스의 취급부주의로 인한 • 이동식 난로, 보일러, 가스 및 전기난로 등 난방기기 취급부주의로 인한	가정불화, 자살을 목적으로 방화광, 화재보험을 탈 목적으로 산업시설이나 공공시설물을 태울 목적으로 점검한 화재 등

(1) 화재예방수칙 및 응급처치

예방수칙	응급처치

• 불필요한 가연물 등을 쌓아 놓지 않음
  폐지, 헌옷, 폐기박스 등
• 전열기는 불이 붙을 수 있는 주위에 두지 않음
• 인화성 기체 · 액체를 방치하지 않음
  – 부탄가스, 알코올, 휘발유 등
  – 가구 뒤편이나 작업대 · 카펫 아래 등
• 담배는 실외 또는 흡연실에서 띄운 꽁초는 반드시 끄고 확인한 후 버림
• 비상구에는 물건들을 쌓아두지 않아야 함
  – 빈 박스, 쓰레기 등 팔 수 있는 물건 등
	• 화상부위는 신속히 수돗물에 적시거나 담굼
	• 크지 않은 화상부위는 깨끗한 수돗물로 냉각시킴
	• 로션, 연고, 기름 등은 바르지 않으며 소독거즈로 화상 부위를 덮어 줌
	• 물집은 터트리지 말고 화상 부위에 붙어있는 물 질들도 건드리지 않도록 함
	• 119에 도움을 요청해서 빠른 시간 내에 환자를 병원으로 옮기도록 함

2 전기안전관리

(1) 전기 감전사고의 원인

- 전기가 흐르는 도체에 신체의 일부가 닿는 경우 / • 낙뢰에 의한 경우
- 높은 전압의 기기 및 전선 부근에 근접한 경우
- 피복 손상으로 전선이 기기의 금속체에 닿아 전기가 누락되는 기기를 만지거나 접착한 경우

(2) 전기안전 수칙

전기코드	• 코드를 잡아당길 시 피복 안의 구리선이 끊어져 화재나 감전사고의 위험이 있음 – 반드시 플러그 몸체를 잡고 당기도록 함
불량기구 교체	• 파손된 플러그나 콘센트, 벗겨진 전선 등의 경우, 감전·합선의 원인이 됨 – 교체하여 사용함
문어발식 배선	• 전선마다 전기양이 정해지므로 여러 가지 전기 제품을 한 선에 꽂을 시 – 발열, 화재 또는 감전의 원인이 됨
젖은 손	• 물이 묻은 젖은 손으로 플러그나 스위치를 잡을 시 – 감전위험이 있음
덮개가 있는 콘센트	• 유아나 어린아이 등 호기심에서 젓가락이나 이와 비슷한 물건을 이용 콘센트 구멍에 넣으면 감전될 수 있음

(3) 감전사고 시 응급처치

- 전기 감전 시 충격에 의해 심장마비와 호흡정지 현상을 갖는다.
- 호흡정지 상태가 3~5분 계속되면 혈액 중의 산소 함유량이 감소하기 시작, 뇌의 산소 결핍에 대한 저항력이 약해진다.
- 감전된 사고자 주변의 전선 또는 기기의 전원스위치를 차단한다.
- 전원을 차단할 수 없을 경우 기기 또는 전선으로부터 사고자를 분리한다.
- 사고자를 구출한 후 피해자가 의식, 호흡, 맥박 상태를 확인하고 높은 곳에서 추락하였을 때 출혈의 상태와 골절 여부를 확인해야 함

(4) 전기 스파크 및 과부하 방지

스파크 대비	과부하 방지

• 전기기기 사용 후
  – 반드시 플러그를 뽑아둔다.
• 가연성 분진(톱밥, 밀가루, 섬유먼지 등)
  – 수시로 청소함
• 배전반 내 먼지, 금속가루 등 분진제거
• 정전 시 플러그를 뽑거나 스위치를 off함
• 분전함 등 전기시설 부근
  – 기구, 위험물, 기타 가연물을 두지말 것
	• 전기기기의 전기용량 및 전압
	  – 적합한 규격의 전선 사용
	• 한 콘센트에 여러개 플러그를 꽂아 문어발식으로 사용을 금함

3 안전사고 관리

(1) 네일숍의 안전사고 관리

일반적 안전사고 관리	화학물질 안전사고 관리

• 네일숍 내에서는 금연하고 음식물 섭취를 피함
• 응급처치 용품 구비, 응급상황 시 연락할 대책기관 연락망 확보
• 소화기 배치와 화재위험이 있는 곳에 인화성이 강한 제품 접근 금지
• 냉온수기 : 정기위생점검
• 냉난방기 : 통풍구 필터 교체와 청결유지
	• 네일미용사 사용제품
	  – 폴리시, 폴리시리무버, 시너, 아세톤, 아크릴리퀴드, 네일프라이머, 네일접착제, 건조활성제 등
	• 화학물질 노출 시 증상(부작용)
	  – 두통, 불면증, 콧물과 눈물, 목마르고 아픔, 피로감, 눈과 피부충혈, 피부발진 및 염증, 호흡장애 등
	• 물질안전보건자료(MSDS)
	  – 필요 정보를 기재한 안전데이터 시트

(2) 네일미용사 안전관리 수칙

- 발과 무릎은 가볍게 모으며 발 사이 간격을 약간 벌린다.
- 눈의 피로를 덜어주기 위해 밝은 불빛을 작업대에 설치한다.
- 의자의 높낮이를 조절하여 허리에 부담을 주지 않게 작업한다.
- 바르게 앉는 자세를 습관화하여 허리의 피로를 완화시킨다.
- 간단한 스트레칭을 규칙적으로 하여 피로회복에 도움을 주도록 한다.
- 정기적인 휴식을 취하면서 골격과 근육에 불편감과 통증 발생을 조절한다.
- 다리를 꼬거나 의자 밑으로 발을 넣지 않도록 하며 발바닥이 바닥에 평면으로 닿도록 한다.

(3) 고객의 안전관리 수칙

- 일회용품은 사용 후 반드시 폐기, 재사용하지 않는다.
- 장시간 작업이 요구되는 고객은 간단한 스트레칭을 권한다.
- 네일도구 사용 후 반드시 소독하여 자외선 소독기에 보관한다.
- 고객의 귀중품은 잘 보관하여 분실 및 도난이 일어나지 않도록 관리한다.
- 작업 도중 피가 날 경우 지혈제를 사용하며 과도 출혈 발생 시 응급처치 후 전문의 치료를 받게 한다.
- 네일 제품 및 도구 사용 시 부작용 또는 위생적으로 고객 피부에 과민 반응이 일어난 경우 즉시 작업을 중지하고 전문의 치료를 받게 한다.

(4) 화학물질 안전관리 수칙

- 작업대는 통풍구나 필터를 갖추도록 한다.
- 환풍기 또는 창문을 이용 수시 환기한다.
- 먼지 냄새 등을 흡입하는 흡진기를 갖춘다.

- 네일 미용사는 콘택트렌즈의 사용을 피하고 보호안경과 마스크를 사용한다.
- 쏟아지지 않도록 재료는 정리함에 보관하는 것이 적절하다.
- 공기중에 퍼지는 스프레이 형태보다 스포이드나 브러시로 바르는 것을 선택한다.
- 유효기간이 지난 네일 재료는 사용을 금하며 유효기간이 지나면 반드시 폐기한다.
  한번 덜어내어 사용한 네일제품은 재사용할 수 없으며 폐기시킨다.
- 보관 시 빛을 차단할 뚜껑있는 용기 등을 사용하여 밀봉 후 서늘한 곳에 보관한다.
- 제품은 뚜껑이 있는 용기를 사용하고 사용한 후에는 뚜껑을 닫아야 한다.
- 네일재료는 스패츌러를 이용하여 덜어 사용하며 액체인 경우 스포이드를 사용하여 오염을 방지한다.
- 피부타입에 따라 피부에 닿을 시 화상과 트러블을 일으킬 수 있으므로 닿지 않게 주의한다.

Section 02 | 네일숍 시설 · 설비

1 물질안전기준표(Manterial Safety Data Sheet, MSDS)

미국에서 법으로 규제한 MSDS는 화학제품에 대한 정보 또는 위험성을 알려주는 기준표이다. 작업할 때 사용하는 제품에 대한 물질안전기준 파일을 숍 내부의 쉽게 접할 수 있는 장소에 비치해야 한다.

① 물질안전기준표의 정의
- 화학제품의 연소성을 나타낸다. / • 화학제품의 성분 위험도를 나타낸다.
- 작업장에서의 건강상 위험도를 나타낸다.
- 작업 시 사용하는 제품의 인체 위해도를 결정한다.
- 작업장에서 사고가 발생했을 때 응급 순서를 결정한다.

> **tip 〈 물질안전기준표의 법 규제**
> - 사업장은 작업자들에게 화학제품의 위험에 대해 교육해야 한다.
> - 제품의 용기에 라벨을 부착해야 한다.
> - 작업장에서는 누구나 이용할 수 있는 물질안전기준표를 잘 보이는 곳에 비치해야 한다.

② 물질안전기준표에 명시되는 목록

긴급 상황과 우선적 도움 절차 등이 명시되어 있다.
- 제품의 이름 : 화학물의 이름, 상표 이름
- 제조업자, 판매자 또는 수입업자 : 이름, 주소, 비상시 전화번호

- 물질안전기준표에 제시된 날짜
- 제품에 함유된 위험한 성분들
- 제품이 암을 유발하는지 여부
- 악화될 수 있는 건강상의 문제
- 물리적·화학적 특성 : 외형, 냄새, 녹는점, 끓는점, 증기압력 등
- 화재 또는 폭발의 위험성 : 인화성, 연소성, 발화점 등
- 통계치수 : 필요한 환기 종류, 마스크나 장갑과 같은 보호장비 취급 요령
- 반응 : 다른 화학물질과 반응했을 때 새로운 위험성을 발생시키는지 여부
- 노출의 경로 : 일반적인 호흡과 흡입, 피부 접촉을 통해 몸속으로 들어오는지 여부
- 건강에 끼치는 위험 : 장시간 혹은 단시간에 걸친 노출로 인해 건강에 영향을 끼치는 징후들

③ 물질안전기준의 세부사항
- 제품 용기에는 라벨이 부착되어야 한다.
- 사용자는 작업장 내에서 사용하는 화학제품에 대한 성분 등의 기준(자료)표를 항상 확인해야 한다.
- 라벨과 물질안전기준표에 표시된 인체 유해제품 등은 정보 프로그램을 작성하여 교육해야 한다.
- 물질안전기준표의 원본은 숍 내 책임자가 보관해야 하며, 정보를 쉽게 이해하고 읽을 수 있도록 제공하여야 한다.
- 응급처치보다 더 위중한 사태에 대비하여 가까운 종합병원이나 응급실 등의 전화번호 또는 연락처를 비치한다.

> **tip 숍 내 구비해야 할 응급처치용품**
> 작업 시 출혈, 찰과상, 화상 등에 대비해 비치해야 할 구급용품에는 살균된 거즈패드, 거즈밴드, 일회용 밴드, 과산화수소(3%), 요오드(2%), 알코올(70%), 붕산(5%), 핀셋, 안전핀, 면봉 등이 있다.

CHAPTER 4 · 미용기구 소독

Section 01 | 네일미용 도구소독

1 네일숍 내의 도구

모든 네일도구는 사용하기 전에 반드시 소독해야 하며 오염된 기구 및 도구는 작업테이블에서 즉시 소독해야 한다.

큐티클 니퍼 (Cuticle Nipper)	• 손톱 주변의 굳은살과 거스러미를 제거할 때 사용하는 가위이다.
푸셔(Pusher)	• 큐티클을 밀어 올릴 때 사용한다. • 45° 정도로 잡고 손톱 주변의 굳은살이나 각질층이 손상되지 않도록 적당히 밀어 올린다. • 메탈푸셔 이외에 스톤푸셔도 있다. 　※ 스톤푸셔(Stone Pusher) : 메탈푸셔를 사용한 후 네일표면의 각질과 거스러미 등을 세밀하게 제거할 때 사용한다.
네일 클리퍼 (Nail Clipper)	• 자연손톱과 인조네일의 길이를 자르는 도구이다.
팁 커터기 (Tip Cutter)	• 인조네일을 자르는 데 사용한다.
더스트 브러시 (Dust Brush)	• 인조네일 작업 시 또는 자연손톱의 모양을 다듬은 후 먼지나 이물질을 제거할 때 사용한다. • 습식 매니큐어 작업 시 물에 담갔던 손톱 밑의 이물질들을 세척할 때 사용한다. • 작업할 때는 한 방향으로만 위에서 아래로 손질한다.
핑거 볼 (Finger Bowl)	• 습식 매니큐어 시 손끝의 큐티클을 불리기 위해 손가락을 담그는 용기이다. • 미온수를 담아 사용한다.
디스크 패드 (Disk Pad)	• 라운드 패드라고도 하며, 파일링을 한 후 먼지나 조구의 거스러미를 제거하는 데 사용한다.
샌딩 블록 (Sanding Block)	• 조체 표면의 거칠과 가로 세로 줄을 매끄럽게 정리할 때 사용한다. • 랩이나 네일팁을 작업할 때 글루나 젤을 바른 후 부드럽게 마무리하기 위해 사용한다.
에머리 보드 (Emery Wood)	• 우드 파일이라고도 하며 자연손톱의 모양이나 길이를 변경할 때 사용한다.
파일 (File)	• 자연손톱을 제외한 인조네일 또는 연장한 네일의 모양이나 길이를 변경할 때 사용한다. • 철제 타입은 소독 후 재사용이 가능하고, 비철제 타입은 재사용이 불가능하다. 　※ 그릿(Grit)은 파일의 거칠기 정도로서 번호가 높을수록 부드러운 파일이다. 　※ 그릿 수에 따른 용도 　－ 그릿(Grit) 180 : 부드러운 파일로 큐티클 주위와 손톱의 모양을 잡을 때 사용한다. 　－ 그릿(Grit) 100 : 거친 파일로 랩이나 네일팁의 턱을 제거할 때 사용한다.

도구	설명
샤이니 블록 (Shine Block)	• 손톱을 정리한 후 손톱 표면에 광을 낼 때 사용한다.
손목 받침대	• 작업을 받는 동안 고객의 손목과 팔을 편안하게 해준다.
페디 파일 (Pedi File)	• 페디큐어를 할 때 사용하는 발 전용 파일로, 각질 및 굳은살을 벗겨낸다.
크레도(Credo)	• 콘 커터라고도 하며 발바닥의 굳은살을 제거하기 위해 사용하며 칼날이 포함되어 있다.
토우 세퍼레이터 (Toe Seperater)	• 발가락과 발가락 사이를 벌려 컬러가 묻지 않고 불편 없이 페디 작업을 할 수 있도록 돕는다.
랩 가위 (Wrap Scissors)	• 실크 가위라고도 하며 실크, 린넨, 파이버 글라스 등 천을 재단할 때 사용하는 작은 가위이다.
젤 브러시 (Gel Brush)	• 인조섬유로 된 브러시로 조체 표면에 젤을 얹을 때 사용한다.
아크릴 브러시 (Acrylic Brush)	• 아크릴 파우더를 조체 위에 얹어 인조네일을 만드는 데 사용하는 브러시로 붓의 모양과 길이, 크기에 따라 여러 종류가 있다.
디펜디시 (Dependish)	• 아크릴 리퀴드 또는 아크릴 파우더를 덜어 쓰는 용기이다.
디스펜서 (Despenser)	• 액체 용액을 담아두는 용기이다.
습식 소독 용기 (Water Sanitizer)	• 70~90%의 알코올에 철제 도구들을 20분 이상 담가두는 용기이다.

> **tip**
>
> | 재질 | 소독관리 |
> |---|---|
> | 금속제품 | • 니퍼, 클리퍼, 팁커터, 드릴비트, 메탈푸셔, 메탈스패츌러 등
• 알코올(70%)에 20분간 담근 후 사용하거나 제4기 암모늄 혼합물이 담긴 소독기에서 사용 직전 꺼내 사용 |
> | 유리제품 | • 유리는 세척을 깨끗이 한 후 자외선에 노출될 수 있도록 겹치지 않게 자외선 소독기에 넣어 소독 |
> | 플라스틱제품 | • 핑거볼, 네일브러시, 스포이드 등 사용 후 세제를 푼 미온수로 닦아서 말린 후 사용하거나 물로 세척 후 닦아서 건조한 후에 자외선 소독기로 소독하거나 물로 세척 후 알코올로 소독하여 사용
*특히 핑거볼은 일회용 종이볼 사용을 권장 |
> | 나무제품 | • 나무류의 지압봉은 1인 사용을 원칙으로 폐기 처분하거나 그렇지 못할 경우 알코올 소독액에 20분 이상 침전 후 물에 잘 헹구어 타월로 닦아서 통풍이 잘 되는 그늘에서 건조해 보관한다. |

2 네일미용 용품

피브릭용품	• 직물 천으로 된 가운 또는 타월은 1인 1회 사용해야 하며, 매일 세탁하여 위생적인 장소에 정리보관 • 타월은 삶거나 중성세제로 세탁하여 통풍과 채광이 잘 되는 곳, 자외선에서 말린 후 보관 • 가운은 피부에 직접 접촉하므로 세탁 후 일광소독을 해야 하며, 가능하다면 일회용 종이 가운을 사용
일회용품	• 면봉, 왁스천, 탈지면, 샌딩파일, 스패츌러, 패디파일, 보드 및 네일파일 등은 1회 사용 후 폐기(다회 사용 제한)
네일폴리시 용품	• 크림 또는 젤 타입 제품은 스패츌러를 이용 덜어 사용하며, 액상 물질이나 로션 등은 사용 또는 후에 이물질이 안으로 들어가지 않는 전용 용기에 담아 사용한다. 탈지면 거즈 등을 사용하여 용기 주변 또는 입구를 위생적으로 처리함

3 네일 도구의 소독

① 네일 도구는 비눗물로 세척한 후 마른 수건으로 물기를 닦고 자외선 소독기에 보관한다.
② 핑거볼은 가능한 한 1회용으로 사용하고, 부득이한 경우 소독 처리 후 사용한다.
③ 오렌지 우드스틱, 파일, 면봉 등은 소모품으로 1인 1기 사용 후 폐기한다.
④ 니퍼, 랩 가위, 메탈 푸셔 등은 소독제에 소독한 다음 흐르는 물에 헹구어 마른 수건으로 닦는다. 세척이 끝나면 자외선 소독기에 넣어두고 작업할 때마다 꺼내 사용한다.
⑤ 리넨과 타월 등은 고객 1인 1회 사용한 후 뜨거운 물로 세탁하고 통풍이 잘 되는 곳에서 햇볕에 말린다.
⑥ 사용 후 이물질이 묻은 도구는 즉시 버리거나 반드시 소독하며 사용 전·후의 도구는 따로 보관한다.

Section 02 | 네일미용 기구 소독

1 네일 기구 및 기기

(1) 네일숍 내의 미용기기

① **매니큐어 테이블**
  ㉠ 매니큐어 전용 책상은 네일용품의 진열과 보관이 가능해야 하며 조명은 300~400Lux 정도이다.
  ㉡ 통풍구와 환기 필터가 장착되어 먼지나 냄새를 흡입한다.
  ㉢ 네일리스트와 고객 간에 작업하기 쉽도록 간격을 둔다.
  ㉣ 호마이카 재질로 제작된 테이블은 화학물질을 청소하기 쉽다.
② **작업용 의자** : 바퀴와 등받이, 높낮이 조절장치 등이 달려 있어야 오랫동안(2시간 이상) 앉아 네일리스트의 피곤을 덜고 작업을 용이하게 할 수 있다. 재질은 천보다는 인조가죽이 화학제품이 묻었을 때 제거하기 쉽다.
③ **고객의자** : 안락함을 줄 수 있도록 팔걸이가 있는 것을 선택한다.

④ 족욕기(페디 스파기)
  - 페디큐어나 발마사지를 할 때 혈행을 좋게 해서 피로를 풀어준다.
  - 등받이는 진동 마사지와 스파 바이브레이션 기능이 있어 고객에게 안락함을 제공한다.
  - 사용 후에는 세제로 닦아 건조시켜 사용하거나 소독제를 사용하여 세척 및 소독을 한다.
⑤ 파라핀 워머기기, 왁싱워머기기 : 파라핀을 녹일 때 사용하는 전기기구로서 정해진 장소에 보관하며 사용 후에는 세척 또는 닦아서 보관한다. 파라핀 화장물, 스패츌러 등은 한번 사용 후 폐기한다.
⑥ 폴리시 드라이어(전기 네일 드라이어) : 손톱 색조화장 후 폴리시를 건조시키는 전기기구이다.
⑦ 젤 램프기기 : 사용 전 후 소독제로 닦아서 보관한다. 젤 큐어링 라이트기라고도 하며 젤을 굳힐 때 사용하는 전기기구이다. UV 젤을 굳게 하는 자외선 또는 할로겐 전구가 들어있는 기계로써 라이트의 종류와 형태는 회사에 따라 다양하다.
⑧ 드릴머신, 에어브러시 건
  전원 스위치와 속도 조절 스위치, RPM 스위치(정방향, 역방향 등 회전방향 전환), 핸드피스(Hand Piece)를 연결하는 본체와 비트로 구성되며, 다양한 종류의 금속 재질로 연마면을 가지고 있다.
  ㉠ 사용법
    - 분당 회전수(Revolution Per Mimute, RPM)는 1분간 회전하는 횟수를 뜻하는 비트의 단위로, 보통 5,000~15,000RPM이 적당하다.
    - 작업 도중 고객의 손톱이 뜨거울 때는 작업을 중단하고 분당 회전수를 줄인다.
    - 네일리스트가 오른손으로 비트를 잡을 때는 시계 반대 방향(정방향)으로, 왼손으로 잡을 때는 시계 방향(역방향)으로 회전 방향을 맞춰서 사용한다.
    - 인조네일 작업 전 자연네일의 유분기를 제거하는 사전작업을 할 때나 마무리 작업 시에는 비트(샌딩 밴드)의 RPM을 천천히 부드럽게 가속시킨다.
    - 드릴머신은 RPM이 최저 0~100, 최고 35,000이다. 따라서 드릴머신을 사용하면 네일웰이나 큐티클 라인의 미세한 부분뿐 아니라 유분기 제거가 미숙해서 야기되는 리프팅 현상을 최소화할 수 있다.
  ㉡ 사용 시 주의사항
    - 작업 시 네일 면의 수평을 유지한다.
    - 비트 작업 후에는 반드시 위생적으로 처리한다.
    - 모터나 핸드피스에 먼지가 들어가지 않도록 하고 충분히 충전한다.
    - 네일케어에 사용되는 비트와 각질 제거용 비트, 큐티클 주변정리 비트 등 종류가 다양하므로 작업 용도에 맞는 그릿(Grit) 수의 비트로 작업한다.

> **tip**
> - 드릴비트와 에어브러시 건(금속소재)은 습식 소독기에서 소독 후 자외선 소독기에 보관한다.
> - 드릴머신 사용 후 분진을 제거하고 닦아서 보관한다.

⑨ **소독기** : 네일도구의 소독과 살균을 위해 소독액을 담아두는 용기이다. 한 개의 니퍼로 한 사람의 작업을 마치면 소독용기에 20분 이상 담가둔다. 시간이 오래 소요되므로 최소 2개 이상의 니퍼를 소지하고 있어야 한다. 니퍼, 푸셔, 크레도, 페디파일은 항상 소독기에 소독된 상태로 있어야 한다.

> **tip**
>
> | 소독기 종류 | 특징 |
> |---|---|
> | 습식용
(화학적 소독기) | • 다양한 소독기 형태로서 공기를 담을 수 있는 뚜껑이 달린 빅사이즈여야 한다.
• 용기 속의 소독약은 자주 교환해야 함 |
> | 건식용 | • 캐비닛식 소독용기로서 밀폐가 요구된다. 사용되는 연막소독제는 제조회사의 사용설명서를 참고해야 한다. |
> | 전기식
(자외선 소독기) | • 전기식(자외선) 소독기로서 자외선 처리 전에 습식용 소독기에 먼저 처리해야 함
• 내부가 습한 경우 곰팡이가 생길 수 있으므로 항상 내부를 청결히 청소한 뒤 보관한다. |

⑩ **온장고** : 사용전·후 타월로 오염물을 제거하고 온장고 내·외부, 도어 패킹 사이를 물 10 : 왁스 1 비율로 혼합하여 닦고 사용하지 않을 시 문을 열어둔다. 적정온도는 온장고 70°, 냉장고 4°를 유지하며 물이 흘러내리지 않을 정도로 짜서 넣어둔 냉·온타월은 오래 보관하지 않도록 한다.

CHAPTER 5 · 개인위생 관리

Section 01 | 네일미용 작업자 위생관리

> **tip** **손발 소독제품**
> - 안티셉틱 : 네일 작업 전 네일미용사와 고객의 손발을 살균 소독하기 위해 탈지면에 적셔 사용하는 항균제품
> - 항균비누 : 각종 유해성분과 미생물 번식을 억제시키는 네일미용사의 손세정제이다. 거품을 내어 손, 손가락 손톱 주변을 물과 함께 사용하며 페디큐어 시 일회용 입욕살균제로 사용한다.
> - 새니타이저 : 알코올 제제를 이용한 핸드럽(alcohol based handrub) 제품이며 주로 에탄올을 주성분으로 병원과 공공기관에서 물로 손 씻는 것을 대신하는 대용제이다.
> - 비누액과 물을 이용하여 손을 세척하고 속건성 알코올 소독제로 병원균을 완전히 제거하는 방법은 위생적이면서 가장 간단하며 효과적이다. 이는 손씻기(hand washing)와 손소독(hand antisepsis)을 모두 포함하는 손위생(hand hygiene) 방법이다.

1 작업장 위생

작업대	• 소독된 사용제품 및 소독제품을 위생 세팅한 후 손받침대를 준비한다. • 일회용품을 준비하고 작업 직전에 사용할 수 있는 기구들은 자외선 소독기(또는 습식소독기)에서 꺼내 준비한다. • 작업매트, 타월, 페이퍼 타월 순으로 세팅하고 일회용 위생봉투를 쓰레기통으로 활용한다.
작업자	• 세탁 완료된 가운을 위생적으로 착용하며, 작업 후 세탁한다. • 네일미용사는 스스로의 안전을 위해 보호안경과 마스크를 반드시 착용한다. • 마스크는 1회 사용 후 폐기하고 보호안경은 사용 후 반드시 소독한다.

2 손소독

작업자	고객
• 고객에게 작업을 제공하기 직전에 손을 세척한 후 탈지면(70% 알코올을 적신)으로 손등 – 손바닥 – 손가락 사이 순서로 양손을 번갈아가며 소독한다. • 작업이 끝날 때마다 항균비누와 손세척용 브러시를 사용하여 흐르는 미지근한 물에 40~50초간 깨끗이 씻고 일회용 종이타월이나 손건조기를 이용 물기를 제거한다.	• 탈지면에 손소독제를 분사하여 적신 후 고객의 손을 한 손으로 받치고 손등을 닦으며 손을 뒤집어서 손바닥을 손가락 쪽으로 닦아낸다. 넓은 쪽을 닦은 후 손가락 사이사이를 차례대로 소독한다. • 나머지 한쪽 손도 동일한 방법과 순서로 소독한 후 사용한 탈지면은 폐기처리한다.

3 발소독

- 손소독하기와 동일하게 작업자의 손을 먼저 소독한다. 고객의 발을 소독한다.
  - 발전용 소독제를 탈지면에 적신 후 고객의 발을 한 손으로 받치고 발등을 닦은 후 발을 옆으로 돌려서 발바닥을 발가락으로 향해 아래로 닦고 발가락 사이사이를 차례대로 소독한다.
  - 나머지 한쪽 발도 동일한 방법으로 소독한 후 사용한 탈지면은 폐기처분한다.

4 네일미용사의 자세

(1) 기본 자세

① 네일리스트의 긴장된 태도는 고객도 긴장시킨다.
  - 자연스러운 자세로 고객 쪽으로 약간 몸을 기울인다.
  - 약간의 몸짓을 통하여 고객의 이해도를 높인다.
  - 상담 시 다리를 꼬거나 고객보다 낮은 자세로 내려앉지 않는다.
  - 상담 시 손을 많이 흔들거나 팔짱을 끼지 않는다(고객에게 거만하게 비칠 수 있다).

② 효과적인 상담을 위해서는 고객의 말에 귀 기울이는 태도가 중요하다.
③ 고객에게 반말 등 단적인 표현을 삼간다.
④ 자신의 자세와 몸짓이 어떤 의미를 전달하는지 주의하며, 자신의 의도와 맞는지를 분명히 파악해야 한다.

(2) 복장 및 위생

개인위생은 물론 숍 내의 청결과 위생을 생활화한다.

복장	위생
명찰을 착용한다.	테이블 : 클리너나 소독액으로 닦는다.
작업하기 편안한 복장을 착용한다.	쿠션 : 매 고객마다 깨끗한 새 타월을 깔아서 앉힌다.
화려한 액세서리는 부착하지 않도록 한다.	파일, 오렌지 우드스틱, 솜 등 : 일회용으로 사용한다.
항상 손톱, 발톱, 머리 상태, 복장 등이 깨끗해야 한다.	손 세척 : 역성비누 등으로 깨끗이 씻고 마른 타월로 닦는다.
강한 향수 및 음식물, 땀 냄새 등이 나지 않도록 한다.	작업도구 : 소독이 필요한 도구들은 소독액에 10분 이상 담근 후 잘 닦아 건조한다.
	작업장, 서랍, 캐비닛 등 모든 시설 : 깨끗하고 청결하게 관리한다.

> **tip** 손톱, 발톱에 직접 접촉되는 도구들은 자외선 소독기나 소독액 등에 소독한 후 사용한다.

Section 02 | 네일의 병변

1 네일케어가 가능한 질환

① 고랑진 조체
- ㉠ 모양 : 조체 겉모습이 가로나 세로로 패인 주름 또는 고랑 모양의 선, 즉 고랑진 구(Groove ; Trench)를 나타낸다.
- ㉡ 증상 : 아연 결핍, 위장장애, 순환계의 이상, 영양실조, 고열, 임신, 홍역 등에 의한다.
- ㉢ 관리 : 버핑 시 조심스럽게 해야 하며, 필러 파우더를 사용하여 파인(팬) 홈을 메운다.

> **tip** 고랑
> - 세로 고랑
>   조체 자체의 유·수분이 부족하거나 만성 순환계의 이상, 염증이 있는 질병 또는 알코올 중독, 동상 등에 의해 증상이 나타나기도 한다.
> - 가로 고랑
>   내적 질환의 형태에 의해 주로 증상화된다. 즉 과로, 고열, 아연 결핍 등과 같은 영양실조와 정신적 질환 또는 임신 중에 나타나기도 한다.

② 조체 위축증(Onychoatrophy)

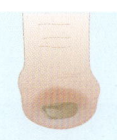

- ㉠ 모양 : 조체에 윤기가 없으며 오므라들 듯이 보인다. 심하면 조체가 축소되는 것처럼 떨어져 나가는 현상이다.
- ㉡ 증상 : 조모 손상, 내과적 질환, 강한 알칼리성 세제 사용 등에 의한다.

③ 혈종(血腫 ; Hematoma ; Hematomi ; Bruised Nail)

- ㉠ 모양 : 외부 충격으로 인해 조상이 손상되어 혈액이 응고된 상태의 멍든 손톱이라 한다.
- ㉡ 증상 : 조모가 손상될 수도 있으나 손상되지 않았을 경우 약 1개월 후 손톱이 새로 자라 나온다.

④ 조체증(Onychophagy)

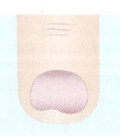

- ㉠ 모양 : 교조증이라고도 하며 손톱을 씹거나 깨무는 버릇에 의한 증상이다.
- ㉡ 관리 : 심리적인 안정이 요구되며 깨무는 버릇을 고쳐야 한다. 인조손톱으로 보강하거나 매니큐어 컬러링 등의 작업을 통해 지속적으로 관리한다.

⑤ 조체 연화증(Eggshell Nail)

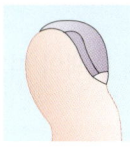

- ㉠ 모양 : 계란껍질 손톱이라하며 손톱 표면이 흰색을 띠며 얇고 끝이 구부러져 있다. 심한 다이어트나 비타민 부족 등으로 발생하며 직업적 요인으로도 나타난다.
- ㉡ 증상 : 내과적 질병(갑상선기능저하증, 위장장애), 신경계통(만성관절염)의 이상현상이다.
- ㉢ 관리 : 푸셔 사용 시 부드럽게 밀어 올려야 하며, 부드러운 파일로 작업한다.

⑥ 손가락의 거스러미(Hang Nail)

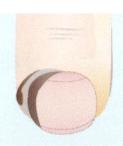

- ㉠ 모양 : 손톱 주변 피부의 거스러미로서 상조피 또는 측부의 조구 내 스트레스 포인트 등에서 피부가 조그맣게 들떠있는 모습이다.
- ㉡ 관리 : 피부가 건조하여 나타나는 현상으로서 보습처리를 한다.

⑦ 조체 종렬증(Onychorrhexis)

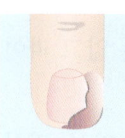

- ㉠ 모양 : 특발성 종렬을 지으며, 조체는 세로로 갈라지고 부서지며 골이 파지는 현상이다.
- ㉡ 증상 : 갑상샘 항진증이나 리무버 과다 사용 시 나타나는 현상이다.

⑧ 조내생(Onychocryptosis ; Ingrown Nail)

- ㉠ 모양 : 손·발톱 조내생(爪(內生) 또는 인그로우 네일이라 한다. 손톱이나 발톱이 조구로 파고 들어간 현상이다.
- ㉡ 증상 : 프리에지를 제거하고자 할 때 바싹 깎거나 꽉 끼는 신발을 상용으로 신는 경우이다. 심할 경우 조체를 제거하는 수술을 요한다.

⑨ 조체 익상편(Pterygium Unguis)

- ㉠ 모양 : 표피조막이라고도 하며 큐티클의 과잉 성장으로 조체 표면을 덮는 형태이다.
- ㉡ 관리 : 상조피가 반월 쪽으로 치켜 들뜨는 증상으로서 핫 로션 또는 핫 오일 매니큐어로 작업이 가능하다.

⑩ 조체 비대증(Onychauxis)

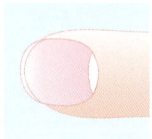

- ㉠ 모양 : 과잉 발육으로서 과다한 두께 또는 성장에 의해 비후하게 보인다. 비대 또는 거대한 손톱과 발톱을 말한다.
- ㉡ 관리 : 유전이나 질병 등에 의해 나타나는 현상으로서 부드러운 파일로 파일링한다.

⑪ 조체 백반증(Leukonychia)

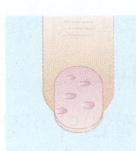

- ㉠ 모양 : 색소가 빠져 백색(Leuko)으로 나타난다.
- ㉡ 증상 : 원인은 불분명하다. 부분적인 백색 현상으로서 예외로 조상에 백색의 띠가 형성되는 경우도 있다.
- ㉢ 관리 : 네일이 자라면 잘라내고 네일 폴리시를 바르면 된다.

⑫ 변색 또는 오염된 조체(Discolored Nail)

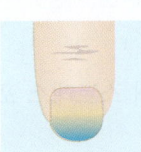

- ㉠ 모양 : 내·외적 현상으로서 네일케어 과정에서 베이스 코트를 바르지 않고 유색 폴리시를 바를 경우에도 나타난다.
- ㉡ 증상 : 변색, 퇴색, 오염된 조체의 일종으로서 혈액순환과 심장이 안 좋은 상태 또는 구강 치료나 일반 치료 과정에서 나타날 수 있다.
- ㉢ 관리 : 과산화수소를 이용하여 표백한다.

⑬ 스푼형 조체(Koilonychia)

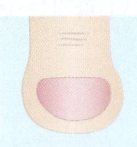

- ㉠ 모양 : 스푼 형 또는 숟가락 형으로 손톱이 함몰된 상태이다. 조체는 얇고 파여 있으며, 가장자리인 조구(조곽)는 부풀어져 있다.
- ㉡ 증상 : 조체의 발육이상 증상으로서 철분결핍증, 빈혈증을 수반하며 건선, 갑상선 기능 장애 등에서 나타난다.

⑭ 무조증(Anonychia)

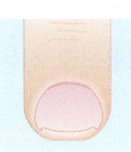

- ㉠ 모양 : 조체 결여증으로서 한 개 또는 그 이상의 조체가 선천적으로 결여된다.
- ㉡ 증상 : 선천성 발육 부전증이나 심한 감염 등에서 볼 수 있다.

> **tip** 스티브스 – 존슨 증후군의 후유증으로도 영구 조갑 탈락이 발생된다.

2 네일케어가 불가능한 질환

① 조체 구만증(Onychogryphosis)

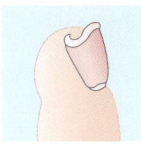

  ㉠ 모양 : 손톱의 만곡 상태가 심해지는 현상이다.
  ㉡ 증상 : 정확한 원인은 아직 밝혀지지 않았지만 조체가 두껍게 변형된다.

② 조체 박렬증(Onychoschisis)
매독이나 당뇨병에 의해 유발되는 증상으로 한 개 이상의 조체가 빠지는 현상이다.

③ 화농성 육아종(Pyogenic Granuloma)

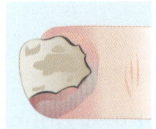

염증이 심한 상태로 네일 주위에 붉은빛을 띠는 조직이 자라 나온다.

④ 조체 박리증(Onychoschizia, Onycholysis)

  ㉠ 모양 : 조체의 전부 또는 일부가 조상에서 이완되거나 분리되는 것으로서 종종 건선의 한 증상으로 나타난다.
  ㉡ 증상 : 외상, 감염, 내과적 질병으로 인한 특정 약물치료에 의해 발생하며 의사 처방이 요구된다.

⑤ 조체 주위염(Paronychia)

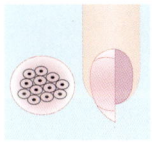 

  ㉠ 모양 : 손톱 주위가 붉게 부풀어 오르고 살이 물러지거나 염증과 고름을 동반하는 상태이다.
  ㉡ 증상 : 조체 주위염으로서 조체 주위에 있는 피부조직이 세균에 감염되어 화농된 염증을 일으킨다. 비위생적인 도구를 사용하거나 큐티클을 많이 잘라낼 때 발생하기도 한다.

⑥ 일어나는 네일(Onychophosis)
조체 밑 부분의 피부인 조상 층이 두꺼워지면서 조체 밑에 축적되어 조상에서 조체를 이루는 판이 들떠 일어나게 된다.

⑦ 족부백선(Tinea Pedis ; Athlete's Foot)

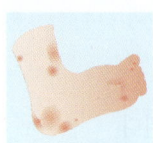

㉠ 모양 : 무좀이라고도 하며 증상에 따른 모양으로서 피부의 침연, 균열 및 낙설, 특히 심한 가려움증을 동반한다.
㉡ 증상 : 만성표재성 진균증으로서 발 또는 발가락 사이에 나타난다.

⑧ 조체 발인벽(Onychotillomania)

조체에 대해 발인벽, 농근벽이라는 증상으로서 조체판을 신경증적으로 뽑아내는 현상이다.

⑨ 조체 진균증(Onychomycosis)

㉠ 모양 : 진균에 의해 감염되어 변색되거나 두꺼워지고 울퉁불퉁하게 된다.
㉡ 증상 : 프리에지에 감염되어 조근으로 퍼져 비정상적 각화로 과립이 지속적으로 생긴다.

⑩ 사상균증(Mold)

㉠ 모양 : 자연손톱과 인조네일 사이로 습기가 스며들어 곰팡이균이 서식한다.
㉡ 증상 : 누런색으로 시작하여 황록색, 청록색, 검은색 등의 순서로 까맣게 되고 네일이 약해지며 악취가 나고 부서질 수도 있다.

CHAPTER 6 · 고객응대 서비스

Section 01 | 데스크 안내서비스

고객 안내업무에는 데스크 안내서비스, 대기 고객응대, 고객 배웅을 필요지식으로 하고 있다. 이에 수행내용으로 '업무하기' 또는 '~하기'로 하여 알면 행할 수 있는 구조를 통해 설명된다.

1 고객응대의 중요성

(1) 고객의 정의

고객들은 자신의 본래 목적 달성을 위하며, 자신이 중요한 사람으로서 적절한 가격과 최고품질의 서비스를 통해 편안해지기를 바라는 특성을 갖는다.

(2) 고객과의 접점관리

네일숍을 방문하는 고객 맞이 인사에서부터 서비스, 작업 등을 받고 숍을 떠나는 배웅 인사까지 전 과정, 즉 "고객과 만나는 모든 순간"이다. 이는 실수가 허용되지 않는 결정적인 순간(moment of truth, MOT)으로 나타낸다.

1) 고객접점의 정의

네일숍에서의 고객접점(顧客接點)이란 고객이 네일숍의 어떤 일면과 접촉되는 일로부터 비롯되며, 서비스품질에 관하여 이미지(인상)를 얻을 수 있는 사건, 즉 고객과 접하는 모든 순간을 의미한다.

2) 고객접점에서의 서비스매너

- 고객에게 호감을 줄 수 있는 표정, 말씨, 의사소통 능력을 갖춘다.
  - 고객의 마음을 읽는 능력과 함께 전문적 지식을 통한 전문화된 상담 기술을 갖춤
- 고객의 입장을 이해하는 자세와 마음을 표현하는 공감 능력을 갖춘다.
  - 고객의 장점을 이끌어 내면서 고객이 하는 말에 공감대를 형성할 수 있도록 함
- 서비스 제공자는 단정한 용모와 복장을 갖춤으로써 고객에게 신뢰감을 줄 수 있게 한다.
  - 용모와 복장은 서비스 제공자의 인격을 표현하는 외적 기능임을 인지하고 네일숍을 대표한다는 마음가짐으로 단정하고 품위있는 모습으로 고객을 응대해야 함
- 서비스 제공자는 바른 자세와 동작을 취함으로써 고객과 상호 신뢰를 쌓을 수 있게 한다.
  - 고객의 잘못된 습관에 대해 억압된 질문이나 강한 요구를 피한다. 따라서 고객의 질문에 대해 차분한 설명으로 이해시키며 친절히 답변해야 함

(3) 고객응대 대화법

1) 대화의 중요성

① 대화의 기법

말은 '나의 사고'를 좌우하고 최종적으로 행동에 영향을 준다.

구분	내용
고객과의 대화 태도	• 상대의 대화를 가능한 한 많이 경청하는 태도로서 눈을 주시하면서 관심과 흥미에 초점을 맞춘다.
서비스 제공자의 대화 태도	• 고객 마음을 배려 또는 이해하면서 긍정적인 단어로서 상황적 표현을 사용한다. – 즉흥적으로 생각하고 추측된 극단적인 표현보다 핵심을 구체적으로 가능한 한 간결하게 표현해야 함
대화 시 에티켓	• 밝고 명랑한 표정으로 상대방의 눈을 주시하면서 두리번거리지 말아야 하며 상대방이 싫어하는 화제는 피한다.

② 대화의 3요소

- 대화는 합당한 논리 자체를 뒷받침하는 정당한 이유를 나타내는 이성(logos) 요소와 정서적 호소를 맡는 감성(ethos) 요소와 설득하는 사람의 인격과 직결되는 정신(pathos) 요소로 구성된다.
- 대화를 효과적으로 하기 위해서는 말하기, 듣기, 태도 등 3요소가 적절히 사용되어야 한다.
  - 전달하고자 하는 메시지는 고객의 상황에 따라 정확해야 하며, 적절한 화법으로 목소리는 높낮이를 갖추고 말과 말 사이는 간결·명확하게, 반응은 정확하게 한다. 대화 시 적절한 제스처나 표정을 곁들이고 대화에 집중하는 태도를 보이며 이야기해야 함

요소의 종류	내용
시각적 요소	얼굴 표정이나 손동작, 적절한 신체 언어(제스처) 등은 때때로 효과적인 커뮤니케이션을 위해 매우 도움이 된다. – 표정, 시선, 제스처, 용모나 복장 등
청각적 요소	목소리의 톤은 말 뒤에 숨겨진 감정을 나타내어 주며, 알맞은 톤의 선택은 전달하고자 하는 메시지의 효과를 배가시킨다. – 목소리톤, 크기, 발음, 속도 등
언어적 요소	고객의 신분에 따라 언어를 달리 표현하는 방법으로 공손한 어휘를 선택한다.

2 내점 고객응대 방법

(1) 데스크에서의 안내

- 고객이 방문하였을 때 정중하고 바른 자세로 웃으며 반갑게 인사를 한 후 데스크로 안내 및 접수를 한다.
- 예약 방문일 경우 고객 맞이 인사를 하고 자리를 안내하나, 비예약인 경우 고객 맞이 인사를 하고 대기석으로 안내한다. 서비스 메뉴판을 제시하고 대기시간 응대 후 식·음료 서비스를 진행한다. 필요할 때 회원카드를 작성하도록 안내한다.

(2) 대기 공간으로 안내

- 작업해야 할 디자이너를 기다려야 할 경우 고객이 이동하는 목적과 위치가 쉽게 인지되도록 정중한 말씨와 자세로 대기석으로 안내한다. 이때 대기시간을 알려주며 식·음료 서비스를 제공한다.
  - "대기 공간으로 안내해 드리겠습니다. 이쪽으로 오십시오, 잠시만 앉아서 기다리시면 최대한 빨리 준비 도와드리겠습니다."
- 신규고객은 회원카드를 작성하도록 안내한다.

(3) 라커룸으로 안내

1) 고객의 물품을 받아 개인 보관함에 넣는다.

고객의 소지품과 의복 등을 보관하고 안내한다.

2) 열쇠는 고객에게 전달한다.

물품이 보관된 라커를 고객이 기억할 수 있도록 하며 라커 또는 열쇠 번호를 재차 알려드리고 "열쇠는 고객님께서 보관하시면 됩니다." 라고 반드시 안내한다.

(4) 작업공간 안내

1) 목적한 작업장까지 고객과 함께 이동한다.

- 이동 목적을 알리고, 손동작으로 방향을 가리키며 이동을 유도해 드린다.
- 고객의 옆쪽으로 비스듬히 2~3보 약간 앞서 보폭에 맞춰 걷고, 걷는 중에 적당히 몸을 돌려 고객 주위를 환기시키면서 안내를 한다.
- 계단을 오르내릴 때, 올라갈 때는 고객의 뒤에서 안내하고 내려갈 때는 고객의 앞에서 걸어가나 고객보다 높은 위치가 되지 않도록 한다(단, 남성 직원이 여성 고객을 안내할 경우, 계단을 오를 때는 고객의 앞에서, 계단을 내려갈 때는 고객의 뒤에서 안내한다).
  - 고객보다는 안내자가 항상 한 계단 뒤나 아래쪽이 되어야 한다.
  - 계단은 중앙이, 계단 손잡이가 있는 쪽이, 나선 계단은 안쪽이 상좌이다.

3 전화 고객응대

(1) 전화응대의 중요성

전화응대의 기본 매너는 좋은 표정과 바른 자세, 예의 바른 말투와 밝은 목소리 등 고객 편의를 생각해서 고객이 전달하는 내용을 정확히 잘 듣고 명확하게 해야 한다.

> **tip** 네일숍에 걸려오는 전화문의의 대부분은 위치, 예약, 요금, 주차 등에 관한 것이므로 관련 내용이 정리된 자료집을 전화기 옆에 비치해 놓고 전화응대에 사용한다.

(2) 전화응대의 3대 원칙

전화통화는 고객의 표정과 태도, 주변 환경을 파악하기 어렵기 때문에 통화가 길어지면 고객의 형편을 반드시 물어보아야 한다. 또한 네일숍의 주고객층에 따른 차별화된 매뉴얼 준비가 반드시 필요하다.

1) 친절성
- 직접 고객을 맞이하는 마음으로 상냥한 어투로 상대방을 존중하며 열린 마음으로 전화응대를 한다.
  - 미소 띤 얼굴로 대화하기 / – 말씨는 분명하며 정중하게
  - 음성의 높낮이와 속도를 유념하기 / – 고객의 요구를 충족시키기 위해 노력하기

2) 신속성
- 전화를 걸기 전에는 용건을 미리 정리한 후 전화를 한다. 전화벨이 3번 정도 울리기 전에 신속하게 받으며, 3분 내로 간결하게 통화한다. 또한 결과를 안내해야 하거나 기다리게 할 경우 예정시간을 미리 알린다.
  - 전화벨이 3번 이상 울리기 전에 받기 / – 늦게 받았을 때에는 먼저 정중히 사과하기

3) 정확성
- 업무에 대한 정확한 전문지식을 갖추고 응대하며 용무를 정확히 전달하고 전달받기 위해 정확한 어조와 음성으로 통화자의 신원을 알린다.
  - 용건을 들으며 요점 메모, 통화 내용을 요약, 복창하여 확인하기 등

(3) 전화응대의 실제

1) 비대면 방식으로 고객을 응대한다.

① 전화 응대 순서
- 벨이 두 번 울리면 즉시 받는다.① / • 밝고 명랑하게 인사한다.②
- 정확한 발음, 다정한 음성으로 친절하게 밝힌다.③ – 상호를 밝히고 응대함
- 중요한 통화 내용을 확인한다.④ – 사전 예약 절차에 따라 전화로 고객을 응대함
- 통화 내용을 메모한다.⑤ – 예약 내용을 메모하여 기록에 남김
- 메모된 중요 내용(예약 날짜 및 시간, 작업유형, 디자이너 지정 등)을 다시 확인한다.⑥
- 감사한 마음을 전하는 인사말을 한다.⑦
- 고객이 끊는 것을 확인한 후 수화기를 조용히 내려놓는다.⑧

CHAPTER 7 · 피부의 이해

Section 01 | 피부와 피부부속기관

1 피부구조 및 기능

(1) 피부의 정의 및 구조

구분	피부의 정의와 기능	피부의 구조
특징	• 피부는 외부환경이 접촉하는 경계면으로서 중층편평상피로 구성, 일생 동안 끊임없이 세포분열과 분화를 통해 새로운 표피를 만들어내는 역동적인 기관이다. • 신체 내부로부터 체액이 빠져나가는 것을 막으며 병균 및 유해 물질이 침투하는 것을 막는 장벽이다.	• 손·발바닥을 제외한 모든 피부는 얇은 피부로서 표피, 진피, 피하조직으로 구성되어 있다. • 피부부속기관은 손·발톱, 모발 등의 각질부속기관과 땀샘과 피지선인 분비부속기관으로 대별된다.

세포의 모양 및 층구조

구분	세포모양 및 층구조
중층 편평상피세포의 형태	• 각질세포층 : 편평형 / • 과립세포층 : 다면체(입방)형 • 유극세포 : 방추형 / • 기저세포층 : 원주형
얇은 피부	• 각질층 → 과립층 → 유극층 → 기저층
두꺼운 피부	• 각질층 → 투명층 → 과립층 → 유극층 → 기저층

피지막
- 한선에서의 땀과 피지선에서 피지가 혼합된 상태로서 피부 pH(÷4.5~5.5) 즉, 피부의 산성도를 나타내며 1~2g/1day 분비되며, 살균·소독, 보습, 중화, 윤기, VtD 등에 관여한다.
- 피지 비중은 0.91~0.93으로서 피지막 두께는 0.05~4mm 정도이다.

(2) 피부조직의 기능

피부 비중은 성인의 경우 체중의 15~17%(5kg 이상), 평균 표면적 2m²로서 가장 큰 신체 기관의 상피조직이다.

1) 표피(epidermis)

1mm 이하의 두께를 가진 피부의 최상층 표피는 재상피화가 일어나는 곳이다. 영양과 산소공급은 기저막 경계의 진피유두에서 확산 과정을 통해 이루어진다. 천연피지막으로 덮여 있는 표피의 역할은 생명유지와 증식, 피부외모개선(피부결, 보습력, 피부재생)을 통한 피부표면의 상태를 결정한다.

① 표피의 특징
- 무핵층(과립·각질)과 유핵층(기저·유극)으로 구분되며 기저(stem cell)층이 존재한다.
- 혈관, 신경이 분포되어 있지 않는 표피는 천연보습인자(NMF)와 세포간지질의 라멜라 층 구조와 함께 피부장벽을 구성하며 각화현상에 의해 표피탈락이 형성된다.

② 표피의 세포층

종류	특징
각질층 (horny · cornified layer)	• 수분 10~20%, 미생물 침입으로부터 보호, 수분과 전해질의 외부 유출방지 등을 함 • 자연보습막(각질지질층)으로서 10~20층의 무핵편평세포로서 각질층 내 층상구조(lamellar granule)를 유지시키는 세라마이드 구조는 피부수분 보유 및 피부장벽 역할을 함 • 유중수형(w/o)으로서 신체로부터 체액이 빠져나가는 것을 막고 병균 및 유해물질이 침투하는 것을 막는 역할을 함 • 각질세포로 피탈과 탈락의 과정을 거침과 함께 병원균으로부터 방어 역할을 함
투명층 (clear layer)	• 손·발바닥에 분포되어 있으며 과립층과 각질층 사이의 경계를 이루는 무핵층 구조임 – 반유동적 단백질인 엘라이딘(elaidin)을 함유함으로써 자외선을 차단하고 수분 침투를 방지하며 윤기를 부여함 • 물리적 압력 또는 화학물질의 흡수를 저지하며 자외선 B 80%를 차단함 • 약알칼리성(pH 7.5~8.5)이며, 투명층이 손상되면 피부가 거칠어지고 피부염이 유발(문제성 피부가 됨)
과립층 (granular layer)	• 2~3개의 무핵편평 또는 방추형의 다이아몬드형 세포층 구조를 경계로 50~75%의 수분을 함유하고 내부로부터 수분증발을 방지하며 약알칼리성(pH7.5~8.5)을 유지함 • 각질화가 시작되는 층으로서 초자유리과립질(케라토하이알린)이 축적되어 있음 • 각질층에 꼭 필요한 세포간지질(층판과립)과 천연보습인자의 구조로 이루어진 라멜라 바디를 방출시킴

유극층
(spinoa · prickle layer)
	• 5~10층으로 구성된 가시세포 돌기가 교소체 세포와 세포 사이 접착물질로 연결됨
	• 유핵세포이며 가시층 또는 극세포층으로서 세포의 형태는 다각형
	  – 세포 사이로 림프액이 흐르기 때문에(림프액 순환) 외부로부터 이물질과 독소를 제거함으로써 피부 피로와 회복을 담당함
	• 피부의 면역학적 반응과 알레르기 반응에 관여함
	  – 이물질(항원)이 피부 침투 시 즉시 림프구(면역담당세포)로 전달하는 역할을 함
	• 자외선으로부터 형성되는 멜라닌색소를 표백시키는 메캅탄 기(–SH)가 존재함

기저층
(basal layer)
	• 각질세포를 생산하는 줄기세포(stem cell)로서 세포분열에 의해 딸세포를 생성
	  – 배아층으로서 세포각화과정의 시발세포이며 유사분열을 통한 생리현상(피부결·보습·안색)이 이루어짐
	• 단층의 원주형 또는 입방형의 각질형성세포로서 줄기세포로 구성됨
	• 표피부속기관으로 기저층 내 각질형성·항원제시·색소형성·인지세포가 존재함
	  – 기저막은 유동성 반투과성의 여과기로서 표피와 진피간의 액상물질을 투과시키며 염증세포, 암세포를 제어하는 방어막 역할을 함
	  – 기저막은 표피세포에 의해 구성되며 진피(콜라겐, 섬유아세포와 다른) 등 완전히 다른 구조의 조직을 결합시키는 중요한 역할을 함

③ 표피의 각화현상(keratinization)
- 기저층에서 만들어진 세포는 각각의 층을 거쳐 각질층으로 이동하는 동안 수분 손실량에 의해 세포모양이 달라진다.
- 생리학적으로 기저층 → 유극층 → 과립층 → 각질층에로의 순차적인 세포분화 과정을 거친다. 각질상태에서 14일간 머물다가 노화된 각화세포로서의 14일간에 걸쳐 피탈(epilated)됨으로써 약 28일 주기로 탈락과정을 거침으로써 새로운 상피세포가 생성(turn over process)된다.

④ 피부색
- 카로틴 + 헤모글로빈(Hb) + 멜라닌색소 등의 요소 간 혼합에 의해 피부색은 결정된다. 특히, 멜라닌색소의 종류인 유·페오의 양과 분포도에 따라 빨강, 노랑, 파랑이 혼합된 색으로서 갈색 색깔을 나타낸다. 피부밑 지방층은 카로틴 양에 의해 노란 색깔을 나타내며 모세혈관의 혈류량과 혈색소의 산화 정도가 붉은 색깔을 나타낸다.

2) 진피(dermis)

① 진피조직의 특징
- 표피보다 훨씬 두꺼우며 치밀한 결합조직으로서 표피를 지지하는 역할을 하며, 세포간물질(결체조직섬유)이 갖는 섬유상 구조물로서 교원·탄력·세망섬유로 조성되어 있다.
- 근육·신경, 모세혈관, 림프관 외에 피부의 부속물인 한선, 피지선, 모낭 등을 갖춘 피부조직으로서 피부탄력 및 유연에 관여하는 유두·망상층의 구조를 갖는다.

② 진피조직의 세포층

세포층	진피조직
유두층 (papillary layer)	• 표피 내 기저층과 인접한 혈관유두는 표피에 영양을 공급, 신경유두는 체온을 조절하며 촉각, 통각, 수분을 다량 함유(혈관이 집중되어 상처를 회복시키고 피부결을 만듦) • 유두층 가장 위쪽은 이랑과 유두 모양의 돌기 형태를 이룸
망상층 (reticular layer)	• 랑거당김선이 있는 진피층의 주요 몸체로서 망상그물층이 교원(아교)섬유 다발을 이루며, 치밀하게 짜여 있는 탄력섬유에 의해 피부탄력성과 피부 반사작용이 관여함 – 충격 및 완충역할 및 고정시키는 역할
세포간물질 (ground substance)	• 진피 내 세포와 섬유 사이에 존재하는 반유동 액체물질로서 기질세포로 구성됨 • 피부 압박에 대해 저항력과 피부 손상을 입은 후라도 섬유조직 내에서 회복을 도움

③ 진피조직의 세포

종류		특징
섬유아세포 (fibroblast)	교원섬유 (collagen fibers)	• 아교·백색섬유라 하며 이들 각각의 섬유는 섬유아세포로부터 분비되는 접착물질에 의해 다발을 형성 • 교원섬유(콜라겐)는 강력한 견인력과 함께 피부주름을 예방하는 수분 보유원의 역할을 함
	탄력섬유 (elastic fiber)	• 섬세한 조직망을 가진 황색섬유로서 교원섬유의 빽빽한 다발들 사이에 무질서하게 분포된 섬유(엘라스틴)로 구성됨 • 탄력성이 필요한 피부, 큰 혈관 또는 호흡기계, 탄력물렁뼈 및 탄력인대 등에서 그물막 또는 다발 형태로 배열되어 있음
비만세포 (mast cell)		• 염증과 알레르기 반응 시 분비되는 히스타민과 세로토닌 같은 화학물질로서 과립 형태를 가짐 • 알레르기 침입 시 —(감각작용 분비)→ 히스타민 —(분비)→ 염증 형성
대식세포 (macrophage)		• 식세포는 노폐물 제거를 위한 백혈구 내 단핵구인 대식세포로서 단독 또는 그룹을 형성하여 외부 침입물질(세균 또는 바이러스)들을 공격, 이물질의 침입을 막는 청소세포임 / – 섬유아세포처럼 이동함으로써 아메바성 병원균을 퍼트림
지방아세포 (lipoblast)		• 글리세롤과 지방산으로 구성된 트라이글리세라이드 구조를 갖고 있음 – 지방세포가 진피에 과다하여 비대 시 세포를 누르거나 림프를 압박하여 정맥류가 됨

3) 피하지방(hypodemis)

- 피부밑 조직으로서 피부밑 지방층 또는 지방조직이라고도 하며, 외부온도 변화에 신체를 보호하고 영양분의 저장소 역할을 한다. 성별, 나이, 신체 부위 등에 따라 다르나 일반적으로 남성보다 여성의 지방조직이 두껍다.
- 피부의 움직임을 방지하기 위해 뼈의 골막이나 근육의 건막에 붙어 기계적·물리적 충격을 방지한다.

(3) 피부의 기능

기능의 종류	특징
보호 기능	• 수분유지, 마찰에서의 보호, 세균 등의 미생물로부터 방어, 광선차단 기능 – 멜라닌색소와 표층의 투명층은 자외선으로부터 피부를 보호함
흡수기능 (경피흡수)	• 한선, 피지선, 모낭으로부터 흡수 – 피지막과 각질세포(표피)가 흡수기전을 방해하며, 지성피부일수록 흡수기전은 나쁨 – 제품흡수정도: 모공 〉 한선 〉 표피세포(경피흡수경로) – 유기물질(VtA, D·K, 황, 페놀, 살리실산)은 흡수되기 쉬우나 수용성(VtB$_1$·B$_2$·B$_3$, 염화물)은 흡수가 잘 안됨
호흡기능	• 피부로 약 1% 호흡, 폐로 99% 호흡을 함

분비기능
(또는 배설)
	• 한선, 피지선을 통해 수분이나 피지 외에도 대사산물의 일부를 몸 밖으로 배출함
	  – 한선은 체온조절과 적은 양의 질소노폐물, 염소, 칼륨, 젖산 및 염분 등도 땀과 함께 체외로 배설
	  – 피지선은 피지와 체내의 이물질과 노폐물, 즉 인체 지방대사에서 나오는 독소물질을 체외로 배출
	• 인체 무게의 약 60%는 액와림프절, 서혜림프절, 경(목)림프절 등 이하 림프계로 구성되어 있음	

체온조절
기능
	• 한선, 혈관, 입모근, 저장지방(피하조직) 등을 통해 조절
	  – 우리 몸은 36.5℃를 유지하려는 항상성이 있음
	  – 체온이 증가되면 혈관을 확장시켜 피부를 통해 열을 발산
	  – 바깥 기온이 낮으면 혈관 수축을 통해 열 손실을 막음, 즉 입모근을 수축시켜 체표면적을 줄임	

감각전달 기능	• 외부 자극을 뇌로 즉각 전달하여 촉각, 압각, 통각, 온각, 한랭, 소양감 등을 받아들이는 장치가 있어 감각수용기로서의 역할을 수행	
비타민D 생성기능	• 칼슘의 흡수를 촉진시켜 뼈와 치아의 형성에 도움 – 피부 내 에고스테롤은 자외선을 받으면 항구루병 인자인 VtD로 바뀌어 체내에 흡수됨	
저장작용기능	• 고유(치밀)결합조직 중 특수결합조직인 지방조직, 그물조직, 액체결합조직인 혈액과 림프조직에 저장하며, 피하조직 내 지방은 우리 몸의 저장기관으로 각종 영양분과 수분을 보유하고 있음	
도구의 기능	• 피부 변성물인 손·발톱은 손가락끝 또는 발가락끝을 보호함 – 인체의 유용한 도구로서 손가락끝에 힘을 주거나 발끝을 세울 때 충격과 반응의 역할을 함	

2 피부부속기관의 구조 및 기능

피부부속기관 내의 구조 및 기능을 분석하고 이를 이해함은 피부 이상병변 시 원인을 규명하고 관리할 수 있게 한다. 각질부속기관인 모발은 피부 바깥쪽에 있는 모간인 모선과 피부 안쪽 피부하조직 위의 모근인 모낭을 포함하는 부분으로 나눌 수 있다. 배아세포의 낭배기 형성 시 외배엽으로부터 발생되는 표피부속기와 진피부속기로 구분된다.

> 표피부속기[1] : keratinocyte, melanocyte, langerhans cell, merkel cell
> 진피부속기[2] : 모유두, 기모근, 혈관, 신경 / • 표피연결 진피부속기[3] : 한선, 피지선, 모낭, 모발섬유

(1) 모발

1) 모근부

부속명칭	기관 및 기능	특징

모모세포
(모기질 세포)
ketatinocyte
	• 유사분열
	  – 모세포(hair cell)생성
	• 각질부속기관이 존재
	  – 색소형성세포(모발색결정)
	  – 랑게르한스세포
	  – 인지세포
		• 모아의 모체층인 모유두로부터 영양을 공급받은 모모세포는 모세포를 생성하여 모낭을 따라 위로 올라감
		• 각질형성세포와 색소형성세포가 존재하여 모발색소를 결정하며 손상피부의 복구에 관여함

모유두 (hair papilla)	• 혈관 · 신경 연결 • 모낭 내 모모세포에 산소 및 영양공급 • 내재된 시간 보유	• 모구부 기저중심에 위치해 있어 모낭의 성장에 중요한 역할을 함으로써 모발성장주기뿐 아니라 모낭 자체의 발생을 통제하는 역할을 겸비함 • 모발 생성의 신호를 전달함
기모근 (입모근) arrector pilorum musce	• 모유두를 자극 • 불수의 평활근	• 모낭은 진피의 표면(유두층)으로부터 예각(24~50°)으로 뻗어 있는 기모근 섬유(근육)에 붙어 교감신경에 의해 조절됨 • 모낭 팽윤부(bulge) 내 기모근 영역에서의 상피줄기세포의 저장고로서 줄기세포(stem cell)를 갖는다.
혈관 (capillary)	• 표재성 혈관 (유두진피와 망상진피의 경계부에 위치) • 심부혈관층 (망상진피의 하부에 존재 세동맥과 세정맥으로 구성)	• 모낭 주위를 감싸고 있는 혈관은 모유두를 통해 연결됨 – 혈액 공급을 통해 영양분과 산소를 제공하고 이산화탄소와 노폐물을 제거시킴 – 그 외 혈액량을 조절시켜 체온조절 역할을 함
신경 (nerve)	• 지각신경 [특수신경말단기와 특수한 수용체 그룹(아드레날린성 · 콜린성 신경의 지배를 받음)] • 자율신경에 관여 (피부의 혈관운동, 모발섬유의 배향성, 운동 · 땀분비 조절기능	• 인체 내의 모든 모낭은 신경과 연계(중앙신경계) 됨 – 모발기능의 하나인 촉감과 밀접한 관계로서 가장 미세한 움직임의 기전까지도 느낄 수 있는 지렛대와 같은 작용을 함

2) 모간부

형태학적으로 완벽한 형태의 모발섬유는 3개 또는 4개의 다른 단위나 구조를 갖는다. 모표피 층은 모피질에 둘러싸여 있으며, 모피질은 섬유다발의 대부분을 포함한다.

① 모간부의 조직 및 구조

세포층	조직	구조
모표피 (cuticle)	상표피	에피큐티클, 엑소큐티클, 엔도큐티클로 구성되어 있음
	세포간물질	상표피와 상표피간을 접착시키는 시멘트 역할을 하고 있음
모피질 (cortex)	결정영역 (주쇄결합)	폴리펩타이드 → α–헬릭스 → 프로토필라멘트(원섬유) → 마이크로필라멘트(미세섬유) → 매크로필라멘트(거대섬유)로 구성되어 있음
	비결정영역 (측쇄결합)	수소결합, 펩타이드결합, 시스틴결합, 염결합, 소수성결합으로 구성되어 있음
모수질 (medulla)	공공 (void)	모발의 중심부분으로 속이 빈 공동으로서 공기를 함유하는 역할을 함

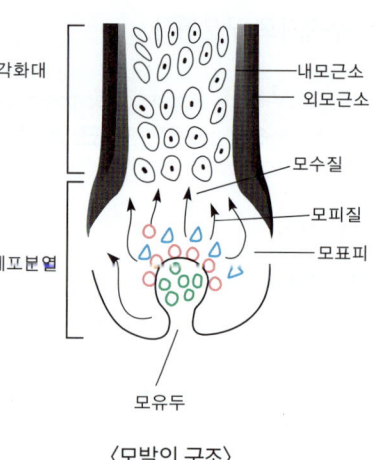

〈모발의 구조〉

② 모발의 형태 종류 및 구성성분
　㉠ 모발의 형태 종류

　　자궁 내(4~5개월)에 전신 발모된 체모는 두발, 눈썹, 속눈썹 등에 있는 털을 제외하고는 모든 모낭들에서 연모(솜털 0.05mm 이하)로 대체되며, 모발섬유 직경은 15~110㎛ 또는 40~120㎛로서 다양하게 측정된다.

모발 굵기		모발 형태
취모 (lanugo hair)	• 태아 피부에 덮인 섬세하고 부드러운 엷은 색의 모발	• 직모(straight hair) • 파상모(wavy · curly hair) • 축모(kinky · excessively hair) →모낭구조와 모피질의 바이라테랄 구조, 모표피 비늘 구조 배열 수의 차이 등에 의해 결정됨
연모 (lanugo hair)	• 신체 대부분을 덮고 있는 섬세한 모발	
중간모 (intermediate hair)	• 연모와 경모의 중간 굵기의 모발로서 0.05~0.07mm임	
경모 (terminal hair)	• 굵은 모발(두발, 수염, 눈썹, 겨드랑이 털, 회음부 털 등) 수질이 있는 0.07mm 이상의 굵기를 가진 모발(평균 0.08~0.1mm)로서 지름이 0.15~0.2mm임	
세모 (vellus hair)	• 경모가 연모화된 모발로서 미용적으로 의미가 없는 모발 – 직경 40㎛ 이하, 길이 0.3cm 이하	

　㉡ 모발의 기능
　　• 모발은 신체보호와 미용 둘 다의 기능을 갖는다. 열전열체로서 머리(head)를 보호하고 화상(sunburn), 태양광선, 물리적인 찰과상으로부터 두개피부를 보호한다.

　㉢ 모발의 구성성분

모발구성성분 비율(%)					모발 구조의 아미노산 특유의 비율
단백질	수분	멜라닌색소	지질	미량원소	• 시스틴결합 14~18%
80~85	10~15	3	1~9	0.6	• 히스티틴(1) : 라이신(3) : 아르기닌(10)

> • 단백질 : 모발은 18종의 아미노산으로서 C(50%), O(22%), N(17%), H(6%), S(5%) 등으로 구성된다.
> • 지질 : 모발의 피지는 피지샘에서 분비된 피지와 피지세포 자신이 가지고 있는 지질이 1~9% 함유되어 있다. 피지의 분지량은 내부요인인 연령, 성별, 인종, 호르몬과 외부요인인 온도, 마찰 등에 의해 영향을 받는다.

(2) 조갑(onyx)

• 조갑은 손(발)톱에 대한 전문적인 용어로서 피부의 부속물이며 투명한 각질판으로서 하루에 0.1~0.15mm 자라며 생장주기 없이 항상 생장하고 있다.
　조갑판은 신경이나 혈관이 들어있지 않으나 건강한 조갑은 매끄럽고 광택이 나며 연한 핑크빛을 띰

(3) 땀샘 부속기관

1) 한선(sweat gland)

발한은 콜린성 교감신경에 의해 조절되며 시상하부에 있는 열조절 센터의 영향이 가장 중요하다.

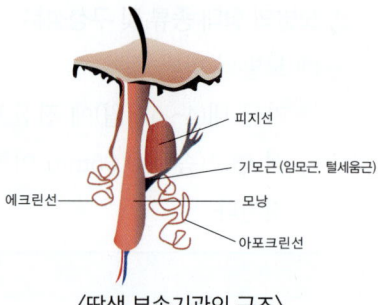

〈땀샘 부속기관의 구조〉

세포층	구조
소한선 (eccrine glands)	• 모공과 분리된 독립분비선으로서 땀을 분비함 – 표피 쪽으로 직접 열려(표피개구) 땀을 배출 • 신체 전신에 분포되어 있으며, 99% 수분, Na, Cl, K, I, Ca, P, Fe 등으로 구성되어 있음(특히 손·발바닥, 이마 부위에 많음) • 혈액과 더불어 신체체온조절 작용을 함(매운 음식 섭취 또는 운동, 긴장, 온도 등에 민감)
대한선 (apocrins glands)	• 사춘기 이후에 분비선이 발달되며 성호르몬의 영향을 받음 • 겨드랑이, 생식기 주위, 유두 주위 등 모낭에 부착된 땀 분비선으로서 모공 쪽으로 열려 있음 – 감정의 변화 또는 스트레스에 작용 • 분비 전 무색, 무취, 무균상태, 분비 후 암모니아, 유색으로 변함 즉, 체외로 분비되면 공기에 산화되어 유색을 띠며 냄새를 냄

2) 피지선(sebaceous gland)

피부 표면의 피지막(pH4.5~5.5)은 땀과 피지가 섞인 상태이다. 이는 외부로부터 수분 증발과 세균성, 진균성, 바이러스성의 감염으로부터 피부를 보호한다.

- 모누두상부와 연결된 피지선은 지질을 생산하며 몸 밖으로 피지(sebum)를 분비한다.
- 코 주위, 이마, 가슴, 두개피부와 얼굴에 400~900개/1cm²정도 분포해 있으며 발바닥, 손바닥에는 존재하지 않는다.
  - 피지는 유화작용, 보호작용, 살균작용, 유독물질 등의 배출작용을 함
- 신경계통의 통제는 받지 않으나 자율신경계의 성호르몬의 영향을 받는다.
  - 남성호르몬, 황체호르몬, 식생활, 계절, 연령, 환경, 온도 등에 따라 분비량이 달라짐
- 피지 분비량은 1~2g/1day로서 세정 1시간 후에 20%, 2시간 후는 40%, 3시간 후 50% 정도 분비된다.

> ● 피지선
> 피부표면으로부터 거의 일정거리의 진피에 존재하며, 짧은 분비관은 모낭에 달려 있다. 기모근의 수축 또는 표피의 압박으로 인해 피지선이 압박되면 피지(sebum)가 분비되며 이는 표피막과 모간을 따라 흡착됨
>
> ● 독립 피지선
> 털과 관계없이 피지선이 존재하는 것으로 손·발바닥, 입과 입술, 구강점막, 눈과 눈꺼풀, 유두 등에 존재함

Section 02 피부유형분석

1 피부유형의 성상 및 특징

(1) 정상피부

구분	내용
성상	• 보통(중성)피부라고도 하며 피부조직 상태 또는 피부생리 기능이 정상적임 – 피부결이 섬세(전반적으로 주름이 없으며 탄력이 있음)함
특징	• 유·수분 균형에 의해 피부가 윤기있고 촉촉하며, 표피는 얇고 두껍지 않고 정상적인 각화현상을 가짐 • 계절, 건강상태, 생활환경 등에 의해 피부상태가 변화됨 • 모공이 고르며 피지분비가 적절하여 피부이상색소, 여드름, 잡티 등이 없음 • 피부색은 선홍색으로서 모세혈관 내 혈색이 표피를 통해 보임

(2) 건성피부

구분	내용	비고
성상	• 유·수분의 분비 기능이 저하되어 피부에 윤기가 없음 • 적절한 피지분비가 되지 않아 피부 표피의 수분 부족 상태임	• 모공이 작아 땀과 피지가 원활하지 못하여 자극을 받기 쉬움 • 뜨거운 물이나 알칼리가 강한 제품의 사용을 금함 • 각질층의 수분이 10% 이하로 부족하며 피부 손상과 주름 발생이 쉬움
특징	• 유·수분이 부족하여 작은 각질과 가려움을 동반하고 건조해 보이며, 모공이 좁아짐 • 기온, 일광, 자극성 화장품에 의해 피부가 얼룩져 붉게 보임 • 피부결이 얇아지며, 피부 탄력저하와 주름 발생이 쉬워 노화현상이 빨리 나타남	

(3) 지성피부

구분	내용	비고
성상	• 각질층이 두꺼워짐 / • 피부가 불투명하고 칙칙해 보임 • 분비된 피지가 피부 번질거림과 모공 입구를 막아 여드름을 유발	• 클렌징 로션이나 산뜻한 느낌의 클렌징 젤을 이용하여 화장을 지움 • 피지 조절제가 함유된 화장품을 사용
특징	• 온도 등 외부환경에 강함 / • 피부 혈액순환이 잘되지 않음 • 모공이 크고 피부가 쉽게 오염됨 / • 색소침착이 잘됨	

● 피지(sebum)
피지는 피부표면을 유연하게 하며 pH를 유지시켜 미생물로부터 피부보호와 수분증발을 억제해 피부 보습상태를 유지한다.

(4) 민감성피부

구분	내용	비고
성상	• 피부조직이 섬세하고 얇음 • 표피 각화과정이 정상보다 빠름 • 모공이 작고 모세혈관이 피부 표면에 드러남	• 향, 색소, 방부제를 함유하지 않거나 적게 함유된 진정 위주의 팩, 마스크, 필링(크림타입) 제품을 사용 • 민감성을 진정시켜주는 부드럽고 청결한 클렌징, 피부긴장 완화, 보호, 진정, 안정 및 냉효과를 목적으로 하는 수렴화장품을 사용
특징	• 표정 주름과 색소침착이 잘 나타남 • 피부가 민감하여 잘 달아오르고, 피지분비가 약해져 피부가 예민함 • 외부환경(온도)에 대해 홍반현상을 가짐 • 피부 건조화에 의해 당김 현상이 일어남	

(5) 복합성피부

성상	특징
• 지성과 건성이 부위에 따라 다르게 나타남 • T 부위가 번질거리거나 그 외 주변피부는 건성화가 생김 • 눈가에 잔주름이 많고, 광대뼈 부위에 기미가 있음	• 색조화장품 사용 시 피부 발림이 좋지 않음 • 중년 이후에 나타나는 유형으로서 후천적 요인이 큼 • 기초화장품 선택이 중요하며, 얼굴 피부에 맞지 않은 화장품 사용 시 면포가 잘 형성됨

(6) 노화피부

성상	특징
• 생리적 노화와 광노화에 의해 피부 결합조직이 느슨해져 탄력성을 잃어 늘어지거나 주름이 나타남	• 피지선과 한선의 기능이 저하됨 • 색소침착과 함께 감각기능도 상실함 • 피부 표피의 각질층이 증가되고, 면역기능이 떨어짐 • 혈액순환 불균형과 피부세포의 영양섭취 저하 등으로 결체조직이 위축됨

Section 03 | 피부와 영양

1 기초 식품군(5가지)

한국인의 몸에 필요한 영양소를 골고루 섭취할 수 있도록 강조할 식품군을 우선 순위로 제정하였다.

(1) 3대 영양소

1) 단백질 식품

구분	내용
수조육류	쇠고기, 돼지고기, 닭고기 등은 16~21%의 양질 단백질이 함유되어 있으며, 비타민 A · B군도 다량 함유되어 있음
어패류	13~20%의 단백질을 함유하며, 지방 · 비타민 A · B_1 · B_2 등도 다량 함유됨
알류	달걀, 오리알, 메추리알 등 완전식품에 속함
콩류	식물성 단백질의 주요 급원식품으로 대두는 40%의 단백질을 함유하고 있음

2) 탄수화물 식품

영양 칼로리의 주체로서 한국인의 주식이다. 곡류와 감자류 등으로서 녹말이 풍부하며 단백질, 비타민 B_1, 무기질 등이 함유되어 있다.

3) 지질식품

구분	내용
식물성 오일	지질과 함께 필수 지방산, 비타민 E가 풍부함
동물성 지방	식품에 따라 지방의 함량은 다양하나 버터에는 약 80%, 돼지고기에 20~30%, 쇠고기의 각 부위에는 15~30%, 닭고기와 생선류에는 비교적 적게 함유되어 있음
가공유지	비타민 A · D를 넣어 제조한 인조버터인 마가린은 불포화도가 높음

(2) 비타민

비타민은 표피개선, 콜라겐합성, 색소침착억제, 항산화 · 항염 등의 효과와 함께 수용성과 지용성으로 분류된다.

1) 수용성 비타민

항산화 효과를 가진 VtC는 자외선에 의해 생성되는 유리기(free fadical)를 감소시키며, VtE를 재생시킴으로서 또 다른 강한 산화제의 효력과 함께 노화방지 요소가 된다.

① VtB
- VtB 복합체 또는 VtB군은 물에 녹으며 분자 중에 질소를 포함한 것으로 세포대사에서 중요한 역할을 한다. VtB군은 화학적으로 구별되는 비타민들로서 수용성으로서 체내에서 합성되지 않아 음식을 통해 섭

취해야 하며, 체내에 축적되지 않고 배출되므로 지속적인 섭취가 요구된다.
- VtB 복합체의 8가지 유형은 숫자 또는 일반적인 이름으로 불린다.

종류 및 연도	결핍 시 증상
VtB$_1$(thiamin) – 1921	• VtB 복합체 중에서 유황(thio)을 함유하며, 순수한 형태로 얻어지는 최초의 비타민이라는 의미에서 화학명이 붙었음 • 결핍 시 각기병, 신경염, 체중감소, 말초신경 무감각, 근육약화 등을 야기
VtB$_2$(riboflavin) – 1932	• 노란색을 뜻하는 ribose라는 곁사슬을 가진 리보플라빈은 중간고리에 당알코올이 3개 결합되어 산화·환원반응 기능이 있음 • 결핍 시 발육장애, 식욕부진, 설염, 구강염, 피부염 등을 야기
VtB$_3$(niacin) – 1936	• 나이아신 또는 니코틴산이라 하며, 생체 내에서 조효소의 전구체로 활용됨 • 결핍 시 펠라그라, 소화기관, 중추신경계 장애, 피부염, 설사 등을 야기
VtB$_5$ (pantothenic acid) – 1933	• 판토텐산이라 하며, 지방산 합성에 중요한 역할을 하며, 장에서 미생물에 의해 합성됨 정상적인 식사를 하는 사람에게는 거의 결핍이 없음
VtB$_6$ (pyridoxine, PN)	• 피리독신, 피리독살, 피리독사민이라고도 하며 아미노산 대사와 다양한 효소작용에 관여하며 결핍 시 피부염, 빈혈증 등 VtB$_2$와 유사한 증상을 가짐 • 음식을 통해 섭취해야 하며 부작용은 신장결석이나 손발저림과 통증같은 감각부분에서 신경장애가 나타남
VtB$_7$ (biotin)	• 바이오틴 또는 VtH로서 효모성장에 필요한 비타민으로서 혈당조절 기능을 하며 피부염, 설염, 식욕감퇴, 구토, 우울증 등의 증상과 함께 탈모 및 인슐린 합성 장애를 나타냄
VtB$_9$ (folic acid) –1945	• 엽산이라 하며, VtB$_6$ 중에서 활성형태는 인산피리독살로서 아미노산 대사와 다양한 효소작용에 필요함
VtB$_{12}$ (cyanocobalamin) – 1948	• 코발라민(cobalamin)이라 하며 코발트를 함유, 생리적 활성을 가진 화합물로서 DNA합성, 지질 및 아미노산 대사에 관련 조효소로써 사용됨 • 악성빈혈은 코발트를 중심으로 복잡한 화학구조를 나타냄

② VtC
- 사람에게는 L-글루코노락톤옥시다아제가 결핍되어 있어 체내합성이 되지 않아 VtC는 외부에서 섭취해야 한다. 섭취 후에도 흡수보다 배설이 빨라 침착된 색소부분에 도착하기 힘들어 국소적 피부에는 효과적이지 못하다. 또한 아스코빈산(VtC)은 수용성이며 화학적으로 불안정하기 때문에 제제상 활성이 불안전하여 VtC유도체로 합성하여 사용된다.
- VtC 및 그 염류는 공기노출에 의한 품질저하를 낮추고, 화장품 pH를 조절하기 위한 산화방지제로 사용되며, 피부 탄력을 결정짓는 콜라겐 생성과 신경전달물질 합성에 필요한 필수영양소이다.

③ D-판테놀(provitamin B$_5$, D-panthenol)
덱스판테놀은 피부상층에 물을 끌어들여 보습과 부드러움을 부여하고 피부재생을 높이기 때문에 상피화를

촉진시킨다. D-판테놀은 활성은 없으나 피부에서 판토텐산으로 쉽게 전환되며 세포의 에너지 주기에 중요한 구성원이다.

④ 그 외 비타민

나이아신아마이드(또는 니코틴아마이드), VtB_3(나이아신)형태로서 항염증의 여드름 개선에 특성이 있다. 1% VtK는 전형적으로 멍치료에 효과가 있으나 레티놀과 결합된 처방은 눈주위 아래에 효과가 있다.

2) 지용성 비타민

① VtA
- 비타민A와 그 유도체들의 기본적 주요 역할은 피부세포 성장과 구별을 조절하여 각질층 내 케라틴을 정상화시킴으로서 주름개선에 도움을 주는 성분으로서 피부결핍 시 괴혈병을 야기한다.
- 카로티노이드는 과일·채소의 붉은색, 녹황색, 노란색, 오렌지색 등을 나타내는 색소이다.

② VtD
- 칼시페롤(calciferol)인 VtD는 호르몬이다. 체내의 스테롤이 피부에서 자외선과 빛의 반응으로 생성된 스테로이드로서 결핍 시 항구루병을 나타낸다.
- 달걀노른자, 생선, 간 등에 들어있는 VtD는 대부분은 햇빛을 통해 얻는다. 자외선이 피부에 자극을 주면 VtD 합성이 일어나나 오래 쪼이면 피부노화가 촉진되고 피부암이 발생된다. 겨울철 야외 활동량이 적어 일조량이 부족하거나 자외선차단제로 햇볕을 강하게 차단 시 VtD 부족 현상을 나타낸다. VtD 결핍자는 VtD와 칼슘보충제를 함께 보충한다.

③ VtE
- 일종의 토코페롤과 토코트라이에놀 계열의 화합물을 포함하며 일명 '회춘 비타민'이라고도 한다.
- VtE는 생체 내에서 생성되지 않고 음식물로부터 흡수, 주로 지방을 보합하는 음식에 존재(채소유래 식용유에 많이 포함)하며, 활성산소의 작용을 억제하는 항산화작용에 따라 피부와 혈관 각종세포 등의 산화를 억제함으로써 건강유지에 중요한 역할을 한다.
- VtE 결핍은 신생아나 미숙아에게는 용혈성 빈혈을 야기하며 신경계통 질환의 원인(과다복용은 두통이나 출혈을 유발함)이 되나 성인에게는 결핍이 없다. VtE 부족 시 혈액 순환에 문제가 생겨 체온유지에 따른 추위를 많이 타거나 살갗이 트기도 하며 불임증을 야기한다.

④ VtK

녹황색 채소나 곡류, 과일 등에 많이 존재하며, 인체 내의 장내 대장균이 합성하는 물질이다. 정상적인 사람은 따로 섭취할 필요 없는 VtK는 지혈작용을 함으로써 혈액의 응고에 반드시 필요하다.

2 영양소

(1) 영양소의 기능 및 영양 섭취

음식물에서 섭취해야 하는 영양소의 비율은 당질 60%, 지질 20%, 단백질 14%이다. 이보다 저하되면 영양 불균형으로 인해 콰시오코르증, 빈혈, 복수 등의 증상이 나타난다.

기능	영양 섭취
• 몸을 구성하는 물질을 공급 • 몸에 에너지를 공급 • 유기물질이 연소하여 에너지를 발생 • 몸의 생리적 기능을 조절 • 활동에너지와 체온 유지를 위한 열에너지로 사용 • 당질, 단백질, 지질은 몸 안에서 서서히 연소함으로써 열량소를 발생	• 자연식품 섭취 시 섬유소가 많은 식품을 선택 • 신선한 식품을 확인(식품 구입 시 제조일, 식품내용, 성분 등) • 아침식사는 반드시 섭취하며 국물 섭취를 줄임 • 식사량은 일정하게 해야 하나 식품은 다양하게 섭취 • 설탕 대신 향신료를 사용, 음식의 풍미를 높여 섭취 • 고기류는 지방을 제거하고 닭고기류는 껍질을 벗긴 후 조리하여 섭취

Section 04 | 피부와 광선

멜라닌색소와 표피의 투명층은 피부에 유해한 광선(UV-A)으로부터 피부를 보호한다.

1 자외선이 미치는 영향

(1) 자외선

자외선(UV, ultraviolet rays)은 피부의 염증과 흑색화를 일으키며 태양광선의 파장에 따라 자외선을 A·B·C로 구분한다.

1) 피부와 자외선

자외선 A·B는 피부노화(광노화), 일광화상 등 피부에 직접적인 영향을 미친다. 자외선 C는 파장이 짧으며 (200~280nm) 오존층에서 차단된다.

장점	단점
• 살균작용을 하며 비타민 D를 생성 • 자율신경 활동에 영향을 줌 • 호르몬 생성을 증가시켜 피부를 건강하게 함	• 피부 탄력성 저하 : 과다 노출 시 콜라겐과 엘라스틴의 변성을 줌 • 멜라닌색소 증가 : 기미, 주근깨를 생성 • 피부를 칙칙하고 까칠하게 하며 수분함량 저하를 야기함 • 피부 염증 및 피부암을 유발하며 피부노화를 촉진시킴

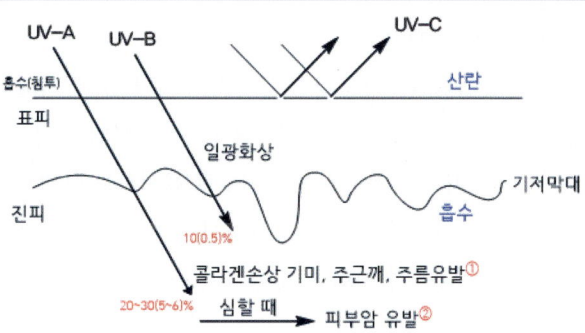

2) 자외선의 종류

자외선은 200~400nm의 파장으로서 살균력이 강하며 화학반응을 일으키므로 화학선이라고도 한다. 이는 3개의 파장으로 분류하며 파장이 짧을수록 에너지는 강하다.

구분	내용
장파장(UV-A) 320~400nm	• 진피층의 콜라겐과 엘라스틴을 변성시켜 피부탄력을 저하시킴 • 생활자외선으로서 실내유리를 통과하므로 날씨와 관계없이 지속적으로 자외선을 노출 • 자외선 총량의 90% 이상을 차지하며 멜라닌색소의 침착을 일으킴 • 자외선 가운데 에너지는 약한 편이지만 세포배열을 파괴시켜 피부노화를 촉진시킴

중파장(UV-B) 290~320nm	• 자외선 총량의 10%를 차지하며, 비타민 D의 합성을 촉진함 • 피부에 가장 유해한 광선이나 실내유리에 의해 차단될 수 있음 • 색소침착, 홍반, 심한 통증, 부종, 물집 등 일광화상을 일으킴
단파장(UV-C) 200~290nm	• 피부암의 원인이 되며 대기의 오존층에서 차단될 수 있으나 오존층이 파괴됨으로써 지표에 도달하는 가장 에너지가 강한 자외선임

> **tip** UV-B와 UV-C는 인체유전자 DNA에 손상을 준다.

3) 자외선 노출 및 지수

자외선 노출	자외선 지수
• 자외선은 3월~10월까지 노출이 됨 • 해발 1km 상승 시, 자외선은 20%씩 증가 • 연중 5~6월에 자외선의 양이 최고이나 6월이 가장 강함 • 하루 중에서는 9시부터 강해져서 오후 2시에 최고에 이름	• 태양고도가 최대인 남중시각 때 지표에 도달하는 UVB영역의 복사량을 지수식으로 환산한 것임 - 0~9까지 10등급으로 구분하며 태양에 대한 과다노출로 예상되는 위험에 대한 예보임 • 노출 시 위험의 높·낮음을 5단계로 분류하여 나타낸다. - 0~2.9(매우 낮음) / 3~4.9(낮음) / 5~6.9(보통) / 7~8.9(강함) / 9 이상(매우 강함)

4) 자외선 차단지수

① SPF(sun protection factor) - UV-B 차단지수

- UV-B(ultraviolet B, 280~320nm)는 지상에 도달하기는 하나 O_3에 의해 걸러진다.
  - 걸러지지 않은 소량이 즉각적인 피부손상과 심하면 화상, 피부암을 유발
- SPF는 실험실 내에서 측정되는 자외선 차단효과를 지수로 표시하는 단위로 선블록, 선크림이라고도 한다.
- 자외선 B(UV-B) 방어효과를 나타내는 지수로서 자외선 차단지수라 불린다.
- SPF 1은 10분 내에 홍반이 나타남을 수치화한 것이다. SPF 18×10 = 180분(3시간)로서 SPF 30 정도면 적당하다.
  - 화학지수가 높을수록 피부에 자극적임
- 자외선 양이 1일 때 SPF 15로서 자외선 양이 1/15로 줄어든다는 의미로서 숫자가 높을수록 차단 기능이 강하다.
  - 외출 30분 전 정도에 도포해야만 흡수가 되어 차단효과가 있음

$$SPF = \frac{\text{자외선차단 제품 도포 후 최초 홍반량(MED)}}{\text{자외선차단 제품 미도포 상태의 최초 홍반량(MED)}}$$

*MED(minimal erythma dosage) : 홍반을 일으키는 최소 자외선량(시간)

② 자외선 A(UV-A, PA) 차단지수
- UV-A(ultraviolet A, 320~400nm)는 상당량이 지상에 도달함으로써 피부에 위해한다.
  - UVB보다 약 100배 이상 피부에 깊이(진피층까지) 도달하며, 창문을 통과하므로 차단에 신경을 써야 함
- 피부노화(광노화), 일광화상 등 피부에 직접적인 영향을 준다. 즉 파장이 긴 UVA에 의해 피부탄력을 잃게 되고 주름발생 원인이 된다.
- UV-A 차단지수로 PFA(protection factor of UV-A)로 표시한다. 이는 UV-A를 조사했을 때 색소침착이 언제 나타나느냐로 구분한다.
- UV-A는 장파장으로서 피부에 가장 깊게 침투하는 자외선이다.

> **tip**
> - UVA^+, UVA^{++}, UVA^{+++} 또는 PA^+, PA^{++}, PA^{+++}로 표시하며, + 숫자가 많을수록 차단효과는 우수하나 제품으로서 지속시간이 길다는 의미는 아니다.
> - PA^+ 2 이상~ 4 미만 / PA^{++} 4 이상 ~ 8 미만 / PA^{+++} 8 이상 ~ 16 미만 / PA^{++++} 16 이상

2 적외선이 미치는 영향

(1) 적외선(Infra red lamp)

770nm~1mm 범위의 파장으로 열선 또는 건강선(도르노선)이라고도 하며 온열작용을 한다. 적외선의 적색빛은 세포를 자극해 활성시키므로 화장품의 흡수를 돕는다.

효과	사용 시 주의사항
• 피부 내 영양 침투 및 흡수를 도움 • 혈액순환 개선과 근육 이완 작용을 통해 피부 내 독소 및 노폐물 체외 배출을 도움	• 조사 시간은 10분을 넘기지 않아야 하며 피부로부터 30cm 거리를 유지하여 조사함 • 조사 시 물기를 제거하고 영양제품일 경우 도포 전에 조사함

Section 05 피부면역

1 면역의 종류와 작용

(1) 인체의 첫 번째 방어기관(선천성)
1차(비특이적 면역반응) 방어장치로서 외부침입자인 질병과 병원균 등을 구분치 않고 맞서 싸운다.

1) 피부
- 인체의 첫 번째 방어장벽인 피부는 인체 중 가장 큰 무게와 넓이를 차지하며 건강할 때는 거의 모든 병원균의 침입을 차단한다. 긁힌 상처, 작은 구멍, 손가락 거스러미, 곤충에게 물린 부위 등은 병원균이 인체로 들어올 수 있는 통로가 되기도 한다.

구분	특징
피부	세균, 바이러스, 이물질 등이 침입하지 못하게 하는 강력한 방어층 역할
땀, 피지	피지막(pH4.5~5.5)이라 하며 산성성분으로 세균의 성장을 억제
침, 눈물	라이소자임(lysozyme)이 세균의 세포벽을 파괴함으로써 방어 작용을 함
그 외 음식물	위산에 의한 세균 살균작용을 함
코털, 호흡기	섬모들이 1차 방어벽이 됨

① 미세한 털이나 점막

호흡기관에 있는 미세한 털은 공기 중의 무수한 병원균의 침입을 막으며, 소수 병원균이 통과할 때 호흡기관의 점액조직이 병원균의 이동을 막는다.

(2) 인체의 두 번째 방어기관(적응성)
낯선 침입자(항원)가 인체에 들어오면 표피 내 랑게르한스세포는 항원의 특성을 인식(항원코드를 기록)하여 면역계에 중요한 정보를 전달한다. 또한 골수에서 혈구세포를 생산하며, 혈구세포는 두 종류의 백혈구인 탐식세포와 림프세포를 만든다.

1) 탐식세포와 탐식작용
① 탐식세포

구분	내용
대식세포	• 침입한 병원균(항원)이 죽어있든 살아있든 간에 접근하여 먹고 소화함
과립세포	• 혈류에서 발견되며 낯선 침입자를 감시하고 신분 조회를 하며 먼저 공격하여 먹어 치움 • 세포질 내에 특수한 물질(염색되는 시약)을 포함하는 과립형의 소기관을 다량 포함하고 있음 • 우리 몸에 존재하는 과립세포는 호중구(70~80%), 호산구(20~30%), 알레르기 반응에 관여하는 호염구(1~2%) 등으로 구분됨
단핵세포	• 골수에서 분화한 단핵세포는 혈류를 따라 돌면서 종종 혈관벽을 뚫고 조직으로 나아감

② 탐식작용
- 삼킨 후 소화효소를 분비하여 낯선 침입자를 흡수한다.
- 소화가 되지 않은 잔유물은 이동되어 인체 안의 다른 이물질과 함께 배출한다.
- 촉수와 같은 세포질로 낯선 침입자를 잡아서 세포 주름 안으로 끌어당겨 삼켜버린다.

2) 림프구

골수에서 생산되는 백혈구는 면역세포로서 B-세포와 T-세포로 구분된다.

구분	내용
B림프구 (B-세포)	• 체액성 면역으로 면역글로불린이라는 항체를 생산하며 전체 림프구의 20~30%를 차지 • 표면에 특정 항원 코드를 인식할 수 있는 수용체가 있음 • 특정 항원과 접촉할 때 탐식을 하면서 즉각적인 공격을 함
T림프구 (T-세포)	• 세포성 면역을 일컬으며, 탐식세포처럼 인체 세포 면역의 일부를 담당 • 가슴샘(흉선)은 림프구의 70~80%를 훈련시켜 T-세포를 만듦 • 골수에서 만들어지나 흉선으로 들어가 기능이 부여된 상태로 혈류로 나와 독특한 기능을 함 • 성숙하여 활성을 가지는 T-세포는 도움세포, 억제세포, 살해세포, 세포독성세포, 기억세포 등으로 발전

3) 림프액

림프액은 면역반응, 항원·항체반응에 관여하며 과도한 체액을 흡수하여 운반하는 체액 이동 기능을 한다.

(3) 인체의 세 번째 방어기관

림프계는 림프, 림프절, 림프구, 림프관 등으로서 비특이적 방어기관이다. 이는 피부, 코털, 점막, 세척기관, 방어력을 가지는 화학물질, 자연저항력, 정상 세균총 등으로 병원균이 인체에 들어오지 못하게 또는 남아있지 못하게 하는 역할을 한다.

- 림프기관은 혈액과 림프를 정화한다.
  - 림프는 림프관을 통해 순환하면서 혈류에 떠돌아다니는 해로운 생물체를 잡아들이는 액체
- 림프계는 림프, B-세포, T-세포 그리고 모든 면역계의 구성원들을 감염이 일어난 장소로 이동시킨다.

> **tip** 손가락에 상처가 났을 때 상처부위가 부어오른다. 이는 림프와 대식세포가 들어있는 혈액이 상처난 피부를 통해 침입하는 세균을 파괴하기 위하여 감염부위로 돌진해 오고 있다는 것을 말해준다. 이때 면역계가 건강하다면 림프 세포는 세균과의 싸움에서 이겨 곧 세균을 파괴한다.

Section 06 | 피부노화

1 피부노화의 원인

생물학적으로 노화성 피부는 유분(피지선)과 수분(한선)의 분비 대사작용이 원활하지 못한 건성피부와 같은 성상으로서 피부 탄력성 저하는 물론 주름 형성 등의 외관을 나타낸다.

구분	내용
생물학적 노화	내인성 노화로서 세포의 성장과정이 갖는 필연적인 현상이나 유전적으로 세포는 스스로 성장, 분화함으로써 시간의 흐름에 의해 노화하듯이 DNA에 의해 내재된 수명이 결정된다.
광노화	자외선에 지나치게 또는 오랜 기간 노출되면 진피층에 교원(콜라겐)섬유와 탄력섬유(엘라스틴)의 생성을 억제시킨다. 따라서 내인성 노화에 비해 굵고 깊은 주름 또는 잔주름이 발생한다.

2 노화피부의 특징

(1) 임상적 특징

수분 부족 시	진피 내 수분 부족 시
• 표피에서의 과다한 수분 증발, 즉 유분이 부족하여 수분을 보유할 능력이 부족한 상태로써 다음과 같은 특징을 가짐 – 소양감 / – 유연성이 없고 잔주름이 많다. – 과각화 현상이 일어나고 피부 땅김, 늘어짐이 진행 – 외관상 탄력이 없고 건조함	• 주름살이 깊고 피부조직에 탄력이 없음 • 피부색이 맑지 못하고 멜라닌색소 생성을 증가 • 얼굴에서 얇은 피부 또는 움직임이 많은 피부가 되어 당김과 늘어짐이 확연함

(2) 조직학적 특징

1) 표피

구분	내용
생물학적 노화	• 표피 두께가 얇아지며 멜라닌 형성 세포의 수가 감소해 피부 면역기능이 감소 • 랑게르한스세포의 수가 감소해 색소침착이 활발 • 기저대(표피와 진피의 경계)의 피부가 느슨해져 경미한 상처에도 쉽게 벗겨지거나 물집이 생김
광노화	• 자외선에 노출되면 각질형성세포가 손상되므로 각화현상이 비정상적으로 이루어짐

2) 진피

진피 기질 단백질인 교원·탄력섬유의 생리활성이 활발하지 못하다.

구분	내용
생물학적 노화	• 진피층 두께가 얇아지며 세포 또는 혈관이 축소됨 • 교원섬유 감소에 의해 주름이 형성되며 탄력섬유 감소에 의해 탄력이 저하됨
광노화	• 심한 자외선은 세포의 단백질을 파괴시킴으로써 교원섬유의 전구체인 섬유아세포의 합성을 방해

3 노화피부 현상

(1) 표피의 변화

표피 내 보습도와 표피의 상태를 통해 나타난다. 노화피부는 각질층의 보습도가 과립층의 약 20% 수준밖에 되지 않는다.

생물학적 노화	광노화
• 보습도가 진피층에 비해 매우 적어 건조화 현상을 가짐 • 보습도는 각질층이 가장 낮고, 기저층으로 갈수록 증가됨 • 주름살, 피부 처짐은 물론 피부 겉표정에서 부드러움, 유연성이 없어 까슬하고 윤기가 없음	• 각화현상에 따라 피부가 얇고 위축됨 • 모세혈관 확장 또는 모공이 커지면서 딱딱한 피부의 질감을 나타냄

(2) 진피의 변화

생물학적 노화	광노화
• 세포 증식력 저하에 따른 노화 세포층이 자리매김하고 있음 • 진피층 세포 손질에 의한 근육조직 약화에 따라 피부 탄력성이 상실됨 • 진피의 기질세포(교원섬유와 탄력섬유) 내 저수량이 적어 강력한 탄력과 신축성이 없어짐	• 자외선으로부터 피부 방어기능이 약화되어 기질세포 변형을 통해 피부 탄력과 팽창력이 감소 • 멜라닌형성세포(Melanocyte) 수의 감소로 색소침착에 따른 노인성 반점을 형성함

● **주름살이 생기는 원인**

진피층의 교원섬유, 탄력섬유, 기질 등의 감소로 인하여 피부가 함몰된다. 수분 부족, 태양광, 과도한 안면운동 등이 주름살을 심화시키는 요인이 된다.

● **피부노화현상**

내인성 노화의 경우 표피와 진피가 모두 얇아지며, 광노화의 경우 노폐물이 축적됨으로써 표피가 두꺼워진다. 또한 랑게르한스세포 수는 감소되며 면역기능이 퇴화된다. 피부 수분 부족이 원인으로서 표피는 가는 주름을 형성하고 진피는 굵은 주름이 형성된다.

Section 07 | 피부장애와 질환

피부에 상주하는 상주균은 103~106개/cm² 정도로서 신진대사 결과 한 사람이 평균 5억 개의 인설을 매일 탈락시킨다. 이 중 1천만 개에는 세균이 부착된 인설로서 피부 탈락과 함께 세균도 같이 탈락된다.

1 원발진과 속발진

(1) 원발진(primary lesions)

원발진은 직접적인 1차적 피부장애로서 초기 손상을 일컫는다.

구분	내용	특징
반점	• 경계선이 뚜렷한 원형 또는 타원형으로서 표면피부의 색이 변함	• 주근깨, 기미, 자반, 노화반점 등
소수포	• 표피 밑 직경 1cm 미만의 체액 또는 혈청을 가진 물집 화상물집, 포진, 접촉성 피부염	• 화상물집, 포진, 접촉성 피부염 • 물집을 인위적으로 터뜨리지 않으면 흉터가 남지 않음
대수포	• 외부의 충격이나 온도 변화에 의해 생기는 직경 1cm 이상의 혈액성 내용물을 담은 물집	-
홍반	• 모세혈관의 울혈에 의한 피부 발적으로서 시간이 경과할수록 크기가 변함	-
구진	• 직경 1cm 미만의 피부융기물로서 만지면 통증이 느껴짐 • 염증으로 인해 붉은색을 띠며, 여드름의 초기 증상으로서 경계가 뚜렷하고 끝이 단단한 돌출 부위가 생김	• 사마귀, 뾰루지 • 표피에 형성되어 흔적 없이 치유
결절	• 통증이 수반되고 치유 후 흉터가 생김 • 기저층 아래에 형성되는 구진보다 크고 종양보다 작은 형태의 경계가 명확한 단단한 유기물	-
낭종	• 진피층으로부터 생성된 반고체성 종양으로서 생성 초기부터 심한 통증 수반	• 제4기 여드름으로 진피에 자리잡고 통증을 유발하며 흉터가 남음
팽진	• 표재성의 일시적인 부종으로 붉거나 창백함 • 다양한 크기로 부어올랐다가 사라지며 가려움증을 동반	• 두드러기 또는 담마진이라 함
종양	• 모양과 색깔이 다양한 비정상적인 세포집단 • 양성과 악성종양으로 구분되며 직경 2cm 이상의 피부증식물로서 연하거나 단단한 내용물을 가진 종양	-
면포	• 모공에서 공기 노출에 따른 면포는 블랙헤드 생성 • 공기와 접촉되지 않아 모공에 닫힌 면포는 화이트헤드 생성	• 피지, 각질세포 등에 세균이 작용하여 발현 • 여드름, 코 주위 검은 여드름 등
비립종	• 면포와 달리 피부 내에 표재성으로 존재하는 작은 구형의 백색 상피낭종으로서 좁쌀만한 흰 알갱이 형태	-
포진 (헤르페스)	• 입술 주위의 군집수포가 발진	• 습진성 수포

(2) 속발진(secondary lesions)

원발진으로 인해 부차적 손상, 즉 2차적 피부장애를 갖는 것을 속발진이라 한다.

구분	내용	특징
비듬 (인설)	• 피부 표피의 생리적 각화 또는 병적 각화에 의한 각질 파편이 생김	건성비듬, 지성비듬
가피	• 혈청이나 농이 섞인 삼출액이 말라있는 상태	상처 위에 생기는 딱지
미란	• 표피 표면은 습윤한 선홍색을 띔 • 수포가 터진 후 표피가 떨어져 나간 피부 손실 상태	–
찰상	• 표피 결손으로서 기계적 자극(손톱으로 긁거나 마찰)에 의해 벗겨진 상태	흉터 없이 치유
균열	• 질병이나 외상에 의해 표피가 선상으로 갈라진 상태	손·발가락 사이, 발뒤꿈치, 입술, 항문 등에 균열이 생김
반흔 (상흔)	• 진피의 손상으로 새로운 결체 조직이 생긴 상태	흉터라고도 함
위축	• 피부의 생리기능 저하에 의해 피부가 얇아진 상태 • 피부는 탄력을 잃고 주름이 생기며 혈관이 투시되어 보임	–
색소 침착	• 피부의 색소 증가, 출혈, 이물질, 염증 후에 이차적으로 멜라닌색소가 과다하게 병적으로 발현	–
궤양	• 진피, 피하지방조직의 괴사로 치료 후 생긴 불규칙한 흉터	–
태선화	• 피부가 가죽처럼 두꺼워지며 딱딱해지는 현상	–

2 피부질환

(1) 질환의 징후와 증상

구분	진피조직
징후 (sign)	• 질환을 의심할 수 있는 객관적인 지표로서 열이나 점의 크기, 피부 색깔의 변화 등으로 나타냄
증상 (symptom)	• 증상은 주관적인 관심이 강하여 정확히 측정하기가 쉽지 않음 • 개인의 내성과 인지력에 따라 달라지는 증상은 질환을 측정할 수 있는 요소 중 하나가 됨 – 외상이나 질병 등으로 인해 피부조직에 구조적 변화를 야기

(2) 피부 색소침착

구분	진피조직
기미	• 예민을 동반하며, 어혈이 정체(Hb)됨으로써 색소침착 • 갈색반 또는 간반이라고도 하며, 흑피증으로서 1cm에서 수 cm에 이르는 갈색반이 뺨, 측두부, 전두부에 나타나는 상태
주근깨	• 작락반이라고도 하며, 멜라닌 과립이 산재성으로 축적함으로써 생기는 갈색점 모양의 색소반

구분	내용
흑자점 (흑점)	• 검정사마귀라 하며 피부에서 볼 수 있는 원형이나 난원형의 평탄한 갈색 색소반으로 멜라닌의 침착 증가에 의해 생김
노인성 반점	• 만성적으로 오랫동안 햇볕에 노출된 노인의 손등이나 팔에 주로 생기는 양성 국한성의 과다 색소침착 반점

(3) 피부장애

구분	내용
알레르기	• 알러지 혹은 과민증이라고도 하며 특이적인 알레젠에 접촉함으로써 일어나는 과민증 상태
습진	• 표재성 염증인 습진은 주로 표피를 침범 – 발적, 가려움, 소구진, 삼출, 가피 등의 증상 후 낙설하여 태선화되고 색소침착이 생김
비립종	• 비립종은 속칭 화이트헤드라고도 하며 보통 얼굴의 피부 내에 표재성으로 존재하는 작은 구형의 백색 상피낭종으로 눈꺼풀, 뺨, 이마에 나타남
대상포진	• 대상허피스(포진), 수두바이러스 감염에 의한 뇌신경절, 척수후근의 신경절 및 말초신경의 급성 염증성 질환으로 나타남
단순포진	• 1형 단순포진 : 급성 바이러스 감염증, 직경 3~6mm의 수소포가 집단으로 나타남 – 피부에 물집이 생기는 것이 특징으로 초기 감염 시에는 구내염과 인후염이 가장 흔한 증상 – 재발하면 주로 입과 입 주위, 입술, 구강 내 점막, 경구개, 연구개 등에 발생 • 2형 단순포진 : 일종의 성병으로 외부 성기 부위에 물집이 생기고 발열, 근육통, 피로감, 무력감 등의 증상 동반
사마귀(우종)	• 각종 비바이러스성의 양성 표피 증식을 포함하기도 하며, 유두종 바이러스에 의해 일어나는 표피성 종양임
티눈	• 마찰이나 압박에 의하여 생기는 피부 각질층의 비후와 각화성 경화로서 진피까지 도달하는 원추상의 뭉치를 형성하여 통증을 유발함
조갑백선	• 조체(손톱·발톱)의 무좀으로서 곰팡이균(진균 – 사상균)에 의해 발생함
족부백선	• 발, 특히 발가락 사이와 발바닥은 만성 표재성 진균(곰팡이)증에 의해 야기됨 – 피부의 침연, 균열 및 낙설과 심한 소양을 유발

CHAPTER 8 · 화장품 분류

Section 01 | 화장품 기초

1 화장품의 정의

구분	내용
사용 목적	• 화장품이란 인체를 청결, 미화하여 매력을 더하고 용모를 밝게 변화시키거나 건강을 유지 또는 증진시키기 위함에 둠 – 인체를 청결하게 함[①] / – 인체를 미화시켜 매력적이게 함[②] / – 용모를 밝게 변화시킴[③] – 피부의 건강을 유지 또는 증진시킴[④]
사용 대상	• 인체 내 외피인 피부와 모발, 네일 등을 대상으로 함
사용 방법	• 인체에 도포, 도찰, 산포 등 이와 유사한 방법으로 사용되는 물품
사용 효과	• 화장품은 질병을 치료하거나 예방하는 의약품이 아닌 물품이다. 일상적으로 오랜 기간에 걸쳐 반복 사용하므로 약리적인 효능·효과에 대한 인체 작용이 경미해야 함

2 화장품의 분류

화장품은 안전성과 유효성에 따라 화장품(기능성화장품, 유기농화장품 포함), 의약외품, 의약품 등으로 분류할 수 있다.

구분		유효성에 따른 분류
화장품	기초화장품	• 세안, 세정, 청결을 목적으로 하는 클렌징 제품 등 • 피부를 보호하거나 정돈하는 화장수, 팩, 크림 에센스 등
	색조화장품	• 피부의 색을 표현하는 메이크업 베이스, 파운데이션, 파우더 등 • 피부의 결점을 보완하는 아이섀도, 아이라이너, 마스카라, 블러셔(볼터치), 립스틱, 네일 폴리시·리무버 등
	기능성화장품	• 주름개선제, 미백제, 자외선차단제 등 미백화장품의 경우 멜라닌 세포를 사멸 또는 억제, 차단, 색소제거 등과 관련된 물질
	유기농화장품	• 유기농 원료, 동·식물 및 그 유래 원료 등으로 제조되고, 식품의약품 안전처장이 준하는 기준에 맞는 화장품
의약외품	식약처의 허가 및 인증에 의한 화장품	• 클렌징, 세정효과의 제품들(청결제 등), 소독제, 마스크(황사용, 보건용, 수술용) 등
의약품	의사처방이 요구되는 질병을 가진 환자에 사용하는 물품	• 대한민국약전에 실린 물품 중 의약외품이 아닌 것 사람이나 동물의 질병을 진단·치료·경감처리 또는 예방할 목적이거나 구조와 기능에 약리학적 영향을 줄 목적으로 사용하는 물품

3 화장품의 제품 및 기능

(1) 기초화장품

1) 세정용 화장품

① 세안용

종류	내용
클렌징 티슈	• 부직포에 클렌징제를 첨가함으로써 포인트 메이크업을 제거시키는데 사용됨
클렌징 오일	• 피부 내 침투성이 좋은 미네랄·에스터오일 등이 함유되어 있으며 짙은 화장을 지우거나 건성·노화·민감피부의 포인트 메이크업을 지울 때 사용함
클렌징 워터	• 가벼운 화장을 지우거나 화장 전의 피부를 닦아낼 때 사용함
클렌징 로션	• O/W형의 식물성 오일을 함유하므로 옅은 화장을 지울 때 적합함 – 수분함유량이 높아 사용감이 산뜻하고 부드러운 느낌을 갖게 함
클렌징 크림	• W/O형의 유성파라핀(광물성오일) 40~50% 정도를 함유, 유성화장품을 닦아내는데 가장 적합함 – 피지분비량이 많거나 짙은 화장의 세정을 목적으로 가볍게 깨끗이 닦아냄
클렌징 젤	• 유성·수성 타입으로서 사용 후 피부가 촉촉하고 매끄러우며 옅은 화장을 지울 때 적합함
클렌징 폼	• 비누의 우수한 세정력과 클렌징 크림의 두 가지(유성성분과 보습) 기능이 적용됨으로써 사용 후 피부 당김이 없음 – pH타입에 따라 약산성, 중성, 알칼리성의 클렌징 폼으로 구분할 수 있음

② 각질제거용

종류	내용
페이셜 스크럽제	• 물리적 스크럽, 필링 젤은 피부자극에 따른 균일한 각질제거에 어려움을 나타냄 • 사용 후 반드시 물로 씻어야 하며, 클렌징 시에 사용해야 하는 단점이 있음
팩· 마스크제	• 진흙요법에서 유래된 팩은 마스크라고도 하며, 모공 내 피지와 노폐물을 딥클렌징 해주며 모공 축소, 피부 진정, 영양과 보습효과를 줌 – 팩을 할 때 딱딱하지 않은 피막을 형성하고 흡착작용을 통해 피부 표면의 각질과 오염물을 제거함 – 마스크는 피부를 유연하게 하고 영양성분의 침투를 용이하게 함

2) 피부조절용 화장품

종류	내용
수렴 화장수 (산성 화장수)	• 세안 후 건조피부에 첫 단계로 수분공급을 위해 도포하는 토너(스킨)는 다음 단계에 도포되는 로션과 크림 등의 흡수율을 높여줌 • 아스트리젠트 및 토닝로션은 이완된 피부를 수축시키며 과잉 피지를 억제시킴으로써 산뜻한 감촉과 함께 피부를 진정시켜 탄력성을 갖게 하며, 세균으로부터 피부보호 및 소독력을 갖추고 있음
유연 화장수 (알칼리성 화장수)	• 버스워터(berth water)와 같이 알칼리성을 나타내는 화장수를 지칭, 물·알칼리·글리세린에 알칼리를 약간 가한 제품으로 피부에 유연성뿐 아니라 트는 것을 방지함 – 스킨로션, 스킨토너, 스킨소프트너라고도 하며 보습제와 유연제를 함유 – 생리적으로 분비된 땀과 피지, 각질을 제거함으로써 피부를 부드럽게 하며 마사지 크림이나 유액침투를 촉진시킴

3) 피부보호용 화장품

① **로션(모이스처라이저)**
- 로션은 3 in 1(스킨·로션·에센스)에서 민감하고 거칠어진 수분감을 부여한다. 끈적이지 않는 가벼운 사용감에 흡수력이 좋은 O/W형으로서 수분 60~80%를 포함하며 30% 이하의 적은 유분량에 의해 낮은 점성의 유동성을 갖는다.
  - 지성 또는 여름철 정상피부에 사용되는 로션은 스킨 다음에 사용해야 함
  - 스킨을 바르지 않고 로션을 발랐을 경우, 속 피부는 수분충족이 되지 않아 건조하며, 겉피부는 기름기만 겉도는 상태가 됨

② **크림**
- ㉠ 세안 후 제거된 천연피지막의 회복과 손실된 NMF를 일시적으로 보충시킬 수 있는 크림은 유상(10~30%)층으로 불포화지방산을 함유함으로써 발림성과 부드러운 느낌을 갖는다.
- ㉡ 종류

  피부에 유·수분을 공급하여 피부 유연성을 좋게 하는 유성크림(콜드크림), 무유성크림(배니싱크림), 중성크림(하이지닉크림) 등이 있다.

종류	내용
콜드 크림	• 피부에 유분을 적당히 주어 마사지 시 피부혈행을 돕는 유화분산(유분이 수분의 약 3배)된 피부청정작용을 주목적으로 함 – W/O형 및 O/W형의 사용목적에 따라 유동파라핀이나 흰색 바셀린 등과 밀랍, 경랍, 라놀린 등에 물을 넣고 혼합 유지시킨 것으로 유지성분비율, 계면활성제의 종류, 제법 등에 따라 조성됨
배니싱 크림	• 물과 동물성 유지에 알칼리를 넣어 유화시키고 글리세롤, 솔비톨 등 습윤제를 첨가하여 조제 – O/W 형의 기름기가 적은 무유성으로 지성피부에 주로 사용되는 친수성의 대표적인 크림으로 피부 도포 시 곧바로 흡수되어 지워지는 듯한 감촉이 있으며 피부 건조를 차단시킴
하이지닉 크림	• 영양크림, 에몰리언트크림이라고도 하며 중년 이상의 노화피부에 주로 사용됨 – 유성원료로 스쿠알란, 아몬드·올리브 오일, 라놀린 알코올 등을 첨가하며 때로는 여성호르몬을 첨가하여 조성하기도 함

③ **에센스**

농축된 활성성분 등을 피부에 소량 도포 시 집중적인 효과를 나타낸다. 활성성분인 에센스는 입자가 작아 피부침투력 또한 뛰어나 세포재생을 돕는 역할과 함께 세럼(serum)이라고도 한다.

④ 미백, 주름개선(안티에이징), 페이스오일, 아이크림

4) 자외선차단제

선스크린	선블록

• 유기자차 자외선차단제로서 피부노화 자외선인 UVA를 차단함(화학적 자외선 차단제)
  – 화학적 흡수제로서 피부 내로 자외선을 흡수하여 화학반응으로 열로 바꾼 다음 자연스럽게 소멸시킴
• 외출 30분 전에 꼼꼼하게 문질러 발라야 매끈하게 스며듦
  – 옥틸살리실레이트, 옥틸메톡시신나메이트, 에칼슘 등 유기화합물로 구성
	• 무기자차 자외선차단제로서 피부화상을 입히는 UVA를 차단함
	• 피부에 물리적 산란제로 티타늄옥사이드, 징크옥사이드 등과 같은 미네랄 성분으로 구성
	  – 많은 양을 발라야 하며, 백탁현상에 의해 발림성과 흡수력은 약하나 피부자극이 없음
	  – UVA · B 상관없이 자외선을 반사시키나 나노의 해악성에 대한 환경오염 문제가 제기됨

(2) 색조화장품

1) 베이스 메이크업 화장품

① 메이크업 베이스

피부표면의 굴곡진 부분을 매끄럽게 정돈해 주고 메이크업 파우더의 입자를 꽉 잡아준다. 이는 색깔별로 표현기능과 함께 농도 5~7% 배합한도를 갖는다.

파란색	보라색	분홍색	녹색	흰색	화이트 · 프로우색
붉은 피부	노르스름한 피부	창백한 피부	잡티 및 여드름 자국, 모세혈관 확장피부, 일반적으로 많이 사용함	T-zone, 하이라이트, 투명한 피부를 원할 시	어두운 피부

② 파운데이션

크림(리퀴드 · 로션타입)은 유분을 많이 함유, 피부 결점 커버력 등이 우수하다. 트윈케이크(케이크타입), 투웨이케이크는 사용감과 밀착력이 좋으며 스틱파운데이션은 크림타입보다 결점 커버력이 우수하다.

③ 파우더

페이스파우더(가루분), 루스파우더는 유분이 없고 입자가 좋아 사용감이 가볍다. 콤팩트파우더(고형분), 프레스파우더는 페이스파우더에 소량이 유분 첨가 후 압착한다.

2) 포인드 메이크업

종류	내용
아이브로우(eye brow)	눈썹 먹으로서 펜슬 · 케이크 타입이 있음
아이섀도우(eye shadow)	눈 주위의 명암과 색채감을 주어 눈매에 입체감을 연출함
아이라이너(eye liner)	눈의 윤곽을 또렷하게, 눈 모양을 조정 및 수정하는 데 사용함. 리퀴드 · 펜슬 · 케이트 타입이 있음
마스카라(mascara)	볼륨 · 컬링 · 롱래쉬 · 워터프루프 타입 등에 의해 속눈썹을 길고 짙게하여 눈매에 표정을 부여하는 데 사용함

립스틱 · 립틴트 (lipstick · liptint)	모이스처, 매트 · 롱립스틱, 립스틱, 립글로즈 타입 등 루즈(rouge)인 립스틱은 입술에 색을 주어 얼굴을 돋보이게 하는 화장효과가 가장 큼
블러셔(blusher)	볼터치 또는 치크(cheek)라고도 하며, 케이크 · 크림타입 등에 의해 얼굴윤곽에 음영을 주어 입체적으로 보이게 하는데 사용함

Section 02 | 화장품 제조

1 화장품 원료의 종류 및 용도

(1) 수성원료

기제원료인 수성원료(water ingredients)는 정제수, 에탄올, 폴리올 등이 있다.

구분	정의	용도
정제수 (water, purified water)	• 상수를 증류 또는 이온교환수지를 통하여 정제함으로써 불순물을 전혀 함유하지 않은 순수한 화학물질의 물임 – 이온교환수지로 정제 → 자외선 램프로 살균 → 일정 pH 유지	• 화장품의 용매(solvent)로 사용 – 성분을 용해시키는 용제의 역할 • 화장품의 제형 조절에 사용
에탄올 (etanol, ethyl alcohol)	• 소량의 변성제를 첨가시켜 변성알코올로 제조함 – 변성제 물질(데나토륨벤조에이트), 메틸살리실레이트, 살리실릭애씨드(BHA), 메틸알코올, t-부틸알코올, 다이에틸프탈레이트(DEP) 등이 사용	• 거품형성방지제, 미용수렴제, 용매 및 점도감소제 등 – 수렴, 청결, 살균제, 가용화제 등
폴리올 (polyol)	• 다가알코올로서 2개 이상의 –OH(하이드록시)를 가진 화장품 원료로서 2가 · 3가 알코올로 분류 – 프로필렌 · 부틸렌 · 헥실렌글라이콜, 글리세린 등이 사용	• 보습제 및 동결방지에 사용

(2) 유성원료

오일(액상)과 왁스(고체상)을 통틀어 유지(neutral fat)라 한다. 유지(油脂)는 지방산, 글리세롤, 트라이글리세라이드 등을 주성분으로 한다.

① 천연유지
　㉠ 오일류
- 식물성오일은 꽃, 잎, 줄기, 뿌리, 껍질, 열매 등에서 추출되는 트라이글리세라이드 오일로서 식물 특유의 향을 갖고 피부 친화력은 있으나 산화가 빠르게 진행된다. 공기중에 노출 시 산화정도를 나타내는 수치로서 요오드값(iodine value)인 100~130(반건성유)을 기준으로 측정된다.
- 동물성 오일은 동물의 피하조직이나 장기에서 추출(정제된 오일)되며 피부친화성과 흡수력이 우수하다.
- 광물성 오일은 석탄·석유 같은 광물질에서 추출하며 유성감이 좋아 식물성 또는 합성오일에 섞어서 사용할 시 변질이 잘 안 된다.

　㉡ 왁스류
- 동물과 식물 등이 스스로를 보호하기 위해 분비된 고형의 유형성분으로 고체 또는 액체 왁스로 분류하며 대부분의 왁스는 실온(상온)에서 고체 상태로 존재한다.
- 왁스는 친유성으로서 주변 온도에 따라 쉽게 변할 수 있는 단일직선 구조를 갖는다.

식물성 왁스	동물성 왁스	광물성 왁스
호호바오일, 카나우바왁스, 칸다렐라왁스, 목랍, 코코아버터	라놀린, 밀랍, 경랍, 우지, 돈지	파라핀왁스, 미세결정왁스, 반디왁스, 오조케라이트, 세리신, 몬타왁스

② 합성유지
　㉠ 합성오일

실리콘오일	합성에스터
다이메티콘 : 피부유연제로 가벼운 감촉과 피부컨디셔너(수분증발차단제), 거품형성방지제, 끈적임 줄임제로서 선스크린제품 등에 사용 데카메틸사이클로펜타실록산 : 피부유화제로서 워터프루프 화장품, 샴푸, 모발컨디셔너 등에 사용	천연에스터가 가진 장점을 유지하고 단점을 보완함. 유성원료이며 용해제로 탁월함

　㉡ 합성왁스
　　석유유래 왁스로서 작용기 그룹이 없는 긴 사슬의 탄화수소로서 물리적 성질은 천연왁스와 비슷하다.

③ 탄화수소류

종류	내용
미네랄오일	• $C_{15~30}$ 무색·무취의 투명한 액상물질로서 미네랄오일, 화이트오일, 액체파라핀, 액체석유, 광유라고도 함 • 밀폐형보습(오클루시브)제로서 오일리하며 다소 끈적임이 있으나 산화, 변질 등에 안정한 물질임 　– 피부·모발헤어컨디셔너(수분차단제, 유연제), 용제, 착향제로 사용

페트롤라툼	• 멘소래담 또는 바세린이라 하며 공기 중의 수분을 흡수하여 피부에 수분을 공급함 • $C_{24\sim23}$의 백색 바세린의 주성분으로서 반고형물 상이며, 공기중에 산패되지 않는 무취로서 피부상처 치료 및 수분증발 차단 보습제로 사용

스쿠알란	• 스쿠알렌의 수소첨가로 얻어지는 스쿠알란은 상어류의 간유에서 추출
	• 천연유래의 포화액상유로서 극히 안정하고 저자극성과 혼화성이 좋아 여러 제형에 응용 가능
	  – 물리적으로는 응고점이 매우 낮으나 침투성이 라놀린보다 매우 우수하며 유동파라핀에 비해 유성감이 적고 침투성이 좋아 피부친화력이 있음
	• 우리몸에서도 스쿠알렌이 1g/1day 정도 생성됨
	  – 콜레스테롤, 생식호르몬, VtD, 담즙산 생산에 쓰이며 매일 약 250mg의 스쿠알렌이 피부의 지방샘에서 나오는 피지의 성분으로 분비됨

폴리부텐	• 약간의 특이 냄새가 있는 점조성의 끈적한 불건성 액체로서 아이메이크업, 립스틱 제품, 립글로스, 스킨케어 등의 제형 결합제로서 부착력과 광택을 부여함
하이드로 제네이티드폴리부텐	• 합성 스쿠알란으로 미네랄오일의 대체품 – 보습 또는 기초화장품에 첨부되는 성분으로 점도증진제 겸 컨디셔너 등 화장품 제형을 결정함

(3) 계면활성제

① 계면활성제의 성질과 작용

기체와 액체, 액체와 액체, 액체와 고체가 서로 맞닿는 경계면을 완화시키는 계면활성제는 액체의 표면에 흡착되어 계면의 활성을 크게 하고 성질을 변화시키는 역할을 한다.

계면활성제의 성질	
미셀	콜로이드 분산 상태의 하나로 용액에 분산하는 용질이 일정의 농도가 되었을 때 미셀을 형성함
가용화	물에 녹기 어려운 물질을 녹이는 현상으로 물질 밖으로 미셀이 둘러싸면서 형성
기포성	기포로서 거품이 형성됨
유화액	유탁질 또는 유탁액(emulsion)으로서 두 종류의 섞이지 않는 액체가 다른 액체에 작은 방울처럼 균일하게 퍼져있는 용액 상태
용해성	일정온도와 용매에 녹는 최대의 양으로서 용질이 특정 용매에 대하여 녹는(가용성) 현상
서스펜션	현탁액으로서 액체 속에 고체의 미립자가 분산되어 있는 상태
계면활성제의 작용	
습윤 → 침투 → 유화 → 분산 → 가용화 → 기포 → 재부착방지 → 표면저하 → 헹굼 등과 같이 작용하는 계면활성제는 계면장력을 현저히 저하시킴	

② 계면활성제의 구조

계면활성제가 물에 녹았을 때 전하를 띠느냐 띠지 않느냐, pH에 따라 전하의 변화 등에 의해 친수부의 전하는 결정된다.

친수성(head)   친유성(tail)

- cationic surfactant
  : + 전하를 띠면 양이온이 됨
- anionic surfactant
  : – 전하를 띠면 음이온이 됨
- amphoteric surfactant
  : pH에 따라 전하가 변해 양쪽성 이온이 됨
- nonionic surfactant
  : 전하를 띠지 않으면 비이온이 됨

(4) 고분자화합물

① **점증제(thickening agent)**

ⓐ 천연고분자

최종제품의 점도를 증가 또는 감소시키는 성분으로 주로 수용성 고분자가 사용되며 크게 유기물과 무기물로 나뉜다. 유기물은 추출물 재료에 따라 식물성, 동물성, 미생물 등 3가지로 나뉜다.

ⓑ 합성고분자

카복시비닐폴리머가 적은 양으로 높은 점성을 얻을 수 있어 가장 많이 사용되는 석유화학 점증제는 수계점증제이다.

ⓒ 반합성고분자

셀룰로오스 유도체로서 메틸 · 에틸 · 카복실메틸셀룰로오스로서 안정성이 높은 결합체, 착향제, 피막형성제, 점도증진제(수성) 등에 사용된다.

② **피막형성제(film former)**

구분	내용
수용성	• 폴리비닐알코올 : 결합체, 피막형성제 • 폴리비닐피롤리돈(PVP), 메톡시에틸렌(메틸 비닐에터): 모발고정제(헤어스프레이), 샴푸 · 린스 등에 양이온 셀룰로오스를 사용
비수용성	• 네일 에나멜의 재료로서 네일표면을 손상시키지 않는 코팅제로 나이트로 셀룰로오스가 사용 – 선오일, 리퀴드파운데이션의 내고온성 절연재료와 관련된 내열성, 접착제 등의 화장품에 사용

(5) 색조류

색조화장품에 주로 배합되어 있는 색소는 피복력(피지분비물을 흡수, 유분기를 제거), 자외선 방어, 채색 등의 역할을 한다. 색조는 색깔을 먹이는 재료 즉, 색재(色材)로서 색의 감각을 주는 안료, 염료를 포함한다. 이러한 색소는 인공색소, 타르계색소, 비타르계색소로 분류한다.

2 화장품 제조에 따른 특성

(1) 화장품의 품질요소
화장품이 갖추어야 할 품질요소는 안전성(safety), 안정성(stability), 유효성(efficacy), 사용성(usability)으로 구분된다.

1) 안전성
① 화장품 안전 가이드라인의 일반적 사항
- 피부에 주로 적용하는 화장품은 피부자극 및 감작이 우선적으로 고려된다.
  - 빛에 의한 광자극 또는 광감작과 두개피부 및 안면 적용 화장품은 눈에 들어 갈 가능성(안점막자극)이 없어야 한다.
- 사용방법에 따라 피부흡수 또는 예측 가능한 립스틱에 의한 경구섭취, 스프레이 등에 의한 흡입독성 등에 따른 전신독성에 안전성을 유지해야 한다.
- 영유아용 제품류(만 3세 이하)와 어린이용 제품(만 4세 이상부터 만 13세 이하까지)임을 특정해서 표시·광고하려는 화장품은 보존제(방부제) 함량을 필수로 기재해야 한다.
- 향료성분 중 알레르기 유발물질은 반드시 표기해야 한다.
- 착향제 구성성분 중 알레르기 유발성분은 반드시 표기해야 한다.
- 최종제품은 적절한 조건에서 보관할 때 사용기간 또는 유통기한 동안 안전해야 한다.
- 제품의 안전성은 각 성분의 독성학적 특징과 유사한 조성의 제품을 사용한 경험, 신물질의 함유 여부 등을 참고하여 전반적으로 검토해야 한다.
- 보건 위생상 위해가 발생할 우려가 있는 비위생적인 조건에서 제조되었거나 시설 기준에 부적합 시설에서 제조되었는지 검토해야 한다.

2) 안정성
사용 또는 보관 중에 화장품이 산화, 변색, 변취, 변질되거나 제형의 분리, 미생물 등에 오염되는 경우가 없어야 한다. 이는 화장품의 저장방법 및 사용기한을 설정하기 위하여 경시변화에 따른 품질의 안정성을 평가하는 시험이다.

3) 유효성
화장품은 유효성보다는 안전성이 우선인 제품으로 일반화장품과 기능성화장품으로 대별된다. 일반화장품은 식약처에 화장품 제조업 등록만으로 생산할 수 있다. 그러나 기능성화장품은 식약처의 허가를 득해야 생산할 수 있다.

4) 사용(기호)성
화장품은 생활용품이지만 기호품이기도 한다. 기호성에서 품질평가의 주요항목은 색, 냄새, 감촉이라는 관능적인 인자가 주체이다. 화장품의 사용성 평가는 종래부터 관능시험에 의해 평가되고 있다.

사용감	냄새	색
퍼짐성, 부착성, 피복성, 지속성	형상, 성질, 강도, 보유성	색소, 채도, 명도

(2) 화장품 제형의 분류

화장품의 기능은 사용된 원료(제형) 및 첨가에 따라 사용감이나 효과를 나타내는 특성이 다르다. 개개의 기능을 목적으로 하는 제품은 감촉(사용감)과 입자의 크기에 따른 외관 등 상품적 요소와 그 안정성에 화장품의 특성을 반영시킨다.

1) 가용화

- 소량의 오일(3~5%)에 물(95%)이 섞이게 하여 만들어지는, 즉 물에 의해 투명하게 용해되는 상태로서 미셀을 형성한다.
- 물에 녹지 않은 오일, 향료 등은 가용화제(용해화제)를 첨가함으로써 화장품 제형을 투명하게 만든다. 가용화 시 형성되는 미셀은 모노머가 15~25개로 구성된 화합체로서 최초 미셀이 형성되는 농도를 임계미셀농도라 한다.

① **임계미셀농도**(critical micelle concentration, CMC)
- 미셀은 회합체가 생성되기 시작하는 시점의 계면활성제 농도이다. 어느 농도 이상에서 돌연 나타나는 현상을 임계미셀농도라고 한다.

② **친수-친유성의 균형**(hydrophilic-lipophilic balance, HLB)
- 비이온 계면활성제를 대상으로 HLB값은 결정된다. 이 값은 0~20의 범위로서 값이 작을수록 분자 전체로서 친유성이 강하게 나타나며, 값이 커질수록 친수성이 강하게 나타난다.
  - 유상층(0~10) 0에 가까울수록 소수성이 강함(레시틴은 HLB값 4로서 친유성 유화제임)
  - 수상층(10~20) 20에 가까울수록 친수성이 강함(가용화제는 HLB값 15 이상에서 사용됨)

2) 유화

화장품의 품질은 얼마나 유화를 잘해 주느냐에 따라 결정된다. 유화액은 연속상(분산매)과 분산상(분산질)의 경계에서 빛의 산란이 일어나기 때문에 틴들현상이 나타난다. 이는 분산상이 계면활성제나 보존제에 의해 가용성이 된 경우이다.

종류	특징	적용제형
유중수형 (W/O형, water in oil type)	물이 기름 속에 분산되는 경우로서 친유성이 강한 즉, 유용성의 유화제가 적합하며 화장품에서는 수상을 유상에 첨가하여 만드는 이 방법을 가장 많이 사용함	선스크림
수중유형 (O/W형, oil in water type)	유화제의 종류에 따라 기름이 물속에 분산되는 경우 즉, 친수성이 강한 수용성의 유화제가 적합하며, 이는 유상을 수상에 첨가하여 만드는 방법임	보습로션, 선탠로션, 클렌징크림

다중유형	W/O/W형 (water in oil in water)	• 오일베이스로서 W/O형을 다시 물에 유화시킨 형태로서 물안에 기름이 들어있는 유화액 • 끈적임 없이 oily하지 않으면서 피부를 보호 • 보습하는 효과는 우수함	선크림, 아이크림, 바디크림과 색조제품에도 적용할 수 있는 다중 유화제 등
	O/W/O형 (oil in water in oil)	워터베이스로서 O/W형을 다시 기름에 유화시킨 형태로서 물이 들어가 있는 유화액	왁스 버터지방 속 물의 유화액

① 유화제의 종류

유화되지(섞이지) 않는 두 물질을 고르게 분산시키는데 사용되는 물질을 유화제라고 한다. 즉 두 가지의 액체에 유화제를 넣어서 섞으면 한 쪽의 액체가 다른 쪽의 액체 가운데에 균일하게 분산함으로써 유제가 된다. 그 결과 형성된 분산계를 에멀젼이라고 한다.

3) 분산

분산은 안료 등의 고체입자를 액체 속에 균일하게 혼합된 상태를 말하며, 이를 더 오래 안정된 분산상태로 유지하기 위한 계면활성제를 분산제라고 한다.

● 화장품제형 만들기 주요 공정

공정류	공정 특징	제품
가용화	계면활성제의 작은 집합체인 미셀을 형성하도록 만들어 물에 용해되지 않는 물질을 녹게하는 성질을 부여해 투명한 상태로 용해	화장수, 에센스, 향수와 같은 투명 제품에 사용
유화	섞이지 않는 물질(물과 기름)들을 유화장치와 유화제를 사용하여 인위적으로 섞이게 만드는 공정	로션·크림을 제조할 때 사용
분산	안료 등의 고체입자를 액체 속에 균일하게 혼합시키는 공정으로서 분산공정을 거친 제품을 장시간 방치하여 고체 입자의 침전 혹은 응집에 의해 사용 시 뭉침, 얼룩이 생김	립스틱, 파우더, 파운데이션 등의 제품 제조 시 사용
에어로졸	물리학적으로 기체 중 고체 또는 액체의 미립자가 분산(콜로이드 상태)되어 있는 상태로서 에어로졸 공정은 가스 압력을 이용한 내압 용기로부터 액체를 도출시키는 제품을 만드는 공정	파우더 스프레이, 헤어스프레이, 헤어스타일링 폼 등의 제조 시 사용

CHAPTER 9 · 손발의 구조와 기능

Section 01 | 뼈(골)의 형태 및 발생

골격계는 206개의 뼈와 연골, 인대, 관절 등을 살펴볼 수 있다. 뼈대 위에는 근육과 피부가 존재한다. 뼈대를 만드는 뼈는 신체에서 연약한 부위를 지지하여 보호하고 혈구를 생산하며, 미네랄과 지방을 저장한다.

1 뼈의 형태 및 발생

인체 조직 중 수분 함량이 가장 적은 뼈는 칼슘, 인(무기질)이 45%, 콜라겐(유기질)이 35%, 물이 20%로 구성되어 있다.

(1) 골격

골격은 신체 내에서 보호 · 조혈 · 저장 · 지지 · 운동기능 등을 한다.

① 골격의 기능
- ㉠ 신체를 지지한다(지지기능).
- ㉡ 혈액세포를 생성한다(조혈기능).
- ㉢ 장기를 보호한다(보호기능).
- ㉣ 숨쉬기를 돕는다.
- ㉤ 미네랄(Ca, P)을 저장한다(저장기능).
- ㉥ 운동 시 지지대의 역할을 한다(운동기능).
- ㉦ 활발하게 성장하며 스스로 재구성한다.

② 골격의 분류

골격의 주요 구성요소는 뼈이다.

분류	내용	특징
긴 뼈(장골)	너비에 비해 길이가 긴 뼈	팔뼈, 다리뼈
짧은 뼈(단골)	너비와 길이가 거의 같은 뼈	손목뼈, 발목뼈
납작뼈(편평골)	편평하거나 커브 등의 형태를 가진 뼈	머리뼈, 갈비뼈, 복장뼈
불규칙뼈	퍼즐의 일부처럼 불규칙적이며, 뼈와 뼈를 연결시키는 형태의 뼈	엉치뼈, 척추뼈
함기뼈	골체 내에 공기가 포함되어 있어 가볍다.	상악뼈, 전두뼈, 측두뼈
종자뼈	건속에 있는 작은 뼈로서 건의 마찰을 막는다.	슬개뼈

③ 골의 조직

뼈(골) 조직은 뼈의 표면인 치밀골과 뼈의 중심부인 해면골로 구성된다.

- 치밀골은 골세포와 기질로 구성되어 있으며 신경과 혈관이 세로로 뻗어 지나간다.
- 해면골은 해면질로 된 심층부의 뼈로서 다공성 구조로 조혈기관인 골수를 함유하고 있다.

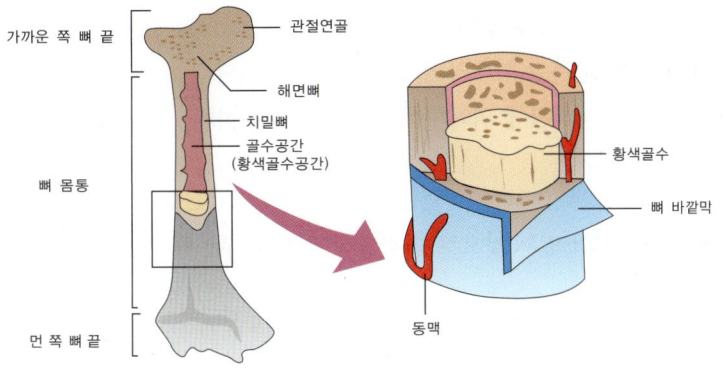

〈뼈의 전체적인 구조〉

종류	뼈 구조
뼈 바깥막(Periosteum)	• 혈관과 림프관, 신경 등이 분포해 있다. • 혈액과 영양분을 뼈세포에 공급해 준다. • 뼈 바깥막은 인대와 건이 부착되어 있다. • 섬유질로 된 두꺼운 결합조직으로 덮여있다.
뼈끝(Epiphysis)	• 각 뼈의 끝이며, 뼈의 몸통(뼈몸통) 끝으로 갈수록 굵고 둥글게 된다.
뼈 골수 공간	• 황색과 적색의 2가지 골수가 있다. • 뼈 몸통의 공간으로서 골수를 보관하는 역할을 수행한다. – 황색 골수는 다량의 지방을 갖고 있으며, 다량의 혈액 손실 시 적색 골수로 변환된다.

④ 뼈의 성장
- 길이 성장 : 성장판(골단 연골)에서 세포분열에 의해 성장된다.
- 부피 성장 : 골모(아)세포와 파골세포에 의해 성장된다.

⑤ 뼈의 조직학적 구조

종류	뼈 구조
골모(아)세포	뼈를 생성시키는 세포
골세포	골조직을 만드는 세포
파골세포	파괴된 뼈에서 칼슘(Ca), 인(P)을 혈액으로 보내는 세포
골기질	골세포를 제외한 뼈를 형성하는 기질세포

(2) 연골(Cartilage)

골과 골 사이의 충격을 흡수하는 결합조직이다.

① 뼈와 뼈 사이에서 쿠션 역할을 한다.
② 움직일 때 충격을 흡수하여 뼈끝이 부딪치는 것을 방지한다.
③ 연골에는 조그만 윤활 주머니가 윤활액을 담고 있다.
④ 접힘, 장력, 압력 등을 위한 특수 형태와 밀집된 결합조직이다.
⑤ 손·발과 같은 관절 연골은 뼈끝에 위치하여 움직임을 관장한다.

(3) 관절과 인대
2개 이상의 뼈가 서로 연결되어 있는 것으로 연결방식에 따라 부동관절, 가동관절로 나뉜다.

① 관절(Joint)
　㉠ 뼈를 연결하고 있는 결합조직에 의해 관절이 분류된다.
　㉡ 관절은 움직임을 관장하며, 2개 이상의 뼈가 합쳐져서 형성된다.

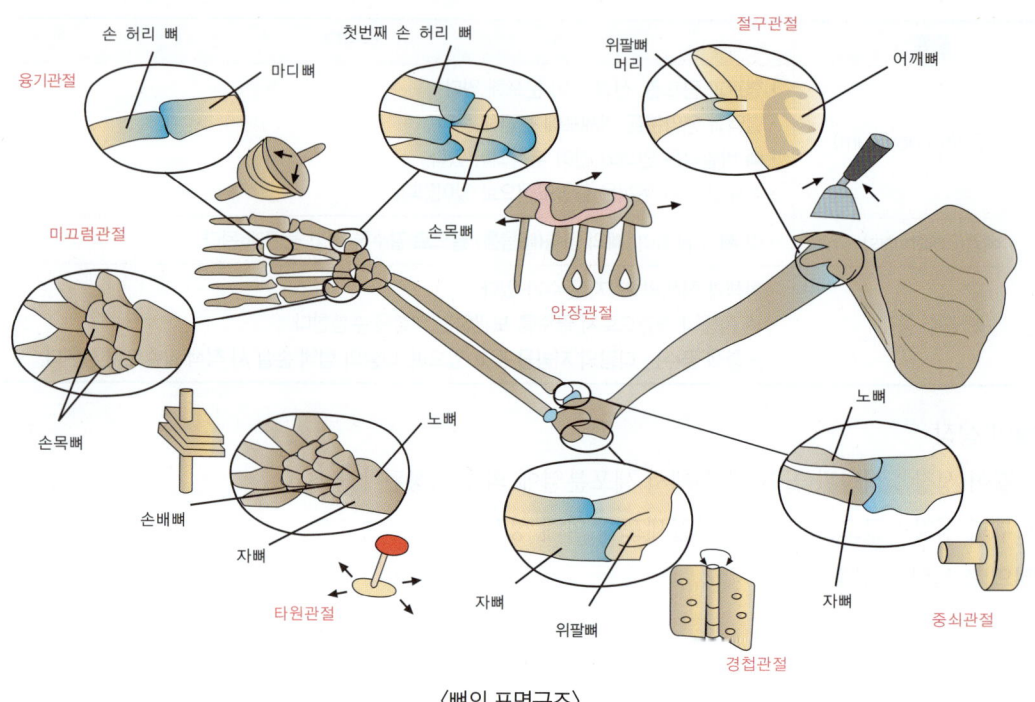

〈뼈의 표면구조〉

② 인대(Ligament)

> **tip** 힘줄은 근육과 뼈를 연결한다.

　㉠ 뼈와 뼈를 연결한다.
　㉡ 특수한 결합조직에 의해 관절을 움직일 수 있게 한다.

관절명	상지관절	관절명	하지관절
손목	요골수근관절	발목	거퇴관절
손목뼈 사이	수근간관절	발목뼈 사이	족근간관절
손목 손허리	수근중수관절	발목 허리	족근중족관절
손허리 손가락	중수지절관절	발가락뼈	중족지절관절
손가락뼈 사이	지절간관절	발가락뼈 사이	지절간관절

Section 02 | 손과 발의 뼈대(골격)

1 손(발)의 골격

손가락 뼈인 수지골은 인지, 중지, 약지, 소지 등으로서 긴뼈인 첫마디뼈(기절골), 중간마디뼈(중절골), 끝마디뼈(말절골) 등으로 구성된다. 특히 모지는 기절골과 말절골로 구성되어 있다.

손의 골격	위치	구성 및 내용	발의 골격	위치	구성 및 내용
수근골 (Carpal Bones)	손목뼈	8개의 뼈 (작고 불규칙한 두 줄로 된 뼈)	족근골 (Tarsal Bones)	발목뼈	7개의 관절 (몸의 무게를 지탱, 발목뼈의 일부)
중수골 (Metacarpal Bones)	손바닥뼈	5개의 뼈 (손가락뼈와 연결된 길고 가느다란 뼈)	중족골 (Metatarsals)	발등뼈	각 발가락뼈로 연결 되는 길고 가는 뼈
수지골 (Phalanges)	손가락뼈 (5개의 손가락뼈)	14개의 뼈 • 제1지(2개 뼈) • 제2지(3개 뼈) • 제3지(3개 뼈) • 제4지(3개 뼈) • 제5지(3개 뼈)	족지골 (Phalanges)	발가락뼈	14개의 뼈 • 제1지(2개 뼈) • 제2지(3개 뼈) • 제3지(3개 뼈) • 제4지(3개 뼈) • 제5지(3개 뼈)
척골 (Ulna)	아래팔의 내측	손목뼈와 연결 (소지 방향으로 연결되는 뼈)	경골 (Tibia)	하퇴의 내측을 구성하는 뼈	2개의 뼈
요골 (Radius)	아래팔의 외측	손목뼈와 연결 (모지 방향으로 연결)	비골 (Fibula)	경골 바깥 쪽에 있는 가는 뼈	1개의 뼈

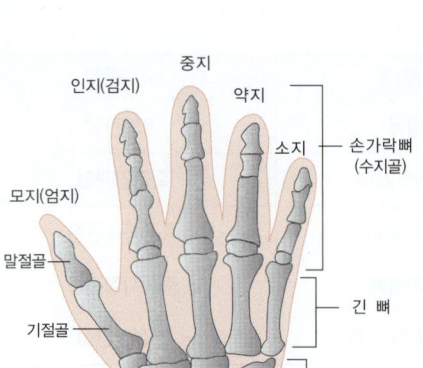

〈손 골격의 구조〉

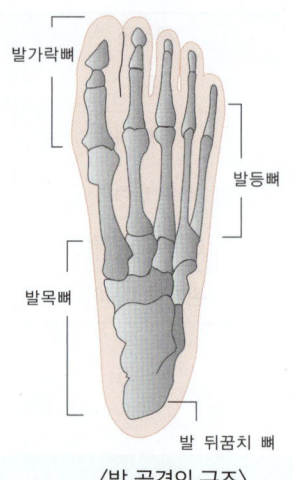

〈발 골격의 구조〉

Section 03 | 손과 발의 근육 형태 및 기능

1 손(발) 근육의 정의

근육(Muscles)은 수축과 이완(운동기능)이 있는 모든 조직을 칭하는 일반적인 용어이다. 섬유질 조직인 근육은 약 650개로서 형태와 크기가 다양하다. 이는 체중의 40~50%를 차지하며 수행하는 기능에 따라 구성되어 있다.

2 손(발) 근육의 형태

승모근은 견갑골을 올리고 내·외측 회전에 관여함으로써 팔을 위로 올리거나 내릴 때 또는 바깥쪽으로 돌릴 때 사용되는 근육이다.

근육형태	역할
신근	손(발)가락을 벌리거나 펴서 내·외측 회전과 내·외향에 작용
굴근	손(발)목과 손(발)가락을 굽히며 내·외향에 작용
외전근	손(발)가락 사이를 벌리는 근육
내전근	손(발)가락 사이를 모으거나 붙이는 근육
회외근	손(발)바닥을 위로 향하게 하는 근육
회내근	손(발)목을 안쪽으로 또는 손(발)등을 위쪽으로 향하게 하는 근육
대립근	물건을 쥐거나 잡을 때 작용하는 근육

3 손 근육의 특징과 종류

특징	· 대부분 손바닥에 분포 · 관절과 관절 사이에 서로 겹쳐 여러 개의 작은 근육 존재 · 손등 : 근육이 미약하게 발달, 손 힘의 강도와 유연성에 사용	
종류	모지구근	· 엄지손가락의 굴곡, 대립, 외진과 내진에 관여하는 근육 · 엄지굽힘근(장모지굴근, 단모지굴근), 엄지벌림근(장모지외전근, 단모지외전근), 엄지모음근(모지내전근), 엄지맞섬근(모지대립근)
	제2~5손가락의 외근	· 손가락의 굴곡과 외전에 관여하는 근육 · 손가락 굽힘근(천지굴근, 심지굴근), 손가락 벌림근(지신근, 시지신근, 소지신근)
	제2~5손가락의 내근	· 중수근 손바닥을 이루는 근육으로 손가락의 신전과 외전이 관여하는 근육(충양근, 장측골간근, 비측골간근) · 소지구근 : 소지 굴곡 및 외전과 대립에 관여하는 근육으로 새끼굽힘근(단소지굴근), 새끼벌림근(소지외전근), 새끼맞섬근(소지대립근)

4 손(발) 근육의 기능

골격근(횡문근)은 뼈에 부착되어 있으며 근육이 횡문과 단백질로 구성되어 있어, 수의적 활동이 가능하다.

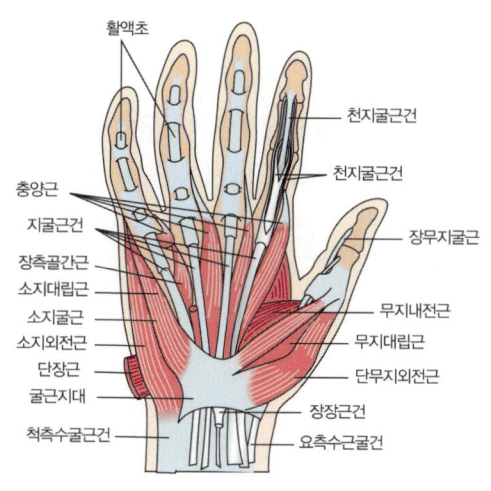

- 운동을 일으킨다.
- 자세를 유지한다.
- 열을 발생시킨다.
- 혈관의 확장과 수축을 관장한다.
- 수축을 통해 혈액의 순환을 일으킨다.
  - 혈액은 조직과의 수분 교환을 통해 체내의 수분을 조절하고 체액의 pH를 조절한다.
- 물질이 들어오고 나가는 문 역할을 한다.

5 근육의 분류

구분	해부학적 측면	생리학적 측면
골격근	가로무늬의 횡문근	자의로 움직일 수 있는 수의근
평활근	민무늬근, 내장근	자율신경의 지배를 받는 불수의근
심근	횡문근	자의로 움직일 수 없는 불수의근

Section 04 | 신경조직과 기능

신경계는 우리 몸의 주요한 조절과 조장작용을 통괄하는 계통으로서 인지, 기억, 생각 등을 포함하는 모든 정신적 활동의 중추기관이다. 우리 몸 내·외부의 환경변화에 대한 간파, 통찰, 반응 등에 대한 능력은 물론 항상성 또한 신경계통의 활동에 의해 대부분 조절된다.

1 신경조직

(1) 신경계의 기초 형성체는 신경세포 또는 뉴런이다.
① 신경조직의 최소단위로서 뉴런의 길이는 1cm~1m 이상이다. 엄지발가락에서부터 뇌까지 메시지를 전달한다.

(2) 신경세포는 몸의 가장 분화된 세포이다.
① 핵과 세포막을 갖고 있지만 스스로 세포분열을 하지 않는다.
② 적절한 자극에 대한 반응으로 발전시키거나 불을 내는 전기장치와 비슷하다.

(3) 신경세포는 충격들을 가져오고 내보내는 과정에 의해 차별화되는 특징이 있다.
① 수지상돌기라 부르는 가늘고 여러 갈래로 뻗은 섬유들의 세트이다.
 - 이는 감지장치로서 안테나처럼 신호를 받고 이것을 세포 몸체에 따라 이차 연장체인 축삭돌기로 전송한다.
② 하나의 단일 섬유인 축삭돌기는 신호들을 다른 세포 또는 근육 또는 감각세포들에게 전송할 수 있도록 돕는다.

(4) 신경세포의 자극은 보통 한 방향으로만 전달된다.

2 신경의 기능

각 신경세포는 자신의 정보를 전송하기 위해 전기화학적 신호로 바꾼다.

(1) 감각신경(구심성)
① 감각뉴런은 수용체라는 장치를 통해 몸 속과 외부로부터 정보들을 수집한다.
 ㉠ 정보들은 적절한 조치가 결정되는 뇌와 척수로 보내진다.
 ㉡ 말초의 자극을 중추 쪽으로 전달하는 신경이다.

(2) 운동신경(원심성)
① 뇌와 척수로부터 적절한 샘, 기관 또는 근육으로 지시사항을 전달한다.
② 중추의 자극을 말초로 전달하는 신경이다.

(3) 개재신경
감각신경과 운동신경 간의 신호들을 왕복시키며 중추신경계 속에 완전히 놓여 있다.

3 신경의 구조

신경구조는 신경세포로서 신경원(Neuron)이라는 신경계의 기본 세포단위이다.

구조	역할
신경세포체	핵과 세포질로 구성되며 수지상돌기를 옆가지로 하고 신경세포의 성장 및 물질대사에 관여한다.
수지상돌기	감각수용체로서 외부로부터 자극을 받아 신경세포체에 전달한다.
축삭돌기	말초의 자극을 중추쪽으로 전달하거나 중추의 자극을 말초로 전달한다.
시냅스	신경세포와 신경세포를 연결하는 접속부위이다.

4 손과 팔의 신경

손과 손가락에 분포하는 손가락 신경은 인지와 손가락 끝에 많이 분포되어 있다.

종류	이행 또는 분포
척골신경	팔꿈치 → 팔 → 손가락으로 이행시키는 신경
중간신경	상완의 근육 → 팔뚝 → 손가락으로 이행시키는 신경
요골신경	손등과 손가락의 모지 쪽에 분포하는 신경

네일미용의 이해

01 한국의 네일미용의 역사에 관한 설명 중 틀린 것은
① 우리나라 네일장식의 시작은 봉선화 꽃물을 들이는 것이라 할 수 있다.
② 한국의 네일산업이 본격화되기 시작한 것은 1960년대 중반으로 미국과 일본의 영향으로 네일 산업이 급성장하면서 대중화되기 시작했다.
③ 1990년대부터 대중화되어 왔고 1998년에는 민간자격증이 도입되었다.
④ 화장품 회사에서 다양한 색상의 폴리시를 판매하면서 일반인들이 네일에 대해 관심을 갖기 시작했다.

해설 | ② 한국의 네일 산업이 본격화되기 시작한 것은 1990년대이다.

02 네일미용의 역사에 대한 설명으로 틀린 것은?
① 최초의 네일미용은 기원전 3000년 경에 이집트에서 시작되었다.
② 고대 이집트에서는 헤나를 이용하여 붉은 오렌지색으로 손톱을 물들였다.
③ 그리스에서는 계란 흰자와 아라비아산 고무나무 수액을 섞어 손톱에 칠하였다.
④ 15세기 중국의 명 왕조에서는 흑색과 적색으로 손톱에. 칠하여 장식하였다.

해설 | ③ 계란흰자와 아라비아산 고무나무 수액을 섞어 손톱에 칠한 것은 고대 중국이다.

03 네일의 역사에 대한 설명으로 틀린 것은?
① 최초의 네일관리는 기원전 3000년경에 이집트와 중국의 상류층에서 시작되었다.
② 고대 이집트에서는 헤나라는 관목에서 빨간색과 오렌지색을 추출하였다.
③ 고대 이집트에서는 남자들도 네일관리를 하였다.
④ 네일관리는 지금까지 5000년에 걸쳐 변화되어왔다.

해설 | ③ BC3000년 고대 이집트에서는 사회적 신분을 나타내기 위해 헤나라는 붉은 오렌지색 염료로 손톱을 염색하였으며 남자들은 네일관리를 하지 않았다.

04 한국네일미용의 역사와 가장 거리가 먼 것은?
① 고려시대에 주술적 의미로 시작하였다.
② 1990년대부터 네일 산업이 점차 대중화되어 갔다.
③ 1998년 민간자격시험 제도가 도입 및 시행되었다.
④ 상류층 여성들은 손톱 뿌리 부분에 문신 바늘로 색소를 주입하여 상류층임을 과시하였다

해설 | ④ 17세기 인도의 상류층 여성들이 문신바늘을 이용해 조모에 색소를 넣어 신분을 표시했다.

01. 01 ② 02 ③ 03 ③ 04 ④

05 한국고대 네일미용의 설명으로 틀린 것은?

① 주술적(오행설)의 의미로서 손톱에 물을 들였다.
② 재료는 봉선화 꽃잎을 찧어 백반 소금듬을 섞어 사용하였다.
③ 손톱에 물들인 붉은색 손톱은 자라 밀려나올 때까지 계속 남아있다.
④ 세시풍속(고려 충선왕 이전)에 남녀 신분에 상관없이 단옷날에 물들였다.

해설 | ④ 세시풍속집. 조선후기 동국세시기에 젊은 색시와 아이들의 신분에 상관없이 손톱에 물을 들였다.

06 세시풍속집이 출판된 시대는?

① 삼국시대 ② 통일신라시대
③ 고려시대 ④ 조선시대

해설 | ④ 세시풍속집은 조선후기 순국(1849) 때 홍석모가 저술하였다.

07 세시풍속집에서 백반을 넣어 동여매어 곱게 물들일 때 사용된 꽃잎은?

① 헤나 ② 홍화
③ 봉선화 ④ 목화잎

해설 | ③ 5~6월이 되면 봉숭아 꽃 잎을 섞어 짓찧은 다음 백반 소금 등을 넣어 손톱을 빨갛게 물들이는 이 풍속은 오행설에 빨강을 벽사로서 귀신을 물리친다는데서 유래되었다.

08 네일의 역사는 고대에서 몇 년에 걸쳐서 시행되고 있는가?

① 2000년 ② 3000년
③ 4000년 ④ 5000년

해설 | ④ 고대에서 약 5000년에 걸쳐 네일관리는 발전하였다.

09 상류층으로부터 최초 네일관리가 시작된 나라는?

① 이집트와 중국 ② 그리스로마
③ 인도와잉카 ④ 프랑스와 미국

해설 | ① 고대이집트와 중국의 상류층에서부터 최초의 네일관리가 시작되었다.

10 홍장 또는 조홍으로 불리는 내용과 거리가 먼 것은?

① 기원전 3000년경
② 중국 유목민의 부녀자의 손톱
③ 초기에는 홍화로 손톱에 물을 들임
④ 손톱색깔이 사회적 지위 나타내는 기준이 됨

해설 | ④ 고대 이집트에서 왕족은 짙은색 서민층은 옅은색을 손톱에 물들임
홍장(토는 조홍)은 기원전 3000년경 중국에서 손톱을 물들이는 것에서 유래됨

11 한국네일미용의 역사와 거리가 먼 것은?

① 고려시대에는 봉선화를 손톱에 물들인다고 해서 염지갑화라고도 했다.
② 백제시대 봉선화로 손톱을 물들이는 풍습이 부녀자와 처녀들 사이에서 행해졌다.
③ 삼국시대 바닷가 사람들은 바다와 강에 들어가기 전에 쌍떡잎식물로 손과 발에 물을 들였다.
④ 조선시대에 섬섬옥수라는 말을 비롯하여 다산, 다남을 위해 손은 마치 봄에 솟아난 죽순 같으며, 손바닥의 혈색이 붉어야 한다는 기록이 있다.

해설 | ② 봉선화로 손톱을 물들이는 풍습은 이미 고려시대 (1318~1392년)에 부녀자와 처녀들 사이에서 행해졌다.

05 ④ 06 ④ 07 ③ 08 ④ 09 ① 10 ④ 11 ②

12 B.C 600년경 금색과 은색을 손톱에 바른 나라는?

① 중국 ② 인도
③ 이집트 ④ 그리스

해설 | ① 중국
- B.C 600년 금색과 은색을 손톱에 바름
- 입술과 연지에 사용된 홍화를 손톱에 입혀 조홍이라 함
- 벌꿀과 계란흰자, 아라비아산 고무나무 수액을 조제하여 손톱 화장을 함

네일숍 안전관리

01 화학물질과 연계하였을 때 적절한 것은?

① 오염시간 정도 - 물질에 오염된 시간과 기간이 드러난다.
② 화학물질 반응도 - 물질에 오염된 정도와 물질의 농도를 갖고 있다.
③ 오염된 화학물질은 다른 물질과 상호작용이 없다.
④ 물질의 오염경로는 찾을 수 없다.

해설 | ② 물질에 따라 개인의 반응도가 다르다.
③ 물질에 따라 다른 물질과 상호작용이 있다.
④ 물질의 오염경로는 찾을 수는 있으나 쉽지 않다.

02 네일제품 작업 중에 바로 나타나는 눈의 증상이 아닌 것은?

① 열이 난다.
② 분비물이 나온다.
③ 화끈거림, 가려움, 충혈이 생긴다.
④ 염증이 생긴다.

03 네일제품 사용에 따른 만성적 증상인 것은?

① 증상이 나타나기까지 수년~수십 년이 걸린다.
② 개인이 어떠한 화학물질에 대해 민감하게 반응하는 증상이다.
③ 사용량에 관계없이 사용할 때마다 반응을 나타낸다.
④ 여러 번 또는 몇 년 사용한 후에라도 알레르기는 일어날 수 있다.

해설 | ②, ③, ④는 알레르기에 대한 설명이다.

04 네일제품 중 가장 심각한 알레르기를 일으키는 성분은?

① 암모니아
② 포름알데하이드
③ 황화메틸렌
④ 이황화메틸

05 알레르기 반응 증상이 아닌 것은?

① 코 막힘 ② 눈물과 재채기
③ 수포 ④ 기침

해설 | 알레르기 증상 : 코가 막히고 눈물, 재채기, 호흡곤란, 기침, 가벼운 피부발진 증상이 나타난다.

06 피부 염증 상태를 나타내는 용어가 아닌 것은?

① 피부발진
② 호흡장애로 인한 호흡곤란
③ 접촉성 피부염
④ 알레르기성 피부염

해설 | ② 알레르기 반응이다.

12 ①   03. 01 ① 02 ④ 03 ① 04 ② 05 ③ 06 ②

07 피부염의 증상이 아닌 것은?
① 수포나 구진(뽀루지) 같은 형태의 질환이 발현된다.
② 손이나 팔에 가장 흔하게 나타난다.
③ 알레르기성 화학물질은 호흡에 의해서도 피부염이 유발된다.
④ 사용량에 관계없이 반응을 나타낸다.

해설 | ④ 알레르기 반응이다.

08 손(팔)에 가장 흔하게 나타나는 피부염의 증상이 아닌 것은?
① 피부가 찢어지거나 벗겨짐
② 건조하거나 출혈이 생김
③ 가려움과 피부의 화끈거림
④ 기침과 가벼운 피부발진

해설 | ④ 알레르기 증상이다.

09 인조네일 작업에서 아크릴 제품을 잘못 사용하였을 때의 증상을 고르면?

㉠ 수포가 생긴다.
㉡ 구진(뽀루지)이 생긴다.
㉢ 피부가 짓물러져 진물이 흐를 수도 있다.
㉣ 붉게 발진할 수도 있다.

① ㉠, ㉡
② ㉡, ㉢
③ ㉢, ㉣
④ ㉠, ㉣

10 화학물질의 높은 오염도에 따른 증상을 모두 고른다면?

㉠ 자연유산   ㉡ 하혈수반
㉢ 생식기 이상   ㉣ 소화기 장애
㉤ 근 골격손상

① ㉠, ㉡, ㉤
② ㉠, ㉡, ㉢
③ ㉢, ㉣, ㉤
④ ㉠, ㉣, ㉤

해설 | ② 직업상 환기 부족 시 높은 오염도에 따라 자연유산 또는 하혈을 수반하며 생식기의 이상을 야기한다.

11 네일 숍 내 화학물질이 인체에 침입하는 경로가 아닌 것은?
① 호흡 – 화학제품이 호흡을 통해 식도로 들어간다.
② 호흡 – 폐에 머물거나 혈관을 통하여 몸의 다른 여러 부분으로 운반된다.
③ 접촉 – 화학물질에 오염되거나 묻은 손을 눈에 대고 비빌 때 접촉된다.
④ 접촉 – 화학물질 자체가 휘발하여 수증기가 되어 눈에 들어갈 수 있다.

해설 | ① 화학물질이 호흡을 통해 폐로 들어간다.

12 개인 민감도와 관련된 내용과 거리가 먼 것은?
① 흡연은 화학물질의 분해를 돕는 기능에 장애를 초래한다.
② 알코올(음주)은 어떤 유해한 화학물질의 영향을 증가시킬 수 있다.
③ 화학물질은 남성이나 여성이라는 성(性)에 대해 영향이 없다.
④ 화학물질에 노출되었을 때 건강상태에 따라 미치는 영향은 다르다.

07 ④ 08 ④ 09 ③ 10 ② 11 ① 12 ③

13 물질안전기준표와 거리가 먼 것은?

① 화학제품에 대한 정보를 알려주는 기준표이다.
② 화학제품에 대하여 미국에서 법으로 규제해 놓았다.
③ 화학제품에 대한 위험성을 알려주는 기준표이다.
④ 숍에서 사용되는 제품에 대한 물질안전기준표는 비치하지 않아도 된다.

해설 | ④ 숍에서는 작업 시에 사용되는 제품에 대해 물질안전기준표를 내부 편리한 장소에 쉽게 접할 수 있도록 비치해야 한다.

14 물질안전기준표의 정의가 아닌 것은?

① 화학제품의 성분 위험도를 나타낸다.
② 작업장에서의 건강상 위험도를 나타낸다.
③ 작업 시 사용되는 제품의 인체 유해 정도를 결정한다.
④ 작업장에서 사고 발생시 응급 순서를 나타낸다.

해설 | ④ 작업장에서 사고 발생 시 응급순서를 결정한다.

15 물질안전기준표에 제시되는 제품의 이름 목록인 것은?

① 화학물의 이름   ② 주소
③ 비상 시 전화번호   ④ 날짜

해설 | ① 물질안전기준표에서 제품의 이름 목록에는 화학물의 이름, 상표 이름 등이 제시되어야 한다.

16 물질안전기준표에 제시되는 목록이 아닌 것은?

① 제품의 이름
② 판매자 또는 수출업자
③ 제조업자
④ 물질안전기준표에 제시된 날짜

해설 | ② 판매자 또는 수입업자이다.

개인위생 관리

01 네일 미용사의 위생관리에 대한 내용이다. 내용중 틀린 것은?

① 청결 – 손은 고객마다 작업 전·후 손을 반드시 씻도록 하고 작업 전에는 상관없다.
② 청결 – 화장실 사용 후나 쓰레기통과 같은 물건을 만진 후에도 손을 반드시 씻도록 한다.
③ 복장 – 신발은 굽이 낮고 잘 맞는 것을 착용한다.
④ 복장 – 디자인은 단순하면서도 산뜻한 것을 선택하고 자주 세탁해도 새것 같은 양질의 옷감을 선택한다.

해설 | ① 손은 고객마다 작업 전과 작업 후, 화장실 사용 후나 쓰레기통과 같은 물건을 만진 후에도 손을 반드시 씻도록 한다.

02 네일 미용사의 위생관리에 대한 내용 중 틀린 것은?

① 네일관리 시에는 고객에게 신뢰를 주기 위해 마스크를 착용하고 작업을 한다.
② 개인위생은 공중보건, 감염병소독학, 미생물학 등의 위생 지식을 습득하여 공중위생의 유지와 증진에 기여한다.
③ 손 위생은 반드시 알코올 소독제를 이용하여 손 소독을 한다
④ 발톱을 깎을 때 프리에이지는 스퀘어 셰입으로 자른다.

해설 | ③ 손위생은 알코올 소독제를 이용한 손소독 방법과 물과 비누(세정제)를 이용하여 손을 씻는 손씻기 방법으로 나눌 수 있다.

03 네일 미용사의 위생관리에 대한 내용 중 틀린 것은?

① 혀에 낀 음식물 찌꺼기와 설태가 입냄새의 90%를 유발하므로 혀를 깨끗이 닦는다.
② 구취 측정 검사를 할 때에는 할리미터, 체열진단기기, 팔강진단기기 등을 사용한다.
③ 양치 후 칫솔을 전자레인지에 3분 이상 돌리거나 식초 또는 베이킹소다에 담궈 두기도 한다.
④ 양치에 사용되는 칫솔은 평균 3개월마다 교체하는 게 좋다.

해설 | ① 설태는 전체 입냄새의 60%를 차지할 정도로 입냄새를 유발한다.

04 다음 양치질의 효능이 아닌 것은?

① 혈당 조절   ② 심장병 예방
③ 위암 예방   ④ 폐암 예방

해설 | ④ 치매 예방 잇몸병이 알츠하이머성 치매에 영향을 준다. 즉 기억력과 관련된 각종 질병 발병 위험을 양치질로 예방하는데 도움이 된다.

05 네일 미용업소 위생관리에 대한 내용으로 틀린 것은?

① 네일숍에서는 소독을 한 기구와 소독을 하지 않은 기구를 구분하여 보관하여야 한다.
② 니퍼는 이물질을 제거하고 자외선 소독기나 크레졸로 소독 후 보관한다.
③ 오렌지 우드스틱은 1인 1기 사용 후 폐기한다.
④ 팁커터기, 실크가위, 푸셔는 자비 소독법으로 소독한다.

해설 | ④ 플라스틱 재질의 네일도구, 브러시, 니퍼, 푸셔등은 자외선 소독기에서 20분 이상 소독한다.

고객응대

01 다음 고객과의 대화 태도로 틀린 것은?

① 고객이 지루하지 않도록 미용사가 말을 많이 하며 대화를 이끌어 나간다.
② 정당한 이유를 나타내는 이성(logos) 요소와 정서적 호소를 맡는 감성(ethos) 요소와 설득하는 사람의 인격과 직결되는 정신(pathos) 요소로 구성된다.
③ 대화 시 적절한 제스처와 표정을 곁들여 대화에 집중하는 태도를 보인다.
④ 대화를 효과적으로 하기 위해서는 말하기, 듣기, 태도 등 3요소가 적절히 사용되어야 한다.

해설 | ① 상대의 대화를 가능한 많이 경청하는 태도로서 눈을 주시하면서 관심과 흥미에 초점을 맞춘다.

02 다음 내용 중 연결이 잘못된 것은?

① yes화법 – 상대에게 yes라고 말하는 것으로 기분 좋게 만드는 심리 테크닉 이다.
② 권유화법 – 상대방의 의견을 구하는 표현을 사용한다.
③ 쿠션화법 – 상대방으로 존중과 배려받고 있다고 느낌을 갖게 한다.
④ 긍정화법 – 부정적인 상황을 설명하거나 불가능하다"라는 말로 상대방으로 신뢰를 느낄 수 있다.

해설 | ④부정적인 상황을 설명하거나 안내 시 긍정적인 단어를 사용화는 대화기술로서 "불가능하다"라는 말보다 "가능하다"라는 말을 더 많이 사용하기 때문에 상대방으로 하여금 업무처리에 신뢰를 느낄 수 있다. 좋아요, 고맙습니다, 감사합니다, 행복합니다 등이다.

03 다음 내용 중 대화법의 종류에 포함되지 않는 것은?

① 부정화법　　② 쿠션화법
③ 권유화법　　④ 예스화법

해설 | ① 긍정화법이다.

04 네일샵을 방문한 고객응대 방법으로 거리가 먼 것은?

① 고객이 방문하였을 때 바른 자세로 웃으며 반갑게 인사를 한다.
② 비예약 고객인 경우 대기시간을 알리고 음료 서비스 응대를 한다.
③ 회원카드는 재방문 고객과 신규고객 모두 작성하도록 안내한다.
④ 물품이 보관된 라커열쇠를 고객이 기억할 수 있도록 열쇠번호를 알려드린다.

해설 | ③ 회원카드는 신규고객만 작성하면 된다.

05 다음 중 고객응대에 대한 설명으로 틀린 것은?

① 전화 응대의 경우 표정은 고객이 보지 않아 목소리에만 신경을 쓰면 된다.
② 전화기 주변에 간단한 메모장을 준비하고 매뉴얼에 따라 상황별 전화응대를 한다.
③ 목소리의 톤은 숨겨진 감정을 나타내 주며, 알맞은 톤의 선택은 전달하고자 하는 메시지의 효과를 높여 줄 수 있다.
④ 언어적 요소에는 고객의 신분에 따라 언어를 달리 표현하는 방법으로 공손한 어휘를 선택한다.

해설 | ② 전화 응대의 기본 매너는 좋은 표정과 바른 자세, 예의 바른 말투와 밝은 목소리 등 고객 편의를 생각해서 고객의 전달 내용을 정확히 잘 듣고 명확하게 해야 한다.

06 전화응대의 3대 원칙이 아닌 것은?

① 친절성　　② 신속성
③ 정확성　　④ 안전성

해설 | 전화응대의 3대 원칙은 친절성, 신속성, 정확성이다.

02 ④　03 ①　04 ③　05 ②　06 ④

07 네일샵 고객응대 방법으로 옳지 않은 것은?

① 고객응대 시 음료는 음료컵의 2/3정도 채워 이동 시 넘치지 않도록 한다.
② 세 가지 이상 이·미용서비스 이용자에게 최종 지불 가격과 전체 서비스 총액에 관한 내역서를 미리 제공하고 내역서 사본은 폐기 처리한다.
③ 할인이 가능한 제휴카드 및 포인트 적립 안내를 한 후 결제를 하도록 한다.
④ 회원권의 효과는 고정고객 확보와 예약제 시스템으로 시간관리에 효과적이다.

해설 | ② 공중위생관리법 시행규칙(보건복지부령 제 517호, 2017.9.15. 일부개정)에 따라 세 가지 이상 이·미용서비스 제공 시 이용자에게 개별서비스와 최종 지불 가격 및 전체 서비스의 총액에 관한 내역서를 미리 제공하고 내역서 사본을 1개월간 보관해야 한다.

피부의 이해

01 다음 내용 중 피부의 정의로서 틀린 것은?

① 피부는 외부환경과 접촉되는 경계면이며 역동적인 기관이다.
② 피부 세포는 단층각질세포로서 각질, 과립, 유극, 기저층으로 구성되어 있다.
③ 피부의 세포는 중층편평상피로 얇은 피부와 두꺼운 피부로 구성되어 있다.
④ 피부는 평생 끊임없이 세포분열과 분화를 한다.

해설 | ② 피부 세포는 중층편평상피로 구성되어 있다.

02 피부 표피세포의 형태로 틀린 것은?

① 유극세포 – 방추형
② 각질세포층 – 편평형
③ 기저세포층 – 원주형
④ 과립세포층 – 다면체(편평)형

해설 | ④ 과립세포층 – 다면체(입방)형

03 피부의 구조와 관련된 내용으로 틀린 것은?

① 손바닥과 발바닥은 두꺼운 피부이다.
② 손톱과 발톱의 주변을 구성하는 피부는 두꺼운 피부이다.
③ 피부는 3개의 층인 표피, 진피, 피하조직으로 구성되어 있다.
④ 피부 부속기관은 각질 부속기관과 분비 부속기관으로 대별된다.

• 해설② 손(발)톱 주변의 피부는 얇은 피부이다.

04 표피의 특징이 아닌 것은?

① 얇은 피부는 0.1~0.2㎜ 두께이다.
② 두꺼운 피부는 0.8~1.4㎜ 두께이다.
③ 상피조직이며 혈관, 신경이 분포한다.
④ 영양과 산소는 확산과정을 통해 이루어진다.

해설 | ③ 표피는 상피조직으로서 신경과 혈관이 분포하지 않는다.

07 ②

07. 01 ② 02 ④ 03 ② 04 ③

05 표피 탈락이 이루어지는 각화현상이 아닌 것은?

① 약 28일(4주) 주기로 새로운 상피세포가 생성된다.
② 기저층 → 유극층 → 과립층까지 거치는 동안 14일이 소모된다.
③ 각질층에서 각질세포로 탈락되는 데 14일이 소모된다.
④ 각각의 층을 거치는 동안 수분과 관계없이 세포 모양이 달라진다.

해설 | ④ 각각의 층을 거치는 동안 수분 손실량에 의해 세포 모양이 달라진다.

06 표피각질층과 관련된 내용은?

① 피부트러블 원인층인 레인 방어막이 존재한다.
② 10~20개 층으로서 치밀한 라멜라층을 구성한다.
③ 과립층 하부로부터 수분 유실을 제거하여 주는 미용층이다.
④ 각질층과 각질세포로 구성되며 안쪽에 있다.

해설 | ①, ③ 과립층에 대한 설명이다.
④ 가장 바깥쪽에 있다.

07 멜라노사이트(Melanocyte)가 주로 분포되어 있는 곳은?

① 투명층   ② 과립층
③ 각질층   ④ 기저층

해설 | ① 엘라이딘이라는 반유동성 물질이 존재한다.
② 유핵세포와 무핵세포가 같이 공존한다.
③ 케라틴, 천연보습인자 NMF(Natural Moisturizing Factor), 각질세포 사이의 지질(세라마이드)이 존재한다.
④ 케라티노사이트, 멜라노사이트, 머켈세포가 존재한다.

08 표피세포층인 기저층의 내용이 아닌 것은?

① 표피의 가장 기저에 존재한다.
② 세포핵이 한 줄로 이어져 있다.
③ 세포분열이 왕성하다.
④ 장원섬유로 구성된 세포이다.

해설 | ④ 유극층과 관련된 내용이다.
기저층은 원주형의 세포가 단층으로 이어져 있으며, 각질형성세포와 색소형성세포가 존재한다.

09 진피조직의 특징이 아닌 것은?

① 표피보다 두꺼우며 치밀한 결합조직이다.
② 표피를 지지하는 역할을 한다.
③ 표피와 피하지방층 사이에 위치한다.
④ 표피를 생산하는 줄기세포이다.

해설 | ④ 표피조직의 기저층이다.

10 진피조직의 세포층에 포함되지 않는 것은?

① 상피층   ② 유두층
③ 망상층   ④ 세포간물질

11 진피조직의 유두층과 관련된 내용과 거리가 먼 것은?

① 혈관이 집중되어 있다.
② 상처를 회복시킨다.
③ 피부 결을 만드는 기능을 한다.
④ 랑거 당김선을 갖는다.

해설 | ④ 망상층이다.

12 진피조직 내 섬유아세포에 대한 설명으로 맞는 것은?

① 교원섬유이다.
② 노폐물 제거를 위한 식세포이다.
③ 백혈구 내 단핵구인 대식세포이다.
④ 우리 몸의 청소세포이다.

해설 | ② ③ ④ 대식세포이다.

05 ④ 06 ② 07 ④ 08 ④ 09 ④ 10 ① 11 ④ 12 ①

13 진피의 부속기관이 아닌 것은?
① 모낭　　② 한선
③ 피지선　　④ 피하지방

해설 | ④ 피부 3층 구조는 표피, 진피, 피하지방이다.

14 피하지방 조직의 역할이 아닌 것은?
① 모누두상부와 연결되어 피지를 체외로 분비한다.
② 영양분의 저장소이다.
③ 기계적, 물리적 충격을 방지한다.
④ 외부 온도 변화로부터 신체를 보호한다.

해설 | ① 피지선이다.

15 피부의 기능과 그 설명이 틀린 것은?
① 보호기능 – 피부표면의 산성막은 박테리아의 감염과 미생물의 침입으로부터 피부를 보호한다.
② 흡수기능 – 피부는 외부의 온도를 흡수, 감지한다.
③ 영양분 교환기능 – 프로비타민 D가 자외선을 받으면 비타민 D로 전환된다.
④ 저장기능 – 진피조직은 신체 중 가장 큰 저장기관으로 각종 영양분과 수분을 보유하고 있다.

해설 | ④ 피하조직 내 지방은 우리 몸의 저장기관으로 각종 영양분과 수분을 보유하고 있다.

16 다음 피부의 기능 중 가장 약한 기능은?
① 보호의 기능　　② 호흡 기능
③ 분비의 기능　　④ 체온조절 기능

해설 | ② 경피흡수로서 폐호흡이 99%, 피부호흡은 1% 정도이다.

17 모발을 감싸고 있는 모낭에 대한 설명으로서 거리가 가장 먼 것은?
① 모낭은 모근에 존재한다.
② 모낭은 2개의 모낭집으로 구성된다.
③ 상피근초는 내모근초와 외모근초로 구성된다.
④ 모낭은 3개의 층으로 구성된다.

해설 | ④ 3개의 층으로 구성된 것은 모발이다.

18 모낭집인 내모근초와 연계 구조인 것은?
① 유리막　　② 내돌림층
③ 외세로층　　④ 헉슬리층

해설 | ① ② ③ 진피근초의 구조이다.

19 모낭집인 상피근초와 연계 구조로서 거리가 가장 먼 것은?
① 모간　　② 내모근초
③ 헨레층　　④ 외모근초

해설 | 상피근초는 내모근초(초표피, 헉슬리층, 헨레층)와 외모근초로 구성되어 있다.

20 모표피에 대한 설명으로 바른 것은?
① 에피, 엑소, 엔도 큐티클로 구성되어 있다.
② 결정영역인 폴리펩타이드 구조를 하고 있다.
③ 수소, 펩타이드, 시스틴, 염, 수소성 결합을 갖는다.
④ 공기를 함유하고 벌집모양의 다각형 모양을 하고 있다.

해설 | ② ③ 모피질, ④ 모수질의 특징이다.

13 ④　14 ①　15 ③　16 ②　17 ④　18 ④　19 ①　20 ①

21 조갑(조체)에 관련된 설명으로 맞는 것은?

① 피부의 부속물이다.
② 신경과 혈관이 있다.
③ 생장주기가 있어 생장에 영향을 받는다.
④ 조갑은 오닉스라는 질환을 나타낸다.

해설 | 조갑 : 손톱에 대한 전문적인 용어로서 신경이나 혈관이 없으며 생장주기가 없어 항상 생장하고 있다.

22 다음 중 대한선에 대한 내용인 것은?

① 신체 전신에 분포되어 있다.
② 사춘기 이후에 분비선이 발달된다.
③ 99% 수분으로 구성되어 있다.
④ 체온 조절 작용을 한다.

해설 | ① ③ ④ 소한선의 특징이다.
아포크린선(대한선)은 모공을 통하여 분비되는 선으로 액와, 유륜, 배꼽 주위에 분포하며, 인종 특유의 냄새(체취)를 발생하고 사춘기 이후에 주로 발달한다.

23 소한선과 관련된 내용인 것은?

① 에크린선이라고도 한다.
② 체외로 분비되면 유색을 띠며 냄새를 낸다.
③ 감정의 변화 또는 스트레스에 작용한다.
④ 겨드랑이, 생식기 주위, 유두 주위 등에 분포한다.

해설 | ② ③ ④ 대한선의 내용이다.
소한선(에크린선)은 특수한 부위(입술과 음부)를 제외한 거의 전신에 분포하며, 손·발바닥, 이마에 가장 많이 분포한다.

24 피지선의 역할과 관련 없는 것은?

① 분비된 피지는 외부를 윤택하게 한다.
② 분비된 피지는 외부로부터 수분 증발을 막는다.
③ 신경계통의 통제를 받으며 면역계의 영향을 받는다.
④ 세균성, 진균성, 바이러스성의 감염으로부터 피부를 보호한다.

해설 | 신경계통의 통제는 받지 않고 성호르몬의 영향을 받는다. 피지선은 진피의 망상층에 위치하여 모낭에 연결되어 있으며 하루 분비량은 1~2g 정도이다.

25 피지선의 분비량이 달라지는 요인이 아닌 것은?

① 계절, 연령
② 환경, 온도
③ 남성호르몬
④ 여성호르몬

해설 | ④ 황체호르몬에 의해 분비량이 달라진다.

26 피지의 작용으로 맞지 않는 것은?

① 유화작용
② 체온조절작용
③ 보호작용
④ 살균작용

해설 | ② 한선에서 분비되는 땀의 작용에 관한 설명이다. 한선은 땀의 배출을 통해 체온을 조절하고 노폐물을 배설한다.

27 표피 내 기저층의 가장 중요한 역할은?

① 팽윤
② 면역
③ 수분 방어
④ 딸세포 생성

해설 | 기저층의 각질형성세포(Keratinocyte)는 유사분열에 의해 딸세포를 형성한다.

21 ① 22 ② 23 ① 24 ③ 25 ④ 26 ② 27 ④

28 표피의 가장 바깥층으로 라멜라구조로 이루어진 세포층은?

① 유두층 ② 각질층
③ 과립층 ④ 기저층

해설 | ② 각질층 : 표피의 가장 바깥층으로서 각질층과 각질세포로 구성된다.
• 수분량은 15~20%로서 천연보습인자(NMF)를 갖고 있다.
• 10~20개의 치밀한 세포(라멜라)층으로서 비늘같이 얇고 핵이 없는 편평세포 구조를 갖는다.

29 표피를 구성하고 있는 세포가 아닌 것은?

① 각질형성세포(keratinocyte)
② 멜라닌 세포(Melanocyte)
③ 머켈세포(Merkel cell)
④ 섬유아세포(Fibroblast)

해설 | ④ 섬유아세포는 진피의 구성세포이며, 표피의 구성세포는 랑게르한스 세포(Langerhans cell)를 포함한다.

30 표피의 가장 아래층에서부터 바깥층의 순서가 바른 것은?

① 각질층 – 투명층 – 유극층 – 과립층 – 기저층
② 유극층 – 투명층 – 각질층 – 과립층 – 기저층
③ 기저층 – 유극층 – 과립층 – 투명층 – 각질층
④ 기저층 – 과립층 – 투명층 – 유극층 – 각질층

해설 | ③ 표피는 구조적으로 편평상피세포로 구성되어 있다. 조직학적으로 진피와 연결된 기저층, 유극층, 과립층, 투명층, 각질층으로 이루어져 있다.

31 다음 중 기저층에 대한 설명 중 틀린 것은?

① 타원형의 세포핵을 가지고 있고 표피를 진피에 고정하는 역할을 한다.
② 피부가 노화되면 유두의 물결모양이 느슨해져 피부탄력성이 떨어진다.
③ 진피의 혈관과 림프관을 통해 영양분을 공급받는다.
④ 각질형성세포, 멜라닌색소형성세포, 머켈세포가 존재한다.

해설 | ② 진피층의 구조 중 유두층에 관한 설명이다.

32 진피의 구성 물질 중 교원섬유에 대한 설명으로 알맞은 것은?

① 진피의 90%를 차지하며 섬유아세포에서 만들어져 피부탄력 및 신축성에 관여한다.
② 섬유아세포에서 만들어지고 피부의 이완과 주름형성에 관여한다.
③ 사이토카인(cytokine)을 분비하고 면역세포의 작용을 조절한다.
④ 주성분은 케라틴58%, 천연보습인자31%, 세포간지질 11%로 구성되어있다.

해설 | ② 탄력섬유(엘라스틴)에 관한 설명이다.
③ 대식세포는 사이토카인을 분비하고 면역세포의 작용을 조절한다.
④ 각질층을 구성하고 있는 물질이다.

33 망상층과 유두층으로 구분되며, 혈관, 신경, 림프관, 땀샘 등의 부속기관을 포함하고 있는 곳은?

① 근육층 ② 표피층
③ 진피층 ④ 피하조직

해설 | ③ 진피층은 표피의 영양공급, 피부재생에 관여하며 여러 부속기관이 있다.

28 ② 29 ④ 30 ③ 31 ② 32 ① 33 ③

34 피부의 세포가 형성되어 탈락하기까지 걸리는 시간은?

① 4주 ② 7주
③ 14주 ④ 28주

해설 | ① 피부세포의 재생주기는 대략 4주 정도이다.

35 피부의 기능에 해당되지 않는 것은?

① 보호기능 ② 분비기능
③ 비타민A 흡수기능 ④ 체온조절기능

해설 | ③ 비타민 D는 자외선을 받을 때 과립층에서 생성되며 칼슘흡수촉진, 뼈의 발육촉진에 관여한다.

36 한선에 대한 설명으로 옳은 것은?

① 한선은 진피의 유두층에 실뭉치처럼 존재한다.
② 한선은 땀을 분비하는 기관으로 체온조절기능은 없다.
③ pH 3.8~5.5의 약산성으로 무색, 무취이다.
④ 에크린선은 단백질, 지질 함유량이 많은 땀을 생성하며 특유의 냄새가 난다.

해설 | ① 한선은 진피의 망상층에 존재한다.
② 땀의 배출을 통해 체온조절기능을 담당한다.
④ 한선은 아포크린선과 에크린선으로 나뉘며, 특유의 냄새가 나는 것은 아포크린선이다.

37 피부의 땀샘에 관한 설명 중 틀린 것은?

① 대한선은 나선형의 한공을 갖고 있으며 점성이 있는 유백색의 액체이다.
② 대한선은 사춘기 이후에 발달하며 성, 인종을 결정짓는 물질을 함유하고 있다.
③ 소한선은 귀, 겨드랑이, 유두, 배꼽, 생식기 등의 특정 부위에만 존재한다.
④ 소한선은 일반적인 땀을 말하며 특히 얼굴이나 손, 발바닥에 많이 분포한다.

해설 | ③의 설명은 대한선(아포크린선)에 관한 설명이다.

38 피지선의 기능으로 옳지 않은 것은?

① 진피(망상층)에 존재하고 포도송이 모양으로 모낭과 연결되어 있다.
② 피지 분비량은 하루 1~2g으로 세정 1시간 후에 20%, 2시간 후는 40%, 3시간 후 50% 정도 분비된다.
③ 미생물이나 이물질의 피부 침투를 막아준다.
④ 손. 발바닥, T존 부위, 두피, 가슴, 등에 발달하여 있으며, 독립피지선이 존재한다.

해설 | ④ 손. 발바닥에는 피지선이 없으며, 입술, 눈꺼풀에는 독립피지선이 존재한다.

39 모발의 일반적인 성장기간으로 옳은 것은?

① 1~3년 ② 3~5년
③ 5~7년 ④ 10년 이상

해설 | ② 모발의 성장주기는 3~5년 정도이다.

40 모발을 구성하는 세포가 만들어지는 곳은?

① 모구 ② 모모
③ 모간 ④ 모피질

해설 | ② 모모세포는 세포분열 및 증식에 관여하며 모발성장에 도움을 준다.

41 모발의 멜라닌색소를 함유하고 있는 구조로 알맞은 것은?

① 모표피 ② 모피질
③ 모수질 ④ 모유두

해설 |
① 모표피는 비닐모양의 형태로 각화작용을 한다.
③ 모수질은 모발의 중심부에 존재한다.
④ 모유두는 모발의 영양을 관장하며 혈관과 신경세포가 있다.

34 ① 35 ③ 36 ③ 37 ③ 38 ④ 39 ② 40 ② 41 ②

42 사춘기 이후에 주로 분비 되며, 모공과 연결된 분비선으로 독특한 체취를 내는 것은?

① 대한선   ② 소한선
③ 에크린 선   ④ 피지선

해설 | 대한선
- 사춘기 이후에 발달하며, 독특한 냄새를 풍긴다.
- 분비부는 모낭 끝에 존재한다.

43 멜라닌을 생성하는 색소형성세포가 위치하는 세포층은?

① 투명층   ② 과립층
③ 유극층   ④ 기저층

해설 | 기저층에는 각질형성세포, 색소형성세포, 머켈세포가 분포되어 있다.

44 정상피부에 대한 설명이 아닌 것은?

① 보통(중성)피부라고도 한다
② 전반적으로 주름이 없으며 탄력이 있다.
③ 피부결이 섬세하여 온도 등 외부 환경에 강하다.
④ 피부 조직 상태 또는 피부 생리기능이 정상적이다.

해설 | ③ 온도 등 외부 환경에 강한 피부는 지성피부이다.

45 지성피부의 특징이 아닌 것은?

① 모공이 크고, 피부가 쉽게 오염된다.
② 피부 혈액순환이 잘되지 않는다.
③ 색소침착이 잘된다.
④ 작은 각질과 가려움을 동반한다.

해설 | ④ 건성피부의 특징이다.

46 민감성 피부의 특징인 것은?

① 거의 모든 사람의 피부 유형이다.
② 외부 환경적 요인에 민감하다.
③ 기초 화장품 선택이 중요하다.
④ 색조 화장품이 잘 받지 않는다.

해설 | ①, ③, ④ 복합성 피부의 특징이다.

47 건성피부의 특징이 아닌 것은?

① 볼·이마 부위에 피부에 당김 현상이 있다.
② 피부 노화가 급속하게 진행될 수 있다.
③ 적절한 피지 분비가 되지 않는다.
④ 색소침착이 잘된다.

해설 | ④ 지성피부의 특징이다.

48 복합성 피부의 특징인 것은?

① 눈가에 잔주름이 많고 광대뼈 부위에 기미가 있다.
② 표정주름이 나타난다.
③ 피부조직이 섬세하고 얇다.
④ 모공이 작고 모세혈관이 피부 표면에 드러난다.

해설 | ②, ③, ④ 민감성 피부의 특징이다.

49 피부유형을 결정하는 요인과 거리가 먼 것은?

① 일광   ② 수분
③ 유분   ④ 각화 정도

해설 | 피부유형은 피부에 분포하는 수분과 유분의 분비량과 표피의 각화 정도 등에 의해 결정된다.

42 ① 43 ④ 44 ③ 45 ④ 46 ② 47 ④ 48 ① 49 ①

117

50 피부를 유형별로 분석해야 할 이유로서 가장 적절한 내용은?

① 유·수분에 관련된 내용을 알기 위해서이다.
② 정상·건성·지성·복합성 피부를 나누기 위해서이다.
③ 유형에 맞는 화장품 선택과 관리할 수 있는 방법을 예측하기 위해서이다.
④ 유·수분의 분비 기능이 저하되면 피부 당김과 윤기를 잃는 이유를 알기 위해서이다.

해설 | 피부를 유형별로 분석한다는 것은 그에 맞는 화장품과 관리할 수 있는 방법을 예측할 수 있기 때문이다.

51 영양소의 기능이 아닌 것은?

① 몸에 에너지를 공급한다.
② 몸의 생리적 기능을 조절한다.
③ 몸을 구성하는 물질을 공급한다.
④ 활동 에너지와 체온 유지를 위한 유기물질로 사용된다.

해설 | ④ 활동 에너지와 체온 유지를 위해 열에너지로 사용된다.

52 비타민에 대한 설명 중 틀린 것은?

① 비타민 A가 결핍되면 피부가 건조해지고 거칠어진다.
② 비타민 C는 교원질 형성에 중요한 역할을 한다.
③ 레티노이드는 비타민 A를 통칭하는 용어이다.
④ 자외선을 받으면 비타민 A가 피부에서 합성된다.

해설 | ④ 자외선을 받으면 비타민 D가 생성된다.
비타민 C는 모세혈관 벽을 간접적으로 튼튼하게 하며 체내 부족 시 괴혈병을 일으킨다. 이는 피부와 잇몸에서 피가 나오게 하며 빈혈을 일으켜 피부를 창백하게 한다.

53 상피조직의 신진대사에 관여하며 각화 정상화 및 피부 재생을 돕고 노화 방지에 효과가 있는 비타민은?

① 비타민 C
② 비타민 E
③ 비타민 A
④ 비타민 K

해설 | ①, ②는 항산화제에 해당한다. ④ 비타민 K는 혈액응고에 관여한다.

54 결핍된 비타민과 질병 발생과의 연결이 잘못된 것은?

① 비타민 A – 야맹증
② 비타민 B_1 – 각기병
③ 비타민 C – 괴혈병
④ 비타민 D – 불임증

해설 | ④ 비타민 D 결핍은 구루병을 유발한다.

55 비타민 결핍 시 발생할 수 있는 질병 발생과의 연결이 잘못된 것은?

① 비타민 A – 야맹증
② 비타민 B_1 – 각기병
③ 비타민 C – 괴혈병
④ 비타민 D – 빈혈증

해설 | ④ 비타민 D 결핍은 구루병을 유발한다.

56 영양소에 대한 설명으로 틀린 것은?

① 열량영양소에는 탄수화물, 단백질, 지방 등이 있다.
② 열량영양소는 인체에 필요한 에너지를 제공한다.
③ 조절영양소는 인체의 생리기능을 도와준다.
④ 구성영양소는 비타민, 무기질, 물 등이 있다.

해설 | ④ 구성 영양소는 단백질, 무기질, 지방, 물로 구성되어 있으며, 체성분의 구성에 관여하며, 새로운 조직의 생성을 도와준다.

50 ③ 51 ④ 52 ④ 53 ③ 54 ④ 55 ④ 56 ④

57 비만에 대한 설명으로 틀린것은?

① 인체 내에 지방은 연령, 성별, 체중에 따라 달라진다.
② 체질량지수가 25 이상일 때 경도비만으로 본다.
③ 체질량 지수는 비만측정법으로 키와 몸무게를 이용한 지방의 양을 말한다.
④ 비만은 지방조직이 정상보다 과다하게 축적된 상태로 표준체중에 비해 20% 이상 초과할 때 과체중(overweight)이라 한다.

해설 | ④ 20% 이상 초과할 때 비만(obesity)이라고 한다.

58 자외선이 피부에 미치는 영향에서 장점에 해당하는 것은?

① 살균작용을 한다.
② 피부노화를 촉진한다.
③ 멜라닌 색소를 증가시킨다.
④ 피부 탄력성을 저하시킨다.

해설 | ② ③ ④ 는 단점이다.
자외선은 살균, 비타민 D의 형성, 피부 색소침착, 홍반 형성 작용을 일으킨다.

59 자외선의 종류와 파장에서 연관이 잘못된 것은?

① UV-A – 320~400nm
② UV-B – 290~320nm
③ UV-C – 200~290nm
④ UV-D – 100~200nm

해설 | ④ 자외선에 UV-D는 없다.
• 장파장 자외선(UV-A) 320~400nm
• 중파장 자외선(UV-B) 290~320nm
• 단파장 자외선(UV-C) 200~290nm

60 장파장(UV-A)의 내용인 것은?

① 자외선 총량의 90% 이상을 차지한다.
② 비타민 D의 합성을 촉진한다.
③ 피부암의 원인이 된다.
④ 피부에 가장 유해한 광선이다

해설 | ②,④ 중파장, ③ 단파장과 관련된 설명이다.

61 UV-A 차단 지수의 정확한 단위는?

① SPF   ② PFA
③ PF   ④ FA

해설 | ② Potection Factor of UV-A로서 이는 UV-A를 조사했을 때 색소침착이 언제 나타나느냐로 구분된다.

62 적외선의 효과가 아닌 것은?

① 피부 내 영양 침투 및 흡수를 돕는다.
② 혈액순환 개선을 도와준다.
③ 근육이완 작용을 통해 피부 내 독소를 체외로 배출한다.
④ 호르몬 생성을 증가시켜 피부를 건강하게 한다

해설 | ④ 자외선의 효과이다.
적외선은 열을 이용하여 혈관을 확장시켜 혈액순환을 촉진하며, 피부에 열을 가해 이완시켜 노폐물 배출을 용이하게 한다.

63 적외선 사용 시 주의점이 아닌 것은?

① 피부로부터 30cm 거리에서 조사한다.
② 조사시간은 10분을 넘기지 않는다.
③ 적외선 조사 시 물기를 제거한다.
④ 영양제품을 도포해야 할 때는 먼저 도포 후에 조사한다

해설 | ④ 영양제품을 도포해야 할 경우 도포 전에 조사한다.

64 태양광선의 파장이 바르게 연결된 것은?

① 적외선 – 750nm 이상의 열선
② UV – A – 290~320nm 단파장
③ UV – B – 320~400nm 중파장
④ UV – C – 200~290nm 장파장

해설 | UV – A는 320~400nm(장파장)이다.
UV – B는 290~320nm(중파장)이다.
UV – C는 200~290nm(단파장)이다.

65 다음 중 일광화상을 일으키는 것은?

① UV-A   ② UV-B
③ UV-C   ④ 적외선

해설 |
① UV-A는 콜라겐 파괴 및 광노화, 백내장을 유발한다.
③ UV-C는 DNA의 변화 및 피부암을 유발한다.
④ 적외선은 열을 발생하는 열선으로 피부표면에 자극은 없다.

66 인체의 첫 번째 방어 장벽을 갖는 면역계는?

① 골수   ② 피부
③ 흉선   ④ 림프계

해설 | ① ③ ④는 면역계의 주요 구성 기관들로 피부가 건강할 때는 거의 모든 병원균의 침입을 차단한다.

67 표피 내 세포로서 항원 특성을 인식하여 면역계에 전달하는 세포는?

① 랑게르한스세포
② 머켈세포
③ 색소형성세포
④ 각질형성세포

해설 | ① 낯선 침입자(항원)가 인체에 들어오면 표피 내 랑게르한스세포는 항원의 특성을 인식(항원 코드기록)하여 면역계에 중요한 정보를 전달

68 탐식세포의 역할이 아닌 것은?

① 침입세포를 공격하여 파괴한다.
② 세포조직과 지방을 깨끗이 청소한다.
③ 새로운 세포조직을 생산하여 원기를 회복시킨다.
④ 인체가 정상적이고 건강한 상태를 유지할 수 있게 해준다.

해설 | ② 세포조직과 피를 깨끗이 청소한다.

69 다음 중 대식세포의 기능에 관련된 내용인 것은?

① 인체에 침입한 병원균(항원)이 죽어있든 살아있든 간에 접근하여 먹고 소화 처리한다.
② 혈류에서 발견되며, 낯선 침입자를 감시하고 신분 조회를 하며, 먼저 공격하여 먹어 치운다.
③ 세포질 내에 특수한 물질(염색되는 시약)을 포함하는 과립형 소기관을 다량 포함하고 있다.
④ 우리 몸에는 호중구, 호산구, 호염구 등으로 구분된다

해설 | ② ③ ④는 과립세포에 대한 기능을 설명한다.

70 림프구에 대한 설명이 아닌 것은?

① 인체는 약 1조 개의 림프구를 유지하고 있다.
② 림프구는 크기가 작지만, 면역계의 중심축을 이룬다.
③ 림프구는 항원을 공격할 수 있도록 골수에서 훈련을 받는다.
④ 혈액을 순환하면서 외부 침입자를 색출하여 파괴한다.

해설 | ③ 림프구는 가슴샘(흉선)과 림프조직에서 특별한 항원을 공격할 수 있도록 훈련을 받은 후 혈액을 순환하면서 외부 침입자를 색출하여 파괴한다.

64 ① 65 ② 66 ② 67 ① 68 ② 69 ① 70 ③

71 B-세포와 관련된 내용이 아닌 것은?

① 전체 림프구의 20~30%를 차지한다.
② 표면에 특정 항원 코드를 인식할 수 있는 수용체가 있다.
③ 특정 항원과 접촉할 때 탐색을 하면서 즉각적인 공격을 한다.
④ 탐색세포처럼 인체 세포면역의 일부를 담당한다.

해설 | ④는 T-세포(T림프구)와 관련된 내용이다

72 인체에서 면역작용에 관여하는 혈구세포는?

① 백혈구 ② 적혈구
③ 헤모글로빈 ④ 혈소판

해설 | ① 골수에서 생산되는 백혈구는 면역세포로서 B-세포와 T-세포로 구분된다.

73 항원에 대응해 이물질을 잡아먹고 소화하는 면역세포는?

① 사이토카인 ② T 림프구
③ 대식세포 ④ 보체

해설 | ① 사이토카인은 신체의 방어체계를 구축하고 자극하는 신호물질이다.
② T림프구는 혈액 속의 림프구의 9%를 차지하고 피부의 대부분을 차지한다.
④ 보체는 항원에 대한 방어기능을 도와주는 단백질이다.

74 체액성 면역반응의 설명으로 바른 것은?

① 항원에 대한 물질 정보를 림프절에 전달한다.
② B림프구로 면역글로블린이라고 불리는 특이 항체를 생산한다.
③ 백혈구의 이물질 식균 작용을 한다.
④ 면역정보를 림프구에 전달한다.

해설 | ② 면역반응은 식세포 면역반응, 체액성 면역 반응, 세포성 면역 반응으로 분류한다.

75 면역반응에 대한 설명으로 틀린 것은?

① 이물질의 침입을 막는다.
② 면역력이 약해져도 질병의 감염과는 관계가 없다.
③ 자기와 비자기를 구분하여 면역반응을 한다.
④ 인체가 특정 질병에 노출된 후 항원을 기억해 두었다가 재 침입 시 빠르게 대응한다.

해설 | ② 면역력이 약해지면 질병에 노출되기 쉬우며 건강유지에 영향을 미친다.

76 면역작용에 관한 설명으로 틀린 것은?

① 모공, 한선, 림프절 등에 주로 분포 한다
② 피부의 각질형성세포는 면역에 관여하는 사이토카인을 생성한다.
③ 표피에 존재하는 대식세포는 외부로부터 침입한 이물질을 잡아먹고 소화한다.
④ 피부표면의 피지막은 pH4.5~5.5의 약알카리 상태를 유지한다.

해설 |
④ 피부 표면의 피지막은 약산성 상태를 유지한다.

77 인체가 세균이나 이물질에 의한 질병에서 저항할 수 있는 능력을 무엇이라 하는가?

① 항체 ② 항원
③ 면역 ④ 질병

해설 |
③ 외부의 물질에 대한 인체의 저항능력을 면역이라 한다.

71 ④ 72 ① 73 ③ 74 ② 75 ② 76 ④ 77 ③

78 면역에 관여하는 보체(Complement)에 관한 설명으로 맞는 것은?

① 사이토카인은 손상된 피부층을 재생시키며 염증반응을 나타낸다.
② 대식세포는 면역정보를 림프구에 전달하는 면역담당세포이다.
③ 항체의 작용을 도와주며 항원에 대한 방어기능을 도와주는 단백질이다.
④ 항원에 대한 항체가 과민하게 나타나는 것으로 두드러기 등으로 나타난다.

해설 | ① 사이토카인 : 신체의 방어체계를 구축하고 자극하는 신호물질
② 대식세포 : 항원에 대응해 잡아먹고 소화하는 대형 식세포
④ 알레르기에 관한 설명이다.

79 면역에 관한 설명으로 잘못된 것은?

① 항원(Antigen) : 인체의 면역체계에서 면역에 반응하는 원인물질
② 항체(Antibody) : 항원에 대한 항체가 과민하게 나타나는 것으로 두드러기 등으로 반응한다.
③ 대식세포(Macrophage) : 항원에 대응해 잡아먹고 소화하는 대형 식세포이다.
④ 사이토카인(Cytokine) : 손상된 피부층을 재생시키며 신체의 방어체계를 구축한다.

해설 | ② 항체(Antibody)는 외부에서 들어온 항원과 반응한 결과로 인체를 보호하거나 과민반응물질을 동시에 가지고 있다.

80 노화피부의 조직학적 특징으로서 진피의 변화가 아닌 것은?

① 진피층 두께가 얇아진다.
② 세포 또는 혈관이 축소된다.
③ 랑게르한스세포의 수가 감소한다.
④ 기질단백질 활성이 활발하지 못하다.

해설 | ③ 랑게르한스세포는 표피 내 기저층에서 유극층 사이에 존재하므로 표피의 조직학적 변화이다.

81 피부 표피의 생물학적 노화가 아닌 것은?

① 자외선에 노출되면 각질형성세포가 손상된다.
② 경미한 상처에도 쉽게 벗겨지거나 물집이 생긴다.
③ 색소침착이 활발해진다.
④ 피부 면역기능이 감소한다.

해설 | ① 낯선 침입자(항원)가 인체에 들어오면 표피 내 랑게르한스세포는 항원의 특성을 인식(항원 코드기록)하여 면역계에 중요한 정보를 전달한다.

82 자외선 노출 시 광노화 특징과 거리가 먼 것은?

① 색소침착과 함께 피부가 두꺼워진다.
② 진피내의 모세혈관이 확장된다.
③ 피부가 건조해져 거칠어진다.
④ 콜라겐과 엘라스틴 생성이 증가한다.

해설 | ④ 콜라겐과 엘라스틴 생성이 감소한다.

78 ③ 79 ② 80 ③ 81 ① 82 ④

83 광노화에 대한 설명으로 틀린 것은?
① 자외선으로 인한 노화
② 한선의 수가 감소하므로 땀 분비가 저하된다.
③ 콜라겐 양이 감소해 탄력이 떨어진다.
④ 각질층의 두께가 두꺼워 진다.

해설 | ② 한선의 수가 감소하고 땀분비가 적어지는 것은 자연노화이다.

84 노화피부의 특징으로 틀린 것은?
① 피부 지성화로 인해 예민한 피부가 된다.
② 멜라닌 세포의 수가 증가하고 기능이 감소한다.
③ 색소침착으로 인해 피부 투명도가 떨어진다.
④ 진피의 두께가 감소하면서 피부의 탄력이 떨어진다.

해설 | ① 노화피부는 피부 건조증으로 인해 예민 피부가 된다.

85 노화의 분류로 연결이 바르지 않은 것은?
① 내인성 노화 : 랑게르한스세포 수는 감소되며 면역기능이 퇴화한다.
② 내인성 노화 : 한선의 수가 줄어 땀 배출기능이 감소한다.
③ 외인성 노화 : 노인성반점 및 과도한 색소침착이 생긴다.
④ 외인성 노화 : 콜라겐섬유의 감소로 깊은 주름이 발생한다.

해설 | ④ 콜라겐 섬유의 감소로 깊은 주름이 발생하는 것은 내인성 노화이다.

86 외인성 노화로 인해 나타나는 증상이 아닌 것은?
① 굵은 주름   ② 기미
③ 보습증가   ④ 혈관확장

해설 | 각질층이 두꺼워지고 탄력이 떨어진다.

87 외인성 노화의 원인으로 알맞은 것은?
① 흡연   ② 인스턴트 식품
③ 스트레스   ④ 자외선

해설 | ④ 냉, 난방기, 공해, 자외선 등 외부환경에 의해 나타나는 노화현상을 말한다.

88 외인성 노화에 대한 설명으로 옳은 것은?
① 광선에 노출되기 쉬운 부위인 가슴, 겨드랑이, 둔부주위에 많이 나타난다.
② 교원섬유 및 탄력섬유의 이상증식이 일어난다.
③ 각질층이 얇아지고 탄력이 떨어진다.
④ 피부의 수분함량이 증가하고 윤기가 난다.

해설 | ② 햇빛이나 외부환경에 노출되어 나타나는 노화로 피부의 수분저하, 피부건조 및 표피의 두께가 두꺼워진다.

89 외부환경에 의해 노화가 가속화되어 나타나는 노화는?
① 내인성 노화
② 외인성 노화
③ 자연적 노화
④ 면역저하로 인한 노화

해설 | ② 햇빛이나 외부환경에 지속적으로 노출되어 나타나는 노화현상이다.

90 내인성 노화로 인해 나타나는 증상이 아닌 것은?
① 피부건조
② 색소침착
③ 모세혈관 확장증
④ 피부민감도 증가

해설 | ③ 모세혈관 확장증은 외인성 노화에 의해 혈관이 비정상적으로 확장된다.

83 ②　84 ①　85 ④　86 ③　87 ④　88 ②　89 ②　90 ③

91 내인성 노화에 대한 설명으로 옳은 것은?

① 교원섬유와 탄력섬유가 감소하여 진피의 두께가 얇아진다.
② 표피가 두꺼워지고 예민성 피부가 된다.
③ 멜라닌과 랑게르한스세포의 수와 기능이 감소한다.
④ 색소침착이 증가하거나 감소하나 피부톤은 맑고 투명해진다.

해설 |
① 내인성 노화는 표피와 진피의 두께가 얇아지고 한선의 수가 줄어 땀 배출 기능도 감소하게 된다.

92 피부노화 현상으로 틀린 것은?

① 표피두께 감소
② 랑게르한스세포(면역세포)의 감소
③ 콜라겐섬유의 감소
④ 피하지방층의 증가

해설 | ④ 노화된 피하지방층은 지질의 양이 감소하여 두께가 얇아져 신체의 볼륨감이 없어진다.

93 나이가 들어가면서 자연적으로 나타나는 노화현상을 무엇이라 하는가?

① 외인성 노화　② 내인성 노화
③ 인위적 노화　④ 광노화

해설 | ①③④외인성 노화(광노화)는 햇빛이나 외부환경에 지속적인 노출에 의한 노화현상을 말한다.

94 노화에 대한 설명으로 올바른 것은?

① 혈액순환 저하 및 면역력 증강을 나타낸다.
② 신체적, 정신적, 생리적 기능이 점점 강화되며 향상되는 것이다.
③ 유전적 요인 및 나이가 들어가며 나타나는 퇴행적 변화 현상이다.
④ 정신적 변화는 퇴행적 변화라고 볼 수 없다.

해설 | ①, ②, ④ 노화가 진행되는 여러 원인 중 혈액순환 저하 및 신체적, 정신적, 생리적 기능이 약화되는 현상이다.

95 노화의 원인이 아닌 것은?

① 유전적인 요인　② 호르몬의 영향
③ 면역기능 저하　④ 규칙적인 운동

해설 | ④
규칙적인 운동은 노화를 지연시키고 예방한다.

96 노화로 인해 나타나는 증상이 아닌 것은?

① 면역력 증강　② 인지능력 저하
③ 혈액순환 저하　④ 반사능력 저하

해설 | ① 노화는 인체의 기능이 퇴행하는 것으로 면역력이 떨어져 질병에 노출되기 쉽다.

97 다음은 속발진에 대한 내용이다. 내용과 관련 없는 것은?

① 비듬 – 생성 초기 심한 통증을 수반한다.
② 가피 – 혈청이나 농이 섞인 삼출액이 말라있는 상태이다.
③ 미란 – 표피 표면은 습윤한 선홍색을 띤다.
④ 반흔 – 진피의 손상으로 새로운 결체조직이 생긴 상태이다.

해설 | ① 비듬은 피부 표피의 생리적 각화에 의해 형성된다.

91 ①　92 ④　93 ②　94 ③　95 ④　96 ①　97 ①

98 다음 내용 중 원발진만으로 묶인 것을 고르면?

> ㉠ 반점 ㉡ 소수포 ㉢ 대수포 ㉣ 홍반
> ㉤ 구진 ㉥ 결절 ㉦ 낭종

① ㉠, ㉡
② ㉠, ㉡, ㉢
③ ㉠, ㉡, ㉢, ㉣
④ 모두 다 포함된다.

99 속발진에 관련된 내용으로 맞는 것은?

① 1차적 피부장애이다.
② 직접적인 초기 증상이다.
③ 면포, 비립종, 헤르페스 등의 증상이 이에 속한다.
④ 부차적 손상이며 피부장애를 갖는다.

해설 | ① ② ③ 원발진이다.
원발진은 반점, 홍반, 구진, 농포, 팽진, 수포, 결절 등이다.

100 다음 내용 중 속발진만으로 묶인 것은?

> ㉠ 인설 ㉡ 위축 ㉢ 색소침착 ㉣ 궤양
> ㉤ 태선화 ㉥ 팽진 ㉦ 종양

① ㉠, ㉡
② ㉢, ㉣
③ ㉤, ㉥, ㉦
④ ㉠, ㉡, ㉢, ㉣, ㉤

해설 | 팽진, 종양은 원발진이다.
피부발진 중 일시적인 증상으로 가려움증을 동반하여 불규칙적인 모양을 한 피부현상이 팽진이다.

101 다음 내용 중 연결이 잘못된 것은?

① 균열 – 수포가 터진 후 표피가 떨어져 나간 피부 손실 상태이다.
② 궤양 – 진피조직의 괴사로 치료 후 불규칙한 흉터가 생긴 상태이다.
③ 태선화 – 피부가 가죽처럼 두꺼워지며 딱딱해지는 현상이다.
④ 찰상 – 표피 결손으로서 긁거나 마찰에 의해 벗겨진 상태이다.

해설 | ① 미란으로서 속발진이다.

102 무좀의 증상 또는 현상과 관계없는 것은?

① 곰팡이균에 의해 발생한다.
② 주로 손과 발에서 발생한다.
③ 피부 껍질이 두터워 굳은살이 생기고 통증을 유발한다.
④ 가려움증이 동반된다.

해설 | ③ 티눈에 대한 설명이다.

103 다음 중 원발진에 속하지 않는 것은?

① 소수포   ② 궤양
③ 구진   ④ 면포

해설 | ②
궤양은 진피 및 피하지방의 조직이 파괴 또는 손실된 병변이다.

104 구진보다 크기가 크고 단단한 형태로 섬유종, 황색종 등에서 나타나는 원발진은?

① 종양　　　　② 소수포
③ 결절　　　　④ 팽진

해설 |
① 종양은 직경 2cm 이상으로 결절보다 큰 형태로 피부표면으로 융기된 병변
② 소수포는 맑은 액체가 포함된 직경 1cm미만의 물집형태이다.
④ 팽진은 두드러기(담마진)라고도 한다.

105 속발진 중 인설(Scaly Skin)에 대한 설명으로 옳은 것은?

① 외상 또는 가려움증으로 인해 긁어서 발생하는 상처를 말한다.
② 침천물 및 혈액, 고름, 혈청 등이 딱딱하게 굳거나 건조해진 상태를 말한다.
③ 표피가 떨어져 나간 상태로 상처치유 후 흉터가 남지 않는다.
④ 표피 표면으로부터 탈락한 얇은 각질로 건선, 비듬 등의 형태이다.

해설 | ① 찰과상 ② 가피 ③ 미란에 대한 설명이다.

106 기계적 손상에 의한 피부질환으로 옳은 것은?

① 접촉성 피부염　　② 지루성 피부염
③ 티눈　　　　　　　④ 아토피 피부염

해설 | ①②④는 피부의 염증 질환이다.

107 바이러스성 피부질환으로 틀린 것은?

① 대상포진　　　　② 단순포진
③ 사마귀　　　　　④ 봉소염

해설 | ④ 봉소염은 세균성 피부질환이다.

108 피부질환에 대한 설명으로 바른 것은?

① 무좀 : 홍반에서부터 시작되며 수 시간 후에는 구진이 발생된다.
② 지루 피부염 : 기름기가 있는 인설(비듬)이 특징이며 호전과 악화를 되풀이하고 약간의 가려움증을 동반한다.
③ 여드름 : 구강 내 병변으로 동그란 홍반에 둘러싸여 작은 수포가 나타난다.
④ 수족구염 : 홍반성 결절이 하지부 부분에 여러개 나타나며 손으로 누르면 통증을 느낀다.

해설 | 지루성 피부염은 피지의 과다한 분비에 의한 피부염으로, 홍반을 동반하는 인설성 질환이다. 발병 기전은 명확하지 않다.

109 피부를 긁거나 문지르고 싶은 자각증상으로서의 가려움증 현상을 무엇이라 하는가?

① 소양감　　　　② 작열감
③ 촉감　　　　　④ 의주감

해설 | ①
소양감은 가려움증을 느끼는 자각증상으로 피부를 긁거나 문지르고 싶은 충동을 일으키는 불쾌감을 말한다.

110 모세혈관 파손과 구진 및 농도성으로 코를 중심으로 양 볼에 나비 모양을 이루는 질환은?

① 헤르페스　　　② 주사
③ 면포　　　　　④ 접촉성 피부염

해설 | ②
혈액의 흐름이 원만하지 않아 충혈되어 있으며 피부조직이 확장되고 모세혈관이 파손된 상태이다.

104 ③　105 ④　106 ③　107 ④　108 ②　109 ①　110 ②

화장품분류

01 화장품의 정의에 대한 설명으로 바른 것은?
① 피부나 모발의 건강유지를 위해 신체에 사용하는 것으로 인체에 대한 작용이 경미하다.
② 피부나 모발의 질병치료를 위해 신체에 사용하는 것을 목적으로 한다.
③ 피부나 모발의 병변확인을 위해 신체에 사용하는 것을 목적으로 한다.
④ 피부나 모발의 구조 및 기능에 영향을 주기 위해 신체에 사용하는 것을 목적으로 한다.

해설 | 인체를 청결, 미화하여 매력을 더하고 용모를 밝게 변화시키는 제품이다. 이는 피부·모발의 건강을 유지 또는 증진하기 위하여 인체에 바르고 문지르거나 뿌리는 등 이와 유사한 방법으로 사용되는 물품으로서 인체에 대한 작용이 경미한 것을 말한다.

02 다음 중 사용대상과 사용목적의 연결이 바르게 된 것은?
① 화장품 – 정상인, 세정&미용
② 기능성화장품 – 아토피환자, 치료
③ 의약품 – 정상인, 치료
④ 의약외품 – 환자, 위생·미화

해설 | 일반화장품과 기능성화장품의 사용대상은 정상인이다.

03 기능성화장품의 효과가 아닌 것은?
① 피부를 희게 하는 미백효과
② 여드름 염증완화의 진정효과
③ 피부의 주름을 완화하는 개선의 효과
④ 자외선을 차단하거나 선탠의 효과

해설 | 기능성 화장품은 일반화장품과 달리 생리활성성분이 첨가되어 특정의 효과가 있다.

04 화장품의 기본요건이 아닌 것은?
① 피부에 대한 안전성이 양호해야 한다.
② 사용목적에 적합하며 기능이 우수해야 한다.
③ 산패나 분리 등의 변질이 없어야 한다.
④ 피부의 질환이 치료되어야 한다.

해설 | 피부의 질환을 치료하는 것은 의약품이다.

05 화장품법에서 규정한 화장품의 유형으로 적당하지 않은 것은?
① 방향용   ② 어린이용
③ 눈 화장용   ④ 인체 세정용

해설 | 화장품 유형(13가지)은 영·유아용, 목욕용, 인체 세정용, 눈 화장용, 방향용, 두발 염색용, 색조화장용, 두발용, 손·발톱용, 면도용, 기초화장용, 체취 방지용, 체모 제거용 등을 포함한다.

06 화장품에 대한 설명으로 틀린 것은?
① 인체를 청결 미화한다.
② 용모를 밝게 변화시킨다.
③ 피부모발의 건강을 유지 또는 증진시키기 위하여 사용한다.
④ 처치 또는 예방의 목적으로 사용한다.

해설 | ④ 처치 또는 예방의 목적으로 사용되는 것은 의약품이다.

07 기능성화장품에 대한 설명으로 틀린 것은?
① 여드름 완화에 도움을 주는 제품
② 피부주름 개선에 도움을 주는 제품
③ 미백에 도움을 주는 제품
④ 물리적으로 모발을 굵게 보이도록 도움을 주는 제품

해설 | ④ 물리적으로 모발을 굵게 보이도록 도움을 주는 제품은 해당하지 않는다.

08. 01 ① 02 ① 03 ② 04 ④ 05 ② 06 ④ 07 ④

08 기름기가 적어 지성 피부에 주로 사용되는 친수성의 대표적인 크림으로 피부 도포 시 곧바로 흡수되어 피부 건조를 차단시키는 화장품은?

① 배니싱 크림　　② 콜드크림
③ 에몰리언트 크림　④ 클렌징크림

해설 | ① O/W 형의 기름기가 적은 무유성으로 지성 피부에 주로 사용되는 친수성의 대표적인 크림으로 피부 도포 시 곧바로 흡수되어 지워지는 듯한 감촉이 있으며 피부 건조를 차단시킨다.

09 일반화장품에 해당되지 않는 것은?

① 목욕용　　　　② 방향용
③ 주름 개선용　　④ 두발 염색용

해설 | ③ 주름 개선용 제품은 기능성 화장품이다.

10 피부의 결점을 커버하기 위해 사용되는 화장품은?

① 파운데이션　　② 메이크업베이스
③ 파우더　　　　④ 선블록

해설 | ① 파운데이션은 피부 결점 커버력이 우수하다.

11 기초화장품의 주된 사용목적에 해당되지 않는 것은?

① 세안　　　　② 피부 보호
③ 피부 정돈　　④ 피부 채색

해설 | 기초화장품의 사용목적은 피부를 청결, 정돈, 보호, 영양에 따른 유·수분 균형 등이다.

12 피지 분비를 억제하고 피부를 수축시키는 화장수는?

① 수렴화장수　　② 소염화장수
③ 영양화장수　　④ 유연화장수

해설 | 수렴화장수는 아스트리젠트, 토닝로션, 토닝스킨이라하며 피부를 소독해주고 보호작용을 한다. 각질층에 수분을 공급하고, 모공을 수축시키며, 피부결을 정리하여 피지 분비 억제작용을 한다.

13 기초 화장품의 종류와 연관이 없는 것은?

① 세안제 – 세안비누, 클렌징 폼, 클렌징 로션
② 피부정돈제 – 수렴화장수, 유연화장수
③ 피부영양제 – 아스트리젠트, 토닝 로션, 토닝 스킨
④ 피부보호제 – 로션, 크림, 자외선 차단제

해설 | ③ 피부 정돈의 기능을 가진 제품들이다.

14 파운데이션의 기능이 아닌 것은?

① 피부건조와 자외선으로부터 보호한다.
② 피부의 결점을 커버하고 색상을 조정한다.
③ 모공, 땀샘 등 오염물질을 제거한다.
④ 밀착성을 높여 지속성과 들뜸을 방지한다.

해설 | ③ 기초화장품 중 피부보호제의 기능이다.

15 포인트 메이크업의 기능을 맞게 설명한 것은?

① 립스틱 – 색상과 윤기를 부여하여 건조와 안색을 조정한다.
② 아이라이너 – 속눈썹을 짙고 길게 함으로써 눈매를 아름답게 연출한다.
③ 마스카라 – 눈매를 연출함으로써 표정을 풍부하게 한다.
④ 아이섀도 – 윤곽과 음영을 통해 입체적 표현과 혈색을 표현한다.

해설 | ② 마스카라 ③ 아이라이너 ④ 아이섀도는 눈꺼풀에 색채와 음영을 줌으로써 입체감을 연출한다. 혈색은 블러셔의 효과이다.

08 ①　09 ③　10 ①　11 ④　12 ①　13 ③　14 ③　15 ①

16 메이크업 화장품 중 베이스 메이크업의 기능인 것은?

① 메이크업 베이스 – 피부톤을 조정한다.
② 파운데이션 – 색소와 피부에 침착되는 것을 방지한다.
③ 파우더 – 윤곽과 음영을 통해 입체적 표현을 한다.
④ 블러셔 – 혈색을 표현한다.

해설 | ② 메이크업 베이스 ③ ④ 블러셔(볼연지)로 포인트 메이크업과 관련된 기능이다.

17 메이크업 화장품을 구성하는 안료성분이 아닌 것은?

① 갈치안료 ② 착색안료
③ 백색안료 ④ 체질안료

해설 | ② ③ ④ 메이크업 화장품에 사용되는 안료는 착색·백색·체질·펄 안료를 성분으로 한다.
• 염료의 특징 – 물 또는 오일에 녹는 색소로서 메이크업 화장품에는 사용하지 않는다.
• 안료의 특징 – 물 또는 오일에 녹지 않는 색소로서 무기안료는 커버력과 내열성, 내광성에 우수하며 빛, 산, 알칼리에 강하다. 유기안료는 빛, 산, 알칼리에 약하다

18 포인트메이크업에 해당되지 않는 것은?

① 아이브로우 ② 아이라이너
③ 파운데이션 ④ 아이새도

해설 | ③ 베이스메이크업에 대한 설명이다.

19 보습성분과 유연성분이 많이 함유되어 있으며, 피부를 촉촉하고 부드럽게 해주는 화장수는?

① 수렴화장수 ② 보습화장수
③ 수분화장수 ④ 유연화장수

해설 | ④ 유연화장수는 건성, 노화피부가 사용하기 좋으며 피부를 촉촉하고 부드럽게 해준다.

20 수렴화장수에 대한 설명으로 틀린 것은?

① 보습제와 유연제를 함유하고 있다.
② 약산성 상태의 피부 pH를 조절해 준다.
③ 수렴화장수는 건성, 노화 피부가 사용하기 좋다.
④ 모공을 수축시키며, 청량감을 준다.

해설 | ③ 수렴화장수는 지성, 복합성 피부에 사용된다.

21 다음 중 화장수에 대한 설명으로 틀린 것은?

① 수렴화장수는 피지분비 억제기능이 있다.
② 세안 후 제거된 천연피지막을 회복시켜 준다.
③ 유연화장수는 유분량이 적어 끈적이지 않고 가벼운 사용감이 있다.
④ 유연화장수는 다음 단계에 사용할 화장품의 흡수를 용이하게 해준다.

해설 | ②는 영양크림에 대한 설명이다.

22 클렌징 제품에 대한 설명으로 바른 것은?

① 밀크(로션)타입은 친수성으로 모든 피부에 사용 가능하다.
② 오일타입은 건성피부보다는 지성피부에 적합하다.
③ 크림타입은 산뜻하고 시원한 느낌의 클렌징 제품이다.
④ 밀크타입은 짙은 화장을 지울 때 적합하다.

해설 | ② 오일 타입은 건성, 노화피부에 적합하다.
③ 젤 타입은 사용 시 산뜻함과 청량감이 든다.
④ 크림 타입은 짙은 화장을 지울 때 적합하다.

23 다음 중 화장품에 대한 설명으로 틀린 것은?

① 메이크업 베이스는 피부톤을 균일하게 정돈하기 위해 사용한다.
② 메이크업 베이스의 녹색은 여드름, 모세혈관 확장 피부에 적합하다.
③ 파운데이션의 종류는 리퀴드타입 크림타입, 케익타입이 있다.
④ 파운데이션의 리퀴드타입은 피부결점과, 커버력이 우수하다.

해설 | ④ 케이크타입 및 크림타입은 피부결점과 커버력이 우수하다.

24 다음 중 세정용 화장품에 대한 설명으로 틀린 것은?

① 린스는 세발 후 모발보호 및 트리트먼트용으로 사용된다.
② 샴푸는 모발에 존재하는 피지, 땀, 각질, 먼지, 이물질 등을 세정한다.
③ 트리트먼트제는 농도에 따라 린스, 컨디셔너, 트리트먼트제 등으로 분류된다.
④ 샴푸는 모발에 유분을 공급하고 모발에 윤기를 부여하여 빗질이 잘되도록 한다.

해설 | ④는 트리트먼트제에 대한 설명이다.

화장품 분류

01 다음 중 진정 효과를 가지는 화장품 성분이 아닌 것은?

① 아줄렌　　② 카모마일 추출물
③ 비사볼롤　　④ 알코올

해설 | 알코올은 살균, 소독작용과 함께 휘발성에 의해 청량감이 있다.

02 화장품의 4대 요건에 대한 설명으로 틀린 것은?

① 안전성 – 피부에 대한 자극, 알러지, 독성이 없어야 한다.
② 안정성 – 장기 보관 시 미생물 오염만 없으면 색은 변해도 상관없다.
③ 사용성 – 피부에 사용 시 손놀림이 쉽고 잘 스며들어야 한다.
④ 유효성 – 피부에 보습, 노화억제, 자외선 차단, 미백, 세정, 색채효과 등이 있어야 한다.

해설 | 인체를 청결, 미화하여 매력을 더하고 용모를 밝게 변화시키는 제품이다. 이는 피부·모발의 건강을 유지 또는 증진하기 위하여 인체에 바르고 문지르거나 뿌리는 등 이와 유사한 방법으로 사용되는 물품으로서 인체에 대한 작용이 경미한 것을 말한다.

03 다음 화장품 원료 중에서 동물성 오일에 포함되지 않는 것은?

① 밍크오일　　② 터틀오일
③ 난황오일　　④ 미네랄오일

해설 | ④는 광물성 오일에 포함된다.

04 왁스류 중에서 식물성 원료인 것은?

① 밀납　　② 경랍
③ 라놀린　　④ 호호바유

해설 | ① ② ③ 동물성 왁스이다.

05 다음 화장품 원료 중에서 식물성 왁스에 포함되는 것은?

① 카나우바 왁스　　② 밀납
③ 라놀린　　④ 파라핀 왁스

해설 | ①과 칸다렐라 왁스, 호호바오일 왁스가 식물성 왁스에 포함된다. ②, ③은 동물성 왁스이다.

06 화장품의 수성원료로 사용하지 않는 것은?

① 정제수 ② 고급알코올
③ 에탄올 ④ 메탄올

해설 | 메탄올은 복통, 구토, 근육이완 등의 중독증상이 있을 수 있고 심하면 호흡곤란을 유발한다.

07 화장품 원료 중 물에 관한 설명이 아닌 것은?

① 수용성 용매로 사용된다.
② 세균과 금속이온이 제거된 정제수이다.
③ 스킨, 로션, 크림 등 기초 화장품에 사용된다.
④ 유기용매로서 향료, 색소, 유기안료 등을 녹이는 용매로 사용된다.

해설 | ④ 알코올류 가운데 에탄올에 관한 내용이다.

08 글리세린에 관련된 내용이 아닌 것은?

① 3가 알코올이다.
② 보습제로 사용된다.
③ 살균, 소독작용을 한다.
④ 용매, 유화제, 감미료 등에 사용된다.

해설 | ③ 에탄올에 관련된 내용이다.

09 알코올류인 에탄올과 관련된 내용이 아닌 것은?

① 유기용매이다.
② 향료, 색소, 유기안료 등을 녹이는 용매이다.
③ 사용감이 산뜻하고 부드러우며 흡수력과 광택감이 있다.
④ 수렴화장수, 스킨로션, 향수 등에 사용된다.

해설 | ③ 왁스류에 관한 설명이다.

10 화장품의 보습제 중 천연보습인자 성분인 것은?

① 요소 ② 글리세린
③ 솔비톨 ④ 프로필렌글리콜

해설 | ② ③ ④ 화장품 보습제 중 수용성 다가 알코올의 성분이다.

11 계면활성제의 특징이 아닌 것은?

① 계면활성제는 머리모양의 친수성기와 꼬리모양의 소수성기를 가진다.
② 피부에 대한 자극은 양이온 〉 음이온 〉 양쪽성 〉 비이온 순이다.
③ 음이온 계면활성제는 세정력이 우수하고, 양이온 계면활성제는 살균력이 우수하다.
④ 양이온성 계면활성제는 피부 자극이 적어 화장수의 가용화제, 크림의 유화제, 클렌징 크림의 세정제 등에 사용된다.

해설 | ④ 비이온성 계면활성제에 대한 설명이다.

12 화장품 품질기술에서 품질특성의 요인과 연계가 잘못된 것은?

① 안전성 – 디자인, 색, 향기 등의 감각성이 있어야 한다.
② 유효성 – 피부 보습, 자외선 차단, 세정, 미백, 색상 등이 적절해야 한다.
③ 안정성 – 분리, 변질, 변색, 미생물오염 등 화장품 보관에 지장이 없어야 한다.
④ 사용성 – 피부 친화에 대한 사용감과 편리성 등이 좋아야 한다.

해설 | ① 기호성에 관한 설명이다. 안전성은 피부자극 및 독성, 이물질 유입, 알레르기 등과 관련된다.

06 ④　07 ④　08 ③　09 ③　10 ①　11 ④　12 ①

13 유화의 형태와 관련된 내용이 아닌 것은?

① O/W형 – 물에 잘 지워진다.
② W/O형 – 크림, 로션, 에센스 등이다.
③ W/O형 – 기름에 물이 분산된 상태에서는 친수기를 외측에, 친유기를 내측에 배양한다.
④ O/W형 – 물에 기름이 분산된 상태에서는 친수기를 내측에, 친유기를 외측에 배양한다.

해설 | ② W/O형은 선크림, 선로션이다.

14 다음 중 화장품의 색소에 대한 설명으로 포함되지 않는 것은?

① 색소란 화장품과 피부에 색을 띠게 하는 것을 목적으로 하는 성분을 말한다.
② 순색소란 중간체와 희석제 기질 등을 포함하지 않은 순수한 색소를 말한다.
③ 기질이란 색소를 용이하게 사용하기 위하여 혼합되는 성분을 말한다.
④ 레이크란 타르색소를 기질에 흡착, 공침 또는 단순한 혼합이 아닌 화학적 결합에 의하여 확산시킨 색소를 말한다.

해설 | ③은 희석제에 대한 설명이다. 기질이란 레이크 제조 시 순색소를 확산시키는 목적으로 사용되는 물질을 말하며 알루미나, 브랭크휙스, 크레이, 이산화티탄, 산화아연, 탤크, 로진, 벤조산알루미늄, 탄산칼슘 등의 단일 또는 혼합물을 사용함

15 화장품의 4대 요건에 대한 설명으로 틀린 것은?

① 안전성 – 피부에 대한 자극 알러지 독성이 없어야 한다.
② 안정성 – 장기 보관 시 미생물 오염만 없으면 색은 변해도 상관없다.
③ 사용성 – 피부에 사용 시 손놀림이 쉽고 잘 스며들어야 한다.
④ 유효성 – 피부에 보습, 노화억제, 자외선 차단, 미백, 세정, 색채효과 등이 있어야 한다.

해설 | 안정성 – 장기 보관 시 미생물 및 변질이 없어야 한다.

16 화장품의 수성원료로 사용하지 않는 것은?

① 정제수　　② 고급알코올
③ 에탄올　　④ 메탄올

해설 | 메탄올은 복통, 구토, 근육이완 등의 중독증상이 있을 수 있고 심하면 호흡곤란을 유발한다.

17 화장품에 사용되는 유성원료에 대한 설명으로 틀린 것은?

① 동백오일 – 동백의 종자에서 추출하며 응고점이 –15℃로 한겨울에도 액상이고 보습효과가 매우 뛰어나 건성피부에 좋다.
② 로즈힙오일 – 비타민 C가 풍부하고 노화지연, 화상상처치유, 여드름치유에 효과가 있다.
③ 달맞이꽃오일 – 불포화지방산인 리놀렌산이 함유되어 있어 습진과 건성피부에 효과적이다.
④ 피마자유오일 – 피부표면으로부터 수분증발 억제와 흡수력이 좋아 사용감이 좋고, 에탄올에 잘 용해되어 선탠오일에 효과적이다.

해설 | ④는 올리브유 오일에 대한 설명이다.

13 ②　14 ③　15 ②　16 ④　17 ④

18 다음 중 여드름피부의 염증을 진정시키고 치유효과가 있는 것은?

① 동백오일   ② 아보카도오일
③ 로즈힙오일   ④ 달맞이꽃오일

해설 | 로즈힙오일 – 비타민C가 풍부하고 노화지연, 화상상처 치유, 여드름 치유에 효과가 있다.

19 양의 털에서 정제한 것으로 사람의 피지와 유사하고 보습력이 뛰어나 립스틱이나 크림 등에 사용되는 것은?

① 밀랍   ② 스쿠알란
③ 라놀린   ④ 미네랄오일

해설 | ① 동물성 왁스로서 꿀벌의 벌집에서 채취, 피부가 민감해지거나 피부 알러지를 유발할 수 있다. 유화제, 크림, 립스틱, 블러셔 등 스틱상에 주로 사용된다. ② Vt A, D 함유, 피부에 대한 안정성이 높음, 유성감과 사용감이 떨어지고, 화장품의 저자극성, 피부의 노화 방지의 특성이 있다. ④ 석유에서도 얻은 액체상태의 탄화수소류의 혼합물로 착향제

20 계면활성제와 사용제품의 연결이 틀린 것은?

① 양이온성 – 헤어컨디셔너, 린스, 헤어트리트먼트
② 음이온성 – 샴푸, 세안용비누, 바디워시, 폼클렌징
③ 양쪽성 – 유아용품, 저자극성샴푸
④ 비이온성 – 면도용제품

해설 | 비이온성 – 기초화장품(크림, 로션) 가용화제, 유화제가 포함된다.

21 다음 화장품의 제형 중 유화형을 설명한 것 중 옳은 것은?

① O/W형 – W/O형에 비해 산뜻하고 촉촉하다.
② W/O형 – O/W형에 비해 수분 증발이 상대적으로 빠르다.
③ O/W형 – 대부분의 크림형태가 이 유형을 하고 있다.
④ W/O형 – 물을 외부상으로 하고 그 안에 오일이 분산되어 물에 쉽게 희석된다.

해설 | W/O형 – 오일을 외부상으로 하고 그 가운데 물이 분산 수분증발을 억제(내수성이 있음), 유분율에 의해 끈적임(선스크린). O/W형 – 물을 외부상으로 하고 그 안에 오일이 분산 되어 물에 쉽게 희석된다(보습로션, 클렌징크림, 선탠로션). 다중유화형 – 보습·영양크림, 왁스

22 반합성고분자물질로 피막형성이 좋아 네일 에나멜의 피막제로 사용하는 것은?

① 나이트로셀룰로오즈   ② 실리콘레진
③ 폴리비닐알코올   ④ 폴리비닐피롤리돈

해설 | ② 썬오일·리퀴드 파운데이션 ③ 수용성인 팩 ④ 헤어용품

23 물에 소량의 오일이 계면활성제에 의해 투명하게 되는 것은?

① 유화   ② 분산
③ 가용화   ④ 미셀

해설 | ①은 계면활성제 수용액에 기름을 넣었을 때 우유와 같은 균일한 유백색 혼합액체가 형성되는 것 또는 수중에 기름이 미세한 입자로 존재할 때는 에멀션 또는 유탁색(백탁화된 상태)이라 한다. ②는 계면활성제가 고체형의 오염 입자에 흡착됨으로써 액체 속에 미세입자로 균일하게 세분화하여 혼합된 상태이다. 세분화된 입자는 표면에 흡착된 계면활성제에 의해서 집합이 방해되어 수용액 중에 안정화된다. ④는 계면활성제의 양친매성 물질은 물에 녹으면 어느 농도 이상에서는 친수기를 밖으로, 친유기를 안으로 향해 회합함으로써 미셀(계면활성제 분자의 집합체)을 형성한다.

18 ③   19 ③   20 ④   21 ①   22 ①   23 ③

24 아로마 오일에 대한 설명 중 틀린 것은?

① 식물의 꽃이나 잎, 줄기 등에서 추출한 오일을 말한다.
② 에센셜 오일 효과를 높이기 위해서 원액을 사용한다.
③ 심신을 안정시키는 효과가 있다.
④ 질병예방을 도와준다.

해설 | 에센셜 오일(원액)은 캐리어오일과 블렌딩하여 사용한다.

25 캐리어 오일에 대한 설명으로 틀린 것은?

① 에센셜 오일이라고도 한다.
② 공기 중에 오래 노출되면 산패하므로 밀봉하여 보관한다.
③ 오일을 희석할 때 사용하는 오일이다.
④ 캐리어 오일의 종류가 다양하므로 사용목적에 맞는 오일을 선택한다.

해설 | 캐리어 오일은 식물성 오일로 특유의 약한 향이 나며 피부에 잘 흡수된다. 피부 속으로 전달하는 역할을 한다고 하여 캐리어 또는 베이스·고정 오일이라 하며 에센셜 오일을 희석하는데 사용한다.

26 에센셜 오일 사용 시 주의사항으로 틀린 것은?

① 반드시 캐리어 오일과 희석하여 사용한다.
② 점막에 자극적이므로 눈 부위에 닿지 않도록 한다.
③ 오일을 사용하기 전에 패치테스트를 하도록 한다.
④ 사용한 에센셜 오일은 햇볕이 잘 드는 곳에 보관한다.

해설 | ④ 빛, 공기, 온도에 민감하게 반응하므로 차광 유리병 사용, 서늘한 곳, 직사광선이 닿지 않고 통풍이 잘되며 진동이 없는 곳, 온도변화가 없는(15~20℃) 곳, 한여름에는 밀폐용기에 넣어 냉장고의 야채실 또는 화장품용 냉장고에 보관한다.

27 향의 휘발 속도에 대한 설명으로 틀린 것은?

① 탑노트는 휘발성이 강하고 지속시간이 3시간 정도이다.
② 탑노트는 베이스노트에 비해 지속시간이 길다.
③ 베이스노트는 지속시간이 6시간 이상이다.
④ 미들노트는 향의 질을 높이기 위해 사용된다.

해설 | 지속시간은 탑노트 < 미들노트 < 베이스노트

28 방향 화장품과 부향률의 연결로 틀린 것은?

① 퍼퓸 : 15~20%
② 오드퍼퓸 : 10~15%
③ 샤워코롱 : 5~10%
④ 오드코롱 : 3~5%

해설 | ③ 샤워코롱은 1~2% 이다.

29 향수의 조건으로 틀린 것은?

① 향의 특징이 있어야 한다.
② 확산성이 좋아야 한다.
③ 지속력이 있어야 한다.
④ 조향사의 느낌으로 만들어져야 한다.

해설 | 향수의 구비조건은 다음과 같다.
• 독특한 자체의 특징적인 향이 있어야 한다.
• 확산성이 좋아야 한다.
• 강한 느낌과 함께 지속성이 좋아야 하나 심한 자극은 피한다.
• 시대 유행 흐름과 잘 어우러져야 한다.
• 조화가 잘 이루어져 개성 있는 향을 느낄 수 있어야 한다.

24 ② 25 ① 26 ④ 27 ② 28 ③ 29 ④

30 데오도란트에 대한 설명으로 틀린 것은?

① 신체에서 나는 불결한 냄새를 없애주는 기능을 한다.
② 에틸알코올을 많이 함유하고 있다.
③ 스프레이 형태의 제품이 많이 사용되고 있다.
④ 전신의 비만관리를 위해 사용된다.

해설 | 신체의 체취를 없애는 화장품으로 암내제거제, 체취방지제 또는 탈취제 등이 있으며 공기나 물건의 냄새제거 시 공용으로 사용된다.

31 화장품에 사용하는 첨가물에 대한 설명으로 틀린 것은?

① 수렴제 : 피부보호를 목적으로 사용된다.
② 보습제 : 피부에 수분을 공급하고 외부로의 수분 손실을 방지한다.
③ 착향제 : 화장품에 향취를 부여한다.
④ 점증제 : 화장품의 점성을 증가시킨다.

해설 | ① 수렴제 – 피부에 자극적이고 조이는 느낌을 주기 위해 사용되는 성분으로 애프터 세이브로션 및 스킨토너에 일반적으로 사용
피부보호제 – 피부보호를 목적으로 사용된다.

32 다음 화장품의 활성성분에 대한 설명으로 틀린 것은?

① 징크피리치온 – 비듬, 탈모예방
② 비타민 C – 항산화, 수용성
③ 비타민 E – 항산화 지용성
④ 감초추출물 – 보습

해설 | 감초추출물– 미백, 티로시나아제 활성억제

33 미백화장품의 성분 중 피부에 자극을 유발하여 사용이 금지된 성분은?

① 코직산
② 알부틴
③ 닥나무 추출물
④ 비타민 C 유도체

해설 | ① 코직산은 피부암을 일으킬 수 있어 사용이 금지되었다.

34 다음은 어떤 에센셜 아로마에 대한 설명인가?

- 꽃과 잎을 수증기 증류법으로 추출한다.
- 백리향이라고도 한다.
- 살균작용이 강하고, 1% 이상 농도로 사용을 금한다.

① 라벤더 ② 재스민
③ 레몬 ④ 베르가못

해설 | ① 증류법으로 추출하는 에센셜 오일은 파인, 라벤더, 페퍼민트 오일 등이 있다. ②는 용매추출법, ③, ④는 압착법

35 캐리어 오일의 종류가 아닌 것은?

① 스위트아몬드 오일
② 포도씨 오일
③ 아르간 오일
④ 마조람

해설 | ④는 에센셜 오일에 해당된다.
캐리어 오일은 호호바 오일, 아보카도 오일, 코코넛 오일, 포도씨 오일, 스위트아몬드 오일, 올리브 오일, 해바라기씨 오일, 로즈힙 오일, 아르간 오일 등이 있다.

30 ④ 31 ① 32 ④ 33 ① 34 ① 35 ④

36 에센셜 오일에 대한 설명 중 옳은 것은?

① 비휘발성 오일이다.
② 빛이나 열에 약하므로 보관에 주의해야 한다.
③ 베이스 오일이라고도 한다.
④ 식물에서 추출한 90% 농도의 오일을 말한다.

해설 | 에센셜 오일은 휘발성으로 빛, 공기, 온도에 민감하게 반응하므로 차광 유리병 사용, 서늘한 곳, 직사광선이 닿지 않고 통풍이 잘되는 곳에 보관한다.

손발의 구조와 기능

01 골격의 기능에 대한 설명으로 맞는 것만 고르면?

> ㉠ 신체를 지지한다.
> ㉡ 혈액세포를 생성한다.
> ㉢ 숨쉬기를 돕는다.
> ㉣ 단단히 결합된 얇은 판이다.
> ㉤ 뼈에 붙어 있어 수축력을 통해 움직임을 제공한다.

① ㉠, ㉡　　　　② ㉢, ㉣
③ ㉠, ㉡, ㉢　　④ ㉠, ㉡, ㉣

해설 | ㉣ 상피조직, ㉤ 근육조직의 뼈대근이다.

02 뼈 종류와 뼈 구조의 연결이 옳은 것은?

① 뼈 바깥막은 섬유질로 된 두꺼운 결합조직으로 덮여 있다.
② 뼈 끝은 황색과 적색의 2가지 골수가 있다.
③ 뼈 골수 공간은 다량의 혈액 손실 시 황색 골수로 변환된다.
④ 뼈 골수 공간은 혈관과 림프관, 신경이 분포해 있다.

해설 | ② 뼈 골수 공간에 대한 설명이다.
③ 적색 골수로 변환된다.
④ 뼈 바깥막에 대한 설명이다.
합격 Point 뼈는 골막(골외막, 골내막), 골조직(치밀골), 해면골, 골수강 등으로 구성된다. 뼈 내부의 적색 골수는 조혈 기관으로 적혈구, 혈소판 및 백혈구를 생성한다.

03 연골에 대한 설명으로 맞는 것은?

① 혈액과 영양분을 뼈세포에 공급해 준다.
② 다량의 지방을 갖고 있다.
③ 뼈와 뼈 사이에서 지지대 역할을 한다.
④ 손(발)과 같은 관절 연골은 뼈끝에 위치하여 움직임을 관장한다.

해설 | ① 뼈 바깥막, ② 뼈 골수 공간, ③ 뼈와 뼈 사이에 쿠션 역할을 한다.

04 다음 중 손가락뼈 사이 관절을 고르면?

① 거퇴관절　　　② 족지절간관절
③ 중족지절관절　④ 지절간관절

해설 | ① 발목 관절, ② 발가락뼈 사이 관절, ③ 발목, 허리, 발가락 뼈 관절이다.

05 손가락뼈는 총 몇 개인가?

① 14개　　　　② 15개
③ 17개　　　　④ 18개

해설 | ① 손가락뼈는 14개이다.

36 ②　　　09. 01 ③　02 ①　03 ④　04 ④　05 ①

06 근육계에 관한 설명인 것은?

① 신체를 지지한다.
② 섬유질 조직이다.
③ 300개의 형태와 크기의 근육이 있다.
④ 체중의 60~70% 차지한다.

해설 | 근육계는 약 650개로서 형태와 크기가 다양하며 체중의 40~50%를 차지한다. 신체를 지지하는 기능은 골격 기능이다.

07 근육의 기능이 아닌 것은?

① 운동을 일으킨다.
② 열을 발생시킨다.
③ 운동 시 지지대의 역할을 한다.
④ 혈관의 확장과 수축을 관장한다.

해설 | ③ 골격의 기능이다.

08 근육을 구성하는 단백질로 근육의 수축에 관여하는 물질은?

① 리보솜　　② 미토콘드리아
③ 액틴과 미오신　　④ 라이소자임

해설 | ③ 액틴과 미오신은 근수축계의 기본을 이루는 물질의 하나이다.

09 신경조직의 가장 기본 단위는?

① 뉴런　　② 축삭돌기
③ 수지상돌기　　④ 감각세포

해설 | ① 뉴런 또는 신경세포가 신경계의 기본 형성체이다.

10 신경세포와 관련이 없는 것은?

① 핵과 세포막을 가지고 있다.
② 몸의 가장 분화된 세포이다.
③ 스스로 세포분열을 한다.
④ 적절한 자극에 대해 반응한다.

해설 | ③ 핵과 세포막을 갖고 있지만 스스로 세포분열을 하지 않는다.

11 신경계의 역할이 아닌 것은?

① 우리 몸의 주요한 조절과 조정작용을 통괄한다.
② 인지, 기억, 생각을 포함하는 정신적 활동의 중추기관이다.
③ 우리 몸 내·외부의 환경 변화에 대한 간파, 통찰, 반응에 대한 능력이 있다.
④ 신체 향상성은 신경계통의 활동에 의해 조절 될 수도 안될 수도 있다.

해설 | ④ 우리 몸 내·외부의 환경변화에 대한 간파, 통찰, 반응에 대한 능력은 물론 향상성은 신경계통의 활동에 의해 대부분 조절한다.

12 다음 내용 중 신경의 기능으로서 거리가 가장 먼 것은?

① 감각신경　　② 자율신경
③ 운동신경　　④ 개재신경

13 신경세포와 관련된 내용이 아닌 것은?

① 뉴런이라고도 한다.
② 몸의 가장 분화된 세포이다.
③ 자극은 양 방향으로 전달된다.
④ 충격을 가져오고 내보내는 과정에 의해 차별화되는 특징이 있다.

해설 | ③ 신경세포의 자극은 보통 한 방향으로만 전달된다.

06 ②　07 ③　08 ③　09 ①　10 ③　11 ④　12 ②　13 ③

14 다음 중 감각신경과 가장 거리가 먼 설명은?

① 말초의 자극을 중추 쪽으로 전달하는 신경이다.
② 정보들의 적절한 조치가 결정되는 뇌와 척수로 보내진다.
③ 수용체라는 장치를 통해 몸속과 외부로부터 정보들을 수집한다.
④ 중추의 자극을 말초로 전달하는 신경이다.

해설 | ④ 운동신경과 관련된 설명이다.

15 시냅스는 어떤 부위인가?

① 감각수용체로서 외부 자극을 신경세포체에 전달한다.
② 랑비의 결절 부위이다.
③ 축삭돌기와 다음 축삭돌기의 연결 부위이다.
④ 한 뉴런의 축삭돌기와 다음 뉴런의 수상돌기 사이의 연접 부위이다.

해설 | ④ 시냅스는 한 뉴런의 축삭돌기 말단과 다음 뉴런의 수상돌기 사이의 연접 부위이다.

16 근육의 형태(3가지)와 거리가 먼 것은?

① 골격근 – 수의근, 횡문근, 줄무늬근
② 내장근 – 불수의근, 평활근, 민무늬근
③ 심장근 – 불수의근, 줄무늬근
④ 편평골 – 두개골, 견갑골

해설 | ④ 골격계의 형태이다.

17 근육계의 기능인 것은?

① 보호기능 ② 열생산기능
③ 지지기능 ④ 저장기능

해설 | ① ③ ④는 골격계의 기능이다.

합격 Point 근육계의 기능은 다음과 같다.
• 신체운동 – 골격근섬유의 수축과 이완
• 체열생산 – 근육의 운동으로 체열을 발생
• 자세유지
• 혈관수축에 의한 혈액순환 촉진
• 소화관 운동 – 음식물 이동
• 배뇨, 배변활동

14 ④ 15 ④ 16 ④ 17 ②

PART 2
네일 화장물 제거

- **Chapter 1** 일반 네일 폴리시 제거
- **Chapter 2** 젤네일 폴리시 제거
- **Chapter 3** 인조네일 제거

CHAPTER 1. 일반 네일 폴리시 제거

Section 01 | 일반 네일 폴리시 성분

1 네일 화장물의 정의
조체에 사용되는 매니큐어와 페디큐어 그리고 인조네일, 아트네일 등을 네일표면 위에 표현하기 위해 사용하는 모든 재료 및 제품, 장식물을 말한다.

2 네일 폴리시 성분
- 베이스코트는 송진, 아이소프로필 알코올, 부틸아세테이트, 에틸아세테이트, 나이트로셀룰로즈, 포말데하이드를 주성분으로 한다.
- 톱코트는 송진, 나이트로셀룰로즈, 용해제 알코올, 부틸아세테이트, 에틸아세테이트, 레진 등이 주성분이다.
- 네일 폴리시는 색상을 담고 있는 것으로서 성분은 벤조페논, 에틸아세테이트, 아이소프로페놀, n-부틸 아세테이트, 나이트로셀룰로즈 성분을 포함하고 휘발성 용해액으로 용해시킨 것으로 휘발성이 강하다.

> **tip** 네일 폴리시는 필름 형성체의 일종인 나이트로셀룰로즈에 색소를 배합하여 네일에 도포하면 휘발성 용제가 휘발하여 피막이 손톱표면에 밀착된다.

3 네일 폴리시 리무버(Nail Polish Remover)
- 아세톤 성분이 비교적 적게 함유되어 있다.
- 에나멜 리무버(enamel remover)라고도 하며, 네일 폴리시 제거에 사용되고 있다.
- 액상 형태의 물질로 다른 물질을 녹일 때 사용한다. 아세톤(Acetone), 아세테이드에틸(ethyl acetate), 아세테이드 n-부틸(n-butyl acetate) 등이 대표적인 용제이다.

> **tip** 아세톤 – 네일팁 등을 녹일 때 사용한다.
> 비아세톤 – 폴리시 색상을 제거할 때 사용한다.

Section 02 | 일반 네일 폴리시 제거 작업

1 네일 화장물 제거제
네일표면에 작업된 네일 화장물을 용해시켜 제거하는 제품을 말한다.

2 네일 화장물의 종류별 특징과 제거제 선택

(1) 네일 폴리시의 종류
조체에 색을 입히는 네일 색조화장용 컬러 액체로서 에나멜, 폴리시, 네일컬러 또는 락커라고도 한다. 베이스 코트는 조체가 유색 컬러에 착색되는 것을 방지하고 조체와 폴리시가 잘 밀착되도록 도와주는 역할을 한다. 탑 코트는 조체에 광택을 부여하고 폴리시가 쉽게 벗겨지지 않도록 방지한다. 네일 폴리시는 나이트로셀룰로스로 제거할 때 네일 폴리시 리무버로 제거해야 한다.

(2) 네일 화장물 제거를 위해 필요한 재료

제품	기능
디스펜서	• 액체 용액을 담아두는 용기이다. • 사용 시에는 용기의 뚜껑을 열고 탈지면을 적셔 사용하며, 사용하지 않을 때는 뚜껑을 덮어 놓는다.
화장솜	• 네일 폴리시, 유분정리, 소독 등을 할 때 사용한다. • 뚜껑있는 용기를 사용하여 청결하게 화장솜을 보관해야 한다.
네일 폴리시	• 네일 폴리시는 안료에 따라 다양한 컬러, 펄, 글리터가 함께 섞여 있는 경우 제거하기가 어렵다. 이때는 리무버를 적신 탈지면을 네일 위에 올려놓고 일정 시간이 경과하면 제거된다.

(3) 네일 폴리시 제거하기

① 손 소독하기(작업자+고객)

소독솜(안티셉틱)에 적셔진 것을 사용하여 작업자의 손(①)과 고객의 손(사진 ②~⑤)을 소독한다.

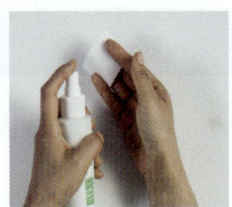 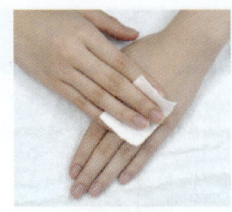 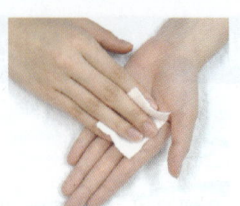
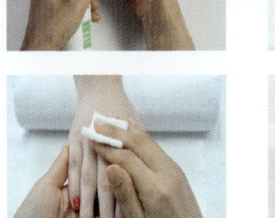 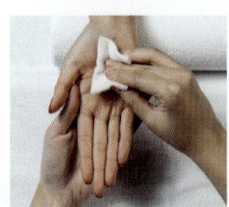

② 네일 폴리시 제거하기
  ㉠ 네일 폴리시 리무버를 솜에 적셔 컬러된 소지 위에 얹는다.
  ㉡ 조체 위에 얹힌 솜을 이용하여 소지부터 모지로 이행하면서 닦는다.
  ㉢ 조체판, 자유연 안, 측·후 조곽(조벽)까지 섬세하게 닦는다.

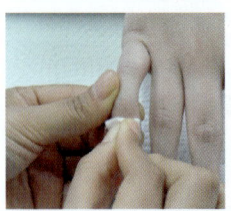 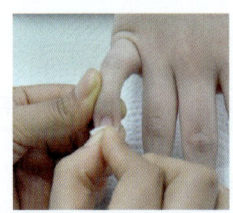 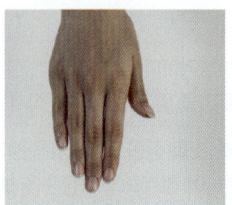

CHAPTER 2. 젤네일 폴리시 제거

Section 01 | 젤네일 폴리시 성분

1 젤네일 폴리시 성분

젤 성분은 아세톤(acetone), 아이소프로페놀(isopropanol), 에틸 카바매트(ethyl carbamat), 에틸시아노아크릴레이트(ethyl cyanoacrylate)가 포함되어 있다. 라이트 큐어드 젤의 제거 방법에 따라 하드젤(hard gel)과 속오프젤(soak off gel)로 나누어진다. 젤은 우레탄과 메타 아크릴레이트 혼합물, 항-황화제 UV 광 장치를 필요로 하는 광 개시제와 셀룰로오즈를 포함하고 있다.

2 젤네일 폴리시리무버(Gel Nail Polish Remover)

네일 폴리시의 성분과 비슷하나 아세톤 함량이 높아 백화현상이 나타나고, 젤네일 폴리시 화장물의 제거제로 사용한다.

Section 02 | 젤네일 폴리시 제거 작업

1 젤네일 화장물의 종류별 특징과 제거제 선택

(1) 젤네일 폴리시 종류
- 조체에 색을 입혀 컬러를 부여한다.
- 제거 되지 않는 젤 제품은 네일 파일로 갈아서 제거해야 한다.
- 유색 젤로서 자연 건조되지 않고 젤 램프기기를 사용하여 경화시킨다.
- 젤네일 폴리시 도포 후 폴리시를 보호하고 광택을 주기위해 탑 젤을 사용한다.
- 젤네일 폴리시를 제거할 때는 젤네일 전용 폴리시 리무버나 퓨어 아세톤을 선택하여 제거해야 한다.
- 유색 젤네일 폴리시 도포전 조체 보호와 착색을 방지하고 밀착력을 높이기 위해 베이스 젤을 사용한다.
- 탑 젤은 조체에 광택을 부여하고 젤 폴리시가 쉽게 벗겨지지 않도록 하는 역할을 한다.

(2) 네일 파일의 종류

- 네일 파일은 일회용 파일과 소독하여 재사용이 가능한 워셔블 파일 등이 있다.
- 인조네일은 인조네일의 유형과 강도에 따라 적절하게 파일을 선택하여 사용한다.
- 네일 파일은 인조네일의 모양이나 길이를 변경하거나 인조네일을 제거할 때 사용한다.
- 네일 파일은 사용 용도에 따라 자연네일과 인조네일, 네일 주변의 각질정리에 적용한다.
- 180그릿 이상의 네일 파일은 자연네일의 손상을 최소화하기 위해 자연네일에 사용한다.

> **tip**
>
> **그릿(Grit) 단위의 개념**
> 그릿은 파일의 거칠기를 구분하는 단위로 파일의 숫자가 높을수록 부드러운 파일을 의미한다.
>
> **그릿 사용**
> 100그릿 – 거친 파일, 랩이나 네일팁의 턱을 제거할 때 사용한다.
> 150그릿 – 거친 파일, 랩이나 네일팁의 턱을 제거할 때 사용한다.
> 180그릿 – 부드러운 파일로서 큐티클 주위와 네일의 모양을 만들거나 정리할 때 사용한다.
> 240~400그릿 – 표면을 부드럽게 정리할 때 사용한다.
> 400그릿 이상 – 표면에 광택을 부여할 때 사용한다.

(3) 네일 파일의 종류별 사용 용도

제품	기능
샌딩블록 (Sanding Block)	• 조체표면의 거칢과 가로세로 줄을 매끄럽게 정리할 때 사용하는 도구이다. • 랩이나 네일팁 작업 시 글루나 젤을 바른 후 부드럽게 마무리할 때 사용한다.
광택파일	• 샤이니 블록이라고도 한다. • 파일면의 거칠기가 2면으로 구성되어 있다. • 네일을 정리한 후 네일표면에 광을 낼 때 사용한다.
에머리 보드(우드파일) (Emery Board)	• 자연손톱의 모양이나 길이를 변경할 때 사용한다.
디스크 패드 (Disk pad)	• 라운드 패드라고도 하며 파일 후 조체의 잔해나 조체 밑 또는 조곽 내 거스러미 제거에 사용한다.

(4) 젤네일 폴리시 제거하기

① 손 소독하기(작업자+고객)

  소독솜(안티셉틱)에 적셔진 것을 사용하여 작업자의 손과 고객의 손을 소독한다.

② 큐티클 오일 바르기 및 아세톤을 이용한 솜 올리기

  ㉠ 큐티클 라인에 오일을 바른다.

  ㉡ 솜에 아세톤을 적셔 인조손톱에 올린다.

ⓒ 호일을 사용하여 손톱을 감싼다.

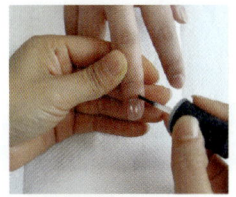 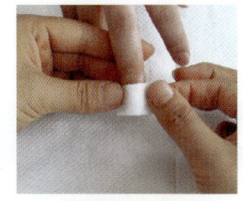 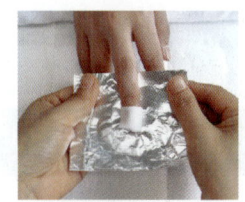

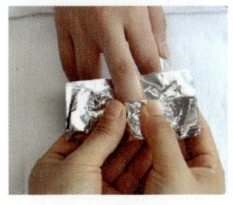  

③ 손톱 표면에 젤 폴리시가 남아있을 경우 푸셔나 오렌지 우드스틱을 사용하여 프리에지 방향으로 밀어내고 파일을 사용하여 남아있는 잔여물을 제거한다.

 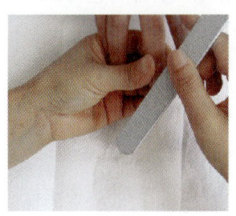 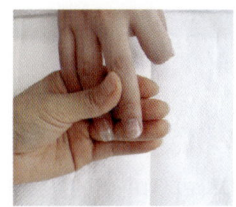

CHAPTER 3. 인조네일 제거

Section 01 | 인조네일 제거방법 선택 및 제거 작업

1 인조네일 종류

인조네일은 사용되는 재료에 따라 팁네일, 랩네일, 젤네일, 아크릴네일 등으로 나누어진다.

(1) 인조네일 화장물의 유형에 따른 네일 파일의 선택 방법
- 인조네일 화장물 표면의 두께를 네일 파일로 먼저 제거하는 것이 바람직하다.
- 작업된 두께에 따라 네일 파일에 그릿이 달라질 수 있으므로 네일리스트가 알맞게 선택하여 사용한다.
- 팁네일, 랩네일의 유형, 젤네일의 유형, 아크릴네일의 유형 등에서는 150~180그릿 네일 파일을 사용하여 네일표면의 두께를 제거한다.

2 퓨어 아세톤(Pure Acetone)

인조네일을 제거할 때는 퓨어 아세톤(리무버 원액)을 선택하여 제거해야 한다.

> **tip** — 논 아세톤 (Non-Acetone) 아세톤 프리(Acetone Fre)
> 논 아세톤 또는 아세톤 프리라고 표시한 제품은 아세톤 성분을 포함하지 않은 제품을 말한다. 메틸아세테이트, 아이소프로필미리스테이트, 토코페롤아세테이트 등의 성분으로 구성되어 있고 아세톤 성분이 없으므로 제거 시 백화 현상이 없다.

3 인조네일 제거 방법 및 절차

인조네일 손톱 제거 내용	종류		
	팁 네일 랩 네일	아크릴 네일	젤네일
손 소독제로 작업자의 손과 고객의 손을 소독한다.	◎	◎	◎
네일 리무버로 컬러링된 폴리시를 깨끗이 지운다.	◎	◎	◎
네일의 길이가 길 경우 고객이 원하는 길이에 맞추어 자유연(프리에지) 부분을 자른다.	◎	◎	◎
네일 파일을 사용하여 인조네일의 두께를 파일링한 후, 더스트 브러시를 사용하여 분진을 제거한다.	◎	◎	◎
큐티클 오일을 손톱 주변에 도포한다.	◎	◎	◎
100% 아세톤을 솜에 적신 후 네일 위에 올려주고 아세톤이 휘발되지 않도록 호일로 감싸준다.	◎	◎	◎

7~10분 후 호일과 솜을 제거한 후에 접착제가 녹아서 밀려나면 오렌지 우드스틱이나 푸셔를 사용하여 프리에지 방향으로 밀어내면서 제거한다.	◎	◎	◎
팁제거기(팁프리기)를 이용하여 제거하는 방법-팁제거기에 100%아세톤을 붓고 손가락을 5~10분 정도 담근 후 접착제가 녹아서 밀려나면 오렌지 우드스틱이나 푸셔를 사용하여 프리에지 방향으로 밀어내면서 제거한다.	◎	◎	◎
샌딩블럭을 사용하여 자연손톱의 남아있는 접착제를 제거한다.	◎	◎	◎
큐티클 오일과 로션을 사용하여 손질한 후 고객이 원하는 작업을 실시한다.	◎	◎	◎
제거(Soack off)되지 않는 젤은 아세톤에 녹지 않으므로 파일링으로 제거해야 한다.			◎

4 네일 화장물 제거제 사용 시 주의사항

- 환기가 잘 되도록 한다.
- 휘발성이 강한 액체이므로 과도한 사용은 피한다.
- 발화 가능성이 있고, 압력이 높아질 경우 폭발할 수도 있다.
- 피부 보습을 위해 큐티클 오일과 로션을 발라주는 것이 좋다.
- 아세톤이 피부에 직접적으로 자주 닿게 되면 피부 건조증상이 나타날 수 있다.
- 네일 화장물 제거 시에는 호흡기를 보호할 수 있도록 마스크를 착용하도록 한다.
- 제거 후에는 자연네일의 손상을 방지하기 위해 네일 강화제를 도포하는 것이 좋다.
- 아세톤은 용해력이 크고 빠르게 건조되므로 냄새나 피부에 대한 자극이 적은 것을 선택해야 한다.
- 아세톤에 과다 노출이 됐을 때 생길 수 있는 증상은 두통, 눈 자극, 피부 자극과 함께 어지러움 등 중추신경의 기능 저하가 나타날 수 있다.
- 고농도에 노출될 경우 현기증, 몽롱함, 무의식이 일어날 수 있다. 또한 알코올 사용량이 많을수록 독성 효과가 나타나며, 장기 노출 시 피부 균열과 수면장애, 뇌 또는 신경이 손상될 수 있다.

출제예상문제

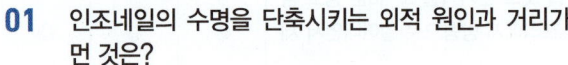

01 인조네일의 수명을 단축시키는 외적 원인과 거리가 먼 것은?

① 들뜸　② 샌딩
③ 깨짐　④ 곰팡이균

해설 │ 인조네일 작업 후 시간이 지나면 자연손톱의 성장은 물론 외적 자극에 의한 들뜸, 깨짐, 곰팡이균에 의해 수명이 단축된다.

02 인조네일 작업과정의 절차에 영향을 주지 않는 것은?

① 네일 디자인
② 고객의 직업 특성
③ 작업된 인조네일의 종류
④ 네일리스트의 상황

해설 │ 작업된 인조네일의 종류와 네일 디자인모형, 고객의 직업 특성에 따라 일정 작업과정의 절차는 약간씩 차이가 있다.

03 팁 제거와 관련된 내용과 거리가 먼 것은?

① 100% 아세톤(전용 리무버) 사용
② 5~10분 정도 충분하게 손톱 담그기
③ 팁을 반월쪽으로 밀어내기
④ 오렌지 우드스틱이나 푸셔를 사용하여 제거하기

해설 │ ③ 네일을 아세톤 원액에 5~10분 정도 담근 상태에서 오렌지 우드스틱이나 푸셔를 이용하여 접착제가 녹아서 밀려나면 팁을 프리에지 부분으로 수시로 밀어낸다.

04 인조네일 제거 시 자연손톱으로 회복을 위한 빠른 방법은?

① 오일 마사지 또는 팩을 실시한다.
② 파일로 제거한다.
③ 알루미늄 호일로 감싼다.
④ 버퍼로 부드럽게 샌딩한다.

해설 │ ① 오일 마사지(큐티클 오일과 로션 사용) 또는 팩을 실시할 경우 자연손톱으로 빠른 회복이 이루어진다.

05 큐티클 리무버와 관련 없는 내용은?

① 2~5% 염화칼슘이다.
② 아세톤 원액이라고도 한다.
③ pH 11~12 강알칼리성이다.
④ 조표피에 리무버를 도포하여 연화시킨 후 니퍼로 자른다.

06 다음 내용에서 연결이 옳은 것은?

① 글루 드라이어 – 글루나 젤글루 사용 시 건조시키는 스프레이형이다.
② 퀵 폴리시 드라이어 – 글루 드라이어와 같은 기능이 있다.
③ 액티베이터 – 컬러링 후 빠른 건조를 유도하는 스프레이형이다.
④ 액티베이터 – 글루 드라이어와 같은 기능이 있으나 응고가 빠르다.

해설 │ ② 컬러링 후 빠른 건조를 유도하는 스프레이형이다.
③ ④ 글루 드라이어와 같은 기능이 있으나 응고가 느리다.

01 ②　02 ④　03 ③　04 ①　05 ②　06 ①

07 소독제로서 연결이 잘못된 것은?

① 에틸알코올을 사용한다.
② 70% 농도 알코올을 손 소독제로 사용한다.
③ 50~70% 에틸알코올은 금속계열 도구 소독에도 사용된다.
④ 메틸알코올을 사용한다.

08 베이스 코트의 설명이 잘못된 것은?

① 조체 표면에 코팅막을 형성한다.
② 폴리시의 색소가 손톱에 착색되는 것을 방지한다.
③ 조체면을 교정시킨다.
④ 용해제 알코올, 폴리에스터, 레진 등의 성분으로 구성된다.

해설 | ④ 베이스 코트의 성분에는 송진, 아이소프로필알코올, 부틸아세테이트, 나이트로셀룰로오스 등이 있다.

09 네일 폴리시의 성분으로 구성된 것은?

㉠ 나이트로셀룰로오스	㉡ 천연송진+벤젠
㉢ 용해제 알코올	㉣ 셀락
㉤ 클로포늄	㉥ 레진
㉦ 포름알데하이드	㉧ 폴리에스터
㉨ 캄퍼	

① ㉠, ㉡, ㉢
② ㉠, ㉣, ㉤, ㉥
③ ㉠, ㉡, ㉦, ㉧, ㉨
④ ㉠, ㉡, ㉣, ㉤, ㉦, ㉨

10 아크릴의 접착제 역할을 하는 제품은?

① 프라이머   ② 촉매제
③ 산균형제   ④ 방부제

해설 | 프라이머 : 아크릴이 자연네일에 잘 접착되도록 하는 촉매제이다.

11 지혈제의 성분이 아닌 것은?

① 비산   ② 칼슘
③ 젤라틴   ④ 아드레날린

해설 | 지혈제의 주성분(또는 첨가제) : 아드레날린, 젤라틴, 칼슘, 식염수 등

12 다음 중 지속제로 사용되는 제품은 무엇인가?

① 네일 폴리시   ② 네일 화이트너
③ 톱 코트   ④ 베이스 코트

해설 | ③ 폴리시 색감과 광택 및 지속력을 유지한다.

13 착색 방지제로 사용되는 제품은?

① 베이스 코트   ② 리무버 원액
③ 큐티클 리무버   ④ 폴리시 리무버

14 매니큐어 제품에 포함된 화학물질에 의해 눈, 코, 목을 자극하는 성분과 관련 없는 것은?

① 아세톤   ② 포름알데하이드
③ 글라이콜에스터   ④ 톨루인

해설 | ③ 생식기에 문제를 일으킨다.

07 ④ 08 ④ 09 ④ 10 ① 11 ① 12 ③ 13 ① 14 ③

15 화학물질의 인체 유입과정이 아닌 것은?

① 용기를 열었을 때
② 화학제품을 용기에 덜거나 혼합할 때
③ 아크릴 볼을 이용해 인조네일 작업 시
④ 인조네일 내에 곰팡이 생성 시

16 화학물질이 건강에 끼치는 영향이 아닌 것은?

① 알레르기 ② 천식
③ 생식기의 이상 ④ 오한

17 UV 램프에 관련된 내용과 거리가 먼 것은?

① 젤 큐어링 라이트기라고도 한다.
② 젤을 굳힐 때 사용하는 전기기구이다.
③ 거칠게 연마작업을 할 경우 사용된다.
④ 자외선 또는 할로겐 전구가 들어있는 기계이다.

해설 | ③ 카본덤 그린 포인트로서 비트 종류 중 하나이다.

18 비트 중에서 필링 또는 큐티클 주위를 정리할 때 사용되는 것은?

① 카본덤 그린 포인트
② 카바이드 콘
③ 티타늄 카바이드
④ 멘드릴

19 카본덤 화이트 포인트의 내용이다. 연결이 잘못된 것은?

① 얇은 네일에 사용한다.
② 불필요한 피부조직을 정리한다.
③ 각질화된 피부조직에 사용한다.
④ 루즈 스킨 제거 시 사용한다.

해설 | ② 샌딩밴드의 역할이다.

20 다음 중 네일도구만으로 이루어진 것은?

① 핑거 볼 – 디스크 패드
② 큐티클 니퍼 – 파라핀 워머
③ 네일 클리퍼 – 각탕기
④ 핑거 볼 – 소독기

21 아크릴릭 네일 재료인 프라이머에 대한 설명으로 틀린 것은?

① 손톱표면의 유·수분을 제거하고 건조시켜 아크릴의 접착력을 강하게 작용시킨다.
② 산성제품으로 피부에 화상을 입힐 수 있으므로 최소량만 사용한다.
③ 인조네일 전체에 사용하며 방부제 역할을 한다.
④ 손톱표면의 pH 밸런스를 맞춘다.

해설 | ③ 프라이머는 자연손톱에만 사용한다.

22 샌딩블럭에 관련된 내용이 아닌 것은?

① 조체 표면의 거칠음을 정리하기 위해 사용된다.
② 고랑진 손톱을 매끄럽게 정리하기 위해 사용된다.
③ 인조네일 작업 시 글루나 젤을 바른 후 부드럽게 마무리할 때 사용된다.
④ 네일의 모양이나 길이를 변경할 때 사용된다.

해설 | ④ 파일의 역할이다.

15 ④ 16 ④ 17 ③ 18 ② 19 ② 20 ① 21 ③ 22 ④

23 파일과 그릿(Grit)에 대한 설명으로 맞는 것은?

① 인조네일의 모양이나 길이를 변경할 때 사용한다.
② 철제 파일은 소독 후 재사용이 불가능하다.
③ 비철제 파일은 소독 후 재사용이 가능하다.
④ 그릿은 파일의 거칠기 정도로서 번호가 높을수록 거친 파일이다.

해설 | ② 철제 파일 : 소독 후 재사용할 수 있다.
③ 비철제 파일 : 소독 후 재사용이 불가능하다.
④ 그릿의 번호가 높을수록 부드러운 파일이다.

24 에머리 보드(우드 파일)의 특징인 것은?

① 인조네일의 모양이나 길이를 변경할 때 사용한다.
② 자연네일의 모양이나 길이를 변경할 때 사용한다.
③ 인조네일 작업 시 부드럽게 마무리할 때 사용한다.
④ 조체표면에 젤을 얹을 때 사용한다.

25 아크릴 브러시에 대한 내용인 것은?

① 아크릴 볼을 조체 위에 얹어 인조네일을 만든다.
② 붓의 모양, 길이, 크기 등은 다양하지 않다.
③ 일회용과 재사용할 수 있는 것으로 분류된다.
④ 네일 폴리시, 유분정리 소독 시에 사용한다.

26 라운드 패드에 대한 설명으로 맞는 것은?

① 필링 시 큐티클 주위를 정리할 때 사용된다.
② 조체 표면의 거칠음을 정리할 때 사용된다.
③ 파일링 후 먼지나 조구의 거스러미 제거에 사용된다.
④ 페디 주변 피부 정리 시 사용한다.

해설 | ① 카바이드 콘(비트 종류), ② 샌딩블럭, ④ 페디파일에 대한 설명이다.

27 팁 관련 내용에서 맞는 것을 모두 고른 것은?

㉠ 플라스틱, 아세테이트, 나일론 등을 소재로 한다.
㉡ 짧은 손톱의 자유연에 부착해서 연장술에 사용된다.
㉢ 팁 윗부분(움푹 들어가 있는)을 일컬어 웰이라 한다.
㉣ 풀웰과 하프웰이 있다.
㉤ 풀웰은 스퀘어 팁, 하프웰은 레귤러 팁 또는 스마일 팁으로 분류된다.
㉥ 하프웰에는 색상이 든 프렌치 팁과 컬러 팁이 있다.
㉦ 자연손톱에 부착되는 팁 부분을 반월과 상조피 사이에 1mm 정도 띄우고 붙이는 부분을 '정지선'이라 한다.

① ㉠, ㉡
② ㉠, ㉡, ㉢
③ ㉠, ㉡, ㉢, ㉣, ㉤
④ ㉠, ㉡, ㉢, ㉣, ㉤, ㉥, ㉦

28 폴리시 리무버의 특징이 아닌 것은?

① 컬러된 폴리시를 제거할 때 사용한다.
② 폴리시 리무버는 아세톤과 논아세톤 타입으로 나뉜다.
③ 아세톤 타입은 인조손톱인 팁을 녹일 때 사용된다.
④ 논 아세톤 타입은 폴리시 컬러링 전에 도포한다.

해설 | ④ 인조네일 컬러된 폴리시 제거 시 논 아세톤을 사용한다.

29 네일 블리치제에 대한 설명으로 옳은 것은?

① 20% H_2O_2를 사용한다.
② 자연손톱을 변색시킬 때 사용한다.
③ 구연산을 함유한 오일로서 조체면에 바른다.
④ 면봉이나 오렌지 우드스틱에 묻혀 피부면에 바른다.

해설 |
• 변색된 자연네일을 20% H_2O_2, 구연산을 함유한 블리치액을 솜으로 감싼 면봉이나 오렌지 우드스틱에 묻혀 피부에 닿지 않게 조체면에만 발라 탈색시킨다.
• 네일 블리치제는 자연네일과 네일 주변에 착색된 얼룩 제거 시 사용된다.

30 폴리시 퀵 드라이어 스프레이의 역할은?

① 폴리시 컬러링 후 건조시키는 스프레이이다.
② 손을 보습하기 위해 사용한다.
③ 컬러링된 손톱에 광택을 준다.
④ 폴리시가 쉽게 벗겨지지 않도록 한다.

해설 | ② 핸드로션, ③ ④ 톱 코트에 대한 설명이다.

31 톱 코트에 대한 설명이 아닌 것은?

① 실러(Sealer)라고 한다.
② 유색 폴리시 컬러링 후 광택을 준다.
③ 송진, 아세톤 등이 주성분이다.
④ 컬러된 폴리시가 쉽게 벗겨지지 않도록 보호한다.

해설 | 톱 코트 : 실러라고도 하며 유색 폴리시를 칠한 후 컬러에 광택을 준다. 송진 성분에 의해 폴리시가 쉽게 벗겨지지 않도록 보호한다.

32 약한 자연손톱에 네일 보강제를 도포하고자 한다. 도포 방법으로 맞는 것은?

① 베이스 코트를 바르기 전에 도포한다.
② 유색 폴리시를 바른 후에 도포한다.
③ 톱 코트를 바른 후에 도포한다.
④ 폴리시 컬러링 후에 도포한다.

해설 | 네일 보강제는 약한 자연손(발)톱에 베이스 코트를 바르기 전에 도포한다.

33 폴리시가 굳었을 때 묽어지게 하는 제품은?

① 네일 폴리시 티너   ② 네일 폴리시
③ 베이스 코트   ④ 네일 보강제

해설 | 네일 폴리시 티너 : 폴리시가 굳었을 때 한 두 방울 떨어뜨리면 묽어지게 하는 역할을 한다.

34 인조네일을 조체에 접착할 때 사용되는 제품은?

① 젤글루   ② 필러 파우더
③ 글루 드라이어   ④ 인조팁

해설 | 젤글루 : 인조네일을 조체에 접착하거나 인조팁(인조손톱)의 투명도나 두께를 조절할 때 사용한다.

35 인조팁의 투명도나 두께를 조절할 때 사용되는 제품은?

① 톱 코트 ② 베이스 코트
③ 네일보강제 ④ 젤글루

36 글루와 관련된 내용은?

① 인조네일을 붙이는 접착제이다.
② 부러진 손톱의 보수에도 사용된다.
③ 튜브 타입과 브러시언 글루 2종류가 있다.
④ 스컬프처 네일을 만들 때 사용되는 아크릴 수지의 액체이다.

해설 | 글루 : 인조네일을 조체에 접착하거나 샌딩블럭을 사용하기 전에 전체 조체면에 도포할 때 사용된다.

37 베이스 코트의 내용이 아닌 것은?

① 손톱 보호제이다.
② 폴리시 컬러링 전에 도포한다.
③ 부러진 손톱을 보수할 때 사용되는 재료이다.
④ 폴리시에 의해 손톱이 누렇게 색조가 착색되는 것을 방지한다.

38 유색 폴리시로 컬러링된 손톱의 색조를 오래 유지시키기 위해 사용되는 것은?

① 베이스 코트를 도포한다.
② 톱 코트를 바른다.
③ 손톱 보강제를 바른다.
④ 글루를 바른다.

해설 | 톱 코트 : 유색 폴리시로 컬러된 손톱에 광택과 컬러가 쉽게 벗겨지지 않도록 보호한다.

39 글루 드라이어의 내용이 아닌 것은?

① 글루나 젤글루를 빠르게 건조시킨다.
② 10~15cm 거리에서 분무한다.
③ 강한 스프레이로서 손톱 가까이에 분무해야 한다.
④ 손톱 가까이에서 분사하면 뜨거워진다.

해설 | 글루 드라이어 : 글루나 젤을 빠르게 건조시키고 강하게 해주는 스프레이다. 10~15cm 거리에서 분사한다. 너무 가까이에서 분사하면 뜨겁다.

40 프라이머에 관련된 내용이 아닌 것은?

① 아크릴이 손톱에 접착이 잘 되도록 발라주는 촉매제이다.
② 발냄새를 제거하고 습기없는 뽀송한 발을 유지시킨다.
③ 손톱의 pH 균형제이다.
④ 메타크릴산을 주성분으로 방부제의 역할을 한다.

해설 | ② 파우더에 대한 설명이다.

41 네일 강화제(또는 보강제)에 대한 설명으로 옳은 것은?

① 부러지고 약한 네일에 견고함을 부여한다.
② 네일작업 시 상처가 생겼을 때 출혈을 멈추게 한다.
③ 네일판에 매끄러운 광택을 부여한다.
④ 네일과 주변 피부에 영양을 보충하고 성장을 촉진한다.

해설 | ② 지혈제, ③ 네일 연마제, ④ 핸드크림, 큐티클 오일, 큐티클 크림 등의 제품에 대한 설명이다.

---

35 ④ 36 ① 37 ③ 38 ② 39 ③ 40 ② 41 ①

42 큐티클 오일의 성분과 특성에 대한 설명으로 거리가 먼 것은?

① 제거제(용해제)의 일종이다.
② 주성분은 아몬드 오일, 아보카도, 호호바 오일, 비타민 F 등이다.
③ 자연손톱에 작업된 인조네일을 제거할 때 사용한다.
④ 조체와 큐티클에 유·수분을 공급하고 큐티클을 유연하게 한다.

해설 | ③ 아세톤(리무버) 원액에 대한 설명이다.

43 네일 폴리시(또는 에나멜)의 특성으로 옳지 않은 것은?

① 네일을 보호한다.
② 네일에 색상과 광택을 부여한다.
③ 네일모양을 시각적으로 변화시킨다.
④ 네일에 유·수분을 공급한다.

해설 | 네일에 유·수분을 공급하는 것은 큐티클 오일의 특성이며, 광택을 부여하는 것은 톱 코트, 네일 폴리시 등이다.

44 투명 네일 폴리시와 관련된 설명으로 옳지 않은 것은?

① 폴리시의 종류는 투명과 불투명으로 나눌 수 있다.
② 색소가 첨가되지 않아 극히 옅으며 투명하다.
③ 도포할 때(2번 정도) 얼룩이 지며 바르기가 어렵다.
④ 겹쳐 바르면 클래식한 느낌과 함께 섬세하고 부드러운 이미지를 연출한다.

해설 | ③ 불투명(유색) 폴리시에 대한 설명으로, 비용해성 색소(염료)가 첨가된 크림 또는 펄 네일 폴리시를 말한다. 불투명한 유색의 막을 형성하므로 도포할 때(2번 정도) 얼룩이 지며 바르기가 어렵다.

45 네일 폴리시와 관련된 내용이 바르게 짝지어진 것은?

① 유효기간(개봉 전) – 대략 1~2년
② 선택 – 색상과 용제의 질, 네일 브러시
③ 도포– 유색 폴리시는 3번 정도
④ 보관 – 공기와의 접촉을 최대한 차단하고 냉암소에 보관

해설 | ② 색상과 용제의 질을 보고 선택하며, 네일 브러시 또한 도포 작업의 질을 좌우한다.
③ 유색 네일 폴리시는 2회 정도 도포하며, 작업 시간은 5~10분 이내로 한다.
④ 냉암소에 보관하며 사용 후에는 뚜껑을 잘 닫는다.

46 좋은 네일 폴리시의 요건이 아닌 것은?

① 인체에 무해하며 향이 좋아야 한다.
② 착색을 방지하고 네일 면을 교정해야 한다.
③ 최소 1주일 정도 발림(착색)이 유지되어야 한다.
④ 도포 시 발림성이 부드럽고 3분 이내에 건조되어야 한다.

해설 | ② 베이스 코트에 대한 설명이다.

47 팁 위드 랩과 실크 익스텐션에 공통으로 사용되는 재료가 아닌 것은?

① 글루   ② 젤글루
③ 아크릴 파우더   ④ 글루 드라이어

해설 | ③ 아크릴 스컬프처의 재료이다.

48 젤 스컬프처 직업에 사용하는 재료가 아닌 것은?

① 네일폼   ② 베이스 젤
③ 프라이머   ④ 젤 클리너

해설 | ③ 아크릴이 자연손톱에 잘 접착되도록 하는 촉매제이다.

49 네일폼에 관한 설명으로 옳지 않은 것은?

① 아크릴 네일 작업 시 아크릴 파우더를 얹는 데 사용한다.
② 젤네일 작업 시 젤을 얹는 데 사용한다.
③ 일회용과 재사용(알루미늄 플라스틱 재질)이 가능한 것이 있다.
④ 손톱길이를 연장하거나 자연손톱을 보호·유지하기 위해 자연손톱 위에 붙인다.

해설 | ④ 실크 익스텐션에 관한 설명이다.

49 ④

PART 3
네일 기본관리

Chapter 1　프리에지 모양만들기
Chapter 2　큐티클 부분 정리
Chapter 3　보습제 도포

CHAPTER 1. 프리에지 모양만들기

Section 01 네일 파일 사용

1 재료와 도구 운용

(1) 파일 사용

① 파일링 시 주의점

　㉠ 자연손톱인 경우에는 한 방향으로 파일링을 해야 한다.

　㉡ 양방향으로 파일링할 경우 조체판 균열로 깨어지거나 부서질 수 있다.

> **tip 그릿(Grit)**
> - 파일의 거칠기를 의미하며 숫자가 낮을수록 파일은 거칠며, 숫자가 높을수록 부드럽다.
> - 100그릿(거친 파일) : 인조팁의 턱을 제거하거나 인조손톱을 파일링할 때 사용하는 파일이다.
> - 180그릿(중간 파일) : 큐티클 주위 또는 손톱모양을 잡을 때 사용하는 파일이다.
> - 240그릿(부드러운 파일) : 손톱 판을 부드럽게 정리하거나 인조손톱 작업 시 파일링 후 매끈한 표면처리에 사용한다.

(2) 브러시 사용

본 교재에서의 모든 작업 작업의 순서와 방향은 모델의 관점에서 서술된다.

1) 브러시에 젖은 제품 조절 방법

① 브러시에 묻은 네일제품의 양을 조절하기 위해 붓의 한쪽 면 부분에만 묻도록 제품 케이스(병 입구)에서 조절한다.

② 브러시의 양쪽에 묻게 되면 조체에 도포될 때 제품이 뭉치거나 흐를 수 있기 때문에 브러시의 한쪽 면에 묻어나도록 한다.

 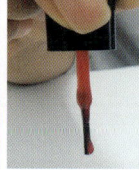

〈브러시〉

2) 브러시 운행 방법

폴리시 브러시 각도는 조체면에 45°가 되도록 한다. 브러시 끝(붓끝)이 45° 이상 또는 45° 이하로서 눕거나 세워서 바르게 되면 제품들이 뭉쳐 줄을 이룰 수도 있다.

3) 브러시를 이용한 폴리시 컬러링 운행 방법

① 폴리시를 바르는 순서는 오른쪽 그림(ⓐ → ⓑ → ⓒ → ⓓ)과 같다.

② 두 번 이상 도포 시에도 앞의 방법과 동일한 순서로 이행한다.

> **tip** 이 방법은 미국식 컬러링 운행방법이다.

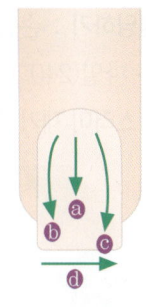

〈컬러링 운행 방법〉

4) 폴리시 컬러링 시 줄이 생길 때

① ⓐ에서 ⓑ를 도포할 때 오버랩 되는 부분이 생긴다. 이때 재차 쓸어준 후 ⓒ으로 도포한다.

② ⓐ와 ⓒ 사이에 오버랩 되는 부분 역시 브러시로 재차 쓸어준 후 도포량을 조절한다.

③ ⓐ, ⓑ, ⓒ를 매끄럽게 컬러링한 후 ⓓ의 프리에지를 일자로 정리한다.

④ 위의 그림은 일반적으로 네일 숍에서 폴리시 도포 시 적용하는 방법이다.

> ● **각도**
> ※ 매니큐어 시 실제 조체에 사용되는 브러시, 오렌지 우드스틱, 푸셔, 니퍼 등은 작업되는 손톱 판을 기준으로 45°로 세워서 운행 또는 작업해야 한다.
> - 브러시에서 붓끝 각도가 45° 이상 또는 45° 이하로 눕혀서 작업할 시, 제품이 일정 부분 뭉쳐져 줄이 생긴다.
> - 오렌지 우드스틱, 푸셔, 니퍼 등을 45° 이상 또는 45° 이하로 사용 시, 손톱 판을 긁게 됨으로 손톱면을 손상시킬 수 있다.

(3) 오렌지 우드스틱 사용

조체 주위에 묻은 컬러는 면봉 처리된 오렌지 우드스틱 끝에 리무버를 적셔 닦아주도록 한다.

(4) 매니큐어의 정의

손과 손톱을 건강하고 아름답게 유지하기 위한 네일케어 과정은 1단계로서 손질과정의 절차로 대별된다.

1) 손질과정(1단계, 12과정)

소독, 손톱모양 및 길이 정리, 큐티클 정리 등 일련의 과정이다.

① **손 소독하기(수험자+모델)** : 솜(코튼지)에 손 소독제(안티셉틱)를 듬뿍 적신 화장솜으로 수험자의 손과 모델의 손을 소독해준다.

② **네일 폴리시 제거하기** : 네일 폴리시 리무버를 솜에 적셔 네일 컬러 또는 젤을 제거한다.

③ **손톱모양다듬기** : 에머리보드 파일을 이용하여 파일링한다. 먼저 손톱의 오른편 스트레스 포인트에서 손톱의 중앙을 향하여 파일링 후 왼편도 스트레스 포인트에서 손톱의 중앙을 향하여 한쪽 방향으로 파일링한다.

④ **샌딩하기** : 손톱 면이 고르지 않을 경우에는 샌딩블럭을 사용하여 조체표면을 가볍게 다듬어 준다. 부드러운 파일(240그릿)로 손톱의 측면과 정면을 버핑한다.

⑤ **거스러미 제거하기** : 손톱에서 나온 불필요한 거스러미를 브러시나 디스크 패드로 깨끗이 정리한다.

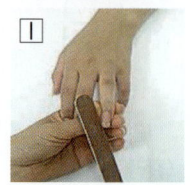 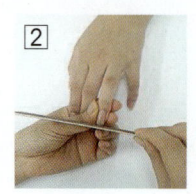 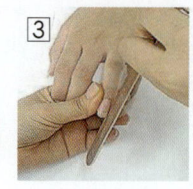 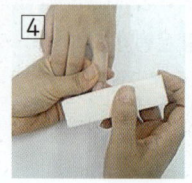 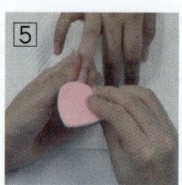

〈손톱모양다듬기 과정〉

CHAPTER 2. 큐티클 부분 정리

Section 01 | 큐티클 부분 정리 작업

네일 기본관리를 위한 도구 및 매니큐어 테이블에 정리함과 바구니를 준비한다.

1 네일도구의 사용법

(1) 오렌지 우드스틱

① 네일 큐티클을 밀어 올릴 때 오렌지 우드스틱을 사용한다. ② 조체판에 대하여 45° 각도를 유지시킨다. ③ 가볍게 밀어 올려준다.

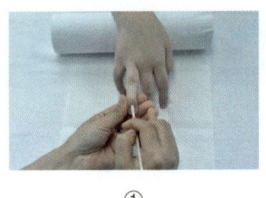
①
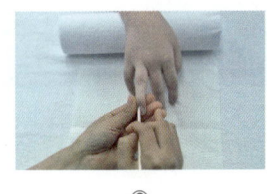
②
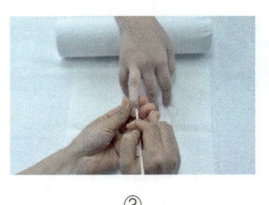
③

(2) 푸셔

① 푸셔를 이용 연필처럼 쥔다. ② 조체판에 대하여 45°를 유지한다. ③ 큐티클을 가볍게 밀어준다.

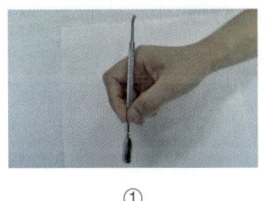
①
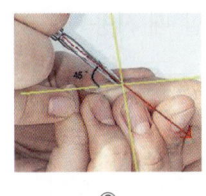
②
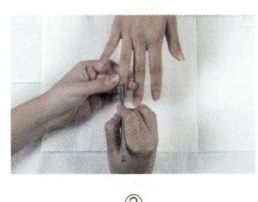
③

(3) 니퍼

1) 니퍼 날이 밖으로 향하게 하여 손바닥에 얹은 후 모지와 인지로 가볍게 잡는다.
2) 조체 내 큐티클에 대하여 니퍼 날의 ⅓정도를 45°각도로 유지하며 제거한다.

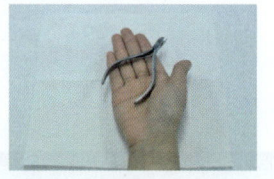
1) - ①

1) - ②

1) - ③

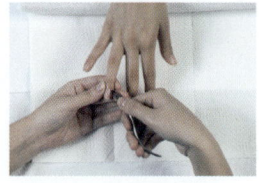
2) - ①

2) - ②

2) - ③

Section 02 | 큐티클 부분 정리 도구

1 큐티클 부분 정리를 위한 도구

(1) 큐티클 정리도구

모든 도구는 소독을 철저히 하여 사용해야 한다.

1) 큐티클 니퍼(Cuticle Nipper)

조체의 큐티클과 주변의 굳은 살과 거스러미를 제거할 때 사용되는 가위이다. 감염이 되기 쉬우므로 소독 후 사용한다.

2) 푸셔(Pusher)

큐티클을 밀어 올릴 때 사용한다. 메탈푸셔 이외에 스톤푸셔도 있다.

> * 네일 조구에 45° 정도로 하여 손상되지 않도록 밀어 올린다.
> * 스톤푸셔(Stone pusher) : 누드스킨 또는 조체 주변 각질과 거스러미 등을 제거하는데 사용된다.

3) 핑거 볼(Finger Bowl)

- 습식 매니큐어 시 손끝의 큐티클을 불리기 위해 손가락을 담그는 용기이다.
- 미온수를 담아 사용하는 도구이다.

4) 습식 소독용기(Water sanitizer)

큐티클 니퍼, 푸셔, 클리퍼, 더스트 브러시 등은 소독용기(70% 소독액을 비이커 용기 70~80% 정도 채움)에 담궈 사용한다.

에틸 알코올

소독용기

소독용기에 담근 소독기구

5) 족욕기

발톱의 큐티클을 부드럽게 연화시켜 제거를 쉽게 하기 위해 사용한다. 족욕기는 제품에 따라 스파의자와 족욕으로 구분된다.

(2) 네일 큐티클 정리절차

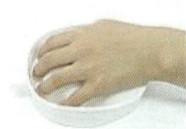

1) 큐티클 연화시키기

오른손의 파일작업이 끝나고 왼손 작업을 하는 동안 먼저 오른쪽 손의 큐티클을 연화시키기 위해 미온수가 담겨진 핑거볼에 손가락을 담근다.

* 미온수에 역성비누를 첨가한다. 이는 손톱에 있는 세균을 살균하기 위해서다.

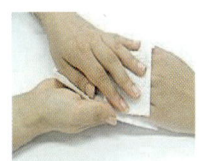

2) 손가락 물기말리기

고객의 손을 핑거볼에서 꺼낸 후 페이퍼 타월로 손가락 사이 사이의 물기를 제거한다.

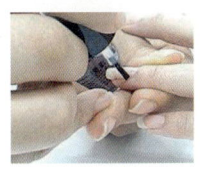

3) 큐티클 리무버 바르기

큐티클을 연화시키기 위해 큐티클 리무버 또는 큐티클 오일 등을 바른다.

* 큐티클 오일과 큐티클 리무버는 여러 사람이 사용하기 때문에 스포이드 타입이 감염예방에 바람직하다.

4) 큐티클 밀어 올리기

푸셔를 연필 잡듯이 쥐고 조체면에 얹어 45° 각도로 밀어 올린다. 자연네일 판이 최대한 긁히지 않도록 조곽명을 따라 큐티클을 가볍게 밀어준다.

* 오렌지 우드스틱으로 큐티클을 밀어 올릴 때도 45° 각도를 유지하면서 큐티클을 가볍게 밀어 올려준다.

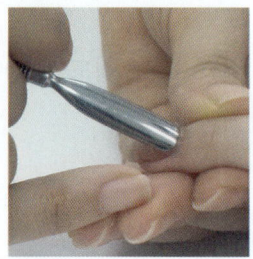
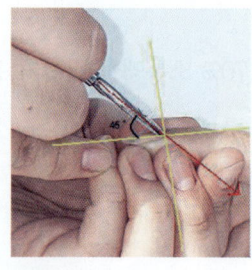

〈큐티클 밀어 올리기 과정〉

5) 큐티클 잘라내기

① 니퍼를 조체면 45° 각도로 얹어 파일링과 동일하게 한쪽 방향으로 자른다.
② 니퍼 날의 ⅓면을 사용하여 오른쪽 측조곽면에서 후조곽(큐티클) 방향으로 잘라 나간다.
③ 니퍼 날을 쥔 손은 바닥이 보이도록 바꾸어서 왼쪽 측조곽에서 후조곽(큐티클) 방향으로 연결하여 자른다.

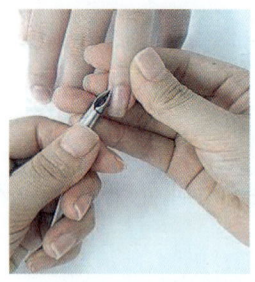
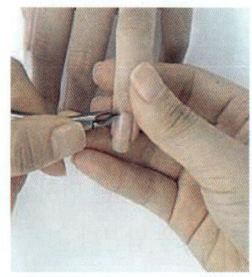
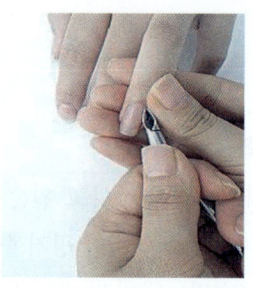

자외선 소독기
- 네일리스트들은 최소 2개 이상의 소독된 니퍼를 예비하고 있어야 한다. 자외선 소독기에는 니퍼, 푸셔, 크레도 등이 항상 소독되어 있어야 한다.
- 철제도구들은 최소 20분 이상 소독을 해야 한다.

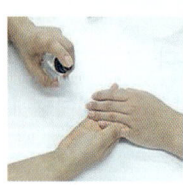

6) 손 소독하기(모델)

큐티클 제거가 끝난 후 조상연 및 큐티클 주위에 소독제를 뿌려준다.

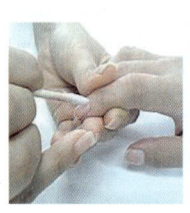

7) 유분기 제거

오렌지 우드스틱 끝에 솜을 말아 폴리시 리무버를 적셔 손톱판과 프리에지 밑에 묻어있는 유분기를 제거한다.

● 습식 매니큐어 1단계(손의 손질) 절차

손 소독하기(수험자 + 모델) → 네일 폴리시 제거하기 → 손톱모양다듬기 → 샌딩하기 → 거스러미 제거하기 → 큐티클 연화시키기 → 손가락 물기말리기 → 큐티클 리무버 바르기 → 큐티클 밀어 올리기 → 큐티클 잘라내기 → 소독제 분무하기(모델) → 유분기 제거하기

CHAPTER 3 · 보습제 도포하기

Section 01 | 네일미용 보습 제품 적용

1 보습제 선택
피부의 건조 예방을 위해 사용한다. 스테로이드제가 첨가된 제품은 부작용을 유발할 수 있어 사용을 피한다. 예민한 피부는 화학 첨가물보다는 천연 추출물이 들어 있는 보습제를 선택한다.

2 보습 화장품의 종류
건조한 피부 증상을 완화시키는 수용성 물질로 흡착성이 좋아 수분을 흡수하고 보습을 유지해 준다.

종류	기능
화장수	• 피부 잔여물 제거와 피부의 pH 밸런스를 맞추어 피부를 정돈한다. • 다음 단계에 사용할 제품의 흡수를 용이하게 한다.
로션	• 산뜻한 사용감과 발림성이 좋다. • 피부에 유·수분을 공급하고 유분막을 형성하여 외부로부터의 자극을 예방한다.
크림	• 로션보다 유·수분과 보습제를 더 많이 함유하여 피부 보습과 유연 기능을 준다.
에센스	• 피부에 좋은 영양성분을 농축해 만든 것으로 피부 탄력과 영양을 증진시킨다.
팩	• 피부에 영양공급과 보습, 청결효과가 있다. • 팩의 종류에는 오프타입(패치타입), 워시 오프타입, 티슈 오프타입, 분말타입 등이 있다.

3 보습제의 성분
글리세린, 세라마이드, 하이알루론산, 천연보습인자(아미노산 40%, 젖산, 요소)가 있다. 피부표면의 수분 증발을 억제하여 피부를 부드럽게 해주는 물질로, 종류로는 실리콘오일 등이 있다.

4 보습제의 종류별 타입

종류	기능
큐티클 오일	• 큐티클 리무버와 같은 용도로 사용된다. • 큐티클에 유·수분을 공급하여 큐티클 제거 작업을 용이하게 하며 유연하고 부드럽게 하는 식물성 오일이다. * 종류 스포이드 타입 : 드롭 형태로 큐티클에 떨어뜨려 사용한다. 브러시 타입 : 내장형 브러시가 있어 큐티클 라인에 브러시를 사용하여 바른다. 스프레이 타입 : 분사형으로 넓은 범위를 바를 때 사용한다.
큐티클 리무버	큐티클 오일과 같이 쓸 수 있으며 큐티클을 유연하게 해 준다. * 종류 리퀴드 타입 : 액상 타입으로 스포이드와 브러시 타입이 있다. 튜브 타입 : 크림 타입의 튜브 형태로 큐티클에 직접 짜서 사용한다.

5 보습제 도포 절차

(1) 큐티클 보습제 도포하기

수험자와 모델의 손을 소독한다. 큐티클 보습제를 큐티클 라인에 가볍게 도포한다. 잔여물은 물티슈나 멸균거즈를 사용하여 제거한다.

> ● 큐티클 보습제 절차
> 손 소독하기(수험자 + 모델)→ 큐티클 연화시키기→ 손가락 물기말리기→ 큐티클 오일 또는 리무버 바르기→ 큐티클 밀어올리기→ 큐티클 잘라내기→ 소독제 분무하기(모델)→ 손 마사지→ 유분기 제거하기

(2) 유액 및 크림 보습제를 이용한 손 마사지

로션이나 오일을 도포하여 손에 남아있는 유효성분이 피부 속으로 흡수될 수 있도록 손부터 팔꿈치까지 마사지한다.

> ● 손 마사지
> • 로션이나 오일을 도포하여 손에 남아있는 유효성분이 피부 속으로 흡수될 수 있도록 손부터 팔꿈치까지 마사지한다.
> • 손 마사지 절차
>   - 로션이나 크림을 바른다.
>   - 손등과 손바닥을 가볍게 쓰다듬는다.
>   - 수험자가 모델의 손가락을 인지와 중지로 당기면서 손가락을 늘려준다.
>   - 수험자의 양손으로 모델의 손을 가볍게 비벼준다.

- 수험자가 모델의 팔목을 잡은 후 손깍지 껴서 팔목을 천천히 돌려준다.
- 모델의 손목에 무리가 가지 않도록 해야 한다.
- 수험자의 양손을 모델의 모지와 소지에 끼우고 손바닥을 눌러서 늘려준다.
- 수험자가 손을 둥글게 주먹을 쥔 상태로 손의 측면을 이용하여 모델의 손등과 손바닥을 가볍게 두드려 준다.

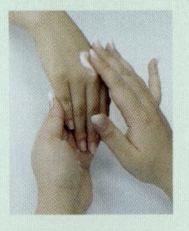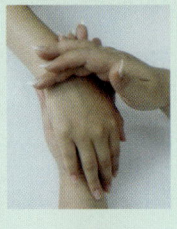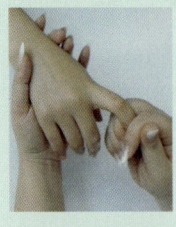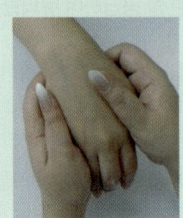
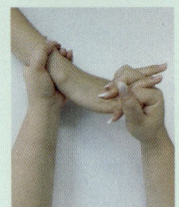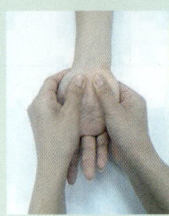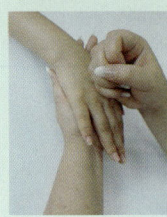

〈손 마사지 과정〉

(3) 스페셜 매니큐어

1) 파라핀 매니큐어

① 정의 : 프리퍼레이션 후에 손을 보호하고 관리하는 차원에서 파라핀을 이용하여 마사지하는 과정이다.

② 파라핀 매니큐어를 위한 사전준비

　㉠ 네일미용 테이블을 갖추고 재료 세팅을 한 후 테이블에 타월을 깐다.

　㉡ 파라핀을 녹이는 시간은 4~5시간이 소모된다. 하루 일과가 시작될 때 On으로 하고 하루일과를 마무리 할 때 Off를 하면 파라핀 매니큐어를 하는 데 용이하다.

　㉢ 전기장갑은 사용하기 5분 전에 플러그를 미리 꽂아서 예열한 후 사용한다.

③ 파라핀 매니큐어 실제

　㉠ 파라핀에 손 담그기 : 고객의 손에 로션이나 오일을 바른 후 파라핀에 천천히 손을 담근다. 5초 정도 기다렸다가 3~5회 반복한다.

　㉡ 비닐팩 씌우기 : 손에 비닐팩을 씌우면 손에 있는 파라핀의 열이 외부로 빠져나가는 것을 방지함으로써 신진대사를 높여준다.

　㉢ 전기장갑 끼우기(파라핀용) : 비닐팩을 씌운 손에 보온 장갑을 끼우고 약 8~10분 정도 보온시킨다.

　㉣ 파라핀 제거 및 마사지하기 : 전기 보온장갑과 비닐장갑을 벗기고 손목에서 손끝 방향으로 파라핀 왁스를 조심스럽게 벗겨낸다.

> ● 파라핀 매니큐어 절차
> 파라핀에 손 담그기 → 손에 비닐팩 씌우기 → 전기장갑 끼우기 → 파라핀 제거 및 마사지하기

④ 파라핀 매니큐어의 효과와 역할
  ㉠ 유래 : 파라핀은 병원에서 초기에 물리치료용으로 사용하였다.
  ㉡ 파라핀 성분 : 네일숍에서 사용되는 파라핀 왁스는 콜라겐, 비타민 E, 코코넛오일, 아로마오일 등의 성분으로 손 관리용으로 사용된다.
  ㉢ 파라핀 효과 : 예열된 파라핀 왁스에 손을 넣음으로써 팩 처리된 파라핀이 신진대사를 촉진시켜 보습 및 영양 효과를 준다.
  ㉣ 파라핀 역할
    • 동절기 건조로 인한 손과 손톱에 혈액순환 및 림프순환(노폐물 배출)을 촉진시킨다.
    • 손톱의 거스러미나 조구 주변 피부의 각질 형성을 방지한다.
    • 손 피부의 세포 재생능력을 향상시키고 피로회복에 도움을 준다.
  ㉤ 주의사항 : 찢어진 피부나 화상피부, 염증피부, 말초신경, 혈관 이상(당뇨병 질환), 무좀, 주부습진 등의 질환이 있을 때는 작업을 금한다.

(4) 핫오일 매니큐어

습식매니큐어 1단계(손질)에서 손톱모양 및 길이를 정리한 다음 손톱판을 샌딩하여 핫오일처리 후 큐티클을 밀어 니퍼로 적당히 제거한 후 2단계(손톱 색조화장) 작업절차를 갖는다.

① 핫오일 매니큐어 실제
  ㉠ 1차 : 습식매니큐어 손질단계에서 손톱모양 및 길이 정리 후 손톱판을 샌딩한 다음 핫오일 매니큐어 손질과정 등 일련의 절차로 작업한다.
  ㉡ 2차(색조화장) : 1차 핫오일 매니큐어 손질 절차가 끝난 후, 2차 손톱 색조화장으로 베이스 코트→ 폴리시 컬러링→ 톱 코트 순으로 작업한다.

> ● 핫오일 처리이유
> 상조피와 손톱주변 건조한 피부에 유·수분을 보충해주기 위한 처리방법이다.

첫째, 습식매니큐어 1단계(손질)에서 손톱모양 및 길이 정리와 손톱판을 샌딩 처리하고 핫 오일 기계에 손가락을 담근다.
둘째, 핫오일 기계에서 손가락을 꺼내어 페이퍼타월로 유분기를 닦아낸다.

셋째, 습식매니큐어(1단계 손질)의 유분기 제거 이후의 과정은 동일하게 진행한다.

넷째, 색조화장(2단계)은 습식매니큐어와 동일하다.

● **핫오일 매니큐어 절차**

소독하기(작업자+고객) → 네일 폴리시 제거하기 → 손톱 모양다듬기 → 샌딩하기(거스러미 제거하기) → 핫 오일에 손가락 담그기 → 손가락 유분기 제거하기 → 큐티클 리무버 바르기 → 큐티클 밀어올리기 → 큐티클 잘라내기 → 손소독하기(고객) → 유분기 제거

PART 4

네일 화장물 적용 전처리

Chapter 1 일반 네일 폴리시 전처리
Chapter 2 젤네일 폴리시, 인조네일 전처리

CHAPTER 1. 일반 네일 폴리시 전처리

Section 01 | 네일 유분기 및 잔여물 제거

1 큐티클과 네일 주변 거스러미 정리

(1) 전처리 시 큐티클 제거의 목적
- 큐티클을 지나치게 제거하는 것은 좋지 않다.
- 네일 화장물 적용을 위해 큐티클 제거 작업을 한다.
- 네일 화장물 작업 시 표면과 뜨지 않고 밀착하도록 한다.
- 큐티클은 네일 루트에 세균이 침투하는 것을 막아주는 역할을 한다.

(2) 전처리 시 네일 주변의 거스러미 정리 목적

네일 주변의 각질들은 네일 화장물 적용 시 완성도를 낮추며 네일 화장물의 유지력에도 영향을 준다. 조체 주변의 각질 또는 불필요한 거스러미 등은 푸셔와 니퍼, 오일 등을 사용하여 네일 화장물의 완성도와 유지력을 향상시킨다.

(3) 큐티클과 네일 주변 거스러미 정리 적용
- 큐티클이 없을 경우 큐티클을 밀어 올려 마무리한다.
- 큐티클과 거스러미가 있는 경우 니퍼를 사용하여 정리한다.
- 큐티클과 거스러미를 정리할 경우 푸셔와 거즈를 사용하여 작업을 진행한다.
- 큐티클과 거스러미 정리 시 네일과 큐티클의 상태에 따라 선택적으로 적용한다.

2 자연네일의 표면 정리

네일 화장물의 유지력과 유지 기간을 향상한다. 자연네일의 유·수분을 제거하고 네일표면의 이물질을 제거한다.

3 네일의 특성

① **네일의 경도** : 수분, 경케라틴의 단백질 조성에 따라 다르며, 비타민과 미네랄이 부족하면 이상 현상이 나타난다.
② **네일의 세포층** : 중층상피세포의 구조로서 단단하며, 반투명한 편평사각형으로서 두께 0.5~0.75mm이다.

③ **건강한 네일** : 건강한 손(발)톱은 표면이 매끄럽고 광택이 있으며, 일반적으로 연한 핑크빛을 띠고 있다.
④ **네일의 수분, 지질함유량** : 각질로 구성된 손(발)톱의 수분 함유량은 15~18%이며, 지질은 0.15~0.76%를 포함하고 있다.
⑤ **네일의 구조** : 루트, 바디, 프리에지, 베드, 매트릭스로서 특히, 네일손질의 대상이 되고 있다.

Section 02 │ 일반 네일 폴리시 전처리 작업

1 네일표면의 유분기 제거

네일표면의 유분기는 네일 화장물의 유지력을 떨어뜨리는 원인으로 네일 화장물 적용 전, 유분기가 남지 않도록 제거한다.

(1) 물리적 제거

과도한 파일 작업은 자연네일이 얇아지는 등의 손상이 생길 수 있다. 자연네일 표면을 180그릿 이상의 파일을 사용하여 유분기를 제거해 준다.

(2) 화학적 제거

멸균 거즈 및 탈지면에 아세톤 성분을 포함한 용제를 사용하여 네일표면을 전체적으로 닦아준다. 과도한 작업 시 네일의 탈수와 피부주위의 건조함을 유발할 수 있다.

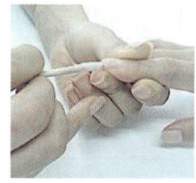

유분기 제거

오렌지 우드스틱 끝에 솜을 말아(면봉 처리된 오렌지 우드스틱 사용) 폴리시 리무버를 적셔 손톱판과 프리에지 밑(하조피)에 묻어있는 유분기를 제거한다.

CHAPTER 2. 젤네일 폴리시, 인조네일 전처리

Section 01 젤네일 전처리 작업

- 작업 매뉴얼에 따라 작업에 적합한 네일 길이 및 모양을 만들 수 있다.
- 네일 상태에 따라 표면정리를 통하여 제품의 밀착력을 높일 수 있다.
- 작업 매뉴얼에 따라 네일과 네일 주변의 거스러미를 정리할 수 있다.

Section 02 인조네일 전처리 작업

1 전처리제의 사용 목적

자연네일의 유·수분을 제거한다. 전처리제는 네일 화장물이 네일 바디에 접착이 잘 되도록 하기 위해 사용한다. 인조 손톱의 리프팅을 최소화하여 유지력과 곰팡이 생성 예방을 목적으로 사용된다. 강한 산성 제품으로 피부에 닿으면 화상을 입을 수 있어 주의하여 최소량만 사용한다.

2 인조네일 전처리 작업

멸균 거즈 또는 더스트 브러시를 사용하여 손톱 표면의 분진을 제거한다. 젤네일 폴리시의 밀착력을 높이기 위해 네일표면에 전처리를 하는 방법이다. 전처리제 도포 시 큐티클 부분과 주변 스킨에 넘쳐나지 않도록 도포한다. 전처리제로는 프리 프라이머, 프라이머, 젤 본더 등이 있다.

종류	기능
프리 프라이머 (Pre-Primer)	• 네일의 pH 발란스를 위해 사용한다. • 손톱표면의 유·수분기를 빠르게 제거해 준다.
프라이머 (Primer)	• 아크릴이 자연손톱에 접착이 잘되도록 발라주는 촉매제이다. 　*프라이머를 잘못 사용했을 경우 피부나 눈에 치명타를 입히기 때문에 사용 시 주의해야 한다. 　*사용 시 보안경과 마스크를 착용한다.
젤 본더	• 젤이 자연손톱에 잘 접착되도록 발라주는 역할을 한다. 　(단, 제조회사가 젤 본더를 바르라고 명시한 경우에만 바른다.)

3 전처리제 사용 시 주의사항

- 작업 전에 수험자와 모델의 손 소독을 철저히 한다.
- 전처리제가 눈이나 피부에 닿지 않도록 주의한다.
- 작업 전·후 도구 소독과 정리 및 세팅을 하도록 한다.
- 전처리제 도포 전 자연네일의 유분기가 없도록 한다.
- 과도한 네일 파일로 인해 자연네일이 손상되지 않도록 주의한다.
- 전처리제를 과하게 사용하면 자연네일이 건조해질 수 있으므로 소량 사용하도록 한다.

PART 5
자연네일 보강

Chapter 1   네일 랩 화장물 보강
Chapter 2   아크릴 화장물 보강
Chapter 3   젤 화장물 보강

CHAPTER 1. 네일 랩 화장물 보강

Section 01 | 네일 랩 화장물 보강 작업 및 도구

1 자연네일(Natural Nail)
손톱과 발톱에 아무것도 바르지 않은 내추럴한 상태의 네일을 말한다.

(1) 보강이 필요한 자연네일

종류	특징
약해진 자연네일	육안으로 보았을 때 손상은 없으나 탄성이 적고 두께가 얇아 약해진 상태
손상된 자연네일	자연네일 표면이 뜯겨져 손상되어 있는 상태
찢어진 자연네일	물리적 충격에 의해 찢어져 있는 상태

2 자연네일의 보강

자연네일이 약해지거나 손상되고 찢어진 상태에 다양한 재료를 사용하여 네일의 두께를 만드는 것을 의미한다. 자연네일의 길이를 연장하기보다는 자연네일에 오버레이하여 네일의 두께를 형성한다.

(1) 자연네일 보강 종류
자연네일의 보강을 위해서는 네일 화장물의 종류에 따라 분류할 수 있다.

종류	특징
네일 랩	네일 랩, 접착제(젤글루+글루), 필러 파우더를 사용하여 자연네일을 보강함
아크릴	아크릴 브러시를 리퀴드에 적신 후 아크릴 파우더를 묻혀 볼을 만들어 네일에 오버레이하여 자연네일을 보강함
젤	베이스 젤, 클리어 젤, 톱 젤 등을 네일에 오버레이하여 젤 램프기를 통해 경화함으로써 자연네일을 보강함

(2) 자연네일 보강의 범위
1) 전체 보강
자연네일을 전체적으로 보강하는 방법이다. 전체적으로 약해진 자연네일에 사용하는 보강 방법으로 찢어지거나 손상된 경우에도 적용할 수 있다.

2) 부분 보강

부분적으로 손상되거나 찢어진 자연네일을 보강하는 방법을 말한다. 부분 보강은 좁은 부분의 보강과 넓은 부분의 보강을 모두 포함한다.

 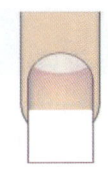 

〈자연네일 보강의 범위〉

3 네일 랩을 이용한 자연네일 보강의 특징

네일 랩은 네일 접착제를 사용하여 자연네일을 보강하고 손상 정도에 따라 필러 파우더를 함께 적용할 수 있다. 자연네일에 금이 간 경우 네일 접착제를 사용하여 금이 간 네일에 접착제를 바르고, 네일 랩을 적용한다. 네일 랩은 찢어지거나 금이 간 부분을 효과적으로 연결하여 주기 때문에 효과적이다.

4 자연네일 보강을 위한 네일 랩 재료

종류	특징
네일 랩	• 조직이 얇고 가벼운 것이 특징으로 손톱의 길이를 늘이거나 자연손톱의 보호 및 유지를 위해 실크 랩을 자연손톱 위에 붙이거나 연장술을 할 때 쓰인다.
글루	• 네일 랩을 고정시키는 역할을 한다. • 인조네일을 조체에 접착할 때 사용한다. • 필러 파우더와 함께 사용하며, 전체 조체면에 도포할 때 사용한다. 스틱타입 제품으로 구분된다.
젤글루	• 인조네일을 조체에 접착하거나 두께를 조절할 때 쓰인다. 브러시 타입의 제품으로 구분된다.
필러 파우더	• 자연네일 보강 시 손상된 부분의 홈을 메우거나 두께를 보강하기 위해 사용한다. • 네일 접착제 중 점성이 낮은 스틱 타입의 접착제와 함께 사용해야 투명하고 견고하다.
글루 드라이어	• 글루나 젤을 빠르게 건조시키고 강하게 해주는 스프레이이다. * 10~15cm 거리에서 분사한다. 너무 가까이에서 분사하면 뜨겁다.
랩가위	• 실크가위라 하며 실크, 린넨, 파이버 글라스 등 천을 재단할 때 사용하는 작은 가위이다.

5 자연네일 보강을 위한 네일 랩 유의사항

- 네일기구 및 네일재료는 위생적으로 관리한다.
- 글루가 네일 주변 피부에 흐르지 않도록 주의해서 도포한다.
- 글루드라이 분사 시 10~15cm 거리에서 분사하도록 한다.
- 글루드라이 분사 시 너무 가까이에서 분사하면 뜨겁다.

CHAPTER 2. 아크릴 화장물 보강

Section 01 | 아크릴 화장물 보강 작업 및 도구

1 아크릴을 이용한 자연네일 보강의 특징

- 손상된 부분의 범위가 넓고, 단단하게 두께를 형성해야 하는 경우는 아크릴 화장물로 자연네일을 보강하는 것이 적절하다.
- 찢어진 자연네일의 경우는 접착제를 사용하여 찢어진 부위를 붙인다. 아크릴 화장물을 적용하기 전 올바른 전처리 과정을 수행하지 않으면 리프팅이 될 수 있으므로 표면의 광택을 제거하고 전처리제를 도포한다.
- 아크릴은 단단하고 수축 및 변형이 없어 보강이 필요한 자연네일 중 내구성이 가장 좋다.

2 자연네일 보강을 위한 아크릴 화장물 재료

종류	특징
아크릴 파우더(Acrylic Powder)	• 아크릴을 분말 형태로 만든 물질로 아크릴 리퀴드와 결합하면 굳어지는 특징이 있다. *아크릴릭 네일에 사용되는 파우더(또는 분말)로 핑크, 클리어, 네츄럴 등은 자연손톱 위에 올려주며 사용되는 파우더이다.
아크릴리퀴드(Acrylic Liquid)	• 아크릴 파우더 분말을 녹여 반죽하는데 사용되는 액상이다.
디펜디쉬 (Dependish)	• 아크릴 리퀴드 또는 아크릴 파우더를 덜어 쓰는 용기로 사용한다. • 사용하지 않을 때는 뚜껑을 덮어 놓는다
아크릴 브러시 (Acrylic Brush)	• 아크릴 리퀴드와 아크릴 파우더를 혼합하여 조체위에 얹어 네일을 만드는 데 사용한다. 붓의 모양, 길이, 크기에 따라 여러 가지의 종류가 있다.
프라이머 (Primer)	• 아크릴이 자연손톱에 접착이 잘되도록 발라주는 촉매제이다. *아크릴 제품이 네일표면에 잘 부착되도록 발라주는 것으로 프라이머를 잘못 사용할 경우 피부나 눈에 치명적인 해를 입을 수 있기 때문에 사용 시 주의해야 한다. *보호안경과 마스크를 착용한다.

3 자연네일 보강을 위한 아크릴 유의사항

- 아크릴과 자연네일의 연결이 자연스러워야 한다.
- 전처리제 사용 시 네일 주변 피부에 닿지 않도록 도포한다.
- 아크릴과 자연네일 사이에 기포가 발생하지 않도록 해야 한다.
- 아크릴 브러시를 사용하지 않을 때에는 굳지 않도록 깨끗이 닦아 보관한다.

- 전처리제의 과도한 사용은 자연네일의 유·수분을 탈수시킬 수 있어 제품에 따라 유의해서 사용한다.
- 보안경을 착용하여 네일제품이 눈에 닿지 않도록 주의하고, 마스크를 착용하여 호흡기를 보호하고 환기에 신경을 쓴다.
- 아크릴 볼은 자연네일에만 올려야 하며, 주변 피부에 흘렀을 경우 리프팅의 원인이 되기 때문에 넘치지 않도록 양을 조절해서 사용한다.

CHAPTER 3 · 젤 화장물 보강

Section 01 | 젤 화장물 보강 작업 및 도구

1 젤을 이용한 자연네일 보강의 특징

- 자연네일의 상태에 따라 하드 젤과 소프트 젤을 선택하여 사용한다.
- 젤은 한 번에 많은 양을 올리게 되면 경화 시 네일 베드가 뜨거워질 수 있어 적절한 양이 될 수 있도록 조절하여 경화한다.
- 젤은 퍼지는 성질이 있기 때문에 약해진 자연네일을 보강하거나 사전 손상을 예방하거나 네일에 전체적으로 보강할 때에 효과적이다.
- 찢어진 자연네일의 경우 네일 접착제를 사용하여 찢어진 부위를 붙이고, 젤을 적용한다.
- 젤 볼을 네일에 올리기 전 전처리 과정을 수행하지 않으면 리프팅의 원인이 될 수 있어 표면의 광택을 제거하고 전처리제를 도포한다.

2 자연네일 보강을 위한 젤 화장물 재료

종류	특징
베이스 젤	• 젤 도포 전 손톱을 보호하고 젤이 잘 밀착될 수 있도록 도포하는 제품으로 착색을 방지하기 위해 사용한다.
톱 젤	• 젤 도포 후 네일표면에 광택을 주기 위해 사용한다.

클리어 젤 or 핑크 젤	• 투명색 또는 반투명 젤 타입의 액상으로 손톱을 연장해주거나 오버레이할 때 사용한다.
	• 점도가 적은 소프트 젤과 점도가 큰 하드 젤로 구분된다.
	  * 소프트 젤은 아세톤이나 젤 전용 제거제를 사용하여 제거할 수 있다.
	  * 하드 젤은 아세톤이나 젤 전용제거제를 사용할 수 없으며 파일링으로 제거해야 한다.

젤 본더	• 젤이 자연손톱에 잘 접착되도록 발라주는 역할을 한다. (단, 제조회사가 젤 본더를 바르라고 명시한 경우에만 바른다)
젤 브러시	• 인조섬유로 된 브러시로 조체 표면에 젤을 얹을 때 사용한다.
젤 클리너	• 큐어링 후 표면에 남아있는 미경화 젤을 닦아내는 역할을 하는 액체로서 젤 전용 클리너를 사용하는 것이 좋다.
솜	• 젤 클리너를 묻혀서 미경화 젤을 제거하는 코튼 소재의 솜이다. 키친타월, 젤 와이퍼, 멸균거즈 등을 사용하여도 된다.
젤 램프기기	• 젤 큐어링 라이트기라고도 하며 젤을 굳힐 때 사용하는 전기기구이다. *UV젤을 굳게 만드는 자외선 또는 할로겐 전구가 들어있는 기계이다. 라이트의 종류와 형태는 회사에 따라 다양하다.

3 자연네일 보강을 위한 젤 유의사항

- 네일기구 및 네일재료는 위생적으로 관리한다.
- 젤이 네일 주변 피부에 흐르지 않도록 주의해서 도포한다.
- 전기제품의 사용 방법과 안전수칙을 이해하고 있어야 한다.
- 젤 램프기기를 사용할 때에는 경화 방법과 시간을 확인한다.
- 젤 램프기기 사용 시 광원을 눈으로 직접 보지 않도록 주의한다.
- 젤이 큐티클 라인으로 넘친 경우 멸균거즈나 키친타월을 사용하여 젤을 닦아낸 후 젤 램프기기에 경화해야 한다.
- 전처리제의 과도한 사용은 자연네일의 유·수분을 탈수시킬 수 있어 제품에 따라 유의해서 사용한다.
- 보안경을 착용하여 네일제품이 눈에 닿지 않도록 주의하고, 마스크를 착용하여 호흡기 보호와 환기에 신경 쓰도록 한다.

PART 6

네일 컬러링

Chapter 1 풀 코트 컬러 도포
Chapter 2 프렌치 컬러 도포
Chapter 3 딥 프렌치 컬러 도포
Chapter 4 그라데이션 컬러 도포

CHAPTER 1. 풀 코트 컬러 도포

Section 01 | 매니큐어 컬러링

1 매니큐어 컬러링

(1) 매니큐어 컬러링의 정의

손톱의 아름다움을 색채로 표현하는 색조화장과정의 미용기술이다.

1) 색조화장과정(2단계, 4과정)

① 절차 : 베이스 코트 → 네일 폴리시 컬러링 → 톱 코트 → 마무리 등 일련의 절차를 갖는다.

② 손톱 색조화장 실제

ㄱ. 베이스 코트 바르기

자연손톱에 착색을 방지하며, 자연손톱과 폴리시가 잘 밀착되도록 한다.

ㄴ. 네일 컬러하기

> **tip 컬러링 제품의 명명**
> 컬러(Color), 폴리시(Polish), 에나멜(Enamel), 락커(Lacker) 등은 컬러제이다. 이는 다양한 명칭으로 불리워지고 있으나 이 교재에서는 손톱 색조화장에 사용되는 컬러 제품을 '폴리시'라고 일괄적으로 명명한다.

- 네일 컬러를 조체에 2~3회 반복하여 얇게 펴 바른다.
- 네일 컬러 병뚜껑을 연필처럼 잡고 브러시의 흔들림을 방지하기 위해 반대쪽 손의 중지, 약지 또는 소지에 고정한다.
- 조체의 중앙 부분을 먼저 컬러 후 프리에지에서 마무리한다.

순서	내용
조체의 중앙 컬러하기	• 큐티클 라인 바로 앞에서 0.2mm 간격을 띄우고 브러시 끝을 45° 각도로 프리에지까지 가볍게 쓸어내린다.
조체 내 우측 컬러하기	• 손톱의 오른쪽으로 브러시 끝을 굴린 상태에서 위에서 아래(반월 → 프리에지)로 컬러링한다. 반월 부분의 큐티클 라인이 둥글기 때문에 선을 따라 둥글게 컬러링한다.
조체 내 좌측 컬러하기	• 손톱의 왼쪽 부분을 브러시 끝으로 굴려서 바르고 뭉친 부분이 있을 시에는 가볍게 쓸어내린다.
프리에지 마무리하기	• 브러시에 남아있는 컬러를 이용하여 손톱의 프리에지 부분을 발라준다.

ㄷ. 톱 코트 바르기 : 컬러된 손톱 판에 코팅막을 형성하여 광택과 지속력을 높여줄 수 있다. 프리에지 밑 부분까지 바른다.

> **tip** **손톱 색조화장의 마무리 기술**
> 오렌지 우드스틱에 솜을 말아 폴리시 리무버를 적셔 손톱 주변에 묻은 컬러를 닦아낸다.

2 레귤러 및 스페셜

● 작업자(네일리스트)의 자세
- 개인위생 청결, 간편한 헤어스타일, 깨끗한 손톱, 구취 예방, 액세서리 금지, 작업 시 편안한 위생복 착용 등을 준수한다.
- 미용기술(작업) 시 손이 차갑지 않도록 조절해야 한다.
- 편안하고 안전한 자세를 취해야 한다.
  – 작업 방향에 따라 자세의 유연성을 취해야 한다.
  – 단계적으로 부드럽고 리드미컬한 작업을 해야 한다.

(1) 레귤러 매니큐어

1) 습식 매니큐어
습식은 미온수에 손가락을 담그어 큐티클을 연화시킨 다음에 큐티클 오일을 사용하여 니퍼로 큐티클을 적당히 제거한다.

2) 건식 매니큐어
건식 매니큐어는 큐티클 리무버로 큐티클을 연화시킨 후, 니퍼로 큐티클을 적당히 제거한다.

(2) 레귤러 매니큐어 컬러링
① **풀커버(풀코트) 컬러링** : 레드 또는 화이트 폴리시를 이용하여 손톱면 전체를 꽉 채우듯이 도포한다.

CHAPTER 2 · 프렌치 컬러 도포

① 프리에지(프렌치) 컬러링 실제

※ 1차 손질과정 절차 12단계를 프리퍼레이션(준비과정)으로 칭함

㉠ 1차(손질과정) : 프리퍼레이션

㉡ 2차(색조화장과정)

- 1차 습식 매니큐어 손질 절차가 끝난 후, 2차 손톱 색조화장으로 베이스 코트 → 프리에지(프렌치) 컬러링 → 톱 코트 → 프리에지 마무리 순으로 작업한다.
- 첫째, 손질된 조체에 베이스 코트를 바른다.
- 둘째, 화이트 폴리시를 컬러하기 위해 프리에지 중앙 쪽으로 옐로우 라인의 흐름을 따라 둥글게 바른 다음, 다른 편에서 프리에지 중앙을 향하여 컬러링한다.
- 셋째, 톱 코트를 바른다.

> **tip** 톱 코트는 브러시를 이용한 도포방법과 동일하다. 즉 붓 끝을 이용하여 펴 바르는 방법이다.

- 넷째, 프리에지를 마무리한다.

● 프리에지 컬러링 순서

- 모델의 오른손 소지에서 약지, 중지, 인지, 모지로 도포한 후 왼쪽 손의 소지에서 시작하여 모지로 끝난다.
- 2번 도포하고자 할 때도 첫 번째 도포 순서와 동일하게 모델 오른쪽 손의 소지에서부터 모지로 도포한다.

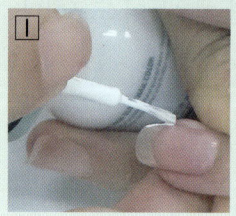 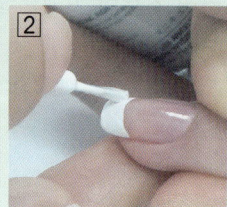 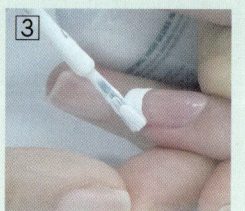 

〈프리에지 컬러링 순서〉 〈완성된 프리에지(프렌치) 컬러링〉

● 프리에지(프렌치) 컬러링 절차

1단계 손질(프리퍼레이션) → 2단계 색조화장(베이스 코트 → 프리에지 컬러링 → 톱 코트) → 3단계 프리에지 마무리

CHAPTER 3. 딥 프렌치 컬러도포

① 딥 프렌치 컬러링 실제
  ㉠ 1차 : 프리퍼레이션
  ㉡ 2차(색조화장 과정)
    1차 프리퍼레이션 후, 2차 손톱 색조화장으로 베이스 코트 → 반월을 제외한 풀커버 컬러링 → 톱 코트 순으로 한다.

〈완성된 딥 프렌치 컬러링〉

- 첫째, 손질된 조체에 베이스 코트를 바른다.
- 둘째, 딥 프렌치 컬러를 하기 위해 손톱의 반월을 제외하고 풀커버 컬러링한다. 즉 모델 손톱의 반월 부위를 제외하고 중앙쪽으로 반월의 흐름에 따라 둥글게 바른 다음, 다른 쪽에서 중앙의 반월을 향하여 풀커버 컬러링한다.
  - 셋째, 톱 코트 시 얇게(1회) 발라준다.

② **손톱 색조화장의 마무리 기술**
오렌지 우드스틱에 솜을 말아 네일 리무버를 적셔 손톱 주변에 묻은 컬러를 닦아낸다.

> ● 딥 프렌치 컬러링의 절차
> 1단계 손질(습식 매니큐어) → 2단계 색조화장(베이스 코트 → 딥 프렌치 컬러링 → 톱 코트) → 3단계 마무리

CHAPTER 4. 그라데이션 컬러 도포

<단색 그라데이션 완성작>

<2가지 이상 그라데이션 완성작>

① 그라데이션 컬러의 실제
  ㉠ 1차 : 프리퍼레이션
  ㉡ 2차(색조화장 과정) : 1차 습식 매니큐어, 즉 손질 절차가 끝난 후 2차 손톱 색조화장으로 베이스 코트 → 풀커버 컬러링(그라데이션 컬러의 도구인 스폰지를 사용하여 반복적으로 두드려 컬러를 입혀줌) → 톱 코트 순으로 작업한다.
② 그라데이션에는 단색 기법과 2가지 이상 색을 사용하는 기법이 있다.

그라데이션 기법	실제
레드 폴리시를 이용한 단색 기법	첫째, 손질된 조체에 베이스 코트를 바른다. 둘째, 폴리시로 적셔진 스폰지를 손톱 맨 윗부분(반월)부터 프리에지를 향하여 점차 그라데이션(옅은 색에서 짙은 색으로 또는 짙은 색에서 옅은색으로) 기법으로 풀커버 컬러링한다. **tip** 손톱 색조화장 시 마무리 기술 : 오렌지 우드스틱에 솜을 말아 폴리시 리무버를 적셔 손톱 주변에 묻은 컬러를 닦아낸다.
2가지 이상 색을 이용한 응용 기법	첫째, 손질된 조체에 베이스 코트를 바른다. **tip** 유색 폴리시 스폰지에 적시기 : 유색 폴리시를 스폰지의 맨 윗부분부터 옅은색에서 진한색 순서로 3등분하여 칠한 후 스폰지에 스며들게 하듯 색조를 펼친다. 둘째, 손톱 판에 대해 90°를 유지하면서 가볍게 폴리시 컬러를 적신 스폰지를 톡톡 반복적으로 두드리듯 도포한다.

셋째, 그라데이션 컬러된 손톱을 건조시킨 후 풀커버로 톱 코트를 발라준다.

> **tip** 손톱 색조화장 시 마무리 기술 : 오렌지 우드스틱에 솜을 말아 리무버를 적셔 손톱 주변에 묻은 컬러를 닦아낸다.

〈유색 폴리시〉 〈스폰지〉

● 그라데이션 기법
손톱 판에 대하여 수직 각도인 90°를 유지하면서 스폰지를 가볍게 두드리는 기법이다.

● 유색 폴리시 스폰지 적시기
스폰지에 네일 폴리시를 적당한 비율로 적시기 위해 1/3 정도 레드 폴리시를 도포하고 나머지 2/3 정도는 내추럴 폴리시를 적시듯이 스폰지 위에 색조를 펼쳐놓는다.

● 그라데이션 컬러의 절차
1단계(프리퍼레이션) → 2단계 색조화장(베이스 코트 → 그라데이션 기법을 이용한 풀커버 컬러링 → 톱 코트) → 3단계 마무리

출제예상문제

01 고객 손톱을 중심으로 하는 프리에지 컬러링으로 적절하지 않은 내용은?

① 손톱의 오른쪽에서 프리에지 중앙 쪽으로 바른다.
② 옐로우 라인의 흐름에 따라 오른편에서 가운데로 둥글게 컬러링한다.
③ 작업이 끝나면 왼편에서 프리에지 중앙을 향하여 스마일 라인을 유지하면서 컬러링한다.
④ 옐로우 라인을 따라 왼쪽 → 중앙 → 오른쪽으로 컬러링한다.

해설 | 프리에지 컬러링은 옐로우(스마일) 라인을 따라 오른쪽 → 중앙 → 왼쪽 → 중앙으로 둥글게 컬러링한다. 단, 이는 미국식 컬러링 운행 방법이다.

02 손톱 색조화장 시 가장 마지막 단계에 대한 설명은?

① 손질된 조체에 베이스 코트를 바른다.
② 폴리시가 완전히 마른 후 프리에지까지 톱 코트를 발라준다.
③ 오렌지 우드스틱에 솜을 말아 폴리시 리무버를 적셔 손톱 주변에 묻은 폴리시를 닦아낸다.
④ 네일 폴리시를 조체에 2~3회 반복하여 얇게 펴 바른다.

03 그라데이션(단색) 기법의 내용이 아닌 것은?

① 유색 폴리시를 적신 스폰지를 이용한다.
② 반월부터 프리에지를 향하여 그라데이션 기법으로 풀커버 컬러링한다.
③ 작업을 위해 스폰지에 $\frac{1}{3}$은 짙은 폴리시, $\frac{2}{3}$는 아주 옅은 폴리시를 적신다.
④ 적신 스폰지를 손톱판에 45° 각도로 가볍게 두드린다.

해설 | ④ 손톱판에 대하여 수직 각도인 90°를 유지하면서 스폰지를 가볍게 두드리는 기법이다.

04 파라핀 매니큐어 절차 순서인 것은?

> ㉠ 손에 비닐 팩 씌우기
> ㉡ 파라핀에 손 담그기
> ㉢ 전기 장갑 씌우기
> ㉣ 파라핀 제거 및 마사지하기

① ㉠ - ㉡ - ㉢ - ㉣
② ㉡ - ㉠ - ㉢ - ㉣
③ ㉢ - ㉣ - ㉠ - ㉡
④ ㉣ - ㉢ - ㉡ - ㉠

05 파라핀 열이 외부로 나가는 것은 방지하는 과정은?

① 파라핀에 손 담그기
② 비닐 팩 씌우기
③ 전기 장갑 씌우기(파라핀용)
④ 파리핀 제거 및 마사지하기

해설 | 손에 비닐 팩을 씌우면 손에 전이된 파라핀의 열이 외부로 빠져나가는 것을 방지함으로써 신진대사를 높인다.

01 ④ 02 ③ 03 ④ 04 ② 05 ②

06 파라핀 제거 방법으로 옳은 것은?

① 손끝에서 손목 방향으로 파라핀 왁스를 제거한다.
② 손목에서 손끝 방향으로 파라핀 왁스를 제거한다.
③ 순서없이 손에 묻은 파라핀 왁스를 제거한다.
④ 손에 묻은 파라핀 왁스를 물로 씻어 제거한다.

해설 | 손목에서 손끝 방향으로 파라핀 왁스를 조심스럽게 벗겨낸다.

07 파라핀 역할에 대한 설명이 아닌 것은?

① 혈액순환 및 림프순환을 촉진시킨다.
② 거스러미 손톱 또는 조상연의 각질형성을 예방한다.
③ 피로회복에 도움을 준다.
④ 손 피부의 신진대사에 따른 세포재생을 둔화시킨다.

해설 | ④ 손 피부의 세포재생 능력과 피로회복에 도움을 준다.

08 페디큐어의 정의가 아닌 것은?

① 신체의 발을 대상으로 한다.
② 손과 관련된 네일 디자인모형을 추구하는 기술이다.
③ 발 기술의 가장 기본은 네일케어, 즉 페디큐어이다.
④ 페디큐어 과정은 손질과 색조화장의 절차로 대별된다.

해설 | ② 발과 관련된 네일 디자인결정 과정에 따른 네일 디자인모형을 추구하는 기술이다.

06 ② 07 ④ 08 ②

PART 7

네일 폴리시 아트

Chapter 1	일반 네일 폴리시 아트
Chapter 2	젤네일 폴리시 아트
Chapter 3	통 젤네일 폴리시 아트

CHAPTER 1. 일반 네일 폴리시 아트

Section 01 | 기초 색채 배색 및 일반 네일 폴리시 아트 작업

1 네일 폴리시 개념

- 네일 락커(nail lacquer), 컬러 폴리시(color polish), 네일 폴리시(nail polish), 네일 에나멜(nail enamel) 등과 같은 용어로 사용되기도 한다.
- 네일 폴리시는 자연네일에 장식의 목적으로 사용하거나 다른 것과 조합해 사용하는 유용한 화장품이다.
- 얇은 막을 형성하는 폴리머(polymers)와 손톱표면에 얇은 막의 접착을 증가시키는 레진(resins)과 가소제로 구성된다. 막 형성제는 나이트로셀룰로오즈(nitrocellulose)로 내구성과 방수성이 강하다. 열가소성 레진은 폴리시가 손톱표면에 접착이 잘되도록 한다.
- 네일 폴리시는 흑백영화에서 사용하는 필름형성체(film forming materials)의 일종인 나이트로셀룰로오즈에 색소를 배합하여 휘발성 용제로 용해시킨 것으로 휘발성이 강하다.
- 네일 폴리시를 손톱에 도포하면 휘발성 용제가 휘발하여 나이트로셀룰로오즈와 착색제 등 피막이 손톱표면에 밀착된다.

2 네일 폴리시 성분

일반 네일 폴리시는 네일 폴리시와 베이스 코트, 탑 코트로 구분되며 베이스 코트는 불규칙한 네일표면을 채우고, 폴리시가 네일에 착색되거나 변색되는 것을 방지하여 에나멜의 밀착성을 높여준다. 탑 코트는 네일과 에나멜에 광택을 부여하고, 폴리시가 쉽게 벗겨지지 않도록 방지한다. 톨루엔, 아세트산에틸, n-부틸 아세트산은 에나멜과 베이스 코트, 탑 코트에 많이 포함되어 있는 화학물질이다.

3 네일 폴리시 디자인

- 네일 폴리시를 사용하여 네일에 표현하는 것을 말한다. 네일 폴리시에 세필 브러시, 라이너 브러시, 툴 등의 도구를 사용하여 아트를 표현할 수 있다.
- 네일 폴리시는 건조가 빠르기 때문에 아트를 표현할 때는 폴리시가 굳기 전에 아트를 표현해야 한다.
- 폴리시를 물에 떨어뜨려 움직임을 표현하는 워터마블과 네일 위에 직접 컬러를 섞어 디자인하는 기법이 있다.

● 네일 폴리시 디자인 순서

주제선정 → 자료수집 → 밑그림 그리기 → 베이스 코트 도포 → 컬러링 → 디자인 → 탑 코트 도포

4 네일 폴리시 디자인 기법

(1) 마블(marble)

마블은 대리(석)암이라고 불리는 암석 또는 대리암으로 만든 조각물을 말한다. 프랑스어 마르브뤼르(Marbrure)에서 유래한 말로 물과 기름이 서로 섞이지 않는 성질을 이용해 대리석 등의 맥리를 닮은 줄무늬를 생성하는 기법이다.

종류	특징
워터 마블 (Water Marble)	• 폴리시의 움직임에 따라 다양한 디자인을 표현할 수 있다. • 물 위에 네일 폴리시 또는 유성 물감을 떨어뜨려 움직임을 표현하여 디자인할 수 있다. • 디자인은 계획에 의한 유사 패턴과 폴리시의 움직임으로 자유롭게 표현할 수 있는 디자인으로 나뉜다.
폴리시 마블 (Polish Marble)	• 네일에 폴리시를 떨어뜨려 움직임을 표현하는 것으로 세필 브러시, 라이너 브러시, 툴 등의 도구를 사용하여 움직임을 다양하게 표현하거나 도트를 찍어 디자인하는 방법들이 있다.

CHAPTER 2. 젤네일 폴리시 아트

Section 01 | 기초 디자인 적용 및 젤네일 폴리시 아트 작업

1 젤네일의 개념

네일 위에 광택과 색을 부여하는 것으로 자연 건조되지 않고 빛에 경화되는 폴리시를 말한다. 젤은 종류에 따라 베이스 젤, 탑 젤, 젤네일 폴리시, 하드 젤, 소프트 젤 등으로도 구분된다. 젤은 자외선(ultra violet light) 또는 할로겐 램프(halogen lamp)의 빛을 네일에 조사하여 젤을 경화시킨다. 라이트 큐어드 젤의 제거 방법에 따라 하드 젤(hard gel)과 속 오프 젤(soak off gel)로 나누어진다.

2 젤네일 폴리시 성분

젤 성분은 acetone, isopropanol, ethyl carbamate, ethyl cyanoacrylate가 포함되어있다. 젤은 우레탄과 메타 아크릴레이트 혼합물, UV 광장치를 필요로 하는 광개시제와 셀룰로오즈(cellulose)를 포함한다.

3 젤 폴리시 디자인

- 젤 폴리시를 사용하여 네일에 디자인하는 것을 말한다.
- 젤 폴리시 경화를 위해 젤 램프기기를 사용해야 한다.
- 네일산업에서는 젤네일 폴리시 아트가 많이 적용되고 있다.
- 젤 폴리시는 경화 전에는 굳지 않으므로 디자인의 수정 보완이 가능한 장점이 있다.
- 젤네일 폴리시의 경우 흐르는 정도의 점도를 가지고 있어 유리병 용기에 담아 내장된 브러시로 도포한다.
- 젤 폴리시는 네일 폴리시와 아크릴릭 네일의 단점들을 보완하여 작업시간 단축과 지속력이 우수하다.

CHAPTER 3 · 통 젤네일 폴리시 아트

Section 01 | 네일 폴리시 디자인 도구 및 통 젤네일 폴리시 아트 작업

1 통 젤네일 폴리시의 개념

젤네일 폴리시와 유사한 성분으로 젤의 점성 차이로 구분된다. 통 젤의 경우 제형에 점도가 있어 통에 담아 사용하며 탄력이 있는 젤 전용 브러시로 젤을 떠서 적용한다.

2 통 젤네일 폴리시의 종류

종류	특징
컬러통젤	• 다양한 컬러로 발림성과 퍼짐성이 좋다. 다른 젤과 혼합하여 원하는 색을 만들어 디자인할 수 있다. 단점은 젤이 묽을수록 양 조절이 안 되면 큐티클 라인과 손톱 주변으로 흘러내릴 수 있다.
스컬프처 통젤	• 점도가 높고 퍼짐성이 적어 흘러내리지 않는 장점으로 자연네일의 보강을 위한 오버레이와 자연손톱을 연장할 때 사용되며 빌더 젤이라고도 한다. • 단점은 퍼짐성이 적기 때문에 네일의 표면정리가 부자연스러워 파일링을 해야 한다.
글리터통젤	• 투명 젤에 글리터를 혼합하여 사용하는 젤로 글리터의 크기에 따라 그라데이션 표현과 라인을 표현할 때 다양한 느낌으로 표현할 수 있다.

PART 8
팁 위드 파우더

Chapter 1	네일팁 선택
Chapter 2	내추럴 팁 작업
Chapter 3	풀커버 팁 작업
Chapter 4	프렌치 팁 작업

CHAPTER 1. 네일팁 선택

Section 01 | 네일 상태에 따른 네일팁 선택

1 네일팁 개요
※ 본 교재에서의 모든 작업 과정은 모델의 관점에서 서술된다.

(1) 네일팁의 정의
자연손톱의 짧은 길이를 인위적으로 늘이고자 할 때 인조팁(이하 '인조손톱')을 부착한다.

1) 팁 활용법
① 팁 활용 시 주의사항
  ㉠ 팁을 붙일 때는 조체의 1/3이 적당하므로 손톱길이의 반 이상을 덮지 않도록 한다.
  ㉡ 팁 선정 시, 자연손톱보다 팁 크기가 작거나 크지 않도록 한다.
② 팁 선택 : 자연손톱 판의 크기와 모양이 같은 팁을 선정하여야 한다.
  ㉠ 자연손톱에 비해 팁이 클 때 : 팁의 양쪽 측면을 파일하는 불편함은 물론 파일링 시 손톱 손상의 주원인이 된다.
  ㉡ 자연손톱에 비해 팁이 작을 때 : 자연손톱 양 측면이 변형되거나 잘 부러지고 접착이 불안정하여 분리되기 쉽다.

> ● **오버레이(Overlay)**
> 오버레이는 '덧바르다'라는 의미로서 종이나 섬유, 파우더가 아닌 점성이 있는 재료를 사용하여 자연손톱을 보강하기 위해 손톱판 전체에 덧바르는 작업과정을 말한다.
>
> ● **랩(Wraps)**
> 인조팁을 부착한 후에 그 위를 덮어 씌우는 작업과정을 말한다.
>
> ● **연장(Extension)**
> • 인조손톱의 연장 : 자연손톱이 길어 보이도록(연장) 팁을 붙여서 늘이는 방법이다.
> • 인조네일의 연장 : 아크릴이나 젤 등의 제품을 사용하여 자연네일의 길이를 늘여주는 방법이다.
> • 팁 사용에 의한 연장방법 : 팁 위드 랩, 팁 위드 아크릴, 팁 위드 젤 등이 있다.
> • 네일폼 사용에 의한 연장방법 : 아크릴 스컬프처, 젤 스컬프처가 있다.

2 네일팁(인조손톱)

① **네일팁의 재료** : 나일론, 플라스틱, 아세테이트 등을 원료로 하여 만들어진다.

② **네일팁의 구조 – 웰(Well)**
   ㉠ 팁의 위쪽에 움푹 들어가 있는 부분이다.
   ㉡ 팁은 자연손톱 판 전체에 접착시키는 형태를 가지고 있으며, 웰은 자연손톱 판의 정지선이다.

③ **네일팁의 종류**
   ㉠ 풀웰 : 스퀘어 팁이 있다.
   ㉡ 하프웰
   • 팁 자체에 색이 들어있는 유색 팁 : 프렌치 팁, 컬러 팁 등
   • 팁 자체에 색이 들어있지 않은 무색 팁 : 레귤러 팁, 투명 팁 등

④ **네일팁의 보강제품** : 팁만을 이용하여 접착하였을 경우 쉽게 부러지거나 자연손톱으로부터 이탈될 수 있다. 필러 파우더, 실크, 아크릴, 젤 등과 함께 사용할 시 네일 자체를 단단하게 보강 또는 보완한다.

⑤ **팁의 모양** : 풀 팁, 하프 팁, 롱 팁 등이 있다.

(1) 네일팁 선택

종류	특징
풀 팁	• 네일 전체에 글루, 젤을 이용하여 자연손톱 판 전체에 부착하는 방법이다. • 풀 팁 부착 시, 팁과 자연손톱 사이에 공간이 들뜨게 되면 곰팡이가 생길 수 있다.
프렌치 팁	• 자연네일의 프리에지에 네일팁을 부착하고 프렌치 라인의 팁턱은 제거하지 않는다.
내추럴 팁	• 자연네일의 프리에지에 네일팁을 부착하고 팁턱을 제거하여 자연네일을 자연스럽게 만들어 준다.

(2) 팁의 종류

종류	특징
하프웰	자연네일의 프리에지에 접착하여 사용한다. 자연스러워 가장 많이 사용된다.
풀웰	• 자연네일의 프리에지 부분에 접착하고, 자연네일과 접착되는 부분이 넓어 하프웰에 비해 보존력과 내구성이 강한 장점을 갖고 있다. 팁턱 제거가 깨끗하게 안 될 경우 부자연스러워 보일 수 있는 단점이 있다.
웰이없는 형태	웰 부분이 없어 작업 상황에 따라 자연네일과 접착되는 부분을 조절하여 사용할 수 있는 특징이 있다.

(3) 네일팁의 실제

팁을 사용하여 연장한 인조손톱은 그 자체만으로는 약하기 때문에 보강제품으로 필러 파우더와 글루 등을 사용한다.

CHAPTER 2. 내추럴 팁 작업

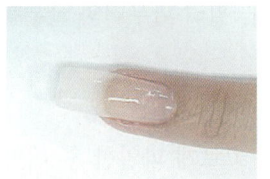

자연네일의 길이를 자연스럽게 연장하기 위해 사용한다. 자연스럽게 보이기 위해 팁턱 부분을 제거한다. 웰의 종류에 따라 풀웰 팁, 하프웰 팁, 웰이 없는 네일 팁으로 구분된다.

〈완성된 내추럴 팁 파우더〉

① **손질과정** : 소독을 하고 손톱모양 및 길이와 큐티클을 정리한 후, 팁 위드 랩을 이용하여 인조네일을 만드는 일련의 과정이다.

　㉠ 손 소독하기 : 수험자 + 모델

　㉡ 네일 폴리시 제거하기 : 습식 매니큐어의 실제와 동일하다.

　㉢ 큐티클 밀어 올리기 : 푸셔를 45° 각도의 위치로 자연손톱에 상처가 생기지 않도록 큐티클을 조심스럽게 밀어 올린다.

　㉣ 손톱길이 및 모양다듬기 : 에머리보드 파일을 이용하여 모델의 소지 손톱판 오른쪽 스트레스 포인트에서 손톱의 중앙을 향하여 파일하고, 왼쪽 스트레스 포인트도 같은 방법으로 파일링한다.

　㉤ 네일표면 광택 제거하기 : 손톱표면에 유·수분기가 있으면 들뜸 현상의 원인이 될 수 있다. 브러시나 디스크 패드를 사용하여 손톱과 프리에지 부분을 깨끗하게 정리한다.

　㉥ 인조팁 선택하기 → 인조팁 부착하기

　　• 고객의 손톱 양쪽 끝(스트레스 포인트)과 인조팁의 모양이 11자가 되는 동일한 것을 선택한다.

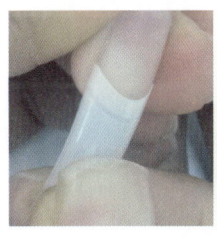 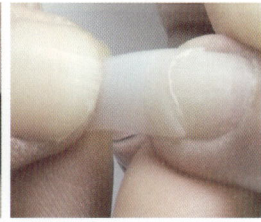

　　• 웰 부분에 젤글루 또는 글루를 이용하여 팁과 손톱이 45°가 되도록 하여 팁을 부착한다.
　　• 조구 내 스트레스 포인트 양 사이드 부분에 잘 부착되도록 수험자의 모지와 인지로 팁의 양 끝을 살짝 눌러준다.
　　• 팁 부착 시 공기가 들어가지 않도록 주의한다.

〈팁 부착 방법〉

● **젤글루와 글루를 이용한 팁 붙이기**
• 기포가 생기지 않도록 한 번에 접착되어야 한다.
• 기포가 생길 시, 프리에지에는 젤글루를 소량 도포하고 팁의 웰에는 글루를 바른다.

ⓈⒶ 인조팁턱 제거 → 손톱모양만들기

자연손톱에 손상이 가지 않도록 해야 한다.

ⓞ 글루 바르기 → 필러 파우더 뿌리기

손톱 전체에 글루를 바른 후 필러 파우더를 뿌려 하이 포인트를 만들어준다. 필러 파우더와 글루를 1~2회 반복한다.

ⓩ 글루 드라이어 분사(1차) 후 → 손톱표면다듬기

글루 드라이어 분사 후 글루가 건조되었으면 파일로 손톱모양과 손톱면을 고르게 파일한 후 버핑 작업을 한다. 더스트 브러시를 사용하여 먼지를 깨끗이 제거한다.

ⓩ 글루 또는 젤글루 바르기 → 글루 드라이어 분사(2차)하기

샌딩블럭으로 버핑한다.

> **tip** 글루 1~2회 또는 글루 1회, 젤글루 1회를 교대로 사용하면 견고성이 좋다.

㉠ 표면 샌딩하기 → 큐티클 밀기

네일표면과 측면을 매끄럽게 버핑한다. 큐티클에 묻은 접착제(글루, 젤글루)를 오렌지 우드스틱으로 밀어준다. 거스러미가 있으면 니퍼로 제거한다.

● **내추럴 팁 파우더의 절차**

손 소독하기(작업자 + 고객) → 네일 폴리시 제거하기 → 큐티클 밀어 올리기 → 손톱길이 및 모양다듬기 → 네일표면 광택 제거하기 → 인조팁 선택하기 → 인조팁 부착하기 → 팁길이 자르기 → 인조팁턱 제거 후 손톱모양만들기 → 글루를 바른 후(첫 번째) 필러 파우더 뿌리기 → 글루 드라이어 분사(1차) 후 네일표면다듬기 → 글루 또는 젤글루 바르고 글루 드라이어 분사하기(2차) → 표면샌딩하기 → 큐티클 밀기 및 마무리하기

CHAPTER 3 · 풀커버 팁 작업

큐티클 라인에 맞추어 자연네일 전체를 덮는 팁으로, 길이 연장과 아트가 되어 있는 팁을 적용할 때 많이 사용한다.

● 팁 부착 시 공기가 들어가지 않도록 주의한다.

① **손질과정** : 소독하고 손톱모양 및 길이와 큐티클을 정리한 후, 풀커버 팁을 이용하여 인조네일을 만드는 일련의 과정이다. 손질과정의 절차는 내추럴 팁 파우더의 ㉠~㉥ 과정을 참고한다.
　㉥ 인조팁 부착하기 : 큐티클 라인에 맞추어 풀커버 팁을 부착하고 옆면에 곡선이 자연스럽게 형성되도록 가볍게 눌러 양쪽 옆면에 부족한 곳이 없는지 확인한다.
　㉦ 네일모양다듬기 : 180그릿 파일을 이용하여 네일모양을 다듬는다.
　㉧ 마무리하기

● **풀커버 접착 시 주의사항**
- 큐티클 라인부터 자연네일 프리에지까지 네일 접착제가 도포되어야 한다.
- 접착되는 면적이 넓으므로 접착 후 기포가 발생할 가능성이 크다.
- 네일 주변으로 네일 접착제가 흐를 수 있기 때문에 접착 시 각별한 주의가 필요하다.
- 네일 접착제는 자연네일 중앙을 중심으로 먼저 도포하고 가장자리를 얇게 네일 접착제를 도포하면 주변으로 흐르는 네일 접착제를 방지할 수 있다.
- 점성이 높은 접착제를 사용하여 가볍게 눌러주면 기포 발생을 줄일 수 있다.

CHAPTER 4. 프렌치 팁 작업

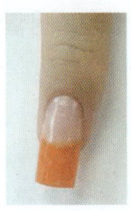

프렌치 팁은 다양한 컬러를 선택하여 접착할 수 있다. 컬러링을 하지 않아도 되는 장점이 있다. 프렌치 팁의 웰은 하프웰과 웰이 없는 팁으로 구분된다. 웰이 없는 프렌치 팁은 자연네일의 프리에지에서 프렌치 라인을 조절하여 접착할 수 있다.

〈컬러 프렌치 팁 파우더 완성작〉

① 손질과정

손질과정의 절차는 내추럴 팁의 ㉠~ ㉥ 과정을 참고한다.

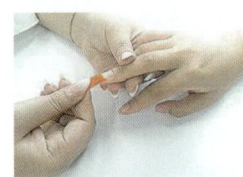

㉥ 컬러 팁 선택하기 : 모델의 손톱 양끝과 인조팁의 사이즈가 맞는 것을 사용하여 컬러 인조팁을 붙여준다.

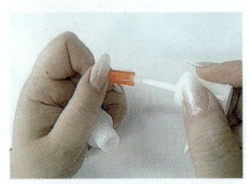

㉠ 컬러 팁 부착하기 : 젤글루 또는 글루를 웰 부분에 바른 뒤 부착해준다.

㉢ 네일모양만들기 : 고객이 원하는 모양으로 인조손톱의 모양을 만들어준다. 팁 턱은 제거하지 않고 샌딩블럭으로 가볍게 버핑한다.

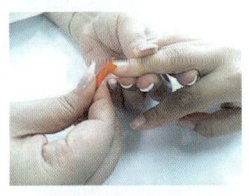 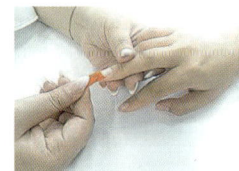

㉣ 자연네일과 인조네일을 45도 각도가 되도록 맞춘 다음 기포가 들어가지 않도록 살짝 내려 부착해준다.

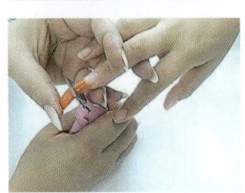

㉤ 팁길이 자르기 : 컬러팁의 길이는 고객이 원하는 길이만큼 자른다.

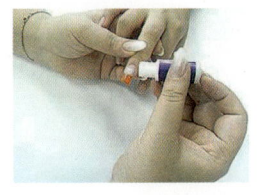
㉠ 글루 바르기 : 필러 파우더 뿌리기 후, 글루를 도포한다. 팁의 턱 부분을 필러 파우더로 하이 포인트를 만듬으로서 필러 파우더와 글루를 1~2회 반복 도포한다.

> **tip** **팁턱을 채우는 방법**
> 인조손톱을 부착한 후 팁턱 부분을 채우는 방법으로는 필러 파우더, 아크릴, UV젤을 사용해서 인조손톱을 보강한다.

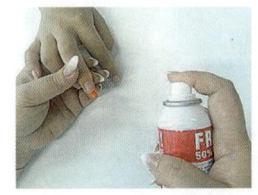
㉡ 글루 드라이어 분사(1차) 후 → 네일표면다듬기
글루 드라이어 분사 후 글루가 건조되었으면 파일로 네일모양과 면을 고르게 파일한 후 버핑 작업을 한다. 더스트 브러시를 사용하여 먼지를 깨끗이 제거한다.

㉢ 글루 또는 젤글루 바르기 → 글루 드라이어 분사(2차)하기
  글루 또는 젤글루를 바른 후 글루 드라이어를 분사시킨다.

㉣ 표면 샌딩하기 → 큐티클 밀기
  네일표면과 측면을 매끄럽게 버핑한다. 큐티클 라인에 오일을 바르고 오렌지 우드스틱으로 밀어준다. 거스러미가 있을 경우에는 니퍼로 제거한다.

● **프렌치 팁 파우더 절차**

손 소독하기(작업자 + 고객) → 네일 폴리시 제거하기 → 큐티클 밀어 올리기 → 손톱길이 및 모양다듬기 → 네일표면 광택 제거하기 → 컬러 팁 선택하기 → 컬러 팁 부착하기 → 팁길이 자르기 → 인조팁 버핑 후 네일모양만들기 → 글루를 바른 후(첫 번째) 필러 파우더 뿌리기 → 글루 드라이어 분사 후(1차) 네일표면다듬기 → 글루 또는 젤글루를 바른 후(두 번째) 글루 드라이어(2차) 분사하기 → 샌딩블럭으로 버핑하기 → 큐티클 밀기 및 마무리하기

PART 9
팁 위드 랩

Chapter 1　팁 위드 랩 네일팁 적용

CHAPTER 1. 팁 위드 랩 네일팁 적용

Section 01 | 네일 상태에 따른 네일팁 선택

1 팁 위드 랩 적용 절차

※ 네일팁턱 제거 및 적용방법은 팁 위드 파우더의 내추럴 팁 작업의 손질과정을 참조바람

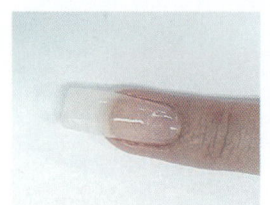

〈완성된 팁 위드 랩〉

팁을 사용하여 연장한 인조손톱은 그 자체만으로는 약하기 때문에 보강제품으로 실크, 린넨, 파이버 글래스 등을 덧붙여서 사용한다.

① 손질과정

소독을 하고 손톱모양 및 길이와 큐티클을 정리한 후, 팁 위드 랩을 이용하여 인조네일을 만드는 일련의 과정이다. 손질과정의 절차는 내추럴 팁 파우더의 ㉠~㉢ 과정을 참고한다.

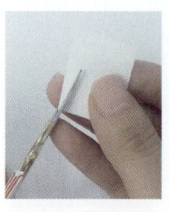
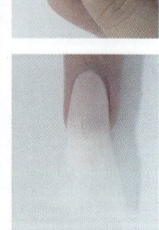

㉣ 실크 재단하기 → 재단한 실크 부착하기

큐티클 라인에 붙여질 실크의 모서리는 약간 둥글게 자르고, 손톱의 사이드 부분에 붙여질 실크는 사다리꼴 모양으로 자른다. 큐티클 라인 아래 1.5mm 남기고 접착시킨다. 실크를 손톱의 모서리 부분에 맞춰 들뜸 현상이 없게 부착한다.

㉠ 글루 바르기 → 글루 드라이어 분사하기(2차)

랩 위에 글루를 떨어뜨린 후 글루 드라이어를 분사한다. 샌딩블럭으로 버핑한다.

㉡ 네일모양다듬기 → 랩턱 갈기

파일을 이용하여 손톱모양을 다듬는다. 180그릿 파일로 랩턱 부분을 매끄럽게 간다.

ⓟ 표면 샌딩 후 글루 바르기 → 글루 드라이어 분사하기(3차)

표면 샌딩 후 글루와 젤글루를 바르고 글루 드라이어를 분사한다.

> **tip** 글루 1~2회 또는 글루 1회, 젤글루 1회를 교대로 사용하면 견고성이 좋다.

ⓗ 표면 샌딩하기 → 큐티클 밀기

네일표면과 측면을 매끄럽게 버핑한다. 큐티클에 묻은 접착제(글루, 젤글루)를 오렌지 우드스틱으로 밀어준다. 거스러미가 있으면 니퍼로 제거한다.

● 팁 위드 랩의 절차

손 소독하기(작업자 + 고객) → 네일 폴리시 제거하기 → 큐티클 밀어 올리기 → 손톱길이 및 모양다듬기 → 네일표면 광택 제거하기 → 인조팁 선택하기 → 인조팁 부착하기 → 팁길이 자르기 → 인조팁턱 제거 후 손톱모양만들기 → 글루를 바른 후(첫 번째) 필러 파우더 뿌리기 → 글루 드라이어 분사(1차) 후 네일표면다듬기 → 실크 재단 후 재단된 실크 부착하기 → 글루를 바른 후(두 번째) 글루 드라이어 분사하기(2차) → 샌딩블럭으로 버핑하기 → 네일모양을 다듬은 후 랩 턱 갈기 → 표면 샌딩 후 글루 바르고 글루 드라이어 분사하기(3차) → 표면 샌딩하기 → 큐티클 밀기 및 마무리하기

PART 10

랩 네일

Chapter 1 네일 랩 재단, 접착, 연장

CHAPTER 1. 네일 랩 재단, 접착, 연장

Section 01 | 네일 랩 재단

1 네일 랩(Nail Wrap)

네일 랩(Nail Wrap)이란 손톱을 '포장' 또는 '감싼다'라는 뜻으로 '덮어씌운다'는 의미와 동일하다. 천이나 종이를 손톱 크기만큼 잘라 글루를 사용하여 손톱에 붙이는 방법으로 팁 위에 덧붙여서 튼튼하게 유지하는 역할을 한다.

① 랩의 재료 : 섬유(천) 랩, 종이 랩, 리퀴드 랩, 파우더 등이 있다.
② 랩의 구조 : 천 또는 종이, 파우더 타입으로 적절히 오려 쓰거나 도포한다.
③ 랩의 종류 : 제작 원료 또는 재료의 성상에 따라 분류할 수 있다.

㉠ 섬유 랩(Fabric Wrap)

종류	특징
실크	명주실로 짠 직물로 가장 얇고 부드러우며 가벼운 소재로 되어있다. 보편적으로 많이 사용된다.
파이버 글래스	인조유리섬유 또는 광섬유라고도 한다. 올이 굵고 단단하여 작업 후에 반드시 유색 폴리시로 컬러링해야 하는 단점이 있다.
린넨	아마식물의 줄기에서 얻은 실로 짠 직물로 두껍고 투박한 소재로 되어있다. 투박한 올로서 섬유 랩 중 가장 두꺼운 질감을 나타내므로 작업 후에 반드시 유색 폴리시로 컬러링해야 한다.

㉡ 종이 랩(Papper Wrap) : 맨딩 티슈라고도 하며 글루(맨딩 리퀴드)를 사용하여 접착시킨다. 얇은 종이로 사용 시 폴리시 리무버에 용해되므로 매번 작업을 다시 해야 한다.
㉢ 리퀴드 랩(Liquid Wrap) : 액체 타입으로서 일종의 손톱 보강제이다. 종류에는 랩 플러스가 있다.

2 네일 랩의 실제

랩을 사용하여 연장한 인조손톱은 약하기 때문에 보강제품으로 필러 파우더와 글루 등을 사용한다.

(1) 네일 랩 재단 방법

네일 랩을 재단하는 방법은 완재단 또는 반재단으로 작업자가 편한 방법을 선택하여 네일에 부착한다.

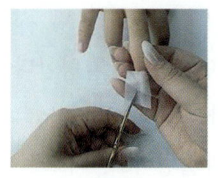
〈네일 랩 반재단〉

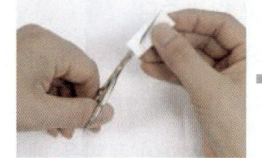
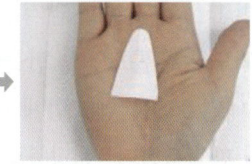
〈네일 랩 완재단〉

1) 손질과정

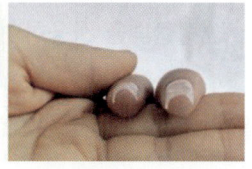

소독하고 손톱모양 및 길이와 큐티클을 정리한 후, 풀커버 팁을 이용하여 인조네일을 만드는 일련의 과정이다. 손질과정의 절차는 내추럴 팁 파우더의 ㉠~㉥ 과정을 참고한다.

〈완성된 실크 익스텐션〉

㉥ 랩 재단 및 부착하기 : 손톱에 붙이기 편하도록 실크의 모서리를 약간 둥글게 자른다. 랩을 손톱의 모서리 부분에 잘 맞춰 부착한다. 랩이 늘어나면 모양이 변형되기 때문에 당기지 말고 큐티클 라인 아래 1.5mm 남기고 부착시킨다. 네일 그루브 부분의 손톱 선에 맞게 재단하고 큐티클 아래 부분은 약간 둥글게 자른다.

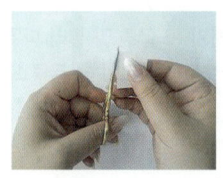
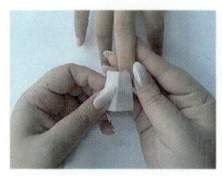
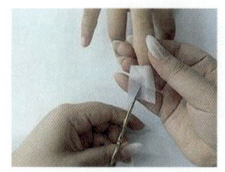

㉦ 글루 바르기

자연네일 부분에만 글루를 1차 도포하고 C 커브를 잡아준다. 자연네일과 손톱의 연장할 부분만큼 글루를 2차 도포하고 C 커브를 잡아준다.

> 자연네일의 프리에지와 실크가 뜨지 않도록 자연네일에만 글루를 도포하고 C 커브를 잡아준다.
> 글루로 도포 후 C 커브의 80%는 2차 글루 도포 후에 결정된다.

㉧ 글루 및 필러 파우더 뿌리기 : 글루를 도포한 부분에 필러 파우더와 글루를 2~3회 뿌려 두께와 하이 포인트를 만들어준다. 글루드라이 도포 후 스트레스 포인트 부분을 작업자의 양 엄지로 눌러주어 C 커브를 만들어준다.

> 필러 파우더가 얇게 뿌렸을 때는 실크익스텐션의 모양 교정이 가능하지만, 두껍게 뿌렸을 때는 실크에 붙어있는 필러 파우더와 글루가 부숴질 수도 있기 때문에 교정이 어렵다. 필러 파우더는 여러 번 얇게 뿌리는 것이 좋다.

- ㉣ 길이 정리 클리퍼를 사용하여 1cm의 길이를 남겨두고 잘라준다.
- ㉤ 모양만들기 스퀘어 모양이 되도록 손톱모양을 만들어준다. 손톱길이와 사이드, 표면 등을 파일링한다.
- ㉥ 표면정리 및 이물질 제거 : 네일표면을 매끄럽게 해주기 위해 양쪽 사이드 부분과 손톱의 표면을 ∩자 모양으로 둥글게 겹쳐가면서 파일링한다. 샌딩블럭을 사용하여 표면을 매끄럽게 파일링하고, 더스트 브러시를 이용하여 손톱표면과 뒷면의 먼지를 털어낸다.
- ㉦ 글루 및 젤글루 바르기 : 큐티클 라인은 제외하고 전체적으로 글루를 바른 후, 연장된 랩의 뒷부분에도 글루를 바른다. 젤글루를 네일에 도포한다.
- ㉧ 글루드라이 분사 및 버핑하기 : 글루 드라이어를 분사한다. 샌딩블럭을 사용하여 표면의 광택을 제거한다. 이물질이 있으면 디스크 패드를 사용하여 제거한다.
- ㉨ 오일 바르기 : 큐티클 라인 전체와 연장된 뒷부분에 오일을 바르고 오렌지 우드스틱으로 큐티클을 조심스럽게 밀어 올린다.

2) 광택 및 마무리

2-way 또는 3-way 파일로 손톱표면에 광을 낸다. 페이퍼나 멸균 거즈를 사용하여 손톱표면과 뒷면의 이물질을 닦아낸다.

> ● **네일 랩의 절차**
>
> 손 소독 및 폴리시 제거 → 큐티클 밀기 → 조체길이 및 모양다듬기 → 랩 재단하기 → 재단한 랩 부착하기 → 글루 및 필러 파우더 뿌리기 → 글루 드라이어 뿌리기 → 길이 정리 및 모양만들기 → 표면정리 및 이물질 제거 → 글루 및 젤글루 바르기 → 글루 드라이어 분사 및 버핑하기 → 오일 바르기 → 광택 및 마무리

출제예상문제

01 팁의 내용과 거리가 먼 것은?
① 자연손톱에 인조손톱을 부착하여 손톱을 연장시킨다.
② 팁을 자연손톱에 붙일 때는 손톱길이의 반 이상을 덮지 않도록 한다.
③ 팁은 조체의 $\frac{1}{3}$ 정도로 사용함이 적당하다.
④ 팁 선정 시 자연손톱보다 약간 큰 것을 사용한다.

해설 | ④ 자연손톱보다 팁 사이즈가 작거나 크지 않도록 한다.

02 자연네일의 형태 및 특성에 따른 네일팁 적용 방법으로 옳은 것은?
① 넓적한 손톱에는 끝이 좁아지는 내로우 팁을 적용한다.
② 아래로 향한 손톱(Claw Nail)에는 커브 팁을 적용한다.
③ 위로 솟아 오른 손톱(Spoon Nail)에는 옆선에 커브가 없는 팁을 적용한다.
④ 물어뜯는 손톱에는 팁을 적용할 수 없다.

해설 | ② 커브 팁을 사용하지 않는다.
③ 커브가 있는 팁을 적용한다.
④ 물어 뜯는 손톱에도 손톱 교정을 위해 팁을 적용한다.

03 랩의 종류에 대한 설명이 아닌 것은?
① 실크 – 명주실로서 얇고 부드럽다.
② 린넨 – 실크보다 올이 얇다.
③ 파이버 글래스 – 인조섬유로 직조된 천으로 내구성이 강하다.
④ 페이퍼 – 얇은 종이로서 랩핑했을 때 아세톤에 용해된다.

해설 | ② 실크보다 굵은 실로 직조된 천으로서 두껍고 투박하며 질기다. 인조의 분위기가 나타나지 않도록 짙은 색상의 폴리시를 발라야 한다.

04 인조팁 선택하기에서 가장 적절한 내용은?
① 자연손톱의 스트레스 포인트와 팁이 동일한 사이즈인 것을 선택한다.
② 브러시나 디스크 패드를 사용하여 길이를 조절한다.
③ 팁이 자연손톱보다 크면 파일링하여 사용한다.
④ 팁이 자연손톱보다 크면 팁 커터기를 이용하여 잘라 사용한다.

05 인조팁 부착하기의 내용과 거리가 먼 것은?
① 팁과 자연손톱의 접착 시 45° 각도에서 작업한다.
② 웰 부분에 젤 또는 글루를 접착제로 사용한다.
③ 젤 또는 글루의 적당량 사용은 접착 시 공기가 들어가지 않게 한다.
④ 팁이 자연손톱에 들뜨지 않도록 손톱판을 눌러준다.

해설 | ④ 수험자의 모지와 인지를 이용하여 팁의 양 측면을 살짝 눌러준다.

01 ④ 02 ① 03 ② 04 ① 05 ④

06 인조팁과 자연손톱 사이에 기포가 생길 때 가장 적절한 방법은?

① 프리에지에는 글루를 소량 도포한다.
② 팁의 웰에는 젤을 소량 도포한다.
③ 프리에지에는 젤을, 팁의 웰에는 글루를 소량 바른다.
④ 프리에지에는 글루를, 팁의 웰에는 젤을 소량 바른다.

해설 | 기포가 생기지 않도록 한 번의 시도에서 접착되어야 한다. 프리에지에는 젤을 소량 도포하고, 팁의 웰에는 글루를 바른다.

07 팁 위드 랩에서 글루 바르는 과정으로 잘못된 것은?

① 손톱 전체에 글루를 바른 후 필러 파우더를 뿌린다.
② 필러 파우더를 이용하여 하이 포인트를 만든다.
③ 필러 파우더와 글루를 1~2회 반복하여 사용한다.
④ 필러 파우더와 프라이머를 1~2회 반복하여 사용한다.

08 랩 재단 후 부착하기의 내용이 아닌 것은?

① 큐티클 라인에 붙여질 실크의 모서리는 사다리꼴 모양으로 자른다.
② 큐티클 라인 아래 1.5~2mm를 남기고 접착시킨다.
③ 자른 실크는 손톱의 모서리 부분(조구)에 맞추어서 들뜨지 않게 부착한다.
④ 큐티클 라인에 붙여질 실크의 모서리는 약간 둥글게 자른다.

09 다음 중 랩핑 시 글루의 견고성을 좋게 하기 위한 방법은?

① 글루 2~3회
② 글루 1회, 젤글루 1회를 교대로 사용
③ 글루 2회, 젤글루 2회를 교대로 사용
④ 글루 5~6회 반복 사용

해설 | 글루 1~2회 또는 글루 1회, 젤글루 1회를 교대로 사용하면 견고성이 좋다.

PART 11

젤네일

Chapter 01 젤 화장물 활용
Chapter 02 젤 원톤 스컬프처
Chapter 03 젤 프렌치 스컬프처

CHAPTER 1. 젤 화장물 활용

Section 01 | 젤 스컬프처

젤네일은 팁과 글루를 이용하여 자연손톱에 접착시킨 후 아크릴 볼 대신에 젤을 사용하여 인조네일을 완성시킨다. 크게 젤 스컬프처와 팁 위드 젤 오버레이로 구분할 수 있다.

1 젤네일의 개요

젤은 글루와 같은 성분이지만 글루보다 강도가 강한 접착제로서 응고를 도와주는 별도의 카탈리스트가 필요하다. 그러나 화학 약품 냄새가 전혀 없고 파일링 또한 필요하지 않다. 젤은 폴리시를 컬러링하는 것처럼 펴서 바른다.

(1) 젤의 종류

종 류	방 법
팁 위드 젤 오버레이	팁을 프리에지에 부착한 후 그 위에 젤을 사용하여 오버레이한다.
젤 스컬프처	네일폼을 하조피와 프리에지 사이에 받쳐놓고 젤을 손톱 판에 얹어 인조네일을 만든다.

CHAPTER 2 · 젤 원톤 스컬프처

1 원톤 젤 스컬프처

(1) 손질과정
소독을 하고, 손톱모양 및 길이와 큐티클을 정리한 후, 네일폼을 이용하여 인조네일을 만드는 과정이다.

① 손질의 절차
- ㉠ 손 소독하기(수험자 + 모델) → 네일 폴리시 제거 → 큐티클 밀어 올리기 → 손톱길이 및 모양다듬기 → 네일표면 광택제거 → 프라이머 바르기 등(이하 프리퍼레이션이라 칭함)
- ㉡ 베이스 젤 바르기 및 큐어하기
- ㉢ 네일폼 끼우기(㉠~㉢은 아크릴 스컬프처와 동일)
- ㉣ 젤 얹기 및 큐어하기 : 받침대 위 프리에지에 클리어 및 핑크 젤을 얹어 길이를 연장하고 2분간 건조시킨다.
- ㉤ 젤 얹기 및 큐어하기 : 조체면 전체에 클리어 및 핑크 젤을 올리고 1분간 큐어링한다.
- ㉥ 미경화 젤 닦기 및 파일하기
- ㉦ 젤 보강하기 및 큐어하기 : 조체면이 고르지 못하면 젤을 얹어서 보강한 후 큐어링한다.
- ㉧ 파일 및 샌딩하기 : 파일링 후 버퍼로 표면을 고르게 한 후 털어낸다.
- ㉨ 탑 젤 및 큐어하기 : 탑 젤을 바르고 1분간 건조시킨다.
- ㉩ 미경화 젤 닦아내기
- ㉪ 큐티클 밀기 및 마무리 : 오렌지 우드스틱으로 큐티클을 조심스럽게 밀어서 마무리한다.

CHAPTER 3. 젤 프렌치 스컬프처

1 화이트 프렌치 젤 스컬프처(투톤 젤 스컬프처)

네일폼 장착 후 프리에지에 1차로 젤을 얹어 붓의 모서리를 이용하여 선명하고 일정한 좌우 대칭이 되도록 프렌치 라인(스마일 라인)을 조형한다. 2차 손톱 총 길이에 클리어 젤을 조금 두껍게 올려 조형하며, 투톤 젤 인조네일은 5번의 큐어가 이루어진다.

(1) 손질과정

소독을 하고, 손톱모양 및 길이와 큐티클을 정리한 후, 네일폼을 이용하여 인조네일을 만드는 일련의 과정이다.

① 손질의 절차
  ㉠ 손 소독하기(수험자+모델) → 네일 폴리시 제거 → 큐티클 밀어 올리기 → 손톱길이 및 모양다듬기 → 네일표면 광택 제거 → 프라이머 바르기
  ㉡ 베이스 젤 바르기 및 큐어하기
  ㉢ 네일폼 끼우기(㉠~㉢은 아크릴 스컬프처와 동일)
  ㉣ 화이트 젤 얹기 및 큐어하기 : 받침대 위 프리에지에 화이트 젤을 얹어 길이를 연장하고 2분간 큐어링한다. 클리어 젤보다 큐어링 시간이 길다.
  ㉤ 클리어 젤 얹기 및 큐어하기 : 조체면 전체에 클리어 젤을 올리고 1분간 건조한다.
  ㉥ 미경화 젤 닦기 및 파일하기
  ㉦ 젤 보강하기 및 큐어하기 : 조체면이 고르지 못하면 젤을 얹어서 보강한 후 큐어링한다.
  ㉧ 파일 및 샌딩하기 : 파일링 후 버퍼로 표면을 고르게 한 후 털어낸다.
  ㉨ 탑 젤 및 큐어하기 : 탑 젤을 바르고 1분간 큐어링한다.
  ㉩ 미경화 젤 닦아내기
  ㉪ 큐티클 밀기 및 마무리 : 오렌지 우드스틱으로 큐티클을 조심스럽게 밀어서 마무리한다.

2 팁 위드 젤 오버레이

(1) 내추럴 팁 위드 젤 오버레이

〈완성된 내추럴 팁 위드 젤〉

내추럴 팁을 자연손톱에 접착시킨 후 그 위에 젤(클리어 또는 핑크 젤)로 오버레이하여 자연손톱과 팁을 보강하는 인조네일 작업방법이다.

(2) 손질과정

① **특징** : 소독을 하고, 손톱모양 및 길이와 큐티클을 정리한 후, 젤 제품과 인조팁을 이용하여 인조네일을 만드는 일련의 과정이다.

② **손질과정의 절차**

㉠ '손 소독하기(수험자 + 모델) → 네일 폴리시 제거 → 큐티클 밀어 올리기 → 손톱길이 및 모양다듬기 → 네일표면 광택 제거 (→ 프라이머 바르기) → 팁 사이즈 고르기' 과정은 화이트 팁 아크릴 오버레이 실제와 동일하다.

㉡ 팁 붙이기 : 젤글루 또는 글루를 팁의 웰 부분에 도포한 후 약 45° 각도로 맞춰 기포가 들어가지 않도록 살짝 내리면서 접착한다. 손톱의 양쪽 사이드 부분이 잘 부착되도록 모지와 인지로 인조팁의 양쪽 끝을 누른다.

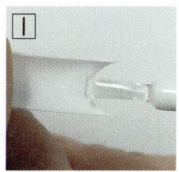 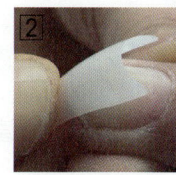 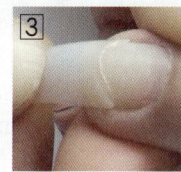

〈팁 붙이는 과정〉

㉢ 팁길이 자르기 : 인조팁을 고객이 원하는 길이만큼 팁 커터로 자르고 클리퍼를 사용할 경우에는 2~3회 직선으로 맞춘다. 팁 커터는 90° 각도로 인조팁을 잘라주어야 한다.

㉣ 팁턱 제거 후 네일모양만들기 : 파일을 사용하여 스퀘어 모양을 위해 직선으로 간다.

㉤ 젤 본더 바르기 및 건조하기 : 인조손톱에 젤 본더를 얇게 펴 바른다(젤 타입의 프라이머는 30초 건조, 액체 타입은 바로 도포).

> **tip** 제품에 따라 젤 본더를 바른 후 큐어(건조)를 하는 것은 제품회사에 따라 다르다.

㉥ 베이스 젤 바르기 및 경화하기 : 큐티클 라인을 제외하고 인조손톱 표면에 베이스 젤을 펴 바른다. 30초~1분 정도 램프에 큐어링한다.

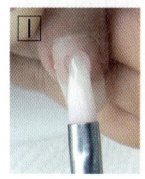 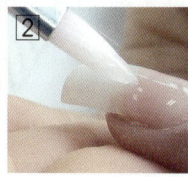 

〈베이스 젤 바르는 과정〉

> ● 큐어링(Curing)
> - '경화'의 의미를 가진 큐어는 제조회사에서 제시한 시간만큼 건조과정이 요구된다. 램프가 자외선(UV)일 때는 눈에 자극을 받지 않도록 주의를 해야 한다.
> - 클리어 젤을 두껍게 올리고 건조시킬 경우 고객의 손톱이 뜨거움을 느낄 수 있다. 이때는 램프 앞에서 10~20초 정도 있다가 손가락을 램프 안으로 넣으면 된다.

ⓢ 클리어 젤 오버레이 및 건조하기 : 클리어 젤을 인조손톱 표면에 전체적으로 도포한다. 30초~1분 정도 램프에 큐어링한다.

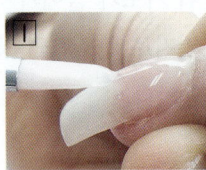

〈클리어 젤 오버레이 과정〉

ⓞ 파일하기 : 인조네일 표면을 균일하게 하기 위하여 표면을 파일링한다. 샌딩블럭으로 측면과 표면을 매끄럽게 버핑한다.
ⓩ 탑 젤 바르기 및 건조하기 : 표면을 정리하고 탑 코트를 얇게 펴 바른 후 건조시킨다.
ⓩ 미경화 젤 닦아내기 : 젤 클리너를 사용하여 인조네일 표면에 남아있는 미경화 젤을 닦아낸다.
ⓚ 큐티클 밀기 및 마무리

> ● 내추럴 팁 위드 젤의 절차
> 손 소독하기(수험자 + 모델) → 네일 폴리시 제거 → 큐티클 밀어 올리기 → 손톱길이 및 모양다듬기 → 네일표면 광택 제거 → 프라이머 바르기 → 팁 사이즈 고르기 → 팁 붙이기 → 팁길이 자르기 → 팁턱 제거 후 네일모양만들기 → 젤 본더 바르기 → 베이스 젤 바르고 큐어링 → 클리어 젤 올리고 큐어링 → 미경화 젤 닦아내기 → 파일링 후 샌딩블럭으로 버핑하기 → 탑 젤 바르기 → 미경화 젤 닦아내기 → 큐티클 밀기 및 마무리하기

(3) 화이트 팁 위드 젤 오버레이(White Tip with Gel)

 화이트 팁을 자연손톱에 접착시킨 후 클리어 또는 핑크 젤 위에 오버레이하여 자연손톱과 팁을 보강하는 인조네일 작업 방법이다.

〈완성된 화이트 팁 위드 젤〉

1) 손질과정

① **특징** : 소독을 하고, 손톱모양 및 길이와 큐티클을 정리한 후, 젤 제품과 네일팁을 이용하여 인조네일을 만드는 일련의 과정이다.

② 손질과정의 절차
　㉠ '손 소독하기(수험자 + 모델) → 네일 폴리시 제거 → 큐티클 밀어 올리기 → 손톱길이 및 모양다듬기 → 네일표면 광택 제거 → 프라이머 바르기(이하 프리퍼레이션이라 칭함) → 팁 사이즈 고르기 과정'은 내추럴 팁 위드 젤의 실제와 동일

　㉡ 팁 붙이기 : 젤글루 또는 글루를 웰에 바른 후 자연손톱에 약 45° 각도로 맞춰 기포가 들어가지 않도록 팁을 붙여준다. 손톱의 양쪽 사이드 부분이 잘 부착되도록 모지와 인지로 인조팁의 양쪽 끝을 누른다.

 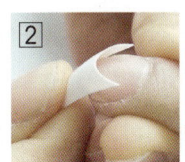 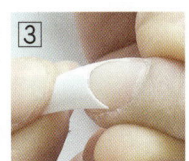 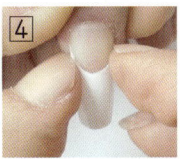

〈팁 붙이는 과정〉

　㉢ 팁길이 자르기 : 인조팁은 고객이 원하는 길이만큼 팁 커터로 자르고 클리퍼를 사용할 경우에는 2~3회 직선으로 맞춰 자른다.

　㉣ 네일모양 만든 후 팁 광택 제거하기 : 파일을 사용하여 스퀘어 형태의 모양을 위해 직선으로 갈아준 후 샌딩블럭을 이용하여 팁의 광택을 제거한다.

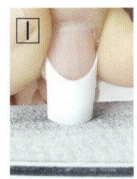 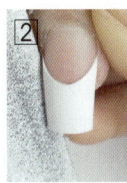  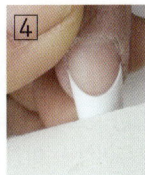

〈팁 광택 제거 과정〉

　㉤ 젤 본더 바르기 및 건조하기 : 인조손톱에 젤 본더를 얇게 바른다(젤 타입의 프라이머는 30초 큐어링, 액체 타입은 바로 도포).

　㉥ 베이스 젤 바른 후 경화하기 : 베이스 젤을 인조손톱 표면에 전체적으로 도포한 후 램프를 이용하여 30초~1분 정도 램프에 큐어링한다.

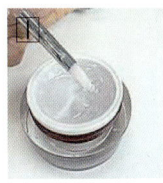  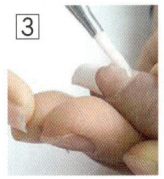 

〈베이스 젤 바르기 및 큐어링 과정〉

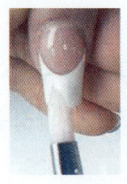 

ⓢ 클리어 젤 올리고 건조하기 : 클리어 젤을 인조손톱 표면에 전체적으로 도포한 후 램프를 이용하여 큐어링한다. 클리어 젤을 올려 하이 포인트를 만든다.

〈클리어 젤 올리고 큐어하기〉

ⓞ 미경화 젤 닦아내기 : 젤 클리너를 사용하여 인조네일 표면에 남아있는 미경화 젤을 닦아낸다.

ⓩ 파일링 후 샌딩블럭으로 버핑하기 : 파일을 이용하여 모양을 잡아준 후 샌딩블럭으로 인조네일 표면을 매끄럽게 버핑한다.

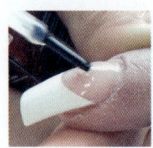

ⓩ 탑 젤 바르기 및 건조하기 : 표면을 깨끗하게 정리하고 탑 젤을 얇게 펴 바른 후 건조시킨다.

ⓚ 미경화 젤 닦아내기 : 젤 클리너를 사용하여 인조네일 표면에 남아있는 미경화 젤을 닦아낸다.

ⓔ 큐티클 밀기 : 큐티클을 오렌지 우드스틱으로 조심스럽게 민다. 거스러미가 있을 경우에는 니퍼로 제거한다.

● **화이트 팁 위드 젤 오버레이의 절차**

손 소독하기(수험자 + 모델) → 네일 폴리시 제거 → 큐티클 밀어 올리기 → 손톱길이 및 모양다듬기 → 네일표면 광택 제거 → 프라이머 바르기 → 팁 사이즈 고르기 → 팁 붙이기 → 팁길이 자르기 → 네일모양 만든 후 팁 광택 제거하기 → 젤 본더 바르기 및 건조하기 → 베이스 젤 바르고 큐어링 → 클리어 젤 올리고 큐어링 → 미경화 젤 닦아내기 → 파일링 후 샌딩블럭으로 버핑하기 → 탑 젤 바르기 및 건조하기 → 미경화 젤 닦아내기 → 큐티클 밀기 및 마무리하기

출제예상문제

01 젤 스컬프처의 활용법이 아닌 것은?
① 젤 용기 뚜껑에 부착된 브러시를 이용하여 도포한다.
② 젤은 아크릴 소재와 같은 화학적 농도를 갖지 않는다.
③ 작업과정에 별도의 응고제가 필요 없다.
④ 도포를 잘하였을 때에는 파일링이 필요없다.

해설 | ③ 작업 과정에서 별도의 응고제가 요구된다.

02 다음 중 젤 스컬프처의 제품 특성에 대한 설명으로 옳지 않은 것은?
① 젤은 실온에서 정교한 모양을 자유롭게 만들 수 있다.
② 냄새가 없어 부작용 없이 작업이 가능하다.
③ 사용이 간편하다.
④ 자외선, LED등을 통한 특수한 건조를 요구하지 않는다.

해설 | ④ 자외선 또는 LED등을 받기 전까지는 굳지 않는다.

03 젤 스컬프처 관리와 관련된 내용이 아닌 것은?
① 제조회사에 따라 사용법이 다르다.
② 인조네일 보수와 마찬가지로 2주에 한번씩 보수한다.
③ 보수 시 6개월~9개월 간 유지할 수 있다.
④ 소프트 젤은 속 오프가 되므로 아세톤에 의해 젤을 제거할 수 있다.

해설 | ③ 보수 시 3~6개월 간 유지할 수 있다.

04 젤의 정의로 옳은 것은?
① 젤은 글루와 같은 성분으로서 글루보다는 강도가 약하다.
② 젤은 폴리시를 컬러링하는 것처럼 펴서 바른다.
③ 젤은 아크릴보다 두께가 두껍다.
④ 아크릴 볼로 완성시킨다.

해설 | ① 글루보다 강한 접착제이다.
③ ④ 아크릴 볼 대신 젤을 이용하여 인조네일을 만든다.

05 내추럴 팁 위드 젤의 설명이 아닌 것은?
① 내추럴 팁을 자연손톱에 접착시킨다.
② 접착된 팁 위에 UV 젤로 오버레이한다.
③ 자연손톱과 팁을 보강하여 인조네일을 만든다.
④ 인조팁의 길이는 팁 커터기로 45° 각도로 잘라서 사용한다.

해설 | ④ 인조팁의 길이는 팁 커터기로 90° 각도로 잘라주어야 한다.

06 큐어링(Curing)에 대한 정의로 옳은 것은?
① '건조시키다'라는 의미이다.
② 제조회사마다 건조 과정이 동일하다.
③ 눈에 자극이 가지 않는다.
④ 고객의 손톱에는 뜨거움을 주지 않는다.

해설 | ② 제조회사에서 제시한 시간만큼 건조과정이 요구된다.
③ 큐어링 기계는 자외선(UV)이므로 눈에 자극을 준다.
④ 클리어 젤을 두껍게 올리고 건조시킬 경우 손톱이 뜨거움을 느낄 수 있다.

01 ③ 02 ④ 03 ③ 04 ② 05 ④ 06 ①

07 젤네일에 관한 설명으로 틀린 것은?

① 아크릴릭에 비해 강한 냄새가 없다.
② 일반 네일 폴리시에 비해 광택이 오래 지속된다.
③ 소프트젤(Soft Gel)은 아세톤에 녹지 않는다.
④ 젤네일은 하드젤(Hard Gel)과 소프트 젤(Soft Gel)로 구분된다.

해설 | ③ 소프트젤은 아세톤에 녹아 제거할 수 있다.

07 ③

PART 12
아크릴 네일

Chapter 01 아크릴 화장물 활용
Chapter 02 아크릴 원톤 스컬프처
Chapter 03 아크릴 프렌치 스컬프처

CHAPTER 1. 아크릴 화장물 활용

Section 01 | 아크릴 스컬프처

1 아크릴 네일의 개요

(1) 아크릴의 종류

종 류	방 법
내추럴 네일 오버레이	자연손톱의 보수, 보강을 위해 오버레이를 한다.
팁 위드 아크릴 오버레이	팁을 프리에지에 부착한 후 그 위에 아크릴 볼을 사용하여 오버레이한다.
아크릴 스컬프처	종이 폼을 프리에지 밑(하조피)에 받쳐놓고 아크릴 볼을 손톱 판에 얹어 인조네일을 만든다.

(2) 아크릴의 방법

종 류	방 법
원톤	• 투명 또는 반투명의 단일 색상 파우더(클리어, 핑크, 내추럴 중 하나를 선택)와 리퀴드를 혼합 사용한다. • 자연손톱에 받침대로서 네일폼을 받친 후 아크릴 볼을 이용하여 네일의 길이와 모양을 만들어준다.
투톤 (화이트 프렌치 스컬프처)	• 화이트 아크릴 볼은 프리에지 부분을 연장시키고, 조체는 핑크 아크릴 볼을 사용하여 인조네일을 만든다.

CHAPTER 2. 아크릴 원톤 스컬프처

1 아크릴 스컬프처

(1) 손질과정

소독, 손톱모양 및 길이, 큐티클 정리 후 네일폼을 이용하여 인조네일을 만드는 일련의 과정이다.

〈원톤 스컬프처 완성작〉

① 손질의 절차

㉠ 손 소독하기(수험자 + 모델) → 네일 폴리시 제거 → 큐티클 밀어 올리기 → 손톱길이 및 모양다듬기 → 네일표면 광택 제거까지는 네일팁의 실제와 동일

㉡ 프라이머 바르기 : 프라이머는 손톱의 유분기를 없애주고 아크릴 볼 사용 시 손톱에 접착이 잘 되도록 한다.

> **tip** 프라이머 도포 시, 피부에 닿지 않도록 하며 보호안경과 마스크, 플라스틱 장갑을 착용하도록 한다.

㉢ 네일폼 끼우기 : 폼은 각지지 않도록 작업자가 양쪽 모지를 이용하여 둥글게 굴려준 후 고객의 프리에지 밑(하조피)에 넣었을 때 들뜨지 않도록 붙여야 한다.

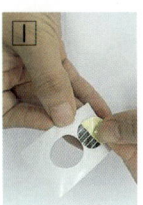 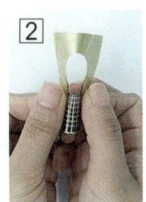 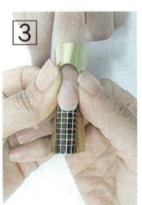 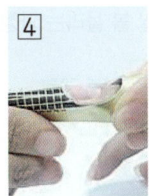   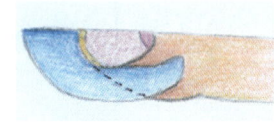

〈아크릴 폼 끼우는 과정〉　　〈네일폼을 끼웠을 때 모양〉

㉣ 아크릴 볼 만들기 : 아크릴 리퀴드를 아크릴 브러시에 적신 후 아크릴에 붓 끝을 담그었을 때 볼이 형성된다.

   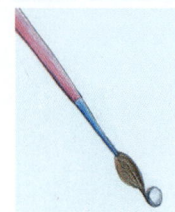

〈아크릴 볼 만드는 과정〉   〈아크릴 볼 만들었을 때 모양〉

ⓜ 아크릴 볼 올리기 : 아크릴 볼을 붓 끝에 적당한 크기로 만든다. 프리에지 부분에 첫 번째 아크릴 볼을 올려서 방사선 형태로 편다. 두 번째 아크릴 볼을 자연손톱판 가운데로 올려서 방사선 형태로 편다. 세 번째 볼은 큐티클 라인 1.5~2mm를 남기고 아크릴 볼을 올려준 후 브러시로 쓸어내린다. 손톱의 가장자리는 얇게 펴고, 큐티클 라인은 얇게 편 후 쓸어내린다. 아크릴 볼을 손톱에 올린 후 브러시는 페이퍼 타월에 항상 닦아서 사용한다.

> **tip**
> • 경계가 생기지 않도록 브러시로 쓸어 내려야 한다.
> • 세 번째 아크릴 볼은 첫 번째, 두 번째의 아크릴 볼보다 적은 양으로 사용한다.

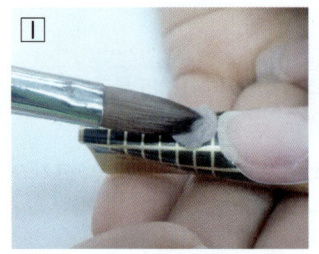  

〈아크릴 볼 올리는 과정〉

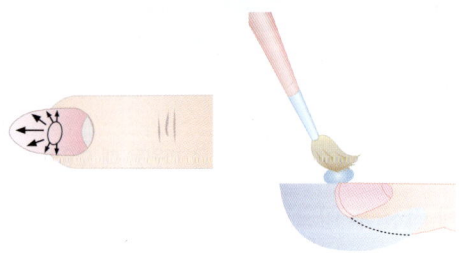

〈아크릴 볼 올리는 방향과 모양〉

● 아크릴 볼 올리는 순서

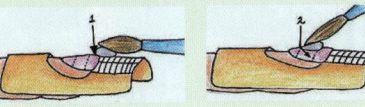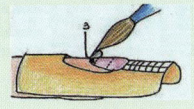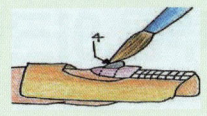

- 아크릴 볼을 만들어 자연손톱의 프리에지 끝에 올린다. 붓으로 재료를 톡톡 두드려 붓등으로 누르면서 연장시킬 만큼 펴서 늘여 놓는다.
- 아크릴 볼을 만들어 자연손톱 중앙에 올린 후 붓등을 이용해 하이 포인트를 중심으로 모양을 만든다.
- 아크릴 볼(약간 묽게 하고 앞선 볼보다 조금 적은 양)을 큐티클 라인 1.5~2mm 이전에 올린 후 붓끝을 이용하여 펴 바른다.
- 하이 포인트(손톱 판이 아치형이 되도록) 부분을 만들지 못했다면 아크릴 볼을 만들어 하이 포인트 지점에 올려 놓고 모양을 만든다.

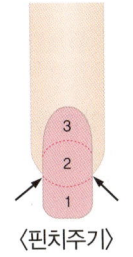
〈핀치주기〉

ⓑ 핀치 주기(C 커브) : 아크릴 볼이 완전히 마르기 전 작업자는 고객의 스트레스 포인트를 양 모지로 지그시 눌러 C 커브를 만든다.
ⓢ 네일폼 제거하기 : 아크릴이 건조되었으면 폼을 제거한다.

● 원톤 스컬프처 건조상태 확인법
건조 안된 상태에서 파일링하면 아크릴 볼로 만든 인조네일이 밀린다. 아크릴 붓의 손잡이로 두드렸을 때 맑은 소리가 나면 건조된 것이므로 이 때 폼을 제거한다.

ⓞ 네일모양다듬기 : 원하는 손톱모양을 만들기 위해 프리에지와 양쪽 측면 손톱의 표면을 ∩자(하이 포인트) 모양으로 둥글게 겹쳐가면서 파일링한다. 거친파일(100그릿) → 중간파일(180그릿) 순으로 측면과 표면을 파일링한다. 인조네일의 일정한 두께를 만들기 위해서는 파일 시 '위 → 아래'로 한 다음 가로로 파일링한다.
ⓩ 표면 샌딩하기 : 측면과 표면을 부드럽게 버핑한다.
ⓒ 큐티클 밀기 : 큐티클을 오렌지 우드스틱으로 조심스럽게 민다. 거스러미가 있을 경우에는 니퍼로 제거한다.

● 원톤 아크릴 스컬프처의 절차
손 소독하기(수험자 + 모델) → 네일 폴리시 제거 → 큐티클 밀어 올리기 → 손톱길이 및 모양다듬기 → 네일표면 광택 제거 → 프라이머 바르기 → 네일폼 끼우기 → 아크릴 볼 올리기 → 핀치 주기(C 커브) → 네일폼 제거하기 → 네일모양다듬기 → 표면 샌딩하기 → 큐티클 밀기 및 마무리하기

CHAPTER 3 · **아크릴 프렌치 스컬프처**
(투톤 아크릴 스컬프처)

팁을 사용하지 않고 폼을 이용하여 자연손톱의 길이를 늘려주는 방법이다. 원톤 또는 투톤이 있으나 여기서는 투톤 스컬프처를 살펴본다. 프리에지 부분에 화이트 아크릴 볼을 올려서 스마일 라인을 만든 후 조체에는 핑크 아크릴 볼을 올려 프리에지 부분과 구별되게 인조네일을 만드는 방법이다.

(1) 손질과정

① **특징** : 소독을 하고 손톱모양 및 길이와 큐티클을 정리한 후, 네일폼을 이용하여 인조네일을 만드는 일련의 과정이다.

② **손질과정의 절차**

㉠ 손 소독하기(수험자 + 모델) → 네일 폴리시 제거 → 큐티클 밀어 올리기 → 손톱길이 및 모양다듬기 → 네일표면 광택 제거 → 프라이머 바르기 → 네일폼 끼우기는 원톤 스컬프처와 동일

㉡ 프리에지 화이트 아크릴 볼 올리기
- 스마일 라인 만들기 : 리퀴드가 묻은 붓을 화이트 아크릴 파우더에 넣고 적당한 볼을 만든다. 스마일 라인은 손톱 유형에 따라 깊이를 조절해야 하며, 깨끗하고 선명하게 좌우 대칭을 맞추는 것이 중요하다.
- 프리에지 부분에 화이트 아크릴 볼을 올려놓는다.
- 브러시 중간 부위를 이용하여 아크릴 볼을 가볍게 누르고 두드리면서 펴준 후 붓 끝단으로 스마일 라인을 만든다.

㉢ 손톱판에 핑크 아크릴 볼 올리기
- 조체판 아치형 만들기 : 핑크 아크릴 볼을 손톱의 중앙에 놓고 그루브에 묻지 않도록 붓으로 모양을 만든다.
  - 큐티클 라인 1.5~2mm를 남긴 후 핑크 아크릴 볼을 올려서 붓 끝단을 사용하여 얇게 펴서 쓸어내린다.
- 원톤에서와 같이 아크릴 볼 올리는 순서는 동일하다.

㉣ 핀치 주기(C 커브) : 아크릴이 완전히 마르기 전 작업자는 고객의 스트레스 포인트를 모지의 양면(측면)을 지그시 눌러 C 커브를 만들기 위해 핀치한다.

㉤ 네일폼 제거하기 : 아크릴이 건조되었으면 폼을 제거한다.

㉥ 네일모양다듬기 : 원하는 네일모양을 만들기 위해 프리에지와 양쪽 측면 네일의 표면을 ∩자 모양으로 둥글게 겹쳐가면서 파일링한다. 거친파일(100그릿) → 중간파일(180그릿) 순으로 측면과 표면을 파일링한다.

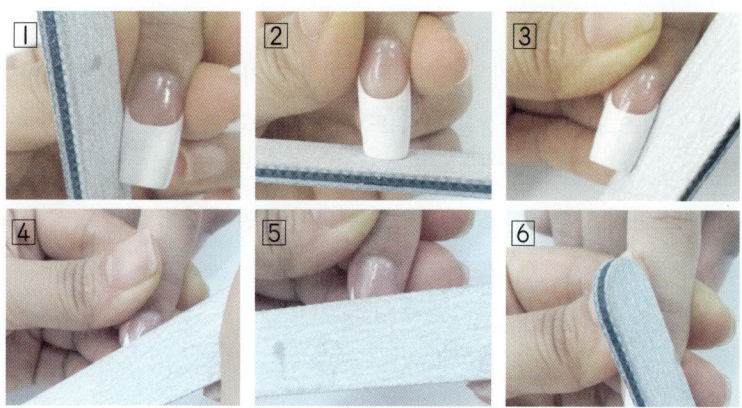

〈표면 파일링 과정〉

ⓢ 표면 샌딩하기 : 네일의 측면과 표면을 부드럽게 버핑한다.
ⓞ 큐티클 밀기 및 마무리하기 : 큐티클을 오렌지 우드스틱으로 조심스럽게 밀어준다. 거스러미가 있을 경우에는 니퍼로 제거한다.

> ● 프렌치 스컬프처의 절차
> 손 소독하기(수험자 + 모델) → 네일 폴리시 제거 → 큐티클 밀어 올리기 → 손톱길이 및 모양다듬기 → 네일표면 광택 제거 → 프라이머 바르기 → 네일폼 끼우기 → 화이트 아크릴 볼을 얹어 스마일 라인 만들기 → 핑크 아크릴 볼 얹기 → 핀치 주기 (C 커브) → 네일폼 제거하기 → 네일모양다듬기 → 표면 샌딩하기 → 큐티클 밀기 및 마무리하기

1 팁 위드 아크릴(Tip with Acrylic)

팁 자체만으로는 자연손톱을 연장하는 것은 견고성이 좋지 못하다. 따라서 팁을 접착시킨 후 아크릴 볼로 오버레이하여 보강작업을 한다.

(1) 화이트 팁 위드 아크릴 오버레이

화이트 팁을 자연손톱에 접착하고 그 위에 아크릴 볼을 올려 손톱과 인조 팁을 보강한다. 이때 화이트 프렌치를 만들 수 있다.

〈완성된 화이트 팁 위드 아크릴 오버레이〉

1) 손질과정

① 특징 : 소독을 하고, 손톱모양 및 길이와 큐티클을 정리한 후, 네일팁과 아크릴 볼을 이용하여 인조네일을 만드는 일련의 과정이다.

② 손질과정의 절차
　㉠ '손 소독하기(수험자 + 모델) → 네일 폴리시 제거 → 큐티클 밀어 올리기 → 손톱길이 및 모양다듬기 → 네일표면 광택 제거하기 → 팁 사이즈 고르기' 과정은 팁 위드 랩의 절차와 동일
　㉡ 팁 붙이기 : 젤글루 또는 글루를 웰 부분에 바른 후 자연손톱에 약 45° 각도로 맞춰 기포가 들어가지 않도록 살짝 내려 붙인다. 손톱의 양쪽 사이드 부분이 잘 부착되도록 모지와 인지로 팁의 양쪽 끝을 누른다.

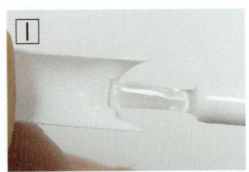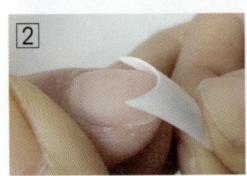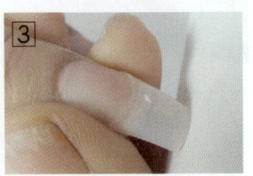

〈팁 붙이는 과정〉

　㉢ 팁길이 자르기 : 인조팁의 길이는 고객이 원하는 길이만큼 팁 커터로 자르고 클리퍼를 사용할 경우에는 2~3회 직선으로 맞추어서 자른다.
　㉣ 표면 광택 제거하기 : 자연손톱 판과 팁의 광택을 샌딩블럭으로 버핑한다. 파일을 사용하여 스퀘어 형태의 모양을 위해 직선으로 파일링한다.
　㉤ 프라이머 바르기 : 손톱에 프라이머를 얇게 바르고 첫 번째 바른 프라이머가 하얗게 마르면 다시 한 번 바른다.

> **tip** 프라이머를 바른 후 손톱에 다른 이물질이 묻지 않도록 주의해야 한다.

　㉥ 아크릴 볼 올리기 : 아크릴 브러시에 적당량의 리퀴드를 묻혀 클리어 또는 내추럴 아크릴 파우더에 넣고 볼을 만든다. 손톱의 길이에 따라 2~3단계로 아크릴 볼을 올린다.

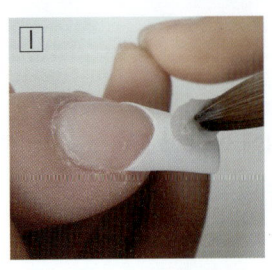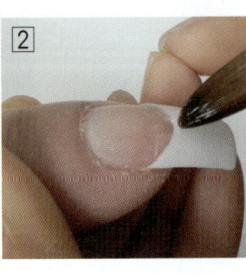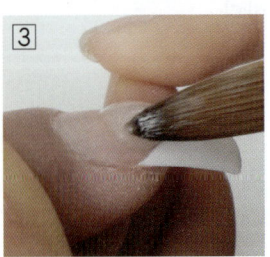
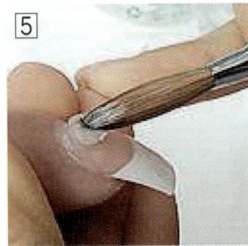

〈아크릴 볼 올리는 과정〉

ⓢ 네일모양다듬기 : 아크릴의 건조 상태를 확인한다. 원하는 손톱모양을 만들기 위해 프리에지와 양쪽 측면 손톱의 표면을 ∩자 모양으로 둥글게 겹쳐가면서 파일링한다. 거친파일(100그릿) → 중간파일(180그릿) 순으로 측면과 표면을 파일링한다.
ⓞ 샌딩하기 : 네일표면과 측면을 매끄럽게 버핑한다. 프리에지 밑의 거스러미를 제거한다.
ⓩ 큐티클 밀기 : 큐티클을 오렌지 우드스틱으로 민다.

> ● 화이트 팁 위드 아크릴의 절차
> 손 소독하기(수험자 + 모델) → 네일 폴리시 제거 → 큐티클 밀어 올리기 → 손톱길이 및 모양다듬기 → 네일표면 광택 제거하기 → 팁 사이즈 고르기 → 팁 붙이기 → 팁길이 자르기 → 표면 광택 제거하기 → 프라이머 바르기 → 아크릴(핑크, 내추럴, 클리어 중 하나를 선택) 볼 얹기 → 네일모양다듬기 → 샌딩하기 → 큐티클 밀기

(2) 내추럴 팁 위드 아크릴 오버레이

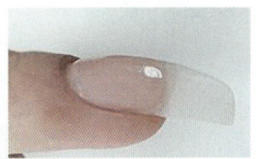

내추럴 인조팁을 자연손톱에 접착시킨 후 아크릴 리퀴드와 파우더를 사용하여 자연손톱과 팁을 보강하는 방법이다.

〈완성된 내추럴 팁 위드 아크릴 오버레이〉

1) 손질과정

① **특징** : 소독을 하고, 손톱모양 및 길이와 큐티클을 정리한 후, 팁과 아크릴 제품을 이용하여 인조네일을 만드는 일련의 과정이다.

② **손질과정의 절차**

㉠ '손 소독하기(수험자 + 모델) → 네일 폴리시 제거 → 큐티클 밀어 올리기 → 손톱길이 및 모양다듬기 → 네일표면 광택 제거하기 → 팁 사이즈 고르기' 과정은 화이트 팁 아크릴 오버레이와 동일

㉡ 팁 붙이기 : 젤글루 또는 글루를 웰에 바른 후 인조팁을 자연손톱에 약 45° 각도로 맞춰 기포가 들어가지 않도록 살짝 내린다. 손톱의 양쪽 사이드 부분이 잘 부착되도록 모지와 인지로 팁의 양쪽 끝을 누른다.

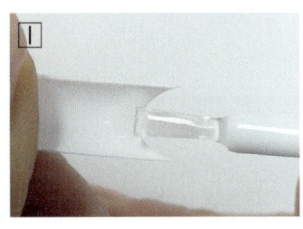 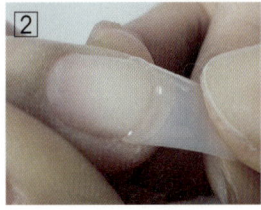

〈팁 부착하기〉

ⓒ 팁길이 자르기 : 팁의 길이는 고객이 원하는 길이만큼 팁 커터로 자른다. 파일을 사용하여 스퀘어 형태의 모양을 위해 직선으로 파일링한다.

ⓔ 팁턱 제거 후 표면 광택 제거하기 : 손톱과 팁의 연결부분인 턱 부분을 매끄럽게 갈고 샌딩블럭을 이용하여 표면의 광택을 제거한다.

> **tip** 자연손톱에 손상이 가지 않도록 팁턱 부분을 제거해야 한다.

ⓜ 프라이머 바르기 : 자연손톱에 손상이 가지 않도록 팁턱 부분을 제거하고 손톱 판에 프라이머를 얇게 바른다. 첫 번째 바른 프라이머가 하얗게 마르면 다시 한 번 프라이머를 바른다.

ⓑ 아크릴 볼 올리기 : 브러시에 적당량의 아크릴 리퀴드를 묻혀 아크릴 파우더에 넣고 아크릴 볼을 만든다. 손톱의 길이에 따라 2~3단계로 아크릴 볼을 올린다.

ⓢ 네일모양다듬기 : 아크릴이 잘 말랐는지 확인한 후 네일표면을 파일로 매끄럽게 갈아 모양을 잡는다.

ⓞ 샌딩하기 : 샌딩블럭으로 표면과 측면을 매끄럽게 버핑한다. 디스크 패드를 이용하여 거스러미를 제거한다.

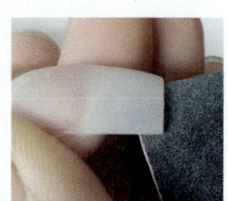

ⓩ 큐티클 밀기 및 마무리 : 큐티클을 오렌지 우드스틱으로 조심스럽게 밀어준다.

● 내추럴 팁 위드 아크릴의 절차

손 소독하기(수험자 + 모델) → 네일 폴리시 제거 → 큐티클 밀어 올리기 → 손톱길이 및 모양다듬기 → 네일표면 광택 제거하기 → 팁 사이즈 고르기 → 팁 붙이기 → 팁길이 자르기 → 팁턱 제거 후 표면 광택 제거하기 → 프라이머 바르기 → 아크릴(핑크, 내추럴, 클리어 중 하나를 선택) 볼 올리기 → 네일모양다듬기 → 샌딩하기 → 큐티클 밀기

출제예상문제

01 아크릴의 종류가 아닌 것은?
① 팁 위드 랩
② 내추럴 네일 오버레이
③ 팁 위드 아크릴 오버레이
④ 아크릴 스컬프처

02 원톤 스컬프처에서 프라이머 바르기로서 적절치 않은 것은?
① 프라이머는 손톱의 유분기를 없앤다.
② 아크릴 볼 사용 시 손톱에 접착이 잘 되도록 한다.
③ 프라이머 도포 시 피부에 듬뿍 바른다.
④ 프라이머 도포 시 보호안경과 마스크, 플라스틱 장갑을 착용한다.

해설 | ③ 프라이머는 강산으로서 피부에 닿지 않도록 한다.

03 아크릴 볼 올리기의 내용이 아닌 것은?
① 붓 끝에 적당한 크기의 아크릴 볼을 만든다.
② 프리에지 부분에 아크릴 볼을 올려서 방사선 형태로 편다.
③ 아크릴 볼을 하이 포인트에 올려서 방사선 형태로 편다.
④ 큐티클 라인을 1mm 남기고 아크릴 볼을 올린 후 브러시로 쓸어내린다.

해설 | ④ 세번째 볼은 큐티클 라인을 1.5~2mm 남기고 아크릴 볼을 올려 쓸어내린다. 큐티클 라인과 손톱의 가장자리는 얇게 펴준 후 쓸어내린다.

04 핀칭 주기에 대한 설명으로 맞는 것은?
① 아크릴 볼이 완전히 마르기 전에 C 커브를 만든다.
② 아크릴 볼이 완전히 마르기 전에 받침대를 뺀다.
③ 아크릴 볼이 완전히 마르기 전에 붓 등으로 하이 포인트를 만든다.
④ 아크릴 볼을 만들어 자연손톱의 프리에지 끝에 올린다.

해설 | 핀칭 주기(C 커브)는 아크릴 볼이 완전히 마르기 전에 고객의 스트레스 포인트를 양 엄지로 지그시 눌러 C 커브를 만드는 것이다.

05 인조네일을 일정 두께로 만들기 위한 파일링은?
① 아래에서 위로 파일링한다.
② 위에서 아래로 파일링한다.
③ 위에서 아래로 한 다음 가로로 파일링한다.
④ 위에서 아래로 한 다음 세로로 파일링한다.

해설 | 인조네일의 일정한 두께를 만들기 위한 파일링 시 위에서 아래로 한 다음 가로로 파일링을 한다.

01 ① 02 ③ 03 ④ 04 ① 05 ③

PART 13
인조네일 보수

Chapter 1　팁 네일 보수
Chapter 2　실크(랩) 네일 보수
Chapter 3　아크릴 네일 보수
Chapter 4　젤네일 보수

CHAPTER 1. 팁 네일 보수

Section 01 | 팁 네일 상태에 따른 화장물 제거 및 보수작업

인조네일은 3개월에서 6개월 간 지속력을 유지하지만 6개월 후에는 위생적 또는 미적 관점에서라도 제거해야 한다. 자연손톱의 성장과 외적 자극에 의한 들뜸, 깨짐이 발생하고 곰팡이 균의 서식처가 되기 때문이다.

1 인조네일의 보수

작업된 인조네일의 종류와 네일 디자인모형, 고객의 직업 특성에 따라 일정 작업과정의 절차는 약간씩 차이가 있다. 인조네일은 네일케어보다 오랜 기간 유지되지만 보통 2~3주에 한 번씩은 보수를 해주어야 한다. 따라서 팁 네일, 랩(실크), 아크릴, 젤 등 보수 방법을 설명하고자 한다.

(1) 팁 네일 보수

팁의 보수절차	작업방법
① 손 소독하기	• 소독제를 적신 화장솜을 이용하여 작업자와 고객의 손을 소독한다.
② 네일 폴리시 제거하기	• 전용 아세톤을 사용하여 네일 폴리시를 제거한다.
③ 인조네일 체크하기	• 인조네일(팁 네일)의 손상 정도를 확인한다.
④ 큐티클 제거하기	• 큐티클을 밀어 니퍼로 거스러미를 제거한다. * 인조네일의 보수는 큐티클 오일 도포와 습식케어를 하지 않는다. * 오일 도포와 습식케어 시 들뜸(리프팅) 현상이 생길 수 있다.
⑤ 파일하기	• 인조네일과 자라나온 자연네일 사이가 들뜸 현상이 있을 경우 니퍼를 이용하여 들뜬 부분을 제거한다. • 들뜸 현상이 없을 경우 팁과 자연네일의 경계 부분을 180그릿의 파일을 사용하여 파일링 한다.
⑥ 글루 바르기	• 큐티클 라인에 닿지 않도록 파일링 된 부분에 글루를 골고루 바른다.
⑦ 필러 파우더 및 글루드라이 분사하기	• 필러 파우더는 팁과 자연네일의 파일링된 부분에 뿌리고 글루를 새 도포한다. • 자라나온 자연네일의 상태에 따라 글루와 필러 파우더를 2~3번에 나누어 작업한다. • 글루드라이를 뿌려 건조시킨다.
⑧ 파일 및 샌딩하기	• 파일링 후 샌딩으로 면을 고르게 한 후 먼지를 털어낸다.
⑨ 젤글루 바르기	• 젤글루는 폴리시 바르는 방법으로 네일 전체 표면에 젤글루를 얇게 도포 후 글루드라이 분사 후 샌딩으로 면을 고르게 한 후 먼지를 털어낸다.
⑩ 큐티클 밀기 및 마무리 하기	• 큐티클 오일을 바르고 오렌지 우드스틱으로 큐티클을 밀어 정리한다. • 멸균 거즈를 사용하여 고객의 손을 닦아준다.

CHAPTER 2. 실크(랩) 네일 보수

Section 01 | 랩 네일 상태에 따른 화장물 제거 및 보수작업

실크의 보수절차	작업방법
① 손 소독하기	• 소독제를 적신 화장솜을 이용하여 작업자와 고객의 손을 소독한다.
② 네일 폴리시 제거하기	• 전용 아세톤을 사용하여 네일 폴리시를 제거한다.
③ 인조네일 체크하기	• 인조네일(팁 네일)의 손상 정도를 확인한다.
④ 큐티클 제거하기	• 큐티클을 밀어 니퍼로 거스러미를 제거한다. * 인조네일의 보수는 큐티클 오일 도포와 습식케어를 하지 않는다. * 오일 도포와 습식케어 시 들뜸(리프팅) 현상이 생길 수 있다.
⑤ 파일하기	• 인조네일과 자라나온 자연네일 사이가 들뜸 현상이 있을 경우 니퍼를 이용하여 들뜬 부분을 제거한다. • 들뜸 현상이 없을 경우 랩과 자연네일의 경계 부분을 180그릿의 파일을 사용하여 파일링한다.
⑥ 글루 바르기 및 털기	• 완전히 스며들 수 있게 파일링된 부분에 글루를 골고루 바른다. 글루가 마르면 샌딩블럭으로 손톱표면을 부드럽게 하고 버핑하면서 손톱모양을 만든다.
⑦ 랩 접착하기	• 자라나온 자연네일의 상태에 따라 글루와 필러 파우더만 사용하여 보수를 해도 되며, 자연네일의 길이가 많이 자라나온 경우는 랩을 덧 붙여 준 후 글루를 발라 실크가 뜨지 않도록 한다.
⑧ 필러 파우더 및 글루드라이어 분사하기	• 네일에 글루를 도포하고 필러 파우더를 뿌리고 글루를 재 도포한다. • 글루드라이를 뿌려 건조시킨다.
⑨ 파일 및 샌딩하기	• 파일링 후 샌딩으로 면을 고르게 한 후 먼지를 털어낸다.
⑩ 글루 및 젤글루 바르기	• 글루를 네일 전체에 도포 후 젤글루를 바른다. • 글루드라이 분사 후 샌딩으로 면을 고르게 한 후 먼지를 털어낸다.
⑪ 큐티클 밀기 및 마무리 하기	• 큐티클 오일을 바르고 오렌지 우드스틱으로 큐티클을 밀어 정리한다. • 멸균 거즈를 사용하여 고객의 손을 닦아준다.

CHAPTER 3 · 아크릴 네일 보수

Section 01 | 아크릴 네일 상태에 따른 화장물 제거 및 보수작업

(1) 아크릴 보수

인조네일 작업 후 자연네일이 자라남에 따라 큐티클 주변에 들뜸이 생길 수 있으므로 꾸준한 관리가 요구된다. 보수는 들뜬 부위를 파일한 후 채워주는 작업으로, 큐티클과 인조네일의 작업 부위 사이(자연네일)에는 프라이머를 반드시 발라 주어야 한다.

아크릴 보수절차	작업방법
① 손 소독하기	• 소독제를 적신 화장솜을 이용하여 작업자와 고객의 손을 소독한다.
② 컬러 제거 및 인조네일 상태 확인하기	• 전용 아세톤을 사용하여 꼼꼼하게 제거한 후 손상 정도를 확인한다
③ 큐티클 제거하기	• 자라나온 자연네일을 샌딩하고 푸셔를 이용하여 큐티클을 밀어 니퍼로 거스러미를 제거한다.
④ 턱 파일하기	• 인조네일과 자라나온 자연손톱 사이의 들뜬(Lifting) 부분을 파일링한다.
⑤ 1차 프라이머 바르기	• 자연네일 표면의 불순물과 유분기를 제거한다
⑥ 아크릴 볼 올리기	• 적당량의 아크릴 볼을 올린다. 자라나온 자연네일과 인조네일의 들뜬 부분이 연결될 수 있도록 브러시의 붓 끝단을 이용한다.
⑦ 파일하기	• 아크릴이 완전히 건조되었을 때 인조네일 표면을 파일링한다.
⑧ 샌딩하기	• 네일에 글루를 도포하고 필러 파우더를 뿌리고 글루를 재 도포한다. • 글루드라이어를 뿌려 건조 시킨다.
⑨ 마무리	• 큐티클을 정리하고, 마사지 후 유분기를 제거한다.

CHAPTER 4 · 젤네일 보수

Section 01 | 젤네일 상태에 따른 화장물 제거 및 보수작업

젤 보수절차	작업방법
① 손 소독하기	• 소독제를 적신 화장솜을 이용하여 작업자와 고객의 손을 소독한다.
② 컬러 제거 및 인조네일 상태 확인하기	• 전용 아세톤을 사용하여 젤(인조네일) 표면을 꼼꼼하게 제거한 후 손상 정도를 확인한다.
③ 큐티클 제거하기	• 자라나온 자연네일을 샌딩한 후 푸셔로 큐티클을 밀고 니퍼로 거스러미를 제거한다.
④ 턱 파일하기	• 젤(인조네일)과 자연네일 사이의 들뜬 턱 부분을 파일링한다.
⑤ 프라이머 바르기	• 자연네일표면의 불순물과 유분기를 제거한다.
⑥ 젤 올리기	• 적당량의 젤을 떠서 올린다. 자라나온 자연네일과 젤(인조네일) 사이 들뜬 부분에 그라데이션 기법으로 연결시킨다
⑦ 큐어하기	• 제조사에서 요구하는 시간으로 건조한다
⑧ 젤 클리너하기	• 퍼프에 클리너를 묻혀 인조네일 표면의 미경화 젤을 닦아낸다.
⑨ 파일 후 샌딩하기	• 인조네일 표면을 균일하게 하기 위하여 파일로 모양을 잡아준 후 샌딩한다.
⑩ 탑 젤 후 큐어하기	• 깨끗하게 정리된 인조네일에 탑 젤을 얇게 펴 바르고 건조한다
⑪ 미경화 젤 닦아내기	• 퍼프에 클리너를 묻혀 인조네일 표면의 끈적이는 미경화 젤을 닦아낸다.
⑫ 큐티클 밀기 및 마무리	• 오렌지 우드스틱으로 큐티클을 밀어 정리하고 마사지 후 유분기를 제거한다.

● **인조네일을 보수하는 이유**
- 곰팡이균의 방지
- 인조네일의 견고성 유지
- 깨끗한 네일미용의 유지
- 새로 자라난 자연네일에 의한 큐티클 주변 들뜸 방지

출제예상문제

01 인조네일의 수명을 단축시키는 외적 원인과 거리가 먼 것은?

① 들뜸　　② 샌딩
③ 깨짐　　④ 곰팡이균

해설 | 인조네일 작업 후 시간이 지나면 자연손톱의 성장은 물론 외적 자극에 의한 들뜸, 깨짐, 곰팡이균에 의해 수명이 단축된다.

02 인조네일 작업과정의 절차에 영향을 주지 않는 것은?

① 네일 디자인
② 고객의 직업 특성
③ 작업된 인조네일의 종류
④ 네일리스트의 상황

해설 | 작업된 인조네일의 종류와 네일 디자인모형, 고객의 직업 특성에 따라 일정 작업과정의 절차는 약간씩 차이가 있다.

03 팁 제거와 관련된 내용과 거리가 먼 것은?

① 100% 아세톤(전용 리무버) 사용
② 5~10분 정도 충분하게 손톱 담그기
③ 팁을 반월쪽으로 밀어내기
④ 오렌지 우드스틱이나 푸셔를 사용하여 제거하기

해설 | ③ 네일을 아세톤 원액에 5~10분 정도 담근 상태에서 오렌지 우드스틱이나 푸셔를 이용하여 접착제가 녹아서 밀려나면 팁을 프리에지 부분으로 수시로 밀어낸다.

04 인조네일 제거 시 자연손톱으로 회복을 위한 빠른 방법은?

① 오일 마사지 또는 팩을 실시한다.
② 파일로 제거한다.
③ 알루미늄 호일로 감싼다.
④ 버퍼로 부드럽게 샌딩한다.

해설 | ① 오일 마사지(큐티클 오일과 로션 사용) 또는 팩을 실시할 경우 자연손톱으로 빠른 회복이 이루어진다.

01 ②　02 ④　03 ③　04 ①

PART 14

네일 화장물 적용 마무리

Chapter 1 일반 네일 폴리시 마무리
Chapter 2 젤네일 폴리시, 인조네일 마무리
Chapter 3 네일 제품과 특성

CHAPTER 1. 일반 네일 폴리시 마무리

Section 01 일반 네일 폴리시 건조

1 일반 네일 폴리시 건조

일반 네일 폴리시는 용제에 필름 형성제와 수지, 가소제, 클레이, 색소 등의 성분이 혼합되어 만들어진다. 일반 네일 폴리시는 도포 즉시 용제가 공기 중에 노출되면서 휘발 건조한다. 일반 네일 폴리시의 건조는 용제의 휘발성질을 촉진하여 건조 시간을 단축하는 원리이며, 물리적 건조와 화학적 반응에 의한 건조로 구분한다.

(1) 물리적 건조

용제의 휘발에 의해 자연 건조하는 일반 네일 폴리시에 많은 양의 공기가 노출되도록 하는 방법이다. 공기에 노출되는 양을 늘리기 위해 기기에 내장된 팬을 돌려 바람을 일으킨다.

(2) 화학적 건조

용제의 휘발을 높이는 제품을 직접 분사 또는 도포하는 방법으로 도포된 건조 촉진제가 일반 네일 폴리시의 용제를 휘발시켜 건조한다. 일반 네일 폴리시 건조 촉진제의 접촉 방법에 따라 스프레이형과 도포형으로 구분된다.

1) 스프레이형

스프레이 타입의 제품으로 컬러링이 마무리된 후 일반 네일 폴리시의 표면에 뿌리면 건조를 촉진한다. 분사 시 컬러링 표면에서 10~15㎝ 정도 떨어져서 균일한 양이 분사되도록 사용한다.

2) 도포형

스포이드 타입 또는 브러시타입으로 드롭하거나 브러시로 네일 주변에 올리면 자연 확산하는 제품으로 일반 네일 폴리시를 도포한 후 그 위에 적용한다. 오일과 유사한 제형으로 산업에서는 일반적으로 드라이 오일이라 지칭하며 컬러링된 일반 네일 폴리시 표면에 한 방울 떨어뜨려 일반 네일 폴리시의 건조를 촉진한다

CHAPTER 2 · 젤네일 폴리시, 인조네일 마무리

1 젤 램프기기

젤네일 폴리시는 젤 성분에 반응하는 빛에 의해 경화된다. 젤 램프기기는 램프의 세기와 종류에 따라 다양한 형태의 제품이 있다.

2 젤 클렌저

젤네일 폴리시 경화 후 미경화된 젤을 닦는데 사용한다.

3 인조네일 표면 광택 적용

(1) 톱 젤 적용

톱 젤은 젤네일의 마지막 과정에 광택을 더해주고 볼륨감을 주기 위해 도포하는 네일 화장물이다. 디자인 젤 스컬프처의 경우에는 디자인을 보호하는 역할을 더한다. 톱 젤을 도포한 후 큐어링을 통하여 완벽하게 경화하도록 한다. 톱 젤의 사용 후 젤 클렌저를 사용하여 도포된 미경화 젤을 제거할 수 있다.

(2) 광택 네일 파일 적용

표면 광택을 위한 파일은 샌딩 파일과 240그릿, 400그릿 파일 등 그릿수가 높은 네일 파일이 사용된다. 연마제가 표면에 없는 400그릿 이상의 광택 파일을 상하좌우를 문지르듯 적용한다

(3) 분진 제거

네일베드와 측면, 프리에지의 아랫부분까지 깨끗하게 정리한다. 더스트 브러시로 분진을 제거한다

(4) 오일 마무리

인조네일의 표면과 손톱 주변에 오일을 가볍게 도포하고 마무리한다.

(5) 작업 후 도구 정리 및 사후 처리

1) 위생 처리

테이블과 소도구들의 위생 처리는 항상 작업 전에 미리 해두는 것이 좋다. 고객에 대한 작업이 끝나면 철제 도구나 기구들은 바로 위생 처리에 들어가는 것이 좋다. 이는 다음 고객을 위한 사전준비 단계이기도 하다.

2) 폐기물의 처리

1회용 소모품들은 테이블 옆에 매달아 놓은 위생 봉투에 작업이 끝남과 동시에 폐기하며, 위생봉투는 넘치기 전에 다른 폐기 용기에 담아 폐기하여야 한다. 숍의 경우에는 뚜껑이 달린 쓰레기통을 사용하는 것이 원칙이며, 자주 비워주고 환기도 자주해 주어야 한다.

3) 네일 화장품 및 제품의 정돈

작업이 끝나면 제품들은 용도별로 잘 관리하여 정리해 두도록 한다. 특히 접착제나 아세톤 등의 화학약품들은 뚜껑들을 모두 잘 닫아 공기 중의 미세한 먼지나 주위의 이물질이 들어가지 않도록 방지한다. 휘발성이 강한 제품들은 휘발되는 것을 방지하기 위해 반드시 밀폐하도록 한다.

> ● 제품 마무리 매뉴얼
>
> 기본 네일관리를 마친 후 작업대는 다음 작업을 위한 준비가 필요하다. 제품 마무리를 위해 네일 테이블 정리하기 → 네일 폴리시 정리하기 → 비품 정리하기 → 폐기물 정리하기 등의 순서로 진행한다.

CHAPTER 3 · 네일 제품과 특성

1 네일 제품의 성분에 따른 종류와 특성

네일에 사용되는 화장품은 크게 13가지 제형이 있으나 여기서는 10가지로 분류한다. 네일 트리트먼트 및 네일 폴리시의 종류와 특성은 Section 02, 03에서 다루고자 한다.

(1) 네일 용제

종류	제품명	제형 및 성분	특성
연마제	네일 연마제	파우더 또는 크림 형태의 원료	조체면에 문지르면 매끄러운 광택이 생긴다.
제거제 (용해제)	폴리시 리무버 (아세톤)	산 또는 에틸렌 용액에 오일과 글리세롤, 연화제 첨가	인조네일 폴리시 제거 시에는 아세톤 성분이 없는 것을 사용한다.
	리무버 원액	자연손톱에 작업된 인조네일 제거 시 사용	아세톤 원액이라고도 한다.
	큐티클 리무버	2~5% 염화칼슘 또는 염화나트륨, 글리세린, pH 11~12 강알칼리성, 유분, 알코올 함유	큐티클에 리무버를 도포하여 연화한 후 니퍼로 자른다.
	큐티클 오일	아몬드 오일, 아보카도, 호호바 오일, 비타민 F 함유	네일과 큐티클에 유분과 수분을 공급하고 큐티클을 유연하게 한다.
건조제	글루 드라이어	부탄 농도가 가장 높다.	접착제를 빨리 굳게 하는 액티베이터 기능을 하며 실크나 젤 사용 시 건조시키는 스프레이형으로 네일 제품 중 사용량이 많다.
	액티베이터	액체상	글루 드라이어와 기능이 같지만 응고가 느리다.
소독제	에틸알코올	50~70% 에틸알코올 용액	손과 금속 계열 등의 도구를 소독한다.
	손 소독제	70% 알코올	작업 전후 고객과 작업자의 손을 소독한다.
탈색제	네일 블리치	20% H_2O_2, 구연산, 레몬즙, 글리세린, 증류수 등을 함유	자연손톱과 네일 주변에 착색된 얼룩 제거 시 사용한다.
접착제	프라이머	아크릴이 자연손톱에 잘 접착되게 해주는 촉매제	자연손톱과 인조네일 사이에 곰팡이 생성을 방지한다.
	프리멕스 본더	산(Acid), 비산(Non-acid)으로 구분	산 성분이 없는 접착제는 큐티클에 닿아도 무방하다.
지혈제	지혈제	아드레날린, 젤라틴, 칼슘, 식염수 함유	네일 작업 시 상처가 생겼을 때 출혈을 멈추게 한다.

Section 01 | 네일 트리트먼트의 종류와 특성

종류	제품명	주성분 및 첨가제	특성
유·수분 보충 및 영양제	핸드크림	• 파라핀 오일, 양기름, 기타 동물성 오일	• 네일 및 그 주위의 피부에 영양 보충 • 네일 성장촉진
	큐티클 오일/크림	• 식물성 오일 – 올리브, 땅콩, 피마자, 비타민 F • 동물성 오일 – 양기름 추출물	
강화제	네일 보강제	• AND, 글리세롤, 칼리 명반, 푸로틴하드너, 포름알데하이드	• 부러지고 약한 네일에 견고함을 부여

Section 02 | 네일 폴리시의 종류와 특성

네일 폴리시는 네일을 보호하고 색상을 부여하며 광택 등의 효과와 함께 컬러에 따라 네일모양을 시각적으로 변화시킨다.

(1) 네일 폴리시의 종류

① 투명 네일 폴리시(Sheer)
  ㉠ 색소(염료)가 첨가되지 않은 극히 옅은 투명한 색으로 베이스 코트, 톱 코트, 무색 네일 폴리시 등을 말한다.
  ㉡ 겹쳐 바르면 불투명하고 클래식한 느낌과 함께 섬세하고 부드러운 이미지를 준다.
  ㉢ 무색 폴리시는 도포(3번 정도)가 쉬우며 지우기도 간단하다.

② 불투명 네일 폴리시
  ㉠ 비용해성 색소(염료)가 첨가된 크림 또는 펄 네일 폴리시로서 불투명한 유색의 막을 형성한다.
  ㉡ 광물(레드 – 산화제2철, 화이트 – 산화티탄)과 식물에서 색소를 추출하며, 운모 또는 생선 비늘에서 펄 색상의 컬러를 추출한다.
  ㉢ 짙고 어두운 유색 폴리시는 도포(2번 정도) 시 얼룩이 지며 바르기 어렵다.

- **폴리시 유효기간**
  - 개봉하지 않은 폴리시는 유효기간이 대략 1~2년이다.
- **폴리시 보관**
  - 냉암소에 보관한다.
  - 공기 중에 노출되면 농도가 짙어지면서 끈적해지므로 뚜껑을 잘 닫아야 한다.
- **폴리시 도포**
  - 유색 네일 폴리시는 2회 정도 도포하며, 작업 시간은 5~10분 이내가 적당하다.
- **폴리시 선택**
  - 컬러와 용제의 질을 보고 선택한다.
  - 네일 브러시 또한 도포 작업의 질을 좌우한다.
- **좋은 폴리시의 특징**
  - 피부 및 인체에 무해하고 향이 좋다.
  - 도포 시 3분 이내에 건조된다.
  - 부드럽게 잘 발리며 광택이 풍부하다.
  - 최소 1주일 정도 발림(착색)이 유지된다.
  - 물이나 세제에 안정하다.

(2) 네일 폴리시 제품

종류	제품명	주성분 및 첨가제	특성
착색 방지제	베이스 코트	송진, 아이소프로필알코올, 부틸아세테이트, 니트로셀룰로오스 등	• 조체 표면에 코팅막을 형성한다. • 폴리시의 착색을 방지하고 조체면을 교정한다. • 자연손톱과 폴리시의 밀착력을 높인다.
지속제	탑 코트	송진, 나이트로셀룰로오스, 용해제 알코올, 폴리에스터, 레진 등	• 폴리시의 색감과 광택, 지속력을 유지하고 아트네일 시 접착제 역할을 한다.
색상제	네일 폴리시	나이트로셀룰로오스, 천연송진 + 벤젠, 셀락, 클로포늄, 폴리초산 비닐, 포름알데하이드, 캄퍼 등	• 네일을 보호한다. • 색상 및 광택을 부여한다.
	네일 화이트너	산화연, 티타늄, 다이옥사이드	• 자유연을 더욱 희게 보이게 한다.
유화제	네일 폴리시 유화제(시너)	-	• 1회 2~3방울 정도 첨가해 가볍게 흔들어 사용한다.
건조제	퀵 폴리시 드라이어	기체상	• 컬러링 후 빠른 건조를 유도하는 스프레이형이다.

Section 03 | 인조네일 재료의 종류와 특성

인조네일은 팁 위드 랩, 실크 익스텐션, 젤 스컬프처, 아크릴 스컬프처로 구분한다.

(1) 인조네일 공통 재료의 종류 및 특성

인조네일 작업 시 공통으로 사용하는 재료에는 손 소독제, 리무버, 지혈제, 화장솜, 멸균 거즈, 페이퍼 타월 등이 있다.

① 손 소독제(안티셉틱)
  ㉠ 피부 소독제로 작업 전 청결을 위해 작업자와 고객의 손을 소독한다.
  ㉡ 액상과 젤 타입이 있다.
② 리무버 : 네일 폴리시를 제거할 때 사용한다.
  ㉠ 아세톤 타입 : 네일팁 등을 녹일 때
  ㉡ 비아세톤 타입 : 폴리시 색상을 제거할 때
③ 지혈제 : 작업 시 출혈이 발생했을 때 출혈을 멈추게 하는 액체 타입이다.
④ 화장솜, 멸균 거즈
  ㉠ 네일 폴리시, 유분 정리, 소독할 때 사용한다.
  ㉡ 뚜껑 있는 용기에 담아 청결하게 보관해야 한다.
⑤ 페이퍼 타월 : 네일 테이블에서 작업할 때 손톱 잔해 및 핑거볼에 연화시킨 손톱 물기 등을 제거할 때 사용한다.

(2) 팁 위드 랩 재료의 종류 및 특성

팁 위드 랩의 재료에는 팁, 실크, 글루, 젤글루, 글루 드라이, 필러 파우더 등이 있다.

① 인조팁
  ㉠ 조체의 길이가 짧은 자연손톱의 길이를 연장할 때 쓰인다.
  ㉡ 클리어, 내추럴, 화이트, 컬러, 디자인 팁 등 종류가 다양하다.
② 실크 : 손톱의 길이를 늘이거나 자연손톱의 보호 및 유지를 위해 실크 랩을 자연손톱 위에 붙이거나 연장할 때 쓰인다.
③ 글루 : 인조네일을 조체에 접착하거나 샌딩 블록을 사용하기 전에 전체 조체 면에 도포한다.
④ 젤글루 : 인조네일을 조체에 접착하거나 인조팁의 투명도 및 두께를 조절할 때 사용한다.
⑤ 필러 파우더 : 인조네일을 연장할 때 두께를 조절해 주는 가루 타입의 연장 파우더이다.
⑥ 글루 드라이어
  ㉠ 글루나 젤을 빠르게 건조시키고 강하게 하는 스프레이이다.

ⓒ 너무 가까이에서 분무하면 뜨겁기 때문에 10~15cm 거리에서 분무한다.

(3) 실크 익스텐션 재료의 종류 및 특성
실크 익스텐션의 재료에는 실크, 글루, 젤글루, 글루 드라이어, 필러 파우더 등이 있다.
① 실크 : 손톱의 길이를 늘이거나 자연손톱의 보호 및 유지를 위해 실크 랩을 자연손톱 위에 붙이거나 연장할 때 쓰인다.
② 글루 : 인조네일을 조체에 접착하거나 샌딩 블럭을 사용하기 전에 전체 조체 면에 도포한다.
③ 젤글루 : 인조네일을 조체에 접착하거나 인조팁의 투명도 및 두께를 조절할 때 사용한다.
④ 필러 파우더 : 인조네일을 연장할 때 두께를 조절해 주는 가루 타입의 연장 파우더이다.
⑤ 글루 드라이어 : 글루나 젤을 빠르게 건조시키고 강하게 하는 스프레이이다. 너무 가까이에서 분무하면 뜨겁기 때문에 10~15cm 거리에서 분무한다.

(4) 아크릴 스컬프처 재료의 종류 및 특성
아크릴 스컬프처의 재료에는 아크릴 리퀴드, 아크릴 파우더, 프라이머, 네일폼, 브러시 클리너 등이 있다.
① 아크릴 리퀴드(Acrylic Liquid) : 아크릴 파우더 분말을 녹여 반죽하는 데 사용한다.
② 아크릴 파우더(Acrylic Powder) : 분말 상태로 다양한 컬러가 있다. 아크릴릭 네일에 사용되는 파우더(또는 분말)이다. 핑크, 클리어, 내추럴 등은 자연손톱 위에 올리고, 화이트는 자유연 위에 사용한다.
③ 프라이머(Primer)
　　㉠ 아크릴 제품이 자연손톱에 잘 접착되도록 발라주는 촉매제이다.
　　ⓒ 프라이머를 잘못 사용하면 피부나 눈에 치명상을 입을 수 있기 때문에 주의해야 한다.
④ 브러시 클리너(Brush Cleaner) : 아크릴 네일 작업 후 브러시를 세척할 때 사용한다.
⑤ 네일폼 (Nail Form) : 아크릴(스컬프처드) 네일 작업 시 아크릴 파우더를 얹는 데 사용하는 폼으로, 일회용과 재사용할 수 있는 두 가지가 있다. 일회용은 뒷면에 접착제가 붙어 있지만, 재사용하는 것은 알루미늄 플라스틱으로 만들어져 있으며 접착제가 붙어 있지 않다.

(5) 젤 스컬프처 재료의 종류 및 특성
젤 스컬프처 재료의 종류에는 네일폼, 젤 클리너, 베이스 젤, 클리어 젤, 톱 젤, 젤 본더 등이 있다.
① 네일폼 (Nail Form)
　　㉠ 젤(스컬프처드) 네일 작업 시 젤 볼을 얹는 데 사용하는 폼으로, 일회용과 재사용할 수 있는 두 가지가 있다.
　　ⓒ 일회용은 뒷면에 접착제가 붙어 있지만, 재사용하는 것은 알루미늄 플라스틱으로 만들어져 있으며 접착제가 붙어 있지 않다.
② 젤 클리너 : 큐어링 후 표면에 남아 있는 젤을 닦아내는 액체로 젤 전용 클리너를 사용하는 것이 좋다.

③ 젤 본더 : 젤이 자연손톱에 잘 접착되도록 한다. 제조회사가 젤 본더를 바르라고 명시한 경우에만 바른다.
④ 톱 젤 : 젤 도포 후 네일표면에 광택을 주기 위해 사용한다.
⑤ 베이스 젤 : 젤 도포 전 손톱을 보호하고 착색을 방지하기 위해 사용한다.
⑥ 클리어 젤 or 핑크 젤 : 투명 또는 반투명 젤 타입의 액상으로 손톱을 연장하거나 오버레이할 때 사용한다.
　㉠ 소프트 젤 : 아세톤이나 젤 전용 제거제로 제거한다.
　㉡ 하드 젤 : 아세톤이나 젤 전용 제거제를 사용할 수 없으며 파일링으로 제거한다.

Section 04 네일기기의 종류와 특성

네일케어 및 인조네일, 아트네일을 하기 위해서는 네일 관련 기구 및 도구를 잘 선정해야 하며, 재료 선택에 따라 다양한 기법을 연출할 수 있어야 한다.

(1) 네일기기

① **매니큐어 테이블**
　㉠ 매니큐어 전용 책상으로 네일용품의 진열과 보관이 가능해야 한다. 조명은 300~400Lux 정도가 적당하다.
　㉡ 통풍구와 환기 필터가 장착되어 먼지나 냄새를 흡입한다.
　㉢ 네일리스트와 고객 간에 작업하기 쉽도록 간격을 둔다.
　㉣ 테이블은 호마이카 재질이 화학물질을 청소하기 쉽다.
② **작업용 의자** : 바퀴와 등받이, 높낮이 조절장치 등이 달려 있어야 오랫동안(2시간 이상) 앉아 있는 네일리스트의 피곤을 덜고 작업을 용이하게 할 수 있다. 재질은 천보다는 인조가죽이 화학제품이 묻었을 때 제거하기 쉽다.
③ **고객의자** : 안락함을 줄 수 있도록 팔걸이가 있는 것을 선택한다.
④ **각탕기(페디 스파기)** : 페디큐어나 발마사지를 할 때 혈행을 좋게 해서 피로를 풀어준다. 등받이는 진동 마사지와 스파 바이브레이션 기능이 있어 고객에게 안락함을 제공한다.
⑤ **파라핀 워머** : 파라핀을 녹일 때 사용하는 전기기구이다.
⑥ **폴리시 드라이어(전기 네일 드라이어)** : 손톱 색조화장 후 폴리시를 건조시키는 전기기구이다.
⑦ **소독기** : 네일도구의 소독과 살균을 위해 소독액을 담아두는 용기이다. 한 개의 니퍼로 한 사람의 작업을 마치면 소독용기에 20분 이상 담가둔다. 시간이 오래 소요되므로 최소 2개 이상의 니퍼를 소지하고 있어야 한다. 니퍼, 푸셔, 크레도, 페디파일은 소독기에 항상 소독되어 있어야 한다.

⑧ **UV 램프**
  ㉠ 젤 큐어링 라이트기라고도 하며 젤을 굳힐 때 사용하는 전기기구이다.
  ㉡ UV 젤을 굳게 하는 자외선 또는 할로겐 전구가 들어있는 기계로서 라이트의 종류와 형태는 회사에 따라 다양하다.

⑨ **드릴머신**
  전원 스위치와 속도 조절스위치, RPM 스위치(정방향, 역방향 등 회전방향 전환), 핸드피스(Hand Piece)를 연결하는 본체와 비트로 구성되며, 다양한 종류의 금속 재질로 연마면을 가지고 있다.
  ㉠ 사용법
  - 분당 회전수(Revolution Per Mimute, RPM)는 1분간 회전하는 횟수를 뜻하는 비트의 단위로, 보통 5,000~15,000RPM이 적당하다.
  - 작업 도중 고객의 손톱이 뜨거울 때는 작업을 중단하고 분당 회전수를 줄인다.
  - 네일리스트가 오른손으로 비트를 잡을 때는 시계 반대 방향(정방향)으로, 왼손으로 잡을 때는 시계 방향(역방향)으로 회전 방향을 맞추어서 사용한다.
  - 인조네일 작업 전 자연네일의 유분기를 제거하는 사전작업을 할 때나 마무리 작업 시에는 비트(샌딩 밴드)의 RPM을 천천히 부드럽게 가속시킨다.
  - 드릴머신은 RPM이 최저 0~100, 최고 35,000이다. 따라서 드릴머신을 사용하면 네일 웰이나 큐티클 라인의 미세한 부분뿐 아니라 유분기 제거가 미숙해서 야기되는 리프팅 현상을 최소화할 수 있다.

  ㉡ 사용 시 주의사항
  - 작업 시 네일 면의 수평을 유지한다.
  - 비트 작업 후에는 반드시 위생적으로 처리한다.
  - 모터나 핸드피스에 먼지가 들어가지 않도록 하고 충분히 충전한다.
  - 네일케어에 사용되는 비트와 각질 제거용 비트, 큐티클 주변정리 비트 등 종류가 다양하므로 작업 용도에 맞는 그릿(Grit) 수의 비트로 작업한다.

- **드릴머신(전기 드릴 비트)**

전기 동력에 비트를 이용한 파일링 작업이 이루어지며, 본체 내의 핸드피스에 비트를 교체함으로써 버퍼, 파일, 푸셔, 브러시 등의 기능을 수행할 수 있다.

- **네일 비트의 RPM**
  - 중간 그릿(1,000RPM 이하) : 섬세하게 다듬기(아크릴, 필) 스마일선 만들기(백 필)
  - 자연손톱용 그릿(4,000RPM 이하) : 유분기 제거(아크릴), 준비(필, 젤), 표면 버프하기(파이버 글래스, 자연손톱, 페디큐어)
  - 고온 그릿(10,000RPM 이하) : 마무리(아크릴, 백 필, 젤, 파이버 글래스)
  - 매우 고온 그릿(10,000RPM 이상) : 버프(아크릴, 백 필, 젤, 파이버 글래스)

- **필, 백 필**
  - 필(Fill-in) : 큐티클 라인 아랫부분 안쪽을 채운다.
  - 백 필(Back Fill-in) : 스마일 라인(프리에지 컬러링) 부분을 갈아내고 새로운 스마일 라인을 만든다.

- **비트 종류**
  - 카본덤 화이트 포인트 : 각질화된 피부조직이나 루즈스킨을 제거할 때 또는 얇은 네일에 사용
  - 카본덤 그린 포인트 : 거칠게 연마 작업을 할 때 사용
  - 카바이드 콘 : 필링할 때나 큐티클 주위를 정리할 때 사용
  - 티타늄 카바이드 : 초보자도 사용하기 용이
  - 프레이저 : 섬세한 작업을 할 때 사용
  - 샌딩 밴드 : 불필요한 피부조직을 정리하거나 표면을 다듬을 때 사용
  - 멘드릴 : 샌딩 밴드를 끼워서 사용하는 비트

(2) 네일도구

모든 도구는 철저히 소독 후 사용해야 한다.

큐티클 니퍼 (Cuticle Nipper)	• 손톱 주변의 굳은살과 거스러미를 제거할 때 사용하는 가위이다.
푸셔(Pusher)	• 큐티클을 밀어 올릴 때 사용한다. • 45° 정도로 잡고 손톱 주변의 굳은살이나 각질층이 손상되지 않도록 적당히 밀어 올린다. • 메탈푸셔 이외에 스톤푸셔도 있다. ※ 스톤푸셔(Stone Pusher) : 메탈푸셔를 사용한 후 네일표면의 각질과 거스러미 등을 세밀하게 제거할 때 사용한다.
네일 클리퍼 (Nail Clipper)	• 자연손톱과 인조네일의 길이를 자르는 도구이다.
팁 커터기 (Tip Cutter)	• 인조네일을 자르는 데 사용한다.
더스트 브러시 (Dust Brush)	• 인조네일을 작업할 때 또는 자연손톱의 모양을 다듬은 후 먼지나 이물질을 제거할 때 사용한다. • 습식 매니큐어 작업 시, 물에 담갔던 손톱 밑의 이물질들을 세척할 때 사용한다. • 작업할 때는 한 방향으로만 위에서 아래로 손질한다.

명칭	설명
핑거 볼 (Finger Bowl)	• 습식 매니큐어 시, 손끝의 큐티클을 불리기 위해 손가락을 담그는 용기이다. • 미온수를 담아 사용한다.
디스크 패드 (Disk Pad)	• 라운드 패드라고도 하며, 파일링을 한 후 먼지나 조구의 거스러미를 제거하는 데 사용한다.
샌딩 블록 (Sanding Block)	• 조체 표면의 거칠음과 가로 세로 줄을 매끄럽게 정리할 때 사용한다. • 랩이나 네일팁을 작업할 때 글루나 젤을 바른 후 부드럽게 마무리하기 위해 사용한다.
에머리 보드 (Emery Board)	• 우드 파일이라고도 하며 자연손톱의 모양이나 길이를 변경할 때 사용한다.
파일 (File)	• 자연손톱을 제외한 인조네일 또는 연장한 네일의 모양이나 길이를 변경할 때 사용한다. • 철제 타입은 소독 후 재사용이 가능하고, 비철제 타입은 재사용이 불가능하다. ※ 그릿(Grit)은 파일의 거칠기 정도로서 번호가 높을수록 부드러운 파일이다. ※ 그릿수에 따른 용도 – 그릿(Grit) 180 : 부드러운 파일로 큐티클 주위와 손톱의 모양을 잡을 때 사용한다. – 그릿(Grit) 100 : 거친 파일로 랩이나 네일팁의 턱을 제거할 때 사용한다.
샤이니 블록 (Shine Block)	• 손톱을 정리한 후 손톱 표면에 광을 낼 때 사용한다.
손목 받침대	• 작업을 받는 동안 고객의 손목과 팔을 편안하게 해준다.
페디 파일 (Pedi File)	• 페디큐어를 할 때 사용하는 발전용 파일로, 각질 및 굳은살을 벗겨낸다.
크레도 (Credo)	• 콘 커터라고도 하며 발바닥의 굳은살을 제거하기 위해 사용하며 칼날이 포함되어 있다.
토우 세퍼레이터 (Toe Seperater)	• 발가락과 발가락 사이를 벌려 컬러가 묻지 않고 불편 없이 페디작업을 할 수 있도록 돕는다.
랩 가위 (Wrap Scissors)	• 실크 가위라고도 하며 실크, 린넨, 파이버 글라스 등 천을 재단할 때 사용하는 작은 가위이다.
젤 브러시 (Gel Brush)	• 인조섬유로 된 브러시로 조체표면에 젤을 얹을 때 사용한다.
아크릴 브러시 (Acrylic Brush)	• 아크릴 파우더를 조체 위에 얹어 인조네일을 만드는 데 사용하는 브러시로 붓의 모양과 길이, 크기에 따라 여러 종류가 있다.
디펜디시 (Dependish)	• 아크릴 리퀴드 또는 아크릴 파우더를 덜어 쓰는 용기이다.
디스펜서 (Despenser)	• 액체 용액을 담아두는 용기이다.
습식 소독 용기 (Water Sanitizer)	• 70~90%의 알코올에 철제 도구들을 20분 이상 담가두는 용기이다.

출제예상문제

01 네일 제품 중 유·수분 보충 및 영양제인 것은?

┌─────────────────────────┐
│ ㉠ 베이스 코트   ㉡ 핸드 크림 │
│ ㉢ 큐티클 오일   ㉣ 큐티클 크림 │
└─────────────────────────┘

① ㉠
② ㉠, ㉡
③ ㉠, ㉡, ㉣
④ ㉡, ㉢, ㉣

02 네일 보강제의 성분이 아닌 것은?

① 글리세롤
② 비타민 F
③ 칼리명반
④ 푸로틴하드너

해설 | ② 비타민 F는 큐티클 오일의 주성분이다. 큐티클 오일의 주성분에는 올리브, 땅콩, 피마자, 비타민 F 등이 있다.

03 네일 연마제의 내용이 아닌 것은?

① 파우더 형태이다.
② 크림 형태이다.
③ 조체면에 문지르면 매끄러운 광택을 낸다.
④ 부러지고 약한 네일에 견고함을 부여한다.

해설 | ④ 네일 보강제의 역할이다.

04 큐티클 리무버와 관련 없는 내용은?

① 2~5% 염화칼슘이다.
② 아세톤 원액이라고도 한다.
③ pH 11~12 강알칼리성이다.
④ 조표피에 리무버를 도포하여 연화시킨 후 니퍼로 자른다.

05 다음 내용에서 연결이 옳은 것은?

① 글루 드라이어 – 글루나 젤글루 사용 시 건조시키는 스프레이형이다.
② 퀵 폴리시 드라이어 – 글루 드라이어와 같은 기능이 있다.
③ 액티베이터 – 컬러링 후 빠른 건조를 유도하는 스프레이형이다.
④ 액티베이터 – 글루 드라이어와 같은 기능이 있으나 응고가 빠르다.

해설 | ② 컬러링 후 빠른 건조를 유도하는 스프레이형이다.
③ ④ 글루 드라이어와 같은 기능이 있으나 응고가 느리다.

06 소독제로서 연결이 잘못된 것은?

① 에틸알코올을 사용한다.
② 70% 농도 알코올을 손 소독제로 사용한다.
③ 50~70% 에틸알코올은 금속계열 도구 소독에도 사용된다.
④ 메틸알코올을 사용한다.

07 베이스 코트의 설명이 잘못된 것은?

① 조체 표면에 코팅막을 형성한다.
② 폴리시의 색소가 손톱에 착색되는 것을 방지한다.
③ 조체면을 교정시킨다.
④ 용해제 알코올, 폴리에스터, 레진 등의 성분으로 구성된다.

해설 | ④ 베이스 코트의 성분에는 송진, 아이소프로필알코올, 부틸아세테이트, 나이트로셀룰로오스 등이 있다.

01 ④ 02 ② 03 ④ 04 ② 05 ① 06 ④ 07 ④

08 네일 폴리시의 성분으로 구성된 것은?

> ㉠ 나이트로셀룰로오스 ㉡ 천연송진+벤젠
> ㉢ 용해제 알코올 ㉣ 셀락
> ㉤ 클로포늄 ㉥ 레진
> ㉦ 포름알데하이드 ㉧ 폴리에스터
> ㉨ 캄퍼

① ㉠, ㉡, ㉢
② ㉠, ㉣, ㉤, ㉥
③ ㉠, ㉡, ㉦, ㉧, ㉨
④ ㉠, ㉡, ㉣, ㉤, ㉦, ㉨

09 아크릴의 접착제 역할을 하는 제품은?

① 프라이머　　② 촉매제
③ 산균형제　　④ 방부제

해설 | 프라이머 : 아크릴이 자연네일에 잘 접착되도록 하는 촉매제이다.

10 지혈제의 성분이 아닌 것은?

① 비산　　② 칼슘
③ 젤라틴　　④ 아드레날린

해설 | 지혈제의 주성분(또는 첨가제)은 아드레날린, 젤라틴, 칼슘, 식염수 등이다.

11 다음 중 지속제로 사용되는 제품은 무엇인가?

① 네일 폴리시
② 네일 화이트너
③ 톱 코트
④ 베이스 코트

해설 | ③ 폴리시 색감과 광택 및 지속력을 유지한다.

12 착색 방지제로 사용되는 제품은?

① 베이스 코트
② 리무버 원액
③ 큐티클 리무버
④ 폴리시 리무버

13 매니큐어 제품에 포함된 화학물질에 의해 눈, 코, 목을 자극하는 성분과 관련 없는 것은?

① 아세톤
② 포름알데하이드
③ 글라이콜에스터
④ 톨루인

해설 | ③ 생식기에 문제를 일으킨다.

14 화학물질의 인체 유입과정이 아닌 것은?

① 용기를 열었을 때
② 화학제품을 용기에 덜거나 혼합할 때
③ 아크릴 볼을 이용해 인조네일 작업 시
④ 인조네일 내에 곰팡이 생성 시

15 화학물질이 건강에 끼치는 영향이 아닌 것은?

① 알레르기　　② 천식
③ 생식기의 이상　　④ 오한

16 UV 램프에 관련된 내용과 거리가 먼 것은?

① 젤 큐어링 라이트기라고도 한다.
② 젤을 굳힐 때 사용하는 전기기구이다.
③ 거칠게 연마작업을 할 경우 사용된다.
④ 자외선 또는 할로겐 전구가 들어있는 기계이다.

해설 | ③ 카본덤 그린 포인트로서 비트 종류 중 하나이다.

---

08 ④　09 ①　10 ①　11 ③　12 ①　13 ③　014 ④　15 ④　16 ③

17 비트 중에서 필링 또는 큐티클 주위를 정리할 때 사용되는 것은?

① 카본덤 그린 포인트
② 카바이드 콘
③ 티타늄 카바이드
④ 멘드릴

18 카본덤 화이트 포인트의 내용이다. 연결이 잘못된 것은?

① 얇은 네일에 사용한다.
② 불필요한 피부조직을 정리한다.
③ 각질화된 피부조직에 사용한다.
④ 루즈 스킨 제거 시 사용한다.

해설 | ② 샌딩밴드의 역할이다.

19 다음 중 네일도구만으로 이루어진 것은?

① 핑거 볼 – 디스크 패드
② 큐티클 니퍼 – 파라핀 워머
③ 네일 클리퍼 – 각탕기
④ 핑거 볼 – 소독기

20 아크릴릭 네일 재료인 프라이머에 대한 설명으로 틀린 것은?

① 손톱표면의 유·수분을 제거 및 건조시켜 아크릴의 접착력을 강하게 한다.
② 산성 제품으로 피부에 화상을 입힐 수 있으므로 최소량만 사용한다.
③ 인조네일 전체에 사용하며 방부제 역할을 한다.
④ 손톱표면의 pH 밸런스를 맞춘다.

해설 | ③ 프라이머는 자연손톱에만 사용한다.

21 샌딩블록에 관련된 내용이 아닌 것은?

① 조체 표면의 거칠음을 정리하기 위해 사용된다.
② 고랑진 손톱을 매끄럽게 정리하기 위해 사용된다.
③ 인조네일 작업 시 글루나 젤을 바른 후 부드럽게 마무리할 때 사용된다.
④ 네일의 모양이나 길이를 변경할 때 사용된다.

해설 | ④ 파일의 역할이다.

22 파일과 그릿(Grit)에 대한 설명으로 맞는 것은?

① 인조네일의 모양이나 길이를 변경할 때 사용한다.
② 철제 파일은 소독 후 재사용이 불가능하다.
③ 비철제 파일은 소독 후 재사용이 가능하다.
④ 그릿은 파일의 거칠기 정도로서 번호가 높을수록 거친 파일이다.

해설 | ② 철제 파일 : 소독 후 재사용할 수 있다.
③ 비철제 파일 : 소독 후 재사용이 불가능하다.
④ 그릿의 번호가 높을수록 부드러운 파일이다.

23 에머리 보드(우드 파일)의 특징인 것은?

① 인조네일 모양이나 길이를 변경 시 사용한다.
② 자연네일 모양이나 길이를 변경 시 사용한다.
③ 인조네일 작업 시 부드럽게 마무리할 때 사용한다.
④ 조체 표면에 젤을 얹을 때 사용한다.

24 아크릴 브러시에 대한 내용인 것은?

① 아크릴 볼을 조체 위에 얹어 인조네일을 만든다.
② 붓의 모양, 길이, 크기는 다양하지 않다.
③ 일회용과 재사용할 수 있는 것으로 분류된다.
④ 네일 폴리시, 유분정리 소독 시에 사용한다.

25 라운드 패드에 대한 설명으로 맞는 것은?

① 필링 시 큐티클 주위를 정리할 때 사용된다.
② 조체 표면의 거칠음을 정리할 때 사용된다.
③ 파일링 후 먼지나 조구의 거스러미 제거에 사용된다.
④ 페디 주변의 피부를 정리할 때 사용한다.

해설 | ① 카바이드 콘(비트 종류), ② 샌딩블럭, ④ 페디파일에 대한 설명이다.

26 팁 관련 내용에서 맞는 것을 모두 고른 것은?

> ㉠ 플라스틱, 아세테이트, 나일론 등을 소재로 한다.
> ㉡ 짧은 손톱의 자유연에 부착해서 연장술에 사용된다.
> ㉢ 팁 윗부분(움푹 들어가 있는)을 웰이라 한다.
> ㉣ 풀웰과 하프웰이 있다.
> ㉤ 풀웰은 스퀘어 팁, 하프웰은 레귤러 팁 또는 스마일 팁으로 분류된다.
> ㉥ 하프웰에는 색상이 든 프렌치 팁과 컬러 팁이 있다.
> ㉦ 자연손톱에 부착되는 팁 부분을 반월과 상조피 사이에 1mm 정도 띄우고 붙이는 부분을 '정지선'이라 한다.

① ㉠, ㉡
② ㉠, ㉡, ㉢
③ ㉠, ㉡, ㉢, ㉣, ㉤
④ ㉠, ㉡, ㉢, ㉣, ㉤, ㉥, ㉦

27 폴리시 리무버의 특징이 아닌 것은?

① 컬러된 폴리시를 제거할 때 사용한다.
② 폴리시 리무버는 아세톤과 논 아세톤 타입으로 나뉜다.
③ 아세톤 타입은 인조손톱인 팁을 녹일 때 사용된다.
④ 논 아세톤 타입은 폴리시 컬러링 전에 도포한다.

해설 | ④ 인조네일 컬러된 폴리시 제거 시 논 아세톤을 사용한다.

28 네일 블리치제에 대한 설명으로 옳은 것은?

① 20% H_2O_2를 사용한다.
② 자연손톱을 변색시키고자 할 때 사용한다.
③ 구연산을 함유한 오일로서 조체면에 바른다.
④ 면봉이나 오렌지 우드스틱에 묻혀 피부면에 바른다.

해설 |
- 변색된 자연네일을 20% H_2O_2, 구연산을 함유한 블리치액을 솜으로 감싼 면봉이나 오렌지 우드스틱에 묻혀 피부에 닿지 않게 조체면에만 발라 탈색시킨다.
- 네일 블리치제는 자연네일과 네일 주변에 착색된 얼룩 제거 시 사용된다.

29 폴리시 퀵 드라이어 스프레이의 역할은?

① 폴리시 컬러링 후 건조시키는 스프레이이다.
② 손을 보습하기 위해 사용한다.
③ 컬러링된 손톱에 광택을 준다.
④ 폴리시가 쉽게 벗겨지지 않도록 한다.

해설 | ② 핸드로션, ③ ④ 톱 코트에 대한 설명이다.

24 ① 25 ③ 26 ④ 27 ④ 28 ① 29 ①

30 톱 코트에 대한 설명이 아닌 것은?

① 실러(Sealer)라고 한다.
② 유색 폴리시 컬러링 후 광택을 준다.
③ 송진, 아세톤 등이 주성분이다.
④ 컬러된 폴리시가 쉽게 벗겨지지 않도록 보호한다.

해설 | 톱 코트 : 실러라고도 하며 유색 폴리시를 칠한 후 컬러에 광택을 준다. 송진 성분에 의해 폴리시가 쉽게 벗겨지지 않도록 보호한다.

31 약한 자연손톱에 네일 보강제를 도포하고자 한다. 도포 방법으로 맞는 것은?

① 베이스 코트를 바르기 전에 도포한다.
② 유색 폴리시를 바른 후에 도포한다.
③ 톱 코트를 바른 후에 도포한다.
④ 폴리시 컬러링 후에 도포한다.

해설 | 네일 보강제는 약한 자연손(발)톱에 베이스 코트를 바르기 전에 도포한다.

32 폴리시가 굳었을 때 묽어지게 하는 제품은?

① 네일 폴리시 띠너
② 네일 폴리시
③ 베이스 코트
④ 네일 보강제

해설 | 네일 폴리시 띠너 : 폴리시가 굳었을 때 한 두 방울 떨어뜨리면 묽어지게 하는 역할을 한다.

33 인조네일을 조체에 접착할 때 사용되는 제품은?

① 젤글루   ② 필러 파우더
③ 글루 드라이어   ④ 인조팁

해설 | 젤글루 : 인조네일을 조체에 접착하거나 인조팁(인조손톱)의 투명도나 두께를 조절할 때 사용한다.

34 인조팁의 투명도나 두께를 조절할 때 사용되는 제품은?

① 톱 코트   ② 베이스 코트
③ 네일보강제   ④ 젤글루

35 글루와 관련된 내용은?

① 인조네일을 붙이는 접착제이다.
② 부러진 손톱의 보수에도 사용된다.
③ 튜브 타입과 브러시언 글루 2종류가 있다.
④ 스컬프처 네일을 만들 때 사용되는 아크릴 수지의 액체이다.

해설 | 글루 : 인조네일을 조체에 접착하거나 샌딩블럭을 사용하기 전에 전체 조체면에 도포할 때 사용된다.

36 베이스 코트의 내용이 아닌 것은?

① 손톱 보호제이다.
② 폴리시 컬러링 전에 도포한다.
③ 부러진 손톱 보수 시 사용되는 재료이다.
④ 폴리시에 의해 손톱이 누렇게 색조가 착색되는 것을 방지한다.

37 유색 폴리시로 컬러링된 손톱의 색조를 오래 유지시키기 위해 사용되는 것은?

① 베이스 코트를 도포한다.
② 톱 코트를 바른다.
③ 손톱 보강제를 바른다.
④ 글루를 바른다.

해설 | 톱 코트 : 유색 폴리시로 컬러된 손톱에 광택과 컬러가 쉽게 벗겨지지 않도록 보호한다.

38 글루 드라이어의 내용이 아닌 것은?

① 글루나 젤글루를 빠르게 건조시킨다.
② 10~15cm 거리에서 분무한다.
③ 강한 스프레이로서 손톱 가까이에 분무해야 한다.
④ 손톱 가까이에서 분사 시 뜨거워진다.

해설 | 글루 드라이어 : 글루나 젤을 빠르게 건조시키고 강하게 해주는 스프레이다. 10~15cm 거리에서 분사한다. 너무 가까이에서 분사하면 뜨겁다.

39 프라이머에 관련된 내용이 아닌 것은?

① 아크릴이 손톱에 접착이 잘 되도록 발라주는 촉매제이다.
② 발냄새를 제거하고 습기없는 뽀송한 발을 유지시킨다.
③ 손톱의 pH 균형제이다.
④ 메타크릴산을 주성분으로 방부제의 역할을 한다.

해설 | ② 파우더에 대한 설명이다.

40 네일 강화제(또는 보강제)에 대한 설명으로 옳은 것은?

① 부러지고 약한 네일에 견고함을 부여한다.
② 네일 작업 시 상처가 생겼을 때 출혈을 멈추게 한다.
③ 네일 판에 매끄러운 광택을 부여한다.
④ 네일과 주변 피부에 영양을 보충하고 성장을 촉진한다.

해설 | ② 지혈제, ③ 네일 연마제, ④ 핸드크림, 큐티클 오일, 큐티클 크림 등의 제품에 대한 설명이다.

41 큐티클 오일의 성분과 특성에 대한 설명으로 거리가 먼 것은?

① 제거제(용해제)의 일종이다.
② 주성분은 아몬드 오일, 아보카도, 호호바 오일, 비타민 F 등이다.
③ 자연손톱에 작업된 인조네일을 제거할 때 사용한다.
④ 조체와 큐티클에 유·수분을 공급하고 큐티클을 유연하게 한다.

해설 | ③ 아세톤(리무버) 원액에 대한 설명이다.

42 네일 폴리시(또는 에나멜)의 특성으로 옳지 않은 것은?

① 네일을 보호한다.
② 네일에 색상과 광택을 부여한다.
③ 네일모양을 시각적으로 변화시킨다.
④ 네일에 유·수분을 공급한다.

해설 | 네일에 유·수분을 공급하는 것은 큐티클 오일의 특성이며, 광택을 부여하는 것은 톱 코트, 네일 폴리시 등이다.

43 투명 네일 폴리시와 관련된 설명으로 옳지 않은 것은?

① 폴리시의 종류는 투명과 불투명으로 나눌 수 있다.
② 색소가 첨가되지 않아 극히 옅으며 투명하다.
③ 도포할 때(2번 정도) 얼룩이 지며 바르기가 어렵다.
④ 겹쳐 바르면 클래식한 느낌과 함께 섬세하고 부드러운 이미지를 연출한다.

해설 | ③ 불투명(유색) 폴리시에 대한 설명으로, 비용해성 색소(염료)가 첨가된 크림 또는 펄 네일 폴리시를 말한다. 불투명한 유색의 막을 형성하므로 도포할 때(2번 정도) 얼룩이 지며 바르기가 어렵다.

44 네일 폴리시와 관련된 내용이 바르게 짝지어진 것은?

① 유효기간(개봉 전) – 대략 1~2년
② 선택 – 색상과 용제의 질, 네일 브러시 등
③ 도포– 유색 폴리시는 3번 정도
④ 보관 – 공기와의 접촉을 최대한 차단하고 냉암소에 보관

해설 | ② 색상과 용제의 질을 보고 선택하며, 네일 브러시 또한 도포 작업의 질을 좌우한다.
③ 유색 네일 폴리시는 2회 정도 도포하며, 작업 시간은 5~10분 이내로 한다.
④ 냉암소에 보관하며 사용 후에는 뚜껑을 잘 닫는다.

45 좋은 네일 폴리시의 요건이 아닌 것은?

① 인체에 무해하며 향이 좋아야 한다.
② 착색을 방지하고 네일 면을 교정해야 한다.
③ 최소 1주일 정도 발림(착색)이 유지되어야 한다.
④ 도포 시 발림성이 부드럽고 3분 이내에 건조되어야 한다.

해설 | ② 베이스 코트에 대한 설명이다.

46 팁 위드 랩과 실크 익스텐션에 공통으로 사용되는 재료가 아닌 것은?

① 글루
② 젤글루
③ 아크릴 파우더
④ 글루 드라이어

해설 | ③ 아크릴 스컬프처의 재료이다.

47 젤 스컬프처 작업에 사용하는 재료가 아닌 것은?

① 네일폼
② 베이스 젤
③ 프라이머
④ 젤 클리너

해설 | ③ 아크릴이 자연손톱에 잘 접착되도록 하는 촉매제이다.

48 네일폼에 관한 설명으로 옳지 않은 것은?

① 아크릴 네일 작업 시 아크릴 파우더를 얹는 데 사용한다.
② 젤네일 작업 시 젤을 얹는 데 사용한다.
③ 일회용과 재사용(알루미늄 플라스틱 재질)이 가능한 것이 있다.
④ 손톱길이를 연장하거나 자연손톱을 보호·유지하기 위해 자연손톱 위에 붙인다.

해설 | ④ 실크 익스텐션에 관한 설명이다.

44 ① 45 ② 46 ③ 47 ③ 48 ④

PART 15 공중위생관리

Chapter 1 공중보건
Chapter 2 소독
Chapter 3 공중위생관리법규

CHAPTER 1. 공중보건

Section 01 | 공중보건 총론

위생학은 공중위생학(Public Hygiene) 또는 공중보건(미국이나 영국에서 주로 사용)이라는 넓은 의미를 가진다. 위생학은 실험위생학의 이념에 입각하여 개인과 환경과의 관계를 규명한다. 이를 기초로 환경을 개선함으로써 질병으로부터 예방학적으로 건강을 유지, 증진시키는 과학이다. 공중보건과 비슷한 용어로서는 위생학, 공중위생학, 예방의학, 사회의학, 지역사회의학, 지역사회보건학 등이 있으나 개념상의 영역은 국가마다 달리 표현된다.

1 공중보건의 개념
① 건강과 관련된 사회적 요인을 규명하고 이를 개선하려는 데 주안점을 둔다.
② 인구집단을 대상으로 건강증진 저해요소에 대한 집단적 활동을 실천 위주로 연구한다.
③ 사회적 변천 과정에서 파생되고 요구된 질병예방과 건강증진을 위한 지역사회의 노력을 이룩하고 체계화시킨 학문이다.

(1) 공중보건 정의
① C.E.A Winslow(미국 예일대 교수, 1920년) 정의 : 공중보건이란 조직적인 지역사회의 노력을 통해서 질병을 예방하고 수명을 연장시키며 신체적, 정신적 효율을 증진시키는 기술과학이다.
② 공중보건의 정의는 시대와 학자에 따라 매우 다양하다. 이는 개인의 건강이 아닌 지역사회 주민을 통해서 조직화된 지역사회의 노력을 제시하고 있기 때문이다.

> ● 지역사회의 보건관리
> 환경 위생사업, 감염병관리, 질병예방 및 진료, 보건의료 보장제도, 개인 보건교육 등이 속한다.

(2) 공중보건의 목적
인류 누구나 태어나면서부터 건강과 장수의 생득권을 실현할 수 있도록 함이 목적이다.

(3) 공중보건의 범위
공중보건의 정의는 지역사회를 단위로 한다. 즉 질병을 예방하고 건강을 유지·증진시키는 3가지 분야로서 연구되고 있다.
① 환경보건 분야 : 환경위생, 식품위생, 환경오염, 산업보건 등

② **질병관리 분야** : 역학, 감염병 관리, 기생충 질병관리, 비감염성 질병관리 등
③ **보건관리 분야** : 보건교육, 보건행정, 보건통계, 보건영양, 모자보건, 성인보건, 학교보건, 정신보건, 가족계획 등

> **tip** 보건교육에는 감염병 예방학, 환경위생학, 식품위생학, 모자보건학, 정신보건학, 산업보건학, 학교보건학, 보건통계학 등이 있다.

(4) 공중보건의 3대 사업
① 보건교육 ② 보건행정(보건의료 서비스) ③ 보건관계법(보건의료 법규) 등

> **tip** 3대 사업 중 가장 중요한 사업은 보건교육이다.

(5) 공중보건의 수준 평가지표
① 영아사망률 ② 평균수명 ③ 비례사망지수 ④ 조사망률 ⑤ 사인별 사망률 ⑥ 질병이환율 등

> **tip** 공중보건의 대표적 수준 평가지표는 영아사망률이다.

2 건강과 질병

(1) 건강의 정의
① 일반적으로 질병이 없는 상태로서 시대와 학자에 따라 다양하게 정의된다. 이는 개인의 생물학적 건강이 내적, 외적 요인에 의해 영향을 받기 때문이다.
② 세계보건기구(W.H.O, 1948년) 헌장 전문 : 건강이란 단순히 질병이 없거나 허약하지 않을 뿐만 아니라 신체적, 정신적, 사회적으로 완전히 안녕한 상태라고 정의하였다.

> ● **건강의 개념적 정의**
> • 생존 능력의 건강
> • 사회생활 적응 능력의 건강
> • 신체적, 정신적, 사회적 안녕 상태의 건강
> • 삶의 질이 갖는 건강
> • 신체적, 정신적 개념의 건강

(2) 질병의 정의
F. S. Clark(질병 발생 삼원론) 정의 : 신체의 구조적, 기능적 장애로서 질병 발생의 삼원론에 의해 항상성이 파괴된 상태이다.

(3) 질병 발생 결정요인

① **병인(Agent)** : 질병을 일으키는 데 직접적인 원인이 되는 병인적 인자이다.

분류	병인 요인
영양소적	• 영양소(단백질, 지방, 탄수화물)의 결핍 또는 과잉에 의해 영양 결핍증이나 비만증, 당뇨병, 심장병 등을 일으킨다.
생물학적	• 질병(감염병)의 병원체로서 박테리아, 바이러스, 리케차, 기생충, 곰팡이, 원충 등이다.
물리적	• 외상, 화상, 동상, 고산병, 잠함병, 암, 백혈병, 소음, 진동, 전기광선 등에 의한 질환이다.
화학적	• 신체적 질병의 원인과 관련된다. • 직접 피부나 점막을 상하게 하는 강산, 강알칼리, 일산화탄소가 있으며, 유독가스는 뇌, 혈액, 폐에 자극을 주어 장애를 유발한다.
정신적	• 신경성 두통, 기능성, 소화불량, 정신질환, 고혈압 등과 관련된다.
사회환경적	• 강박신경증, 노이로제, 히스테리 등의 증상이 있다. • 환경오염에 의한 공해와 산업재해에 의한 직업병, 식품에 의한 중독증과 관련된다.

② **숙주(Host)**

같은 조건의 병인과 환경이라 하더라도 숙주 상태에 따라 발생 양상은 다르다. 질병에 대한 감수성은 개인 차가 크며 질병 발생에 영향을 미치는 인간 숙주의 요소는 다음과 같다.

㉠ 인적 특성 : 성, 연령, 인종, 결혼 여부, 직업, 경제적 상태 등
㉡ 신체적 특성 : 해부학적 구조 또는 숙주의 생리적 변화, 영양 상태 등
㉢ 정신적 특성 : 숙주가 가지고 있는 스트레스로 인해 질병이 발생

③ **환경(Environment)** : 주위의 환경을 말하며 질병 발생에 간접적으로 영향을 많이 미친다.

환경 종류	내 용
물리적	지형, 지질, 기후, 주거 등 인간생활에 관여하는 모든 물리적 환경이다.
생물학적	질병의 전파 또는 발생과 관련된 동·식물이 인간에게 영향을 준다.
사회경제적	인구밀도 및 인구분포, 직업, 사회, 문화, 과학의 발달은 인간의 건강에 직·간접적으로 영향을 준다.

> 유엔환경계획(UNEP)은 환경 구성요소를 크게 자연환경과 인간환경으로 구분하고 있다. 환경은 다시 자연적 환경과 사회적 환경으로 나눠진다.
> • 자연적 환경 : 물리·화학적 환경, 생물학적 환경
> • 사회적 환경 : 인위적 환경, 문화적 환경

(4) 질병의 예방

① **1차 예방** : 질병 자체를 억제한다.

② **2차 예방** : 1차 예방 실패 시 증상기에 대책을 강구하고 질병을 조기에 발견, 즉각적으로 치료한다.
③ **3차 예방** : 질병의 회복기 이후에 적용한다.

구분	내용
1차 예방	• 질병 자체를 억제한다.
2차 예방	• 1차 예방 실패 시, 증상기에 대책을 마련한다. • 질병 초기에 발견, 즉각적인 치료를 요구한다.
3차 예방	• 질병의 회복기 이후에 적용한다.

● **지역사회의 보건관리**
병원체 → 병원소(병원체의 생존, 증식, 저장되는 장소) → 병원소로부터 병원체의 탈출 → 전파 → 새로운 숙주에의 침입 → 숙주 감염

Section 02 질병 관리

인류의 역사와 함께 시작된 감염병으로서의 질병은 유행 양식이 있다. 질병의 감염경로 역시 매우 다양하다. 감염병에 의한 질환은 병원성 균으로서 감염성과 비감염성으로 대별된다.

1 질병의 발생요인

모든 질병이 생성되는 과정은 일반적으로 연쇄적 현상에 의해 이루어진다.

(1) 역학의 정의

집단 현상으로 발생하는 질병인 감염병이 미치는 영향을 연구하는 학문이 역학이다. 이는 예방 차원에 기여함을 목적으로 한다.

(2) 역학의 목적

① 건강 문제의 원인을 규명한다.　　　② 인구집단의 건강상태를 기술한다.
③ 질병 문제가 발생하지 않도록 통제한다.　　　④ 인구집단에서의 질병 문제 발생을 예견한다.
⑤ 계절에 따른 질병 발생 시, 환경위생과 예방접종 등을 통제한다.

2 질병 관리

질병의 치료보다 예방에 중점을 두고 현재의 건강상태를 더 건강하게 한다는 것으로서 최고 수준의 건강을 목표로 하여 심신을 육성하는 것이다. 본 교재에서 다루는 질병인 감염병은 전염병과 동의어이다.

(1) 질병 발생 요인

① 병인(감염원) : 병원체, 병원소를 포함하는 모든 감염원으로서 질병을 일으키는 데 직접적인 원인이 된다.

> **tip** 감염원은 병원체나 병독을 직접 인간에게 가져오는 수단이 될 수 있다.

② 환경(감염경로) : 감염경로, 즉 병원체의 전파 조건이 되는 모든 환경요인이다. 이는 인간이 살아가는 시·공간으로서 병인과 숙주 사이에서 지렛대 역할을 한다. 건강과 질병에 많은 영향을 준다.

감염경로		증상
직접감염	피부접촉	성병, 공수병, 서교증 등
	공기감염(비말)	눈, 호흡기 등
간접감염	비말, 포말	디프테리아, 성충열, 인플루엔자, 결핵, 백일해 등
	개달물 (비활성 전파매개체)	물, 우유, 공기, 토양, 의복, 침구, 서적, 완구 등의 개달물
	수인성	이질, 콜레라, 장티푸스, 파라티푸스 등
	절족동물(매개)	벼룩, 이, 진드기, 파리, 모기 등
	토양	파상풍, 보툴리누스, 구충 등
	진애	디프테리아, 결핵, 두창, 발진티푸스 등

③ 숙주(감수성) : 질병을 받아들이는 인간을 말하며, 유병률은 사람에 따라 다르다.

감염병 요인	생성요인	경로
병인 (감염원)	병원체	세균, 바이러스, 리케차, 기생충, 곰팡이 등
	병원소	환자, 감염자, 보균자(건강·병후), 토양, 가축(소, 돼지, 개, 쥐) 등
환경 (감염경로)	병원소로부터 병원체 이탈	호흡, 소화, 비뇨기계, 기계적 이탈 등
	전파·숙주 잠입	직·간접적 전파, 공기, 물, 식품, 절지동물에 의한 전파수단이 되는 모든 환경요인
숙주 (감수성)	감수성	숙주가 병원체에 대한 저항력 또는 면역이 있거나 없는 상태

(2) 병원체 관련 질병

> ● **감염병의 신고 규정**
> • 발생 감염병 환자의 신고는 소재지 관할 보건소장에게 신고한다.
> • 감염병 예방법상 제1군부터 제4군 감염병은 발생 '즉시' 신고한다.
> • 감염병 예방법상 제5군 및 지정 감염병의 경우 발생 7일 이내에 신고해야 한다.

① 병인

㉠ 병인(병원체)

병 인		관련 질병	비 고
세균	간균	콜레라, 이질(세균, 아메바성), 장티푸스, 파라티푸스, 파상풍, 웰슨병, 페스트, 결핵, 나병, 디프테리아 등	질병을 일으키는 병원체
	구균	성홍열, 수막구균성 수막염, 백일해, 폐렴, 매독, 임질, 연성하감 등	
	나선균	매독균, 렙토스피라증, 희귀열 등	
바이러스		폴리오, 감염성 감염, 트라코마, 일본뇌염, 두창, 홍역, 유행성 이하선염 등	
리케차		발진열, 발진티푸스, 양충병, 쯔쯔가무시증 등	
스피로헤타		매독, 재귀열, 와일씨병, 서교증 등	
원충성		아메바성 이질, 말라리아, 질 트리코모나스 등	
후생동물		회충, 요충, 십이지장충 등	
진균(사상균)		곰팡이, 무좀, 칸디다 곰팡이증 등	

㉡ 병인(병원소)

병 인	병원소	관련 질병	비 고
사람	환자 병원소	은닉환자, 간과환자, 전기구환자, 현성환자 등	병원체가 생활하고 증식하며 계속해서 다른 숙주에게 전파될 수 있는 상태로 저장되는 장소
	건강 (불현성 보균자)	디프테리아, 폴리오, 일본뇌염 등 (증상이 없으면서 균을 보유하고 있는 자로서 보건관리가 가장 어려움)	
	잠복기 (발병 전 보균자)	디프테리아, 홍역, 백일해 등 (증상이 나타나기 전에 균을 보유하고 있는 자)	
	병후 (만성회복기보균자)	이질, 장티푸스, 디프테리아 등 (균을 지속적으로 보유하고 있는 자)	

요인		침입 경로	관련 질병	비고
동물	소		파상열, 결핵, 탄저병 등	–
	개		광견병(공수병)	
	돼지		살모넬라증, 파상열, 탄저병 등	
	말		탄저병, 살모넬라, 일본 뇌염 등	
	쥐		페스트, 살모넬라, 와일씨병, 서교증, 발진열 등	
	고양이		살모넬라증, 서교증, 톡소플라마스증 등	
	토끼		야토증	
곤충	파리		콜레라, 이질, 장티푸스, 결핵, 파라티푸스, 트라코마 등	흡열, 피부, 외상을 통해서 감염
	모기		일본뇌염, 말라리아, 뎅기열, 황열 등	
	이		발진티푸스, 재귀열 등	
	벼룩		페스트, 발진열 등	
	바퀴벌레		콜레라, 이질, 장티푸스 등	
	빈대		재귀열	
	진드기		야토병	
토양	흙, 먼지, 토양		파상풍	–

② 환경(병원소로부터 병원체 이탈, 전파, 숙주잠입)

요인	구분	침입 경로	관련 질병	비고
환경 (감염경로)	병원소로부터 병원체 이탈	호흡기계	결핵, 나병, 두창, 디프테리아, 성홍열, 수막구균성 수막염, 백일해, 홍역, 유행성 이하선염, 폐렴 등	• 비말 또는 비말핵 흡입이다. • 기침, 재채기, 담화 등은 호흡기를 통해 탈출한다.
		소화기계	콜레라, 세균성 이질, 장티푸스, 파라티푸스, 폴리오, 감염성 간염, 파상열 등	• 경구 침입, 소화기계 질병으로서 주로 분변을 통해 탈출한다.
		피부 직접 접촉 (성기점막피부)	매독, 임질, 연성하감 등	• 성전파 질환이며 주로 소변이나 분비물을 통해 탈출한다.
		피부기계 (점막피부)	트라코마, 파상풍, 웰슨병, 페스트, 발진티푸스, 일본뇌염 등	• 흡혈 시 탈출 발열, 발진, 근육통을 일으킨다.
		기계적 탈출	말라리아	• 이, 벼룩, 모기 등 흡혈성 곤충에서 탈출한다.
		개방병소	나병(한센병)	• 농양, 피부병 등의 병변 부위에서 직접 탈출한다.

환경 (감염경로)	전파	직접접촉	비말(포말)감염	결핵, 디프테리아, 백일해, 성홍열, 인플루엔자 등	• 비말(타액) : 대화, 기침, 재채기 등을 통해 접촉된다. • 포말 : 눈, 호흡기 등을 통해 접촉된다.
		간접접촉	진애감염	결핵, 두창, 디프테리아, 발진티푸스 등	• 공기를 통해 전파된다.
			수질감염	이질, 콜레라, 장티푸스, 파라티푸스 등	• 물, 식품을 통해 전파된다.
			토양감염	파상풍균, 비탈저균 등	• 토양을 통해 전파된다.
			경구감염	세균성 이질, 아메바성 이질 등	• 환자, 보균자의 분뇨를 통해 배출된 병원체가 식품에 오염 경구적으로 침입한다.
			경피감염	파상풍, 양충병, 광견병 등	• 토양이나 퇴비접촉과 교상에서 전파된다.
			개달감염	결핵, 트라코마, 두창, 비탈저, 디프테리아 등	• 수건, 의류, 서적, 인쇄물 등의 개달물에 의해 감염된다.

※ 전파는 병원체가 병원소로부터 탈출하여 새로운 숙주에 침입하는 것이다.

③ **숙주(면역성과 감수성)** : 병원체가 숙주인 인체 내에 침입하여 발생되는 것으로 감염균에 대하여 자기방어 능력과 저지할 수 있는 환경에 의해 다르게 나타난다.

㉠ 감수성 : 숙주 체내에 병원체 침입 시 감수성이 있으면 감염 또는 발병이 일어난다.

내용	질병(단위%)
감수성지수 (접촉감염지수)	두창(95%), 홍역(95%), 백일해(60~80%), 성홍열(40%), 디프테리아(10%), 폴리오(0.1% 이하)

㉡ 면역성 : 숙주 체내에 침입하는 병원체에 대해 절대적인 방어(저항력)로서 선천면역과 후천면역으로 분류된다. 선천은 종속, 인종, 개인 특이성의 면역형태를 갖추며, 후천은 능동과 수동으로 구분된다. 이들 각각은 자연능동(수동), 인공능동(수동)으로 구분된다.

종류	면역형태	항체형성	항목(방법)	질병
선천면역	종속저항력, 인종저항력, 저항력의 개인차(자기방어능력)			

후천면역	능동면역	자연능동면역	질병이환 후 영구면역	두창, 홍역, 수두, 콜레라, 백일해, 성홍열, 페스트, 장티푸스, 발진티푸스, 유행성 이하선염
			불현성 감염 후 영구면역	일본뇌염, 소아마비
			질병이환 후 약한 면역 형성	폐렴, 디프테리아, 인플루엔자, 세균성 이질, 수막구균성 수막염
			감염 면역만 형성	매독, 임질, 말라리아
		인공능동면역	생균백신	두창, 탄저, 결핵, 홍역, 광견병, 폴리오
			사균백신	백일해, 콜레라, 폴리오, 일본뇌염, 장티푸스, 파라티푸스
			순화독소	파상풍, 디프테리아
	수동면역	자연수동면역	모체로부터 태반이나 수유를 통해서 항체를 받는 면역	
		인공수동면역	회복기 혈청, 면역 혈청, 감마글로블린(γ-globulin) 등을 주사하여 항체를 받는 면역	

(3) 질병 관리방법

① **전파 예방** : 병원소를 제거함으로써 질병의 전파를 예방한다.
  ㉠ 사람과 동물이 병원소가 되는 인수 공통 감염병의 감염원이 되는 환축을 제거한다.
  ㉡ 사람 병원소에 관여하는 수술 약물요법을 통해 환자 또는 보균자를 없애도록 한다.
② **감염력 감소(면역 증강)** : 적절한 치료를 통해 완전한 치유로부터 감염력을 감소시킨다.
③ **병원소의 격리(환자 관리)** : 병원체를 운반하는 환자 격리 또는 환축 격리를 말하며, 격리에 요구되는 필요한 기간을 결정한다. 외래 감염병의 국내 침입 방지 수단으로서 질병 유행 지역의 감염 의심 사람 또는 환축이 있는 경우 강제 격리를 취한다.

> ● **검역**
> • 해외에서 전염병이나 해충이 들어오는 것을 막기 위해 공항과 항구에서 하는 일들을 통틀어 이르는 말이다.
> • 자동차, 배, 비행기, 화물 등을 점검하고 소독하며, 여객들에게 예방주사를 접종하거나 병이 있는 사람을 격리시킨다.

3 법정 감염과 검역 질병

(1) 법정 감염병

군(종)	관련 질병	신고 주기	비고
제1급 감염병 (17종)	에볼라바이러스병, 마버그열, 라싸열, 크리미안콩고출혈열, 남아메리카출혈열, 리프트밸리열, 두창, 페스트, 탄저, 보툴리눔독소증, 야토병, 신종감염병증후군, 중증급성호흡기증후군(SARS), 중동호흡기증후군(MERS), 동물인플루엔자 인체감염증, 신종인플루엔자, 디프테리아	발생 또는 유행 즉시	생물테러감염병 또는 치명률이 높거나 집단 발생의 우려가 크고, 음압격리와 같은 높은 수준의 격리가 필요한 감염병
제2급 감염병 (21종)	결핵, 수두, 홍역, 콜레라, 장티푸스, 파라티푸스, 세균성이질, 장출혈성대장균감염증, A형간염, 백일해, 유행성이하선염, 풍진, 폴리오, 수막구균 감염증, b형헤모필루스인플루엔자, 폐렴구균 감염증, 한센병, 성홍열, 반코마이신내성황색포도알균(VRSA) 감염증, 카바페넴내성장내세균속균종(CRE) 감염증, E형간염	발생 또는 유행 시 24시간 이내에 신고	전파가능성을 고려하고, 격리가 필요한 감염병
제3급 감염병 (26종)	파상풍, B형간염, 일본뇌염, C형간염, 말라리아, 레지오넬라증, 비브리오패혈증, 발진티푸스, 발진열, 쯔쯔가무시증, 렙토스피라증, 브루셀라증, 공수병, 신증후군출혈열, 후천성면역결핍증(AIDS), 크로이츠펠트-야콥병(CJD) 및 변종크로이츠펠트-야콥병(vCJD), 황열, 뎅기열, 큐열, 웨스트나일열, 라임병, 진드기매개뇌염, 유비저, 치쿤구니야열, 중증열성혈소판감소증후군(SFTS), 지카바이러스 감염증	발생 또는 유행 시 24시간 이내에 신고	발생을 계속 감시할 필요가 있는 감염병
제4급 감염병 (23종)	인플루엔자, 매독, 회충증, 편충증, 요충증, 간흡충증, 폐흡충증, 장흡충증, 수족구병, 임질, 클라미디아감염증, 연성하감, 성기단순포진, 첨규콘딜롬, 반코마이신내성장알균(VRE) 감염증, 메티실린내성황색포도알균(MRSA) 감염증, 다제내성녹농균(MRPA) 감염증, 다제내성아시네토박터바우마니균(MRAB) 감염증, 장관감염증, 급성호흡기감염증, 해외유입기생충감염증, 엔테로바이러스감염증, 사람유두종바이러스 감염증	7일 이내	제1~3급감염병 외에 유행 여부를 조사하기 위하여 표본 감시 활동이 필요한 감염병

4 침입 경로에 따른 질병

경로	관련 질병	병원체(소)/전파	침입	증상
소화기계 (7종)	장티푸스	환자나 보균자(분뇨)	경구	고열
	콜레라	환자	배변, 토사물	위장 장애
	세균성 이질	환자	경구 (파리, 위생 불량의 분변)	발열, 구토, 경련 등
	폴리오	환자	인두 분비물, 비말 산포로 감염	중추신경계 손상
	파라티푸스	환자(보균자)	대소변	고열, 위장염, 식중독과 혼동
	장출혈성 대장균 감염증	소, 가금류, 대변	오염된 식품(물)	오심, 구토, 복통, 미열 등
	유행성 간염	환자	오염된 식품(물), 경구 감염	급성 감염 (바이러스성)
호흡기계 (7종)	디프테리아	환자, 보균자 배설물	인후·코 – 국소적 염증	신경조직 장애
	백일해	환자	체외 독소 분비 직접접촉 비말, 환자 배설물	발작성 기침, 구토 등
	홍역	환자	공기감염 – 환자와의 접촉	열, 전신발진 등
	인플루엔자	환자	비말, 포말 감염	발열, 오한, 근육통, 사지통 (급성 호흡기 감염병) 등
	풍진	환자	비말, 환자와의 접촉	얼굴, 목 등에 홍역(홍진) 등
	수두	환자	비말, 공기 전파, 사람 피부 분비물	발진, 미열 등
	성홍열	환자나 보호자 손	간접 전파	발열, 인후염, 편도선염, 경부임파선 등

절족동물 매개 감염병 (7종)	페스트	벼룩(매개)	경피(흡혈, 상처)	패혈증, 임파선, 폐렴 등
	발진티푸스	집쥐 / 쥐벼룩(매개)	경피(흡혈, 상처)	발열, 근육통, 정신신경 증상, 발진 등
	말라리아	환자나 보균자 / 모기(매개)	경피(흡혈, 상처)	발열 수반, 오한 등
	유행성 일본뇌염	들쥐 / 모기(매개)	경피	뇌에 염증
	유행성 출혈열	들쥐 / 좀 진드기(매개)	들쥐 배설물과 좀 진드기 오염물	심한 각혈, 위장출혈, 혈뇨, 단백뇨 등을 발현
	발진열	쥐 / 쥐벼룩	쥐벼룩 대소변 및 분진이 상처로 접촉되거나 흡입	발열, 발진 등
	쯔쯔가무시병	좀 진드기	노출된 피부, 물린 상처	고 출혈성 질환 등
동물 매개 감염병 (4종)	공수병	포유동물 – 개, 고양이 / 사람(교상)	교상 / 사람	물소리 등에 발작증세
	탄저	소, 말, 양	경피 감염	급성패혈증
	브루셀라	소, 돼지, 말, 양, 개	환자 배설물 (직접접촉)	발열, 오한, 발한, 권태 쇠약 등
	렙토스피라증	들쥐 / 경피 감염	들쥐 배설물 – 물·토양 경구 감염	급성 발열성 증상
만성 감염병 (5종)	결핵	사람, 소	호흡기(환자 기침) 객담	피로감, 발열, 각혈, 기침 등
	한센병	사람	비강분비물	피부 병변
	성병	세균, 바이러스, 원충	분비물	〈임질〉 • 남성 – 배뇨 곤란, 요도에서 고름 • 여성 – 요도염, 자궁경관염 〈매독〉 • 성기의 구진, 무통하감, 피부발진 등
	B형 간염	사람	환자 혈액, 타액, 정액	오심, 구토, 피곤감, 황달 등
	후천성면역결핍증	사람	성교, 수혈, 혈액(감염)	식욕부진, 체중감량, 발열, 만성 설사 등

※ 백일해는 소아감염병 중 가장 사망률이 높은 질병 중 하나이다.

Section 03 가족 및 노인보건

가족보건은 모자보건과 성인보건으로 구성된다. 모자보건은 모성보건과 영·유아보건으로 분류되며, 성인보건은 성인병과 여러 질환에 대하여 다루고 있다. 노인보건에서는 고령화 사회에서 예측되는 노인 질병 구조단계인 생리적, 신체적, 기질적 변화에 대해 모색하고자 하였다.

1 가족보건

(1) 모자보건

모자보건 사업은 모체와 영·유아에게 보건의료 서비스를 제공하여 모성 및 영·유아의 사망률을 저하시키고 나아가 대상자의 건강 증진에 기여하는 데 있다.

① **모자보건의 중요성** : 한 국가나 지역사회의 보건수준을 제시하는 지표로 사용되고 있다.

② **모자보건의 지표**

구분	지표 내용
모성사망률	임산부의 산전, 산후관리 수준을 반영하는 지표이다.
영아사망률	지역사회의 보건수준을 표시하는 대표적 지표이다.
성비	남녀 간의 비율을 뜻한다.
시설분만률	보건의료기간 등의 시설에서 분만하는 비율을 뜻한다.

(2) 영·유아보건

태아 및 신생아, 영·유아기의 보건관리를 영·유아 보건관리라 한다.

● **영·유아의 분류**
- 초생아 : 출생 1주 이내
- 영아 : 출생 1년 이내
- 신생아 : 출생 4주(1개월) 이내
- 유아 : 만 4세 이하

① **영·유아의 보건관리**

종류	관리 내용
미숙아 관리	• 미숙아는 임신기간 37주 미만에 체중 2.5kg 이하로 태어난 아이로 반드시 입원시켜 체온 보호, 호흡관리, 영양 보급에 힘쓰고 질병 감염 등을 방지시켜야 한다.
신생아 관리	• 미숙아, 호흡장애, 출생 시 손상 및 선천성 기형 등 발생 원인을 규명하지 못하는 것으로 신생아 사망의 대부분은 여기에 속한다.
영·유아 관리	• 생리적 발육을 위해 영양 공급, 예방접종 및 사고 예방, 정서 지도 등의 관심이 요구된다.

② 영·유아의 주요 질병

영·유아기는 호흡기나 소화기계 감염 및 사고가 대부분이나 선천성 기형이 일부 작용한다.

(3) 성인보건

경제성장과 소득증대에 따른 생활 수준의 향상은 감염성 질환의 발생을 감소시켰으나 성인병(비감염성 질환)은 꾸준히 발생하고 있다. 이에 노화현상과 다른 성인의 질환(성인병)이나 건강문제에 관한 관리는 보건학의 중요한 당면과제이다.

① 성인병의 개념

　㉠ 질병 자체가 영구적인 기간을 가진다.
　㉡ 재활을 위한 훈련이 특수하게 요구된다.
　㉢ 병적으로 불가역적인 변화를 하는 질병이다.
　㉣ 병적 후유증으로 무능력 또는 불구상태를 가진다.
　㉤ 장기간에 걸쳐 지도 및 관찰이 요구되는 질환이다.
　㉥ 기능장애에 따른 전문적인 관리가 요구되는 질환이다.

② **성인병의 정의** : 성년기 이후에 발병되는 성인병은 노화와 더불어 발생될 수 있는 만성·퇴행성 질환, 불구, 무능력 상태, 기능장애 등으로서 비감염성 질환이다.

③ **성인병의 종류**

우리나라 90년대 중반 이후 성인병이라 할 수 있는 암, 고혈압, 당뇨병, 심혈관 질환 등을 위주로 살펴보고자 한다.

　㉠ 암
　　• 최근 우리나라 제1의 사망 원인으로 암 사망률의 순서(2002)는 위암 → 폐암 → 간암 → 대장암 순이다.
　　• 증상(미국 암학회 참조)
　　　– 변통, 배뇨가 이상하다.　　　　　　– 궤양이 잘 낫지 않는다.
　　　– 계속되는 기침과 쉰 목소리를 낸다.　– 이상 출혈 및 분비물이 자주 보인다.
　　　– 사마귀 또는 검은 반점의 변화가 보인다.
　　　– 기타 피로, 무기력, 체중 감소 등의 일반증상이 나타난다.
　　　– 유방 내 또는 그 밖의 부위에서 덩어리 촉지 또는 비후가 만져진다.
　㉡ 고혈압 : 순환기 계통이 원인인 성인병으로서 만성 퇴행성 질환이다.

> **tip** 우리나라의 순환기 학회에서 규정한 혈압의 정상 범위는 최고 혈압 140mm/Hg, 최저 혈압 90mm/Hg 이하이다.

- 세계보건기구 혈압상태 규정(단위 : mm/Hg)

구분	저혈압	고혈압	경계혈압	정상혈압
최고혈압 (수축기)	100 이하	160 이하	140~160	140 이하
최저혈압 (이완기)	60 이하	95 이하	90~95	90 이하

- 원인 : 고혈압의 원인은 복잡하고 분명하지 않다.
  - 본태성 고혈압(1차성) : 다른 병과는 관계없이 발병, 고혈압의 85~90%를 차지한다.
  - 속발성 고혈압(2차성) : 다른 병의 합병증으로 발병, 고혈압의 10~15%를 차지한다.
- 증상 : 두통, 자고 난 후 뒷머리가 아프다. 어지럽고 숨이 차며 피로하고 코피가 난다. 귀에서 소리가 나고, 팔다리가 저리고, 눈이 침침해지는 등 여러 가지 증상이 나타난다.

ⓒ 당뇨병 : 당뇨는 요중에서 포도당이 나온다는 것, 즉 단소변이 많이 나오는 병이란 뜻으로 명명되었다.
- 원인 : 발생 원인에 따른 분류
  - 인슐린 의존형(제1형) 당뇨병 : 유아기 또는 청소년기에 주로 발생된다. 췌장에서 인슐린을 만들지 못하기 때문에 발생한다.
  - 인슐린 비의존형(제2형) 당뇨병 : 췌장의 인슐린 분비는 정상 수준이나 비만 등의 이유로 체내 인슐린 요구량이 증가되지만 충분히 공급하지 못하여 발생된다. 당뇨병 환자의 80% 이상으로서 주로 40대 이후에 발생된다.
- 진단방법 : 요당 및 혈당검사 방법이 보편적인 진단방법이다.
  - 요당검사 시 : 시험지가 붙어있는 스틱을 소변에 담갔다가 바로 꺼낸 후 지정시간이 경과되어 결과를 판독하면 혈당치 180mg/dℓ 이상인 경우에만 발견된다.
  - 혈당검사 시 : 혈당측정기계로 자가측정이 일반화되었다.
    아침 공복 시에 정맥 혈당치가 140mg/dℓ 이상일 때 당뇨병이라 할 수 있다. 포도당 75g을 300cc의 물에 타서 마신 후 2시간 뒤에 200mg/dℓ를 넘었을 때도 당뇨병이라 할 수 있다.
- 증상과 합병증 : 다뇨, 다음, 다식, 체중 감소, 피로감, 권태감 등이 나타난다. 시력장애, 망막증, 신경통, 지각장애, 부스럼, 피부소양증, 폐렴, 질염, 종기, 동맥경화, 협심증, 고혈압 등의 합병증 증상이다.

④ 성인병 예방대책
ⓐ 식생활을 개선한다.
ⓑ 규칙적인 운동을 한다.
ⓒ 음주와 흡연을 삼간다.
ⓓ 충분한 수면과 휴식을 취한다.
ⓔ 긍정적인 생산활동에 참여한다.
ⓕ 시간활용에 따른 여가활동을 적절히 보강한다.

2 노인보건

인간발달 단계에서 생리적, 기질적, 신체적으로 위기를 갖는 노년기에는 뇌의 위축과 성인병의 만성화로 인해 정신적 변화가 심각하다.

① 노인보건의 목표

만성 퇴행성 병변을 일으키는 여러 가지 요건을 연구하여 가능한 한 그 영향을 적게 받도록 함으로써 인간을 형태적, 기능적으로 젊게 유지하는 데 있다.

② 노화현상

㉠ 노화 현상은 개인차가 크고 유전적 요인보다 환경적 요인이 크게 작용한다. 즉 과로, 음식물, 영양, 음주, 생활양식, 질병 감염, 운동량, 활동량 등에 따라 영향을 받게 된다.

㉡ 노화현상 중 가장 뚜렷이 나타나는 것은 전신위축, 색소침착, 혈관의 탄력성 감퇴 등이다.

③ 노화의 배경

노화는 내·외적 환경에 의해 발생되는 기능의 쇠약함과 사회, 경제, 환경 등의 변화에 따른다.

㉠ 내적 기능의 변화
- 생리적 : 운동기능, 대사기능, 신경기능, 내분비기능 등의 변화가 있다.
- 정신적 : 기억력, 심리적 불안, 우인(교우)관계, 가족관계 등의 변화가 있다.

㉡ 외적 기능의 변화 : 지식, 영양, 노동환경의 변화 등이 있다.

④ 노화 예방

체력의 약화로 면역력과 정신기능이 떨어짐에 따라 체력 유지를 위한 방법과 몸을 보양할 수 있는 영양관리는 40세 전후의 건강관리로부터 시작된다.

㉠ 정기적으로 건강진단을 받는다.
㉡ 식습관을 개선하고, 알맞은 운동을 꾸준히 한다.
㉢ 육체적 노동을 한 만큼 휴식시간을 가진다.
㉣ 감정적 자극을 감소시키고, 취미생활을 한다.

Section 04 | 환경보건

현대 환경위생은 개인위생뿐 아니라 지역사회 전체 주민을 대상으로 생활환경을 개선하고 도모한다.

1 환경위생의 개념

(1) 환경위생의 정의

① 세계보건기구(환경위생전문위원회)의 정의 : 인간의 신체 발육과 건강 및 생존에 유해한 영향을 미치거나 미칠 가능성이 있는 모든 환경 요소를 관리하는 것이다.

② 우리나라(환경보전법)의 정의 : 자연환경과 인간의 일상생활과 밀접한 관계가 있는 재산의 보호 및 동·식물의 생육에 필요한 생활환경을 말한다.

> ● 환경위생]
> - 공기 : 기온, 기습, 기류, 기압, 매연, 가스 등
> - 토지 : 지온, 지균 등
> - 물 : 강수, 수량, 수질, 지표수, 지하수 등
> - 기타 : 빛, 소리 등

(2) 환경위생의 범위

환경 구분	위생의 범위
자연적	• 우리 생활에 필요한 물리적 환경이다. ⑩ 공해(대기, 수질, 소음, 진동, 악취, 일조권 방해 등), 토양오염, 상·하수 등
사회적	• 우리 생활에 직·간접으로 영향을 주는 환경이다. ⑩ 정치, 경제, 종교, 인구, 교통, 교육, 예술 등
인위적	• 외부의 자극으로부터 인간을 보호하는 환경이다. ⑩ 의복, 식생활, 주택, 위생시설 등
생물학적	• 동·식물, 미생물, 설치류, 위생 해충(파리, 모기) 등이 갖는 환경이다.

2 환경위생의 분류

(1) 물리·화학적 환경

인간의 건강은 환경의 영향과 밀접한 관계를 맺고 있다. 따라서 인간을 둘러싸고 있는 환경을 물리·화학적, 인위적 환경 등으로 분류하여 살펴보고자 한다.

① 대기(공기)오염

㉠ 공기 : 공기의 99%가 질소와 산소로 구성되어 있으며, 나머지 1%는 화학 성분으로 구성되어 있다. 공기

성분은 질소(78%), 산소(21%), 아르곤(0.93%), 이산화탄소(0.03%), 기타(0.04%) 등이다. 희석작용, 산화작용, 교환작용, 세정작용을 통해 자정을 한다.

> **tip** 공기는 대기의 하부층으로 구성된 기체로서 주로 해발 10km 내의 공간에서 측정한다.

- 질소(N_2) : 공기 중의 약 78%를 차지한다. 공기 중의 산소를 부드럽게 하는 작용을 한다. 고기압 환경이나 감압 시에는 감압병(잠함병)을 나타낸다.
  ※ 부족 시 중추신경 증상으로서 전신의 동통과 신경마비, 보행 곤란 등을 나타낸다.
- 산소(O_2) : 산소는 공기 구성성분 중 가장 중요한 성분이다.
  ※ 산소량 10% 이하 시 호흡곤란을 일으킨다. 산소량 7% 이하 시 질식사한다.

> **tip** 성인 1일 산소 소비량은 0.52kℓ/day이다.

- 이산화탄소(CO_2) : 성인은 호기 중에서 약 4%의 CO_2를 배출한다. 무색, 무취, 비독성 가스이며, CO_2 중독은 거의 없다. 최대 허용량(서한량)은 8시간 기준으로 700~1,000ppm(0.07~0.1%)이다.

CO_2 농도	공기 중에서 증상
3% 이상	불쾌감
6% 이상	호흡횟수 증가
8% 이상	호흡곤란
10% 이상	의식상실 또는 사망

> **tip** CO_2는 실내공기의 오염이나 환기 유무를 결정하는 척도이며, 한 사람이 1시간에 약 20ℓ의 CO_2를 배출한다.

- 일산화탄소(CO) : 무색, 무취, 무자극성 기체이며 독성이 크고, 비중 0.976으로 공기보다 가볍다. 불완전 연소 시 많이 발생한다(불에 타기 시작할 때 또는 꺼질 무렵 다량 발생). 일산화탄소가 호흡을 통해 흡입되면 혈액 내 헤모글로빈과 결합(Hb-CO)한다. 이때 헤모글로빈과의 친화성은 산소에 비해 250~300배 강하다. 최대 허용량은 8시간 기준으로 100ppm(0.01%)이다.

헤모글로빈 결합	공기포화도에서의 증상
10%	공기 중에 10% 미만이어야 함
30~40%	심한 두통, 구토현상
50~60%	혼수, 경련, 가사 상태
80% 이상	즉사

| tip | 일산화탄소 중독(산소결핍증) : 헤모글로빈(Hb)의 산소결합 능력을 빼앗아 혈중 산소(O_2) 농도를 저하시킨다. |

- 아황산가스(SO_2) : 피부, 점막, 기관지 등을 자극한다. 최대 허용량(서한량)은 연간 기준으로 0.05ppm이다. 무색으로서 공기보다 무거우며, 자극성의 취기가 강하다. 도시공해 요인으로 자동차 배기가스, 공장 매연에서 다량 배출된다.

| tip | 대기오염의 지표가 되며 산성비의 원인이 된다. |

- 오존(O_3) : 살균작용($O_3 = O_2 + O\uparrow$)을 한다. 10ppm에서는 권태감을 주며 폐렴 증세를 일으킨다. 지상 25~30km(성층권)에 있는 오존층은 자외선 대부분을 흡수한다.

| tip | 일상생활에서 사용되는 프레온 가스(냉장고, 에어컨, 스프레이 등의 사용)가 오존층을 파괴하는 주범이 된다. |

ⓒ 기후와 온열요소 : 어떤 장소에서 매년 반복되는 대기현상의 종합된 현상을 기후라 하며 기온, 기습, 기류가 대표적인 기후요소이다.

| tip | 기후의 3대 요소는 기온, 기류, 기습이다. |

● **기후요소**
기온, 기습, 기류, 기압, 풍향, 풍속, 강우, 강설, 복사량, 일조량 등

● **기후인자** : 기후요소에 영향을 미치어 기후변화를 일으키는 인자이다.
위도, 해발, 고도, 수륙분포, 해류 등

기후(3대요소)	적정조건
기온	• 보통 수은 온도계를 사용하여 지상 1.5m 높이에서 측정한다. • 쾌적온도 : 18 ± 2℃
기습	• 기온에 따라 달라지는 습도는 인체에 적당하게 작용되면 쾌적함이 느껴진다. • 쾌적습도 : 40~70% • 실내습도가 너무 건조하면 호흡기계 질병에, 너무 습하면 피부계 질환에 노출되기 쉽다.
기류	• 기압과 기온의 차이에서 형성되는 기류는 바람이라고도 하며, 바람의 세기를 풍속 또는 풍력이라고 한다. • 쾌적 기류 : 실내 0.2~0.3m/sec, 실외 1m/sec

- **실내의 기류가 0.5m/sec일 때**
  - 신체 방열 작용을 한다.
  - 항상 존재하나 느끼지 못하는 불감기류이다.
  - 자연환기가 이루어진다.

- 온열요소 : 태양의 복사선은 대기층을 통과하면서 일부는 대기에 의해서 흡수된다. 실제 지구 표면에 도달하는 태양광선은 가시광선(약 45%), 자외선(약 10%), 적외선(약 45%), 복사선(2,900~5,000Å) 등이다.

- **의복에 의해 조절되는 기온**
  - 10℃ 이하에서는 난방이 요구된다.
  - 10~26℃로서 머리와 다리의 온도 차는 2~3℃ 이상이어야 한다.
  - 26℃ 이상에서는 냉방이 필요하다.

ⓒ 대기오염의 유형
- 온난화 현상 : 지구의 온실효과가 지나쳐서 지구 전체의 온도가 과도하게 상승하는 현상이다.
- 오존층 파괴 : 지상의 자외선 증가는 대류권의 오존량을 증가시켜 스모그를 발생시킨다. 성층권(지상 25~30km)의 오존층을 파괴시키는 프레온 가스(미국 듀폰사 상품명)는 산업계에 폭넓게 사용되고 있는 대표적 가스이다. 이는 냉매, 발포제, 분사제, 세정제 등으로서 염소와 불소를 포함한 염화불화탄소(CFC)를 주성분으로 한다.
- 산성비 : 대기오염이 심한 지역에서 강한 산성을 띤 산성비가 내린다. 산업폐기물을 공장에서 배출하는 매연, 분진 등의 황산화물이나 질소산화물 등의 원인물질 배출을 최소화해야 한다.
- 기온역전(역전층) : 상부 기온이 하부 기온보다 높아지면서 공기의 수직 확산이 일어나지 않으므로 대기가 안정되지만 오염도는 심해진다.

- **대기오염 증가요인**
  - 풍력이 낮을수록
  - 연료소모가 많을수록
  - 인구의 증가와 집중현상이 클수록
  - 기온이 낮을수록
  - 주민의 관심이 낮을수록
  - 산업장의 집결과 시설 확충이 클수록

② 수질오염

㉠ 수질(물) : 개요 : 모든 생물의 생명현상에 반드시 물이 필요하다. 왜냐하면 인체 내 음식물의 소화, 흡수, 운동, 배설, 호흡, 순환, 체온조절 등과 같은 생리작용에 이용되기 때문이다. 인체의 60~70%가 수분으로서 이 가운데 세포 내(40%), 조직 내(20%), 혈액 내(5%)에 존재하는데, 20% 이상 수분상실 시에는 생명이 위험하다.

tip	성인 1일 기준 수분섭취량 : 약 2~2.5ℓ / day

- 음용 기준(색도) : 5도(무색 투명, 무미, 무취)

> ● 경도(물의 단위)
> - 물속에 녹아있는 Ca^{2+}, Mg^{2+}의 총량을 탄산칼슘($CaCO_3$)의 양으로 환산하여 표시한다.
> - 경도 1도에는 물 1mℓ에 탄산칼슘이 1g 함유되어 있음을 나타낸다.
> - 경수(센물) : 경도 10 이상의 물로서 Ca, Mg이 많이 포함되어 있다.
>   – 우물물, 지하수가 대표적인 물이며 세탁, 세발 등에는 부적합하다.
> - 연수(단물) : 경도 10 이하의 물로서 수돗물이 대표적이며 세발, 세탁, 음용 등이 가능하다.
> - 수돗물이 경도가 높으면 소독제와 불활성 효과, 즉 침전 상태가 될 수 있으므로 주의해야 한다.

- 불소 : 2.0mg/ℓ를 넘지 아니한다.
- 탁도 : 2도 이하이어야 한다.
- 수온 이온 농도 : pH 5.5~8.5이다.
- 염소 이온 : 250mg/ℓ 이하이다.
- 수은(Hg) : 0.001mg/ℓ를 넘지 아니한다.
- 대장균 : 100mℓ 에서 검출되지 않아야 한다.
- 일반 세균 : 1cc 중 100CFU(Colony Forming Unit) 이하가 검출되어야 한다.
- 물의 소독 : 열처리법, 자외선 소독법, 오존 소독법, 염소 소독법 등이 있다.

소독제 종류	장점	단점
염소 소독	• 잔류 효과가 크고 조작이 간편하다. • 비용이 적게 들어 경제적인 소독법이다. • 살균 효과가 우수하며 가장 많이 이용된다. • 상수 소독제는 액화염소 또는 이산화염소를 주로 사용한다.	• 독성이 있다. • 강한 취기가 있다. • 바이러스는 사멸시키지 못한다.
오존 소독	• 세균, 바이러스를 사멸시킨다. • 강한 표백작용을 한다. • 무미, 무취, 무색의 기체로서 산화력이 강하다. – 유해 잔류물을 남기지 않는다.	• 비용이 많이 든다. – 복잡한 오존발생 장치를 요구하기 때문이다.
자비 소독 (습윤멸균법)	• 가정에서 소독 시 많이 사용한다. • 100℃ 끓는 물에서 10~30분 이상 가열한다.	• 열 저항성 아포, B형 간염 바이러스, 원충의 포낭형 등은 사멸시키지 못한다.
자외선 소독	• 살균력이 매우 강하다. – 자외선(2,650~3,000Å)은 수심 120mm까지 살균효과가 있다.	• 자외선 침투력이 약해 외부 이물질과 먼지 등의 요인에 의해 감소된다.

- 물의 정수법 : 물의 정수법에는 자정정수작용, 인공정수, 침전(보통·약물)법, 여과(완속·습사)법 등이 있다.
  - 물의 자정작용 : 희석작용, 침전작용, 일광 내 자외선에 의한 살균작용, 산화작용, 생물의 식균작용 등이 있다.
  - 인공정수 방법

순서	침전 → 여과 → 소독
완속사 여과	보통침전법을 사용한다.
급속사 여과	약물침전법을 사용한다.

ⓒ 수질오염 및 오탁
- 유해 금속질병의 감염원 : 산업폐수에서 유출되는 유해물질로서 각종 중독성 질환을 야기한다[( )은 원인물질].

병 명	증 상
미나마타병 (Hg)	• 수은이 인체에 축적되어 발생되며, 태아에게도 전이된다. • 인근 공장폐수로부터 오염된 어패류 섭취 시, 신경장애, 언어 및 청력장애 등이 발병된다.
이타이이타이병 (Cd)	• 카드뮴 중독, 골연화증 등을 유발시킨다. • 논의 용수 속에 카드뮴 오염수가 유입되어 생산된 쌀 섭취 시 발병된다.
비소 (As)	• 밀가루와 같은 금속성분으로서 농약이나 천가물을 통해 섭취 시 구토, 경련, 마비 증상이 있다.
납 (Pb)	• 빈혈, 구토, 설사와 같은 증상이 30분 이상 지속되는 납중독 증상이 있다.
그 외	• 시안(CN), 크롬(Cr^{6+}), 음이온 계면활성제(ABS) 등에 의해 발병한다.

- 수인성 질병의 감염원 : 감염성이 있는 병원체들이 물을 통하여 인체에 감염을 일으킨다. 장티푸스, 파라티푸스, 세균성 이질, 콜레라, 감염성 설사, 유행성 감염 등이다.
- 기생충 질환의 감염원 : 물과 관련된 기생충은 간디스토마, 폐디스토마, 주혈흡충, 광두열두조충, 회충, 구충 등이다.
- 수중불소와 우식치 : 특히 8~9세까지의 어린이에게 주로 발생된다.
  - 반상치 : 과다 불소 첨가물을 장기 음용 시 발생된다.
  - 우식치 : 불소량이 적은 물을 장기 음용 시 발생된다.

(2) 인위적 환경

① 주택

주택이 갖추어야 할 4대 조건은 건강성, 안전성, 기능성, 쾌적성 등과 같다.

구분	주택 조건
건강성	한적하여 교통이 편리하고, 공해를 발생시키는 공장이 없는 환경이어야 한다.
안전성	남향 또는 동남향, 서남향의 지형이 채광에 적절하다.
기능성	지질은 건조하고 침투성이 있는 오물의 매립지가 아니어야 한다.
쾌적성	지하 수위가 1.5~3m 정도로 배수가 잘되는 곳이어야 한다.

② 채광(조명)

㉠ 자연채광 : 태양광선에 의하여 실내 밝기를 유지하는 것으로 직사광선과 천공광으로 나눈다.

● 천공광(Sky Light)
창을 통하여 실내에 이용되는 자연조명을 말한다.

- 자연채광의 조건 : 창의 방향, 면적, 높이, 거실 안쪽의 길이와 함께 실내의 천장이나 벽색 등을 고려해야 한다.

구 분	채광 조건
창의 면적	벽 높이의 1/3
창의 방향	조명의 균등을 요하는 네일 숍은 동북향 또는 북창 방향
환기 면적	방바닥 면적의 1/20 이상
개각	4~5°
입사각	28° 이상

> **tip** 조도의 균등함은 눈의 피로를 없애주며, 주광률(Daylight Factor)은 1% 이상이어야 한다.

㉡ 인공채광(조명) : 조명의 색은 균등한 조도를 가진 주광색에 가까운 것이 좋다.

● 룩스(Lux)
조도의 측정 단위, 빛의 밝기 정도로, 1 Lux는 1 촉광의 빛으로부터 1m 떨어진 거리에서 평면으로 비춰지는 빛

- 조명의 종류

종류	장점	단점
직접조명	• 조명의 효율이 크다. • 설비가 간단하여 경제적이다.	• 조도가 균일하지 않다. • 강한 음영과 현휘를 일으킨다.
간접조명	• 균일한 조도에 의해 시력을 보호한다.	• 눈의 보호에 가장 좋은 조명이다. • 조명효율이 낮고 유지비가 많이 든다.
반간접조명	• 절충식으로(직접광 1/2, 간접광 1/2) 이용한다.	• 빛이 부드럽고 광선을 분산한다.
전체조명	• 실내 전체가 밝은 광원에 의해 조명된다.	• 일반 가정에서는 전체 조명으로 밝게 사용한다.
부분조명	• 정밀 작업장에 용이하다. • 특정 부분에 집중적으로 조명된다.	• 시력이 나빠질 수 있다.

- 조명의 조건 : 조도가 균일하고 적당하며, 그림자가 생기지 않고, 수명이 길고, 효율이 높아야 한다.
  - 부적절한 조명 : 근시, 안정피로, 안구진탕증, 백내장 등의 신체장애를 발생시키고 작업능률이 저하된다.
  - 적절한 조명 : 작업 능률의 향상, 정상 시력 유지, 사고 예방

> ● 상황별 적절한 조명
> • 독서 시 : 150Lux
> • 일반 작업 시 : 100~200Lux
> • 정밀 작업 시 : 300~500Lux

- 인공조명의 조건
  - 비싸지 않아야 한다.
  - 작업 시 사용되는 조도는 균등해야 한다.
  - 폭발, 발화의 위험이 없고 취급이 간편해야 한다.
  - 왼쪽 머리 위에서(좌상방) 조명이 비치는 것이 좋다.
  - 유해가스가 발생되지 않아야 한다.
  - 광원은 주황색에 가까운 간접조명이 좋다.

③ 상하수도

㉠ 상수도

- 수원의 종류 : 천수, 지표수, 지하수, 복류수, 해수 등으로 구분된다.

종류	내용
천수(비 또는 눈)	가장 순수한 물로 연수지만 대기가 오염된 지역은 매진, 분진, 세균량이 많다.
지표수(하수 또는 호숫물)	오염된 물이 많다.
지하수	수심이 깊은 물일수록 탁도가 낮고 경도가 높다.

복류수	하천 아래 또는 주변에서 얻는 방법으로 소도시의 수원으로 이용된다.
해수	3%의 식염을 포함하여 음용수로 사용 시 화학처리 후 정화시켜 사용한다.

- 도수(물길) : 수원이 멀어서 온수로를 이용하여 정수장까지 운송하여 사용한다.

● 운송과정

- 수원 →(도수로)→ 정수장 →(송수도)→ 배수기 →(배수관)→ 가정

- 정수 : 인공적으로 정수장에서 물을 정화시키는 과정이다.
  ※ 침사 → 침전 → 여과 → 소독 → 급수
- 배수 : 배수지에서 각 가정, 학교, 산업장까지의 송수를 배수라 한다.
- 송수(정수장에서 배수지까지) : 송수로를 통하여 물을 끌어가는 과정을 일컫는다.

ⓛ 하수도 : 생활에 의해 생기는 오수를 하수라 한다. 하수량은 문화가 발전됨에 따라 증가한다. 하수 처리는 합류식, 분류식, 혼합식 등으로 분류된다. 가정하수, 산업폐수, 지하수, 천수(빗물) 등으로 천수를 제외한 나머지 물을 '오수'라 한다.

- 하수도의 분류
  - 합류식 : 모든 오수와 하수를 운반한다.
  - 분류식 : 하수 중 천수를 별도로 운반한다.
  - 혼합식 : 천수와 오수 일부를 운반한다.
- 하수처리법 : 희석법, 침전법, 관개법, 부패조법, 임호프탱크법, 접촉여상법, 안정지법, 살수여상법, 활성오니법 등이 있으나, 가장 진보된 방법은 활성오니법이다.
- 하수처리 과정 : 예비처리, 본처리, 오니처리의 단계를 거친다.
  - 예비처리(1차 처리)
    ⓐ 제진망(스크린) 설치 : 하수 유입구에서 부유물질이나 고형물을 자주 제거한다.
    ⓑ 침사조 : 토사같이 비중이 큰 물질을 감속으로 유속시켜 침전시킨다.
    ⓒ 침전지 : 제진망, 침사조에서 제거되지 않은 부유물을 제거하기 위해 부유물을 침전시킨다.
  - 본처리(2차 처리)
    ⓐ 혐기성처리 : 무산소 상태(혐기성균을 이용)에서 유기물을 분해하는 방법이다. 부패조 처리법, 임호프탱크 등을 이용한다. 혐기성균에 의해 부패가 촉진되고 오니는 액화되며 가스를 발생시킨다.
    ⓑ 호기성처리 : 산소를 공급시켜 호기성 세균을 증식시키는 방법이다. 살수여상법, 활성오니법, 접촉여상법, 산하지법 등을 이용한다.

ⓒ 오니처리 : 최종 하수처리 후 남은 찌꺼기를 처리하는 방법이다. 투기법(육상·해상) 소각법, 소화법, 퇴비화, 사상건조법 등을 이용한다.

- 하수오염의 측정

수질검사	오염도
용존산소량 (DO)	• 5ppm 이상이다. • 용존산소가 부족하면 오염도가 크다. • 용존산소는 수중에 용해된 산소량으로서 mg/ℓ로 표시한다. • 4mg/ℓ이하일 때 어류는 생존 불가능하다.
생물화학적 산소요구량 (BOD)	• 5ppm 이하이다. • BOD가 높으면 오염도가 크다. • 유기물질 또는 질소화합물을 산화(분해)시키는 데 소비되는 산소량이다.
화학적 산소요구량 (COD)	• 물속의 유기물을 무기물로 산화시킬 때 필요로 하는 산소요구량이다.
수소이온농도 (pH)	• 산성, 중성, 알칼리성을 나타내는 척도이다. • pH 7 이하는 산성, pH 7 이상은 알칼리성을 띤다.
부유물질 (SS)	• 쓰레기 등이 떠 있지 않아야 한다.
대장균군	• 100mℓ당 대장균 수를 나타낸다.

> **tip** 하수의 오염도를 측정하는 데는 BOD 측정이나 COD 시험법이 주로 사용되나 하수 중의 DO로도 알 수 있다.

Section 05 | 식품위생과 영양

음식물에 의해 생성되는 건강장애의 원인물질로서 생물학적인자, 식품생산인자, 환경오염인자 등으로 나눌 수 있으며 생성요인에 따라 내인성, 외인성, 유기성 등으로 나눈다. 영양은 인체의 대사과정을 원활히 유지하기 위해서 충분한 영양섭취를 해야 한다. 생명현상을 유지하기 위한 영양소는 탄수화물, 단백질, 지방, 비타민, 무기질 등으로 분류된다.

1 식품위생

(1) 식품위생의 정의
① **우리나라 식품위생법** : 식품, 첨가물, 기구 또는 용기, 포장을 대상으로 하는 음식물에 관한 위생으로 정의하고 있다.
② **세계보건기구의 정의** : 식품의 생육, 생산 또는 제조에서부터 최종적으로 사람이 섭취할 때까지에 이르는 모든 단계에서 식품의 안전성, 건강성 및 건전성을 확보하기 위한 모든 수단이라고 정하고 있다.

(2) 식성 병해
음식물을 통해 야기되는 건강장애로서 그 증상이나 특성의 발현시기에 따라 급성 또는 만성장애로 구분되며 원인물질과 생성요인을 살펴볼 수 있다.

① 원인물질

구분	원인물질
생물적 인자	세균, 곰팡이, 기생충 등
식품생산 인자	농약, 항생물질, 식품첨가물 등
환경오염 유기인자	유기수은, 카드뮴 등

② 생성요인

구분	생성요인
내인성(식품 고유성분)	식물성 자연독에 포함됨
외인성(식품에 부착 또는 기생)	식중독균, 기생충, 경구감염병 등에 의해 감염
유기성(물리·화학적 생성물)	변질, 조리 과정 등에 의해 생성

(3) 식품의 보존과 변질

① **식품의 보존법**

구분		식품보존 방법
물리적 보존법	건조법	• 세균 증식을 억제시켜 보관하기 위해 15% 수분을 남김으로써 미생물 번식을 막음
	냉동·냉장법	• 미생물의 활동을 정지시킴 • 냉장은 0~10℃에서 저장 • 냉동은 −40℃에서 급속 냉동시켜 −20℃에서 보관
	가열법	• 저온 살균법 약 65℃ 온도에서 30분간 가열 • 고온 100~120℃에서 약 60분간 가열 살균 • 영양소의 파괴가 비교적 적고 맛과 풍미를 유지 • 초고온 살균법은 약 135℃ 온도에서 1~2초간 멸균 후 냉각
	통조림법	• 산저장법(초산을 이용한 피클 저장), 염장법(소금을 이용한 저장), 당장법(설탕을 이용한 저장) 등
	자외선 살균법	• 자외선을 이용한 살균 방법
	기타	• 조림이나 진공 포장을 통한 밀봉법, 훈연법 등
화학적 보존법		• 지입법, 훈연법, 가스저장법, 훈증법, 방부법 등

② **식품의 변질** : 식품 변질의 개념으로서 산패, 변패, 부패, 발효 등으로 나눌 수 있다.

변질	상 태
산패	지질의 변패로서 미생물 이외에 산소, 햇볕, 금속 물질 등에 의해 산화 분해되어 냄새나 색이 변질된다.
변패	탄수화물과 지질의 성분이 변질된 상태이다.
부패	미생물에 의해 단백질이 분해되어 유해물질이 생김으로써 냄새가 난다.
발효	좋은 미생물에 의해 더 좋은 상태로 발현된다.

● **식중독 예방**
- 식품 보존 시 주의를 요한다.
- 음식물은 가열 또는 살균한다.
- 손이나 조리기구를 청결하게 한다.

㉠ 식중독의 정의 : 내·외적 환경의 영향 등으로 변질된 식품을 섭취하였을 때 일어나는 식중독은 세균성·화학성·자연독 식중독 등으로 분류할 수 있다.

㉡ 식중독 분류
- 세균성 식중독

중독유형	중독	유독성분 및 감염원	원인식품 및 기구	증상
감염형	살모넬라증	• 보균자, 소, 말, 닭, 돼지, 쥐 등	• 두부, 유제품, 어패류, 어육제품 등	• 고열, 설사, 구토 등
	장염비브리오	• 여름철에 많이 발생(7~8월 집중) • 세균성 식중독의 60~70% 차지	• 어패류, 생선류 등	• 복통, 설사, 구토, 권태감, 두통, 고열 수양성 혈변 등
	병원성 대장균	• 보균자 색출 • 어린아이에게 많이 발병	• 분변에 의한 식품 오염물	• 급성 위장염, 두통, 발열, 구토, 설사, 복통 등
독소형	포도상구균	• 면도 시 상처, 식품취급자의 화농성(엔트로톡신) 질환	• 우유 및 유제품	• 전형적 독소형 식중독
	보툴리누스균	• 식품의 혐기성 상태에서 발생하며 신경 독소 분비(뉴로톡신)	• 통조림, 소시지 등	• 신경계 증상으로서 치명률이 가장 높다. – 호흡곤란, 복통, 구토, 언어장애 등
	부패산물형	• 히스타민 중독형 – 단백질 부패산물	• 꽁치, 정어리, 고등어 등 붉은살 생선	• 히스타민 중독증을 동반한다.
생체독소형	웰치균	• 감염형과 독소형의 중간	• 육류, 어류 또는 가공품 등 단백질 식품 섭취	• 설사, 복통, 탈수현상 등

• 화학성 식중독

중독유형	중독	유독성분 및 감염원	원인식품 및 기구	증상
유독금속류	납	용기, 조리 기구	조악한 식기, 농약의 오용 등	빈혈, 구토, 복통, 설사 증상이 30분 이상 지속
	구리	식기, 냄비, 주전자	첨가물, 식기, 용기 등	몸의 기능이 마비되거나 신경장애 등
	수은	어류	미나마타병의 원인물질	구토, 복통, 설사, 경련, 신경장애 등
	비소	농약, 첨가물	농약 첨가물이 인체 유입	마비증상 등에 의해 심하면 사망
	카드뮴	식기, 용기 등의 도금	이타이이타이병의 원인물질	구토, 경련, 설사 등
유기화합물	메틸알코올	–	–	식중독, 만성장애(발암), 심한 복통, 두통, 설사, 실명 등
	식품첨가물	합성조미료, 표백제		
	용기, 포장 용출물	합성수지제 식기		
	유기살충제 (농약)	유기염소제, 유기제재	채소, 과일, 육류	

- 자연독 식중독

중독유형	중독	유독성분 및 감염원	원인식품	증상
식물성 자연독	감자	솔라닌	감자의 싹과 녹색 부분	구토, 복통, 설사, 발열, 언어장애 등
	독버섯	무스카린	독성이 있는 버섯	위장형 중독, 콜레라형 중독, 신경장애형 중독 등
	맥류	맥각균	보리, 밀의 맥각균에 기생하는 곰팡이	위궤양 증상과 신경계 증상
	독미나리	시큐톡신	미나리 뿌리 부분	구토, 현기증, 경련을 일으키고 심하면 의식불명, 신경중추마비, 심장박동 증가, 호흡곤란 등
	청매	아미그달린	덜 익은 매실	마비증상
	독맥	테물린	밀, 보리 이삭	교감신경 차단작용
	면실유	고시폴	면화씨(목화씨)	-
동물성 자연독	조개류	삭시톡신	섭조개, 대합	신체마비, 호흡곤란 등
		베네루핀	모시조개, 굴, 바지락	출혈반점, 혈변, 혼수상태
	복어	테트로도톡신	복어내장 또는 피	구토, 근육마비, 호흡곤란, 의식불명 등

2 식품위생과 기생충

기생충학은 기생충과 숙주와의 관계로서 사람에게 유해한 기생충은 원생동물과 후생동물, 곤충류 등으로 분류된다.

> **tip** 기생충(Parasite) : 스스로 자생력이 없고 다른 생물체에 의존하여 생명을 유지한다.

(1) 원생동물

① **원충류(Protozoan)** : 원충류는 원생동물에 속하며 이질 아메바, 말라리아 원충으로 구분된다.
  ㉠ 이질 아메바

종류	구분	증상	관리
이질 아메바	• 영양형(급성기 또는 아급성기의 아메바증)과 포낭형(만성이나 아급성기 아메바증)으로 구분된다.	• 감염에서 증상까지 수일~수개월 또는 수년이 걸린다. • 급성 이질 시 점혈변을 배설한다.	• 환자와 보충자(Cystcanier)는 격리 치료한다. • 음식물, 물은 끓여서 음용한다. • 토양, 하수도 오염을 관리한다.
말라리아 원충	• 우리나라에서는 학질이라고 알려져 있다. • 모기(종숙주)에서 유성생식 후 인체(중간숙주) 내로 유입되어 무성생식한다.	• 감염과 사망률이 높은 질병이나 근래는 감소 추세이다. • 열 발작(3일 열형 말라리아) 등 48시간 정도 열을 수반한 오한이 발생한다.	• 모기 유충 및 성충을 박멸한다. • 모기에게 물리지 않도록 한다.

(2) 후생동물

후생동물에 속하는 선충류는 회충, 요충, 편충, 구충, 동양모양선충, 선모충 등이 있으며 흡충류 및 조충류도 이에 포함된다.

구분	충류	구분	증상	관리
선충류	회충증	• 인체 경구감염 시, 소장에서 유충으로 부화하며 수명은 1년이다. • 감염 후 2개월~2개월 반이 지나면 성충이 된다.	• 감염 시 무증상이나, 감염 후 권태, 복통, 빈혈, 식욕감퇴 등 • 다양한 침입 경로에 의해 증상 또한 다르게 나타난다.	• 회충 관리방법은 다른 기생충 관리에도 적용된다.
	요충증	• 도시 소아의 항문 주위에 산란함으로써 침구, 침실 등에 충란으로 오염되며 집단 감염과 자가 감염(수지)을 일으킨다. • 배출된 충란이 경구로 인체에 침입하면 소장에서 부화하여 맹장, 결장 등에 이르러 성충으로 성장 기생한다.	• 항문 소양증이 있다. • 2차 세균 감염이 나타난다.	• 의류는 열처리 세탁, 침구는 일광소독한다. • 집단적으로 구충제를 복용한다.
	편충증	• 인체감염 시, 소장에서 부화된 후 맹장, 충수돌기, 결장으로 내려와서 정착한다.	• 인체감염 시 무증상 • 충체감염(다량) 시 복통, 구토, 복부 팽창, 미열, 두통 등	• 회충 관리방법과 유사하다.
	구충증 (십이지장충)	• 경구와 경피를 통해 감염된다. • 인체감염 시 소장 상부에 기생한다. • 우리나라에서는 십이지장충(듀비니 구충)과 아메리카 구충 둘 다를 일컫는다.	• 경피 감염 시 채독으로서 피부 염증과 소양감을 나타낸다. • 소화장애, 출혈성 혹은 중독성 빈혈을 야기	
	동양모양 선충증	• 경구감염에 의해 인체에 침입하면 소장에서 기생한다.	• 소화장애 혹은 빈혈을 야기한다.	
	선모충증	• 세계적으로 분포하나 우리나라에는 보고된 바 없다.		
흡충류	간흡충증	• 담수에서 충란은 제1중간숙주(왜우렁이), 제2중간숙주인 민물고기(참붕어, 잉어 등)를 거쳐 사람이 섭취함으로써 감염된다. • 인체 간의 담관에 기생한다.	• 간 및 비장 비대, 복수, 소화기장애, 황달, 빈혈 등	• 민물고기, 왜우렁이의 생식을 금지한다. • 인분의 위생적 처리, 생수, 양어장 등이 오염되지 않도록 한다.
	폐흡충증	• 폐흡충류는 인체 폐에서 기생하며 산란된 충란은 객담과 함께 기관지와 기도를 통해 외부로 배출된다. • 담수에서 충란은 제1중간숙주(다슬기), 제2중간숙주(게, 가재)를 거쳐 사람이 섭취함으로써 감염된다.	• 일종의 풍토병으로서 주로 폐에 기생하여 기침 및 혈담의 징후	• 가재 등의 생식을 금지한다. • 물은 끓여서 마시고, 환자의 객담은 위생적으로 처리한다.
	요꼬가와 흡충증	• 인체 내 소장에서 기생한다. • 담수에서 충란은 제1중간숙주(다슬기)에 침입하여 제2중간숙주(은어)를 거쳐 사람이 섭취함으로써 감염된다.	• 감염 시 내장 조직이 때때로 파괴되어 장염, 복부 불안 등과 함께 출혈성 설사, 복통 등	• 다슬기, 민물고기(은어)를 생식하지 않는다.

조충류	무구조충 (민촌충)	• 인체 소장 점막에 무구낭미충이 성충으로 발육한다.	• 소화기계 증상으로서 상복부 통증, 배꼽 부위의 선통 발작, 식욕부진, 구토, 소화불량 등	• 분변 관리를 한다. • 쇠고기를 익혀서 먹는다.
	유구조충 (갈고리촌충)	• 인체 내 소장에서 기생한다. • 유구낭미충이 성충으로 발육한다.	• 소화기계 증상으로서 소화불량, 식욕부진, 두통, 변비, 설사 등	• 돼지고기를 익혀서 먹는다.
	광절열두조충 (긴촌충)	• 충란의 수중에서 제1중간숙주(물벼룩)을 거쳐 제2중간숙주(연어, 송어, 농어)를 통해 사람이 섭취함으로써 감염된다. • 인체 소장 상부에서 기생한다.	• 인체 감염 시 무증상 감염 • 식욕감퇴, 복통, 설사, 신경증세, 영양불량, 빈혈(악성 빈혈) 등	• 민물고기(송어, 연어)를 생식하지 않는다.

3. 영양과 영양소

인체 전반의 생활현상을 유지하는 데 필요한 물질을 '영양소'라 하며, 이러한 물질을 섭취하여 생명을 유지함으로써 건강 증진과 질병을 예방하기 위한 것을 '영양'이라 한다.

(1) 영양소의 작용

① **신체 열량 공급** : 섭취된 영양소는 세포 내에서 에너지(kcal)를 발생시킨다.
② **신체의 조직 구성** : 유기물로서 단백질, 탄수화물, 지방으로 구성된다.

> **tip** 비타민은 체외로부터 섭취해야 하는 생물학적 활성이 있는 유기화합물이다.

③ **신체의 생리기능 조절** : 무기질, 비타민 등으로서 신체기능을 원활하게 한다.

> **tip** 무기질은 화학적 에너지는 없으나 신체의 기능조절에 중요 역할을 하며 생존상 필수 불가결의 영양소이다.

(2) 5대 영양소

3대 영양소	구성 및 특징	분류	작용	과잉 및 결핍
탄수화물	• C, H, O로 구성 • 활동 에너지원 • 과다 섭취 시 - 비만 - 글리코겐으로 간장이나 근육에 저장 • 소장에서 포도당 형태로 흡수	• 단당류 - 포도당, 과당, 갈락토스 • 이당류 - 말토스, 락토스 • 다당류 - 글리코겐, 셀룰로스	• 혈당량 유지 • 1g당 4kcal 열량 • 당질대사에 도움	〈과잉〉 • 혈액 산도를 높임 • 피부 저항력 감소 〈결핍〉 • 체중감소 • 신진대사 기능저하

지방	• 열량원
	• C, H, O, S, P로 구성
	• 비타민 A, D 등의 지용성 비타민 함유
	• 소장에서 글리세린 형태로 흡수
		• 포화지방산
		  (불필수지방산)
		• 불포화지방산
		  (필수지방산)
			• 1g당 9kcal 열량
			• 인체의 체온 유지, 내부 장기와 기관 보호
				〈과잉〉
				• 비만, 당뇨, 고혈압 등
				• 지방간
				〈결핍〉
				• 신진대사의 기능, 세포의 활력 저하

단백질	• C, H, O, N로 구성 • 칼로리원, 효소와 호르몬의 성분 • 소장에서 아미노산 형태로 흡수	• 필수 아미노산	• 1g당 4kcal • 근육과 체단백질 구성	〈과잉〉 • 비만, 신경 예민, 혈압상승, 불면증 등 〈결핍〉 • 빈혈, 발육저하, 조기 노화, 피지 분비의 감소

(3) 무기질

무기질 종류	구성 및 특징	함유식품	역할	과잉 및 결핍
칼슘 (Ca)	• 뼈와 치아의 주성분 • 근육 수축과 정상적인 심박동에 관여 • 신경흥분에 필수적	• 우유 등의 유제품, 멸치, 정어리, 녹색식품 등	• 체액, 뼈, 치아의 성분 – 신체 기능조절에 중요한 역할	〈결핍〉 • 골격과 치아의 쇠퇴 • 발육 불량, 형태 이상 초래
철분 (Fe)	• 혈액 성분의 구성요소 • 체내 저장이 안 됨	• 음식물을 통해 보충 – 소의 간, 달걀노른자	• 간, 고기, 계란 노른자	〈결핍〉 • 빈혈증상, 임산부, 영·유아에서는 많은 양의 철분이 필요
요오드 (I)	• 갑상선 호르몬 구성요소	• 해조류 및 해산물에 많이 함유	• 에너지 대사와 단백질 생성	〈결핍〉 • 갑상선 기능장애
나트륨 칼륨 (Na/K)	• 산, 알칼리, 체액의 평형을 유지 • 체내의 노폐물 배설 촉진 • pH Balance 생성 (pH 조절)	• 육류, 우유, 채소, 과일	• 조혈소의 기능 • 신경의 자극, 전도, 체액의 수지 균형	〈결핍〉 • 염증 발생
불소 (F)	• 골격, 치아 경화	• 골격과 치아조직에 함유	• 충치 예방 • 골다공증 예방	〈과잉〉 • 반상치 〈결핍〉 • 우식치
인 (P)	• 뼈, 치아의 주성분 • 지방·탄수화물 및 에너지 대사에 관여	• 우유, 치즈, 노른자, 수육, 어육, 곡류, 콩	• 저항력의 약화를 초래	〈결핍〉 • 뼈 및 영양장애

구리 (Cu)	• 헤모글로빈 합성 시 촉매	• 동물의 내장, 어패류, 굴, 계란, 전곡, 두류, 밤, 송이버섯 및 당밀	• 항산화작용으로 노화 예방	〈결핍〉 • 장기간의 설사나 소화불량, 빈혈, 철 흡수능력의 부족, 백혈구 수의 감소 등
황 (S)	• 인슐린 구성성분	• 육류, 우유, 달걀, 두류, 양파, 마늘, 아스파라거스	• 해독 및 비타민 구성	〈결핍〉 • 면역성 감소 • 해독작용 저하
셀레늄 (Se)	• 강력한 항산화제	• 곡류, 해산물, 육류	• 수은이나 카드뮴의 중독 방어 역할	〈결핍〉 • 노화지연, 면역기능 향상, 해독작용 〈과잉〉 • 탈모, 피부발진, 위장장애, 부종
아연 (Zn)	• 염증 억제작용 • 인슐린 합성에 필요한 성분	• 해산물, 붉은 고기, 견과류, 콩	• 남성 호르몬 생성촉진	〈결핍〉 • 성장장애, 성 기능의 부전, 식욕부진, 정서적 불안정, 미각의 감퇴, 피부염, 탈모증, 철결핍 빈혈 〈과량〉 • 구리 섭취를 막고 빈혈 유도

(4) 비타민

비타민 종류			구성 및 특징	함유식품	역할	과잉 및 결핍
지용성 비타민		A	• 상피보호 비타민 (레티노이드) • 신진대사, 신체 성장, 신체저항	• 유제품, 난황, 간유, 녹황색 채소	• 시각세포 형성에 관여	〈결핍〉 • 야맹증, 안구건조증 • 피부 점막의 각질화 • 피부가 건조해지고 거칠어진다.
		D	• 수용성 칼슘과 인의 대사 조절	• 버섯, 달걀, 낙농제품에 함유	• 체내 피부에 자외선 조사를 받아 생성	〈결핍〉 • 구루병, 골연화증
		E	• 호르몬의 생성에 도움 • 토코페롤 (항불임성 비타민)	• 육류, 계란, 간, 생선, 식물성 기름	• 혈액순환 촉진 • 항산화작용으로 노화 방지	〈결핍〉 • 불임증, 생식불능
		F	• 필수지방산 • 피부와 모발의 기능 증진	• 호두, 땅콩, 치즈, 버터, 난황, 간	• 다른 영양소의 작용에 도움 • 인체의 생리기능 조절에 중요한 역할	〈결핍〉 • 지방대사 장애 • 손(발)톱이 약해지고 습진 등 피부 건조
		K	• 혈액 응고 (응혈성 비타민) • 프로트롬빈 생성에 기여	• 녹색채소, 치즈, 버터, 난황, 간	• 기름이나 유기용매에 용해 • 과잉 섭취 시 체내에 저장	〈결핍〉 • 혈액 응고 시간 연장 • 출혈성 질병, 외상
수용성 비타민	B군	B_1	• 티아민 • 열에 약함 • 성장발달에 관여 • 탄수화물의 연소에 도움	• 배아, 효소, 두부	• 신경, 근육, 소화기 조직에 건강을 유지	〈결핍〉 • 각기병, 식욕부진, 사지마비 등
		B_2	• 리보플라빈 • 성장 촉진 비타민 • 피로 방지 효과	• 우유, 계란, 녹색 채소	• 피지 분비 조절	〈결핍〉 • 성장 지연 • 구각, 각막, 결막의 염증
		B_6	• 피리독신 • 신경조직의 에너지를 전달하는 역할	• 간, 효모, 곡류	• 항 피부병 인자 • 당질, 지질, 단백질 대사에 중요한 생리기능	〈결핍〉 • 습진, 피부염
		B_{12}	• 조혈작용	• 동물성 단백질 식품 – 살코기, 간(내장기관), 생선, 달걀, 조개류, 우유	• DNA 합성 • 적혈구의 생성 및 악성빈혈증 조절 • 신경조직의 유지 • 지방과 지질대사 • 단백질 대사	〈결핍〉 • 악성빈혈

수용성 비타민	C	• 열에 약함 • 콜라겐의 합성 촉진 • 교원질 형성 촉진	• 채소, 과일	• 미백작용 – 피부 색소 퇴색 • 노화방지에 도움 • 멜라닌 형성 저지	〈결핍〉 • 괴혈병, 발육장애
	H (비오틴)	• 피부 건강에 영향 • 조직의 산작용을 돕는 촉매작용	• 닭고기 • 달걀, 간	• 뼈·치아 발육의 불량 원인	〈결핍〉 • 피부염, 얼굴 창백

Section 06 보건행정

1 보건행정

보건행정은 공중보건(Public Health)이라는 내용과 행정이라는 방법이 상호결합한 것으로 보건분야에서의 행정 일반 원리를 적용한다.

(1) 보건행정의 목적
공중보건의 목적을 달성하기 위해 질병의 예방, 건강증진, 건강수명의 연장 등에 따른 공중보건의 원리 및 공적, 사적 조직을 포함한 일련의 과정이다.

(2) 보건행정의 정의
국가나 지방자치단체가 주도적으로 국민의 건강을 유지, 증진시키고자 하는 제반 활동이다.
① **보건학적 정의** : 국민보건 향상을 위해 국가가 운영하는 보건의료 체계를 효과적이고 효율적으로 관리하고 집행하는 기능이다.
② **행정학적 정의** : 국가나 지방자치단체가 보건분야의 행정 일반 원리 정책인 형성, 집행, 통제, 기능 등을 적용한다.

(3) 보건행정의 특성
① 국민의 건강 향상과 증진을 위하여 적극적으로 서비스하는 봉사성을 가진다.
② 사회경제적 특성상 공공재적 성격의 서비스로서 공공성과 사회성을 가진다.
③ 지역사회 주민을 교육 또는 참여를 조장하는 조장성과 교육성을 달성한다.
④ 안전한 지식과 기술을 바탕으로 한 과학성과 기술성을 가진다.
⑤ 소비자 보건에 따른 규제와 보건의료산업을 위한 행정 대상의 양면성을 유지한다.
⑥ 건강에 관한 개인적 가치와 사회적 가치의 상충에 따른 사회적 형평성을 유지한다.

(4) 보건행정의 범위

① 세계보건기구(WHO)가 규정한 범위
- ㉠ 보건자료(보건 관련 제 기록의 보존)
- ㉡ 대중에 대한 보건교육
- ㉢ 환경위생
- ㉣ 감염병 관리
- ㉤ 모자보건
- ㉥ 의료
- ㉦ 보건간호

● 사회보장제도의 범위

사회보장	사회보험	소득보장 : 연금보험, 실업고용보험, 산재보험, 상병수당
		의료보장 : 건강보험, 산재보험
	공공부조	국민기초생활보장(생활보호)
		의료급여(의료보호)
	공공서비스	사회복지서비스 : 노인복지, 아동복지, 여성복지, 장애인복지
		보건의료서비스

2 보건통계

(1) 보건통계의 개념

보건통계는 질병 및 사망과 같은 보건 관련 자료를 수집, 정리, 분석 및 추출하는 방법을 말한다. 지역주민은 국민의 건강수준을 설명해주는 보건지표(Health Index)로서 WHO에서는 종합건강지표와 특수건강지표를 분류하며 제시하였다.

① **종합건강지표** : 비례사망지수, 평균수명, 조사망률로 나타낸다.
② **특수건강지표** : 영아사망률, 감염병 사망률, 의료봉사자 수 및 병실 수 등을 지표로 한다.
③ **모자보건지표** : 영아사망률은 한 국가나 지역사회의 보건수준을 제시하는 대표적 지표로 사용된다.

구분	세부 내용	사망통계
조사망률 (보통사망률)	인구 1,000명당 1년간 발생한 총 사망지수의 비율이다.	연간 총 사망자 수 / 연간 인구 × 1,000
영아사망률	영아란 생후 1년 미만의 아이로서 환경악화나 비위생적 생활환경에 가장 예민하게 영향받는 시기이므로 영아사망률은 가장 많이 사용되는 지표이다.	연간 영아 사망자 수 / 연간 출생아 수 × 1,000
출생사망비 (Birth Death Ratio)	인구증가율이라고 하며, 보통출생률에서 보통사망률을 뺀 값이다.	조출생률 – 조사망률

(2) 질병통계

① **발생률(Incidence Rate)** : 질병에 걸릴 확률 또는 위험도로서 단위 인구당 일정 기간에 새로 발생한 환자 수를 표시한다.
② **유병률(Prevalence Rate)** : 일정 시점 또는 일정 기간 인구 중에 존재하는 환자 수의 비율이다.
③ **치명률(Care Fatality Rate)** : 어떤 질병에 걸린 환자 중에서 그 질병으로 인해 사망한 수를 나타낸다.

(3) 인구

① **성별 구성(Sex Composition)** : 남녀의 비(Sex Ratio)라 한다.
② **연령별 구성(Age Composition)** : 연령별 인구 구성은 수개의 집단으로 구성 분류할 수 있다.

연 령	구 분
1세 미만	영아
1~4세	유아
5~14세	소년 (학령기 전, 학령기)
15~64세	생산연령 (청소년, 중년, 장년)
65세 이후	노년

※ 법에서는 영유아를 6세 미만의 취학 전 아동으로 규정하고 있다.

③ **인구모형** : 인구 구성의 성별 및 연령별 구성을 결합한 모형이다.

모 형	명 칭	종 류	특 징	구 성
피라미드형	피라미드형	인구증가형	출생률이 높고 사망률이 낮음	14세 이하 인구가 65세 이상 인구의 2배 초과
종형	종형	인구정지형	출생률, 사망률 다 낮음	14세 이하 인구가 65세 이상 인구의 2배 정도
항아리형	항아리형 (방추형)	인구감퇴형	출생률이 사망률보다 낮음	14세 이하 인구가 65세 이상 인구의 2배 이하

	별형 (도시형)	인구유입형	도시 지역의 인구 구성으로 생산층 인구증가형	생산층 인구가 전체 인구의 1/2 이상
	표주박형 (농촌형)	인구감소형	농촌 지역의 인구 구성으로 생산층 인구가 유출되는 형	생산층 인구가 전체 인구의 1/2 미만

> **tip** 인구의 구성 형태에서 65세 이상 인구는 50세 이상 또는 60세 이상의 인구를 뜻하기도 한다.

CHAPTER 2. 소독

Section 01 | 소독의 정의 및 분류

미생물들 간에는 소독제에 대한 반응이 다르게 나타난다. 즉 모든 미생물이 화학소독제에 영향을 주지는 않으므로 소독제의 올바른 선택은 매우 중요하다.

1 소독의 정의

소독은 살균과 방부, 멸균을 포함한다.

종류	특징
소독	병원 또는 비병원성 미생물을 죽이거나 그의 감염력이나 증식력을 없애는 것이다.
살균	생활력을 가지고 있는 미생물을 이학적, 화학적 소독법에 의해 급속하게 죽이는 것이다.
방부 (Antiseptic)	미생물의 발육과 생활작용을 억제 또는 정지시킴으로써 부패나 발효를 방지하는 것이다. ※ 방부는 소독제가 될 수 없다.
멸균 (Serialization)	병원 또는 비병원성 미생물 모두를 사멸 또는 그 포자까지도 멸균시킨다. ※ 멸균은 소독을 내포하지만 소독은 멸균을 의미하지는 않는다.

(1) 소독의 원리

소독제를 이용하여 병원성 미생물을 사멸하거나 발육과 증식을 저지시킨다.

1) 미생물과 소독제

결핵균은 왁스성 세포벽을 구성하여 습기에 저항한다. 따라서 지질용 매제(비누와 세제)에 쉽게 파괴된다.
① **인플루엔자와 헤르페스 바이러스** : 지질을 포함하며 지질 용매제에 쉽게 파괴된다.
② **폴리오 바이러스** : 지질이 없으며 포르말린과 알코올에 의해 파괴된다.
③ **사람 면역결핍바이러스(HIV)** : 0.05% 차아염소산 용액에 감수성이 있다.

2) 소독제의 효과에 영향을 미치는 요인

① **미생물 농도** : 미생물의 농도가 낮으면 짧은 시간 내에 효과적으로 소독할 수 있다.
② **소독제 농도** : 소독작용을 위해 필요한 시간은 소독제 농도가 증가할수록 짧아지며 수용액에서 소독제의 활성은 물의 양에 따라 다르다.

> **예** 물의 양에 따른 소독제의 활성
> - 10~80% 에탄올의 농도 범위에서는 농도가 높을수록 살균작용이 강해진다.
>   - 가장 효과적인 활성은 60~80% 에탄올이다.
> - 80~100% 에탄올은 40% 에탄올보다 소독 효율이 떨어진다.
>   - 강력한 살균용액은 금속, 직물, 플라스틱, 피부 등에 부식성이 있다.

③ **소독제의 불활성화** : 소금, 금속, 산 또는 알칼리 같은 무기성분들은 소독제와 결합하면 소독 활성을 방해할 수 있다. 대부분의 살균제는 실온에서 효과가 있기 때문에 온도 자체만으로는 중요한 요소는 아니다.

④ **소독에 영향을 미치는 다른 요인들**
  단백질 오염물질들은 소독제를 불활성화시키며, 미생물을 보호하기도 하기 때문에 소독하려는 물체를 깨끗하게 세척해야 한다. 상처로부터 감염된 외과 도구들은 세제성 살균제로 끓이거나 세척한 후 멸균한다.

3) 피부 소독

① 병원에서 피부의 화학적 살균을 보통 '방부(Antisepsis)'라고 한다.
② 소독제를 피부에 적용할 때 피부표면의 미생물 수는 빠르게 감소한다.

2 소독의 분류

(1) 할로겐 및 그 화합물

종류	소독력	단점
염소 (Cl)	• 상수 및 하수소독 – 액체염소 • 상수도에서는 염소 주입 10분 후에 잔류염소농도가 0.2~1.0 ppm이 되어야 한다.	• 취기가 있다.
표백제 (차아염소산나트륨)	• 살균작용 – 0.5% 농도에서 세균, 진균, 아포균, B형 간염바이러스, 원충 등에 효과가 있다. • 손·피부소독 – 0.2~0.5% 수용액 • 수술실, 병실, 가구, 도구, 오염물, 배설물 등의 소독에 이용된다.	• 자극성이 강하여 금속을 부식시킨다.
표백제 (염소산칼슘)	• 물속에서 발생기 산소에 의해 살균작용을 한다. • 값이 싸며 우물물, 저장탱크, 수영장 등 소독에 사용된다. • 음료수 소독 – 0.2~0.4ppm 잔류 염소 농도	• 자극성이 강하여 의료용으로는 사용하지 않는다.

옥도정기	• 요오드(6%) + 요오드 칼륨(4%) + 에탄올(100㎖)를 혼합 용해하여 사용한다.
	  – 강한 살균력이 있다.
	  – 외과수술 시 피부 소독, 혈관 부위 소독 등에 사용한다.
		• 강한 자극성이 있어 피부염을 일으킨다.

> **tip** 염소, 브롬, 요오드, 불소 순으로 살균력이 강하다.

(2) 아세틸화제

종류	소독력	단점
포르말린	• 포름알데하이드를 함유하는 소독제이다. • 35~38% 포름알데하이드의 수용액 　- 세균, 아포, 바이러스에 강한 살균력이 있다. • 병실들은 밀봉하여 증기 소독한다. • 실내, 의류, 기구 소독 - 1~1.5% 포르말린 수	• 냄새가 강하다. • 발암의 위험성이 있다. • 눈이나 코에 대한 자극이 강하다.
글루타르알데하이드	• 알칼리성(pH7.5~8.5)의 2% 수용액을 사용한다. 　- 일반 세균, 아포, 바이러스 등에 효과가 있다. • 에이즈바이러스, B형 간염바이러스, 오염물 등의 소독에 사용된다.	

(3) 산화제

산화제는 세포 구성성분을 산화시킴으로써 살균작용을 한다.

종류	소독력	단점
과산화수소(H_2O_2)	• 2.5~3.5% 과산화수소 - 피부침상, 궤양부위, 구강, 이비인후 등의 살균소독에 사용되고 있다.	• 작용은 완만하나 지속성이 없다.
과망간산칼륨($KMnO_4$)	• 유기물과 접촉 시 살균작용을 한다. • 요도 및 질, 진균 등의 소독에 사용 - 0.1~0.5% 수용액 • 구내염에는 0.02~0.05% 과망간산칼륨 수용액으로 양치한다.	-
아크리놀(Acrinol)	• 피부, 점막 등에 자극이 없다. • 국소의 외용살균제로 사용되고 있다.	-
붕산(H_3BO_3)	• 구강 및 안결막의 세척 및 소독에 1~5% 붕산수를 사용한다.	• 살균력이 약하다.

(4) 계면활성제

종류	소독력	단점
음성 비누	• 일반 세숫비누 - 세정에 의한 균 제거에 사용된다.	• 살균작용이 낮다.
양성 비누 (역성 비누)	• 저자극성, 저독성이며 강한 살균력이 있다. • 10% 원액으로서 100~150배로 희석하여 사용한다. 　- 식기, 금속기구, 손, 피부점막 등에 소독한다. • 일반 세균, 진균, 바이러스 등에 유효하다. • 0.01~0.1% 수용액으로 무독, 무취, 무해로서 물에 잘 용해되며 침투력과 살균력이 강하다.	• 아포, 결핵균에는 효과가 없다. • 무기물, 음성비누와 함께 사용하면 작용이 감소된다.

Section 02 | 미생물 총론

미생물학(Microbiology)은 너무 작아서 육안으로 관찰하기 어려운 생명체, 즉 미생물(Microorganism)을 연구하는 학문이다. 미생물학자는 대부분의 경우 먼저 생물집단에서 특정한 미생물을 분리하여 배양한다.

1 미생물

(1) 미생물의 정의

> **tip** 육안 관찰이 가능한 가장 작은 크기는 약 100㎛ 정도이다. 따라서 미생물이나 생물의 세포학적 특성은 현미경을 이용하여 관찰한다.

① 0.1mm 이하의 생명체로서 광학현미경, 전자현미경으로 확대함으로써 관찰되는 미세하고 단순한 생물군이다.
② 세균, 바이러스, 리케차, 진균, 조류, 원생동물 등이 있다.
③ 사람과 질병과 관련된 감염증의 진단, 예방, 치료를 다루는 병원미생물학은 의학영역이다.

> **tip** 네일리스트가 미생물을 알아야 하는 목적 : 자기 자신과 고객을 보호하고, 지역사회의 병원감염을 예방하는 데에 있다.

(2) 미생물의 구조

미생물은 단 한 개의 세포로 구성되어 있다. 모든 생물의 세포형태는 크게 원핵세포와 진핵세포로 구분되며 근본적으로 생명현상의 차이를 가진다.

세포 형태	조 직
원핵세포	• 핵에 핵막이 없다. • 세균, 남조류 및 고세균 등이 있다. • 단순한 구조 – 막으로 둘러싸인 소기관이 없다. • 모든 세균은 원핵생물이다. • 유사분열이나 감수분열을 하지 않는다. • 세균염색체(DNA)가 1개인 세포군이다.
진핵세포	• 유사분열을 한다. • 유전적 정보를 가진 핵이 있으며 핵막이 둘러싸여 있다. – 복잡한 내막수송체계(핵, 엽록체, 미토콘드리아 등의 세포 소기관)를 갖고 있다. • 원핵세포보다 크며, 세포 내에는 세포 소기관이 존재한다. • 동물, 식물, 원생동물, 조류 및 진균류 등이 있다.

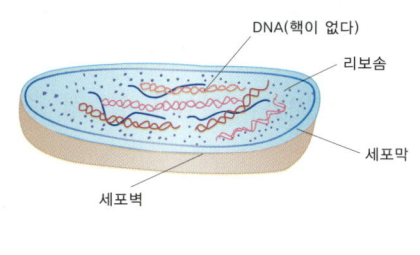

〈원핵세포〉

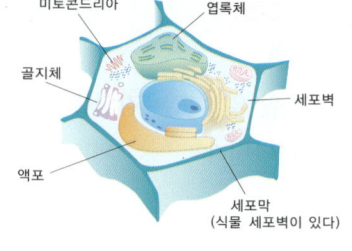

〈진핵세포〉

(3) 미생물의 분포

미생물의 분포 및 생존 범위는 상상할 수 없을 정도로 넓다. 90℃ 온천물에서도 강산이나 강알칼리, 30% 식염수 중에서도 특수한 세균들이 존재한다.

① **자연계의 미생물**

종류	특 징
토양	• 가장 풍부한 미생물 종으로서 일반적으로 세균이 가장 많다. • 동·식물의 시체나 배설물, 공기 중의 질소화 등은 토양을 비옥하게도 하지만 사람의 질병과 관련된 병원미생물이 존재하게 한다.
물	• 수중에서도 미생물이 유기물을 분해하여 토양과 마찬가지로 물질순환에 기여한다. • 병원미생물이 물을 오염시켜 질병을 일으키는 수인성 감염병이 있다.
공기	• 공기 중의 병원성 미생물은 비말 감염을 일으킨다.

② **환경오염에서의 미생물** : 과학의 진보와 생활환경의 변화로 인공합성물질이나 산업폐기물로 인하여 정화 능력이 떨어져 환경이 오염되고 있다.

③ **인간에게 이용되는 미생물**

구분	특 징
의학과 미생물	• 인간 질병에 응용하는 미생물학은 면역학의 치료나 예방의학에 사용된다.
식품과 미생물	• 식품의 제조(된장, 간장, 요구르트, 치즈, 김치, 술, 식초, 빵 등)에 미생물을 이용하고 몸에 이로운 균주를 보관하거나 종자로 이용하고 있다.
환경 정화와 미생물	• 오수정화, 하수처리 방법 등을 통해 미생물의 분해 능력을 환경에 이용하고 있다.
미생물의 피해	• 부패, 변질된 식품이 인체 유입 시 질병을 일으킨다. • 생체 내에 침입한 미생물의 증식에 의해 일어나는 질병을 감염증이라 한다.

2 미생물의 병원성

(1) 병원성의 정의
병원체가 질병원 유발 또는 감염증을 나타낼 수 있는 능력으로 독력(발병력), 감염성, 침습성, 증식성 및 독소 생산성 등을 나타낸다.

(2) 병원성의 결정인자
병원체가 감염증을 일으킬 수 있는 능력의 정도이다.

① **정착성** : 병원체를 거부하는 생체에 부착하고 숙주에 정착하기 위한 인자는 섬모, 균체표층의 다당류와 단백질, 세포의 운동성 등이다.

② **침습성** : 생체 내에 침입한 병원체가 숙주의 방어기능과 싸우고 증식하는 능력이다.

③ **증식성** : 숙주의 저항력 또는 살균력에 대항하여 증식할 수 있는 병원체의 능력이다.
   - ㉠ 결핵균 : 폐 조직에서 증식한다.
   - ㉡ 바이러스 : 세포 안에서 증식한다.
   - ㉢ 세균 : 세포 밖에서 증식한다.
   - ㉣ 장티푸스균 : 비장, 간장, 담낭 등에서 증식한다.

④ **독소 생산성**

   독성물질을 생산할 수 있는 능력이다. 독소는 병원체에 의하여 생산되고 숙주 안에서 항체를 생산할 수 있는 능력으로서 세균의 독소는 균체 외로 분비하는 외독소와 균체 내에 포함되어 세포 자체의 분해로 방출되는 내독소가 있다.
   - ㉠ 내독소는 그람음성 세균의 세포벽이 주요 성분이다.
   - ㉡ 외독소를 생산하는 세균 : 디프테리아균, 파상풍균, 보툴리늄균, 콜레라, 대장균 등

Section 03 병원성 미생물

인간에 기생하여 질병을 일으키는 미생물 중 세균이 가장 중요시 되었기 때문에 세균학이라 부른다. 일반적으로 세균은 그 균종에 따라 특유한 형태를 나타내지만 배양조건, 환경조건, 항생제의 영향을 받아 이상형태를 나타내는 경우도 있다.

1 병원 미생물의 종류

(1) 세균

세균의 직경은 약 1㎛로서 간균은 긴 것과 짧은 것이 있고, 크기와 형태에 따라 차이가 있다.
① **균의 형태** : 구균(구상 세균), 간균(간상 세균), 나선형(나선상 세균) 등
② **증상** : 콜레라, 장티푸스, 디프테리아, 결핵, 나병, 백일해, 탄저, 보툴리즘, 페스트 등

(2) 바이러스

① **바이러스의 종류** : 헤르페스 단순 바이러스, 담배 모자이크병 바이러스, 박테리오파지 등
② **증상** : 소아마비, 홍역, 유행성 이하선염, 광견병, AIDS, 간염, 천연두, 황열 등

> **tip** DNA 바이러스 및 RNA 바이러스가 있다.

(3) 진균

진핵세포로서 핵막이 있다.
① **진균 형태** : 효모형과 균사형 진균으로 나눌 수 있다.
② **증상** : 무좀, 피부질환

(4) 원충

진핵세포로서 핵막이 있다.
① **원충 형태** : 근족충류, 편모충류, 섬모충류, 포자충류 등
② **증상** : 말라리아, 아메바성 이질, 아프리카 수면병 등

(5) 리케차

발진티푸스, 발진열 등의 증상을 일으킨다.

2 세균

(1) 세균의 형태와 배열

① **외부 모양** : 세균 형태에 따라 구상, 간상, 콤마상(비브리오), 나선상의 형태로 구별된다.

② **외부 배열** : 세균은 2분열 방식으로 증식한다. 분열 양식에 따라 각기의 균종은 특징적인 배열을 지니고 있다.

구분		세부 내용
구균	쌍구균	2개씩 짝을 이루고 있다.
	사련구균	4개씩 짝을 이루고 있다.
	연쇄구균	염주알 모양으로 연쇄구조를 하고 있다.
	단구균	직경 약 1.0㎛ 내외의 크기로서 1개씩 떨어져 있다.
	팔련구균	4개가 상하로 겹쳐 정입방체로 8개씩 짝을 이루고 있다.
	포도상구균	포도송이 모양의 배열을 하고 있다.
간균	• 간균의 형태는 종에 따라 다양하다. 　- 대나무 마디모양, 각이진 것, 바늘같이 뾰족한, 곤봉모양, 콤마모양 등이 있다. • 간균의 크기에 따라 차이가 있다. 　- 작은 간균(0.5㎛), 긴 간균(1.5 × 8㎛) 등으로 나뉜다.	
나선균	• 나선의 크기와 나선 수에 따라 나누어진다. 　- 나선모양 나선균이 있다.	

> **tip** 배열 : 세균의 분열 방향에 의해 결정된다.

③ **세균의 편모**

　㉠ 세균의 균체 표면의 편모는 운동성을 가진다.

　㉡ 편모의 길이는 2~3㎛로서 항원성을 갖고 있다.

④ **세균의 섬모**

　㉠ 편모보다 작은 미세한 털(섬모)이다.

　㉡ 광학현미경으로 관찰이 어렵고 전자현미경으로 관찰한다.

　㉢ 섬모는 단백질로 구성되어 있고 항원성을 가지고 있다.

⑤ **세균의 축사** : 나선균은 나선형으로 세포를 감싸고 있고 축사에 의해 운동을 한다.

⑥ **세포의 아포** : 균은 외부환경 조건에 대해서 강한 저항성을 가지게 되어 균체 세포질에 아포를 형성한다.

　㉠ 발육 환경이 나쁠 때 아포를 만든다.

　㉡ 건조, 열, 소독제, 화학약품 등에 저항성을 나타낸다.

　㉢ 아포를 형성하면 모든 대사가 정지되며, 아포 형태로 수년간 생존하기도 한다.

② 아포는 100℃ 끓는 물에 10분 정도 가열해도 사멸되지 않는다.
⑩ 아포는 간헐멸균, 고압증기멸균법으로 121℃에서 15분 간 적용 시 대부분 사멸된다.
⑪ 아포에 적합한 영양, 습도, 온도 등이 유지되면 아포에서 영양형으로 되돌아가 균체를 형성하면서 증식을 한다.

(2) 세균의 구조와 기능

세포의 구조	기 능
세포벽	• 세균의 표면을 덮고 있는 세포벽은 단단한 구조로서 구형, 간상형, 나선형 등의 고유형태를 유지한다.
세포질막	• 인지질과 단백질로 구성되어 있으며, 세포질을 감싸고 있다. – 균체 내외의 물질 투과를 조절하는 삼투압 장벽의 역할을 한다. – 물질의 투과는 삼투 외에 효소반응에 의해서도 이루어진다.
세포질	• 여러 가지 효소, 조효소, 대사산물, 광물질 등이 포함되며 단백합성에 관여하는 리보솜이 있다.
핵	• 세포질 내에는 DNA 섬유의 집합으로서 핵막이 없는 핵이 존재한다.

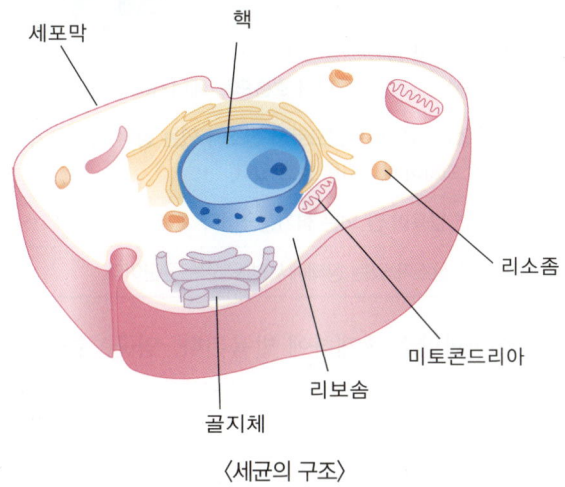

〈세균의 구조〉

(3) 세균의 영양

세균은 발육, 증식하기 위하여 외부로부터 영양소를 취하고 이를 분해하여 에너지를 만든다.
① **영양소** : 세균의 영양소는 무기염류, 탄소원, 질소원, 발육인자, 물 등을 필요로 한다.
② **증식환경** : 온도, pH, 산소, 이산화탄소, 삼투압 등 물리적 환경조건이 필요하다.
  ㉠ 발육 지적 온도 : 발육 증식에 가장 적합한 온도

세균류	생물온도
저온 세균	15~20℃
중온 세균	30~37℃
고온 세균	50~80℃

ⓒ 수소 이온 농도(pH)

성질	pH	균류
중성	pH 7.0~7.6	병원성 세균
약알칼리성	pH 7.6~8.2	콜레라균, 장염비브리오균
약산성	pH 5.0~6.0	유산간균, 진균, 결핵균

ⓒ 산소 : 유리산소(Free Oxygen)의 유무에 따라 세균의 증식이 영향을 받는다.

균 종류	조건
편성 호기성균	• 바실루스균, 결핵균 등이 해당된다. • 산소를 좋아하는 호기성균으로서 호흡으로 에너지를 얻는다.
통성 혐기성균	• 산소와 관계없이 발육되는 균으로서 산소가 있는 경우 호흡(호기성 산화)에 의해, 산소가 없는 경우 발효(혐기적 산화)에 의하여 에너지를 얻고 있다.
편성 혐기성균	• 산소가 있으면 발육이 안 되는 혐기성균이다.
미 호기성균	• 5% 전후 미량 산소가 있는 상태에서 발육하는 균군이다.

ⓔ 이산화탄소 : 5~10%의 이산화탄소 존재하에 발육된다. 임균, 수막염균, 디프테리아균, 인플루엔자균 등 혐기성균의 대부분이 이에 해당된다.
ⓜ 습도 : 세균의 발육에는 적당한 습도가 필요하다.
ⓗ 삼투압 : 세균의 세포질은 일정한 삼투압을 갖고 있다.

Section 04 | 소독방법

소독은 물리적 소독방법과 화학적 소독방법으로 나눌 수 있다. 일반적으로 소독이란 화학적 소독을 말한다.

1 소독방법

(1) 물리적 소독법

① 가열 처리법

종류		소독 방법	사용되는 기구	소독 대상
건열멸균법	화염멸균법	• 화염불꽃 속에 20초 이상 접촉시켜 표면의 미생물을 멸균시키는 방법이다.	• 알코올 램프 또는 가스버너	• 금속류, 유리기구, 이·미용도구, 도자기류, 바늘 등
	건열멸균법	• 고온에 견딜 수 있는 물품을 160~170℃에서 1~2시간 처리한다.	• 건열멸균기 (Dry Oven)	• 유리기구, 주사침, 유지 등
	소각법	• 불에 태워 멸균시키는 가장 쉽고 안전한 방법이다.	• 소각도 화염멸균의 범주 내에 속함	• 오염된 가운, 수건, 휴지, 쓰레기 등
습열멸균법	자비소독법	• 100℃ 끓는 물에 15~20분간 처리한다. • 소독효과를 높이기 위하여 석탄산(5%) 또는 크레졸(3%)을 첨가한다. • 내열성이 강한 미생물은 완전 멸균할 수 없다.	-	• 식기류, 도자기류, 주사기, 의류 소독 등
	고압증기멸균법	• 고온, 고압하의 포화증기로 멸균하는 방법으로서 포자형성균의 멸균에 가장 효과가 있다.	• 고압증기멸균기 (Autoclave) 사용 시 121℃, 15Lb, 20분간 실시	• 초자기구, 고무제품, 자기류, 거즈 및 약액 등 멸균에 이용
	유통증기멸균법 (간헐멸균법)	• 고압증기멸균법으로 처리할 수 없는 경우에 사용된다.	• 100℃ 증기로 30분간씩 3회 실시(1일 1회씩)한다.	• 포자 완전 멸균
	저온살균법	• 포자를 형성하지 않은 결핵균, 살모넬라균, 소유산균 등의 멸균에 효과가 있다. • 63℃에서 30분간 처리한다. • 75℃에서 15~30분간 가열 처리한다.	• 아이스크림 원료 - 80℃에서 30분간 • 건조과실 - 72℃에서 30분간 • 포도주 - 55℃에서 10분간	• 우유, 아이스크림, 건조과실, 포도주 등의 저온살균법
	초고온 순간멸균법	• 135℃에서 2초간 접촉시킨다.	-	• 우유의 멸균처리

② 무가열 멸균법

종류		처리방법		소독류
무가열 멸균법	자외선 멸균법	• 파장을 이용하여 균을 사멸 또는 균의 활동을 억제시킨다. • 2,400~2,800Å에서 살균력이 가장 강하다.	• 자외선 살균기	• 공기, 물, 식품, 기구, 식기류 등의 소독
	일광소독	• 태양광선 내 자외선으로서 최단 파장인 2,600~2,800Å에서 약간의 살균작용이 있다.	• 한낮의 태양열에 건조	• 의류, 침구류, 거실 등의 소독
	초음파	• 8,800c/s의 음파를 이용 – 교반작용으로 미생물을 파괴함으로써 살균력을 가진다. • 20,000c/s 이상의 초음파 – 강력한 살균력이 있다.	–	–
	세균여과법	• 화학약품이나 열을 이용할 수 없을 때 미생물을 제거하는 방법이다. • 미생물을 통과시킬 수 없는 세공을 가진 필터를 이용하여 미생물을 제거하는 방법이다.	• Chamberland – 여과공 0.2~0.4u • Berkefeld – 여과공 2.8~4.1u 등이 사용	–

(2) 화학적 소독법

네일관리 숍에서 사용되고 있는 기구 및 도구, 제품 등을 소독할 때 사용되는 화학적 소독제는 9가지로 구분하여 설명할 수 있다.

① 석탄산(페놀)

  ㉠ 농도 : 석탄산은 3% 수용액으로 사용하며 석탄산계수를 가진다.
    → 무아포균은 1분 이내 사멸된다.
  ㉡ 장점 : 살균력은 안정되나 고온일수록 살균효과는 크다. 유기물 소독에도 양호하다.
  ㉢ 단점 : 세균에는 효력이 있지만 바이러스에는 소독효과가 없다. 취기와 독성이 강하고 피부 점막에 자극성과 마비성이 있다. 금속을 부식시킨다.
  ㉣ 석탄산의 살균작용 기전 : 세포 용해작용과 균체 단백의 응고작용, 균체의 효소계 침투작용을 한다.

> ● 석탄산 계수
>
> • 석탄산 계수 = $\dfrac{\text{소독약의 희석 배수}}{\text{석탄산의 희석 배수}}$
>
> • 소독약의 살균력을 비교하기 위하여 사용한다.

ⓜ 소독대상 : 의류, 실험대, 용기, 오물, 토사물, 배설물 등에 사용되며 가구류의 소독에는 1~3% 수용액을 사용한다.
② 크레졸
　　㉠ 농도 : 3% 수용액으로 사용한다.
　　　• 석탄산에 비해 3배의 소독력을 지닌다.
　　　　– 사용 시 잘 흔들어 사용한다. 물에 잘 녹지 않으므로 같은 양의 비누와 혼합한 유제로 사용한다.
　　　• 크레졸 비누액을 만들어 사용한다.
　　㉡ 장점 : 세균 소독에 효과가 있다. 피부 자극성이 없으며, 유기물에도 소독력이 있다.
　　㉢ 단점 : 취기가 강하다. 바이러스에 소독 효과가 없다.
　　㉣ 소독대상 : 손, 오물, 객담 등
　　※ 단 크레졸은 취기가 강하여 손 소독에 잘 사용하지 않는다. 다른 손 소독제로도 소독이 불가능한 오물 등의 소독에 사용된다.
③ 승홍 : 살균력이 강하며, 맹독성이다(특히 온도가 높을수록 살균효과는 더욱 강해진다).
　　㉠ 농도 : 피부소독에는 0.1~0.5% 수용액을 사용한다.

> ● 승홍의 조제방법
> • 승홍(0.1%) + 식염(0.1%) + 물(99.8%) = 혼합액
> • 무색이므로 푸크신액으로 염색하여 사용한다.

　　㉡ 단점 : 금속을 부식시키며 식기류, 장난감 등의 소독에 사용할 수 없다.
④ 생석회 : 생석회에 물을 가(소석회)했을 때 발생기 산소에 의해 소독작용을 한다.
　　㉠ 농도 : 생석회 분말(2) + 물(8) = 혼합액
　　㉡ 장점 : 값이 싸고 탈취력이 있어 분변, 하수, 오수, 토사물 등의 소독에 좋다. 무아포균에 효과가 있다.
　　㉢ 단점 : 공기 중에 장기간 방치 시, 공기 중의 CO_2와 결합하여 탄산칼슘이 되므로 살균력이 떨어진다.
⑤ 과산화수소
　　㉠ 농도 : 과산화수소 3% 수용액을 사용한다.
　　㉡ 장점 : 무아포균을 살균할 수 있으며 자극성이 적다.
　　㉢ 소독대상 : 구내염, 인두염, 상처, 입 안 소독 등에 이용된다.
⑥ 알코올
　　㉠ 농도 : 70% 수용액(에틸알코올이 사용됨)을 사용한다.
　　㉡ 장점 : 무아포균의 소독에 효과가 있다. 피부 및 기구소독에 살균력이 강하다.
　　㉢ 단점 : 아포균에는 소독효과가 없다. 소독대상에 유기물이 있으면 소독효과가 떨어진다.
　　　→ 눈, 비강, 구강, 음부 등의 점막에는 사용하면 안된다.

⑦ 머큐로크롬
  ㉠ 농도 : 2% 수용액을 사용한다.
  ㉡ 장점 : 지속성이 있어 점막 및 피부 상처에 이용한다.
⑧ 역성 비누(양성 비누)
  ㉠ 농도 : 0.01~0.1% 수용액을 사용한다.
  ㉡ 장점 : 독성 또는 사용 시 불쾌감이 없다. 소화기계 감염병의 병원체에 효력이 크다.
  ㉢ 소독대상 : 조리기구, 식기류 등의 소독에 사용된다.
⑨ 약용 비누
  ㉠ 손, 피부소독 등에 사용된다.
  ㉡ 비누 원료에 각종 살균제가 첨가되어 세정작용과 살균작용이 동시에 이루어진다.
⑩ 포르말린 : 훈증 소독에 농도 0.02~0.1 수용액을 사용한다.

> 소독약의 농도(%)
> $= \dfrac{\text{용질(소독약)}}{\text{용액(희석량)}} \times 100$
>
> 예) 순도 100% 소독약 원액 5ml에 증류수 95ml를 혼합하여 100ml의 소독약을 만들었다. 이 소독약의 농도는?
> $\dfrac{5}{100} \times 100 = 5\%$

Section 05 | 분야별 위생 소독

1 소독 대상별 소독 방법

① 의류, 침구류 소독 : 일광소독, 증기 또는 자비소독, 석탄산수, 크레졸수, 포르말린수 등이 사용된다.
② 토사물, 배설물 소독 : 소각법, 자비소독, 석탄산수, 크레졸수, 생석회 등이 사용된다.
③ 초자기구, 도자기, 목제품 소독 : 석탄산수, 크레졸수, 승홍수, 증기 또는 자비소독 등이 사용된다.
④ 가죽, 고무, 종이류, 철기 소독 : 석탄산수, 크레졸수, 포르말린수 등이 사용된다.
⑤ 손 소독(네일리스트) : 석탄산수, 승홍수, 역성비누, 약용비누 등이 사용된다.
⑥ 숍(실)내 소독 : 석탄산수, 크레졸수 등이 사용된다.

2 소독제의 살균기전

소독제는 아래 두 가지 이상 살균기전의 복합작용에 의해 소독이 이루어진다.
① 산화작용 : 염소(Cl_2)와 그 유도체, 과산화수소(H_2O_2), 오존(O_3), 과망간산칼륨($KMnO_4$) 등이 있다.

② **균단백응고 작용** : 승홍, 석탄산, 크레졸, 알코올, 포르말린 등이 있다.
③ **균체의 효소 불활화 작용** : 알코올, 석탄산, 중금속염, 역성비누 등이 있다.
④ **가수분해작용** : 강산, 강알칼리, 열탕수 등이 있다.
⑤ **탈수작용** : 식염, 설탕, 알코올, 포르말린 등이 있다.
⑥ **중금속염의 형성작용** : 승홍, 질산은, 머큐로크롬 등이 있다.

3 소독제의 구비조건

① 살균력이 강해야 한다.
② 사용법이 간편해야 한다.
③ 저렴하고, 구입이 용이해야 한다.
④ 용해성이 높고 침투력이 좋아야 한다.
⑤ 물품의 부식성과 표백성이 없어야 한다.
⑥ 인체에 무해, 무독하여 안전성이 있어야 한다.
⑦ 소독 범위가 넓고, 냄새가 없고, 탈취력이 있어야 한다.

알아두기

소독약의 역사
화학적 소독에 사용되는 약품을 소독약이라 하며 부패, 발효를 억제할 목적으로 사용되는 것을 방부제라 한다.

(1) 신벌설(고대)
신의 저주를 받아 질병이 발생한다고 하였다.

(2) 독기설
기원전(B.C 459~377) 히포크라테스는 환자의 체내로부터 병적 부정물이 공기 중에 전파되어 병이 옮겨진다고 하였다.

(3) 장기설
유독물질 때문에 전염병이 발생된다는 설로서 공기를 정화시키는 연기소독법이 시행되었다.

(4) 접촉감염설
15~16세기 흑사병, 천연두, 발진티푸스 등에 의해 유럽 인구의 절반이 사망함으로써 눈에 보이지 않는 감염원이 질병을 발생시킨다고 하였다.

(5) 소독과 방부
19세기 중반 부패작용은 생물에 의하여 발생되지만 가열에 의하여 사멸될 수 있다고 하였다.

(6) 간헐멸균법
영국의 과학자 존 틴달(John Tyndall, 1820~1893년)에 의해 고안되었다.

(7) 무균적 수술
1865년 석탄산 용액을 수술실에 살포하여 수술기구 소독, 손을 세정하면 수술 후의 염증 발생률을 줄여준다는 사실을 발견하였다.

(8) 저온살균법
루이스 파스퇴르(Louis Pasteur)에 의해 개발되었다.

(9) 건열멸균법
루이스 파스퇴르는 170°에서 60분간 건열을 이용한 멸균법을 고안하였다.

(10) 방부법
조셉 리스터(Joshep Lister)는 석탄산 용액을 사용하여 수술기구를 소독하였다.

(11) 고압증기멸균법(Autoclaving)
찰스 캄베르랜드(Charles Chamberland)는 아포생성균을 121°C에서 15~20분간 적용시키는 멸균법을 고안하였다.

CHAPTER 3 · 공중위생관리법규

Section 01 | 목적 및 정의

1 공중위생관리법의 목적(제1조)

공중이 이용하는 영업과 시설의 위생관리 등에 관한 사항을 규정한다. 위생 수준을 향상시켜 국민의 건강증진에 기여함이 이 법의 목적이다.

2 용어의 정의(제2조)

(1) 공중위생영업

① 다수인을 대상으로 위생관리 서비스를 제공하는 6가지 영업 가운데 이·미용업이 포함된다.
② 미용업, 이용업, 숙박업, 세탁업, 목욕장업, 건물위생관리업 등이 포함된다.

미용업	손님의 얼굴, 머리, 피부 등을 손질하여 손님의 외모를 아름답게 꾸미는 영업이다.
이용업	손님의 머리카락 또는 수염을 깎거나 다듬는 등의 방법으로 손님의 용모를 단정하게 하는 영업이다.
건물위생관리업	공중이 이용하는 건축물, 시설물 등의 청결 유지와 실내 공기 정화를 위한 청소 등을 대행하는 영업이다.

> [별표1- 공중위생영업(미용업) 시설 및 설비기준]
> 1. 미용업(일반), 미용업(손톱·발톱) 및 미용업(화장·분장)
> ① 미용기구는 소독을 한 기구와 소독을 하지 아니한 기구를 구분하여 보관할 수 있는 용기를 비치하여야 한다.
> ② 소독기, 자외선 살균기 등 미용기구를 소독하는 장비를 갖추어야 한다.

Section 02 영업의 신고 및 폐업

1 영업의 신고(제3조)

(1) 공중위생영업을 하기 위해 신고를 하려는 자(이하 영업자라 함)는 시설 및 설비(보건복지부령)를 갖춘 후 시장·군수·구청장에게 신고한다.

- ● 보건복지부령
  - 공중위생영업 관련 시설 및 설비
  - 공중위생영업 관련 중요사항의 변경
  - 신고방법 및 절차 등에 관한 필요한 사항

- ● 신고관청 및 신고내용
  - 시장·군수·구청장
    - 공중위생영업의 신고 시
    - 공중위생영업장 폐쇄 시
    - 공중위생영업 관련 중요사항의 변경 시

① 영업신고 시 첨부서류
  ㉠ 공중위생영업시설 및 설비개요서
  ㉡ 교육필증(미리 교육을 받은 경우)

(2) 공중위생영업자는 보건복지부령이 정하는 중요사항을 변경하고자 하는 때에도 시장, 군수, 구청장에게 신고한다(제3조).

① 변경신고를 해야 할 경우(시행규칙 제3조의2)
  ㉠ 영업소의 명칭 또는 상호 변경   ㉡ 영업소의 소재지 변경
  ㉢ 신고한 영업장 면적의 3분의 1 이상 증감 시   ㉣ 대표자의 성명 또는 생년월일 변경
  ㉤ 업종 간 변경

② 영업신고 사항 변경 신고 시 제출서류(시행규칙 제3조의2)
  ㉠ 영업신고증
  ㉡ 변경사항을 증명하는 서류

(3) 폐업신고
  ① 영업자는 영업을 폐업한 날로부터 20일 이내에 시장·군수·구청장에게 신고하여야 한다.
  ② 폐업신고 시 신고서를 첨부한다.

2 영업의 승계

(1) 영업을 양도하거나 사망한 때 또는 법인이 합병한 때에는 그 영업자의 지위를 승계한다(제3조의2).

① 양수인, 상속인 또는 합병 후 존속하는 법인이나 합병으로 설립되는 법인이 해당

> ● 영업자의 지위승계 신고]
> - 양도의 경우
>   - 양도, 양수를 증명할 수 있는 서류 사본
> - 상속의 경우
>   - 「가족관계의 등록 등에 관한 법률」 제15조 제1항에 따른 가족관계증명서 및 상속인임을 증명할 수 있는 서류
> - 그 밖의 경우
>   - 해당 사유별로 영업자의 지위를 승계하였음을 증명할 수 있는 서류

(2) 민사집행법에 의한 경매, 「채무자 희생 및 파산에 관한 법률」에 의한 환가나 국세징수법, 관세법 또는 지방세징수법에 의한 압류재산의 매각 그 밖에 이에 준하는 절차에 따라 영업 관련 시설 및 설비 전부를 인수한 자는 이 법에 의한 그 영업자의 지위를 승계한다.

(3) 미용업의 경우에는 규정에 의한 면허를 소지한 자에 한하여 영업자의 지위를 승계할 수 있다.

(4) 영업자의 지위를 승계하는 자는 1월 이내에 보건복지부령이 정하는 바에 따라 시장·군수·구청장에게 신고하여야 한다.

> ● 보건복지부령
> - 영업자의 지위 승계
>
> ● 신고관청 및 기간
> - 시장·군수·구청장 – 영업자의 지위 승계(1월 이내)

Section 03 | 영업자 준수사항

1 위생관리 의무 등(제4조)

영업자는 그 이용자(손님)에게 건강상 위해 요인이 발생되지 않도록 영업 관련 시설 및 설비를 위생적이고 안전하게 관리하여야 한다.

(1) 미용업을 하는 자는 다음 각 호의 사항을 지켜야 한다(제4조 제4항).

① 의료기구나 의약품을 사용하지 않는 순수한 화장 또는 피부미용을 할 것

② 미용기구는 소독을 한 기구와 소독을 하지 않는 기구로 분리하여 보관하고, 면도기는 1회용 면도날만을 손님 1인에 한하여 사용할 것

> ● 보건복지부령
> • 미용기구의 소독기준 및 방법
> • 영업자가 준수해야 할 사항

③ 미용사 면허증을 영업소 안에 게시할 것

[별표3] 시행규칙

① **미용기구의 소독기준 및 방법**

　㉠ 일반기준

구분		소독방법
물리적 소독	자외선 소독	1㎠당 85㎼ 이상의 자외선을 20분 이상 쬐어준다.
	열탕 소독	섭씨 100℃ 이상의 물속에 10분 이상 끓여준다.
	증기 소독	섭씨 100℃ 이상의 습한 열에 20분 이상 쐬어준다.
	건열멸균 소독	섭씨 100℃ 이상의 건조한 열에 20분 이상 쐬어준다.
화학적 소독	석탄산수 소독	3% 석탄산수 : 석탄산(3%), 물(97%)의 수용액에 10분 이상 담가둔다.
	크레졸 소독	3% 크레졸수 : 크레졸(3%), 물(97%)의 수용액에 10분 이상 담가둔다.
	에탄올 소독	70% 에탄올 수용액에 10분 이상 담가두거나 에탄올 수용액을 머금은 면 또는 거즈로 기구의 표면을 닦아준다.

　㉡ 개별기준

　　미용기구의 종류, 재질 및 용도에 따른 구체적인 소독기준 및 방법은 보건복지부장관이 정하여 고시한다.

> [별표4] 시행규칙
>
> ② **미용업자 위생관리 기준**
>   ㉠ 점 빼기, 귓볼 뚫기, 쌍꺼풀 수술, 문신, 박피술 그 밖에 이와 유사한 의료행위를 하여서는 안 된다.
>   ㉡ 피부미용을 위하여 「약사법」에 따른 의약품 또는 「의료기기법」에 따른 의료기기를 사용하여서는 안 된다.
>   ㉢ 미용기구 중 소독을 한 기구와 소독을 하지 아니한 기구는 각각 다른 용기에 넣어 보관하여야 한다.
>   ㉣ 1회용 면도날은 손님 1인에 한하여 사용하여야 한다.
>   ㉤ 영업장 안의 조명도는 75룩스 이상이 되도록 유지하여야 한다.
>   ㉥ 영업소 내에 미용업 신고증, 개설자의 면허증 원본을 게시하여야 한다.
>   ㉦ 영업소 내부에 최종지불요금표를 게시 또는 부착하여야 한다.
>   ㉧ 위의 내용에도 불구하고 신고한 영업장 면적이 66제곱미터 이상인 영업소의 경우 영업소 외부에도 손님이 보기 쉬운 곳에 「옥외광고물 등 관리법」에 적합하게 최종지불요금표를 게시 또는 부착하여야 한다. 이 경우 최종지불요금표에는 일부 항목(5개 이상)만을 표시할 수 있다.
>   ㉩ 3가지 이상의 미용서비스를 제공하는 경우에는 개별 미용서비스의 최종 지불가격 및 전체 미용서비스의 총액에 관한 내역서를 이용자에게 미리 제공하여야 한다. 이 경우 미용업자는 해당 내역서 사본을 1개월간 보관하여야 한다.

Section 04 | 면허

1 미용사의 면허(제6조 제1항)

미용사가 되고자 하는 자는 보건복지부령이 정하는 바에 의하여 시장·군수·구청장이 발부하는 면허를 받아야 한다.

① 전문대학 또는 이와 동등 이상의 학력이 있다고 교육부장관이 인정하는 학교에서 이용 또는 미용에 관한 학과를 졸업한 자
② 「학점 인정 등에 관한 법률」에 따라 대학 또는 전문대학을 졸업한 자와 동등 이상의 학력이 있는 것으로 인정되어 미용에 관한 학위를 취득한 자
③ 초·중등교육법령에 따른 특성화고등학교, 고등기술학교나 고등학교 또는 고등기술학교에 준하는 각종학교에서 1년 이상 이용 또는 미용에 관한 소정의 과정을 이수한 자

④ 교육부장관이 인정하는 고등기술학교에서 1년 이상 미용에 관한 소정의 과정을 이수한 자
⑤ 국가기술자격법에 의한 미용사 자격을 취득한 자

> ● 면허 발급에 따른 첨부서류
> - 졸업증명서 또는 학위증명서 1부
> - 국가기술자격증 원본 확인 사본 제출 1부(이수증명서)
> - 최근 6개월 이내 진단된 건강진단서 1부
>   - 정신질환자, 마약·대마·향정신성 의약품 중독자, 결핵환자가 아님을 증명
> - 최근 6개월 이내 찍은 탈모 정면 상반신 사진 2매(3.5×4.5cm)

2 면허 결격 사유(제6조 제2항)

① 미용사의 면허를 받을 수 없는 자
  ㉠ 피성년후견인(금치산자)
  ㉡ 「정신보건법(제3조 제1호)」에 따른 정신질환자
    • 다만, 전문의가 미용사로서 적합하다고 인정하는 사람은 그러하지 아니하다.
  ㉢ 공중의 위생에 영향을 미칠 수 있는 감염병 환자로서 보건복지부령이 정한 자(감염성 결핵 환자)
  ㉣ 마약 기타 대통령령으로 정하는 약물 중독자(대마 또는 향정신성 의약품의 중독자)
  ㉤ 면허가 취소된 후 1년이 경과되지 아니한 자

> ● 대통령령 : 미용사 면허를 받을 수 없는 자(마약, 기타 약물 중독자)
> ● 보건복지부령 : 공중위생에 영향을 미칠 수 있는 감염병 환자
> ● 면허취소 사유 : 면허취소 후 1년 미경과
>   • 이 법의 규정에 의한 명령에 위반한 때
>   • 면허증을 다른 사람에게 대여한 때

② 면허수수료
  ㉠ 미용사 면허를 받고자 하는 자는 대통령령이 정하는 바에 따라 수수료를 납부하여야 한다.
  ㉡ 수수료는 지방자치단체의 수입증지로 또는 정보통신망을 이용한 전자화폐 전자결제 등의 방법으로 시장·군수·구청장에게 납부하여야 하며 그 금액은 다음과 같다.
    • 미용사 면허를 신규로 신청하는 경우(5,500원)
    • 미용사 면허증을 재교부 받고자 하는 경우(3,000원)

3 면허의 취소(제7조 제1항)

(1) 미용사 면허를 취소하거나 6월 이내의 기간을 정하여 면허를 정지할 수 있다.

> ● 면허취소 및 정지 권한자 : 시장·군수·구청장

① 피성년후견인, 마약 기타 대통령령으로 정하는 약물 중독자에 해당할 때
② 면허증을 다른 사람에게 대여한 때
③ 「국가기술자격법」에 따라 자격이 취소된 때
④ 「국가기술자격법」에 따라 자격정지처분을 받은 때(「국가기술자격법」에 따른 자격정지처분 기간에 한정한다)
⑤ 이중으로 면허를 취득한 때(나중에 발급받은 면허를 말한다)
⑥ 면허정지처분을 받고도 그 정지 기간 중에 업무를 한 때
⑦ 「성매매알선 등 행위의 처벌에 관한 법률」이나 「풍속영업의 규제에 관한 법률」을 위반하여 관계 행정기관의 장으로부터 그 사실을 통보받은 때
⑧ 규정에 의한 면허취소·정지 처분의 세부적인 기준은 그 처분의 사유와 위반의 정도 등을 감안하여 보건복지부령으로 정한다.

(2) 면허의 반납

① 면허가 취소 또는 정지 받은 자는 지체 없이 시장·군수·구청장에게 면허증을 반납한다.
② 면허정지에 의해 반납된 면허증은 그 면허정지기간 동안 관할 시장·군수·구청장이 보관한다.

> ● 면허 교부권자 : 시장·군수·구청장
>   • 면허증 반납 및 보관
>   • 면허 재교부 신청

(3) 면허증의 재교부

① 면허증의 기재사항에 변경이 있을 때   ② 면허증을 잃어버린 때

> ● 분실한 면허증을 찾은 경우 : 면허증을 잃어버린 후 재교부 받은 자가 그 잃어버린 면허증을 찾은 때에는 지체 없이 면허교부권자인 시장·군수·구청장에게 이를 반납한다.

③ 면허증이 헐어 못쓰게 된 때

(4) 면허증 재교부에 따른 신청첨부 서류

① 면허증 원본(기재 사항이 변경되거나 헐어 못쓰게 된 때)
② 최근 6개월 이내에 찍은 탈모 정면 상반신 사진 1매(3.5×4.5cm)

Section 05 | 업무

1 미용사의 업무 범위 등(제8조 제1항)

미용사의 면허를 받은 자가 아니면 미용업을 개설하거나 그 업무에 종사할 수 없다. 다만 미용사의 감독을 받아 미용 업무의 보조를 행하는 경우에는 종사할 수 있다.

(1) 미용업의 세분

① 미용업의 세분

미용업(일반)	파마, 머리카락 자르기, 머리카락 모양내기, 머리피부손질, 머리카락 염색, 머리감기, 의료기기나 의약품을 사용하지 아니하는 눈썹손질을 하는 영업
미용업(피부)	의료기기나 의약품을 사용하지 아니하는 피부상태 분석, 피부관리, 제모, 눈썹손질을 하는 영업
미용업(네일)	손톱과 발톱의 손질 및 화장하는 영업
미용업(화장·분장)	얼굴 등 신체의 화장, 분장 및 의료기기나 의약품을 사용하지 아니하는 눈썹손질을 하는 영업
미용업(종합)	미용업(일반), 미용업(피부), 미용업(네일)까지의 업무를 모두 하는 영업

2 미용의 업무는 영업소 외의 장소에서는 행할 수 없다(제8조 제2항 및 제3항)(다만, 보건복지부령이 정하는 특별한 사유가 있는 경우에는 행할 수 있다).

① 보건복지부령에 의한 특별한 사유

　㉠ 질병이나 그 밖의 사유로 영업소에 나올 수 없는 자에 대하여 이용 또는 미용을 하는 경우
　㉡ 혼례나 그 밖의 의식에 참여하는 자에 대하여 그 의식 직전에 이용 또는 미용을 하는 경우
　㉢ 사회복지시설에서 봉사활동으로 이용 또는 미용을 하는 경우
　㉣ 방송 등의 촬영에 참여하는 사람에 대하여 그 촬영 직전에 이용 또는 미용을 하는 경우
　㉤ 위의 경우 외에 특별한 사정이 있다고 시장·군수·구청장이 인정하는 경우

Section 06 | 행정지도 감독

1 보고 및 출입·검사(제9조 제1항)

(1) 특별시장, 광역시장, 도지사(이하 시·도지사라 함) 또는 시장·군수·구청장은 공중위생 관리상 필요하다고 인정하는 때에는 공중위생영업자에 대하여 다음과 같이 할 수 있다.

① 필요한 보고를 하게 한다.
② 소속 공무원으로 하여금 영업소, 사무소 등에 출입하여 영업자의 위생관리 의무 이행 등에 대하여 검사하게 한다. 또한 필요에 따라 공중위생영업장부나 서류를 열람하게 할 수 있다.
③ 제1항의 경우에 관계 공무원은 그 권한을 표시하는 증표를 지녀야 하며, 관계인에게 이를 내보여야 한다.

(2) 영업의 제한(제9조 제2항)

시·도지사는 공익상 또는 선량한 풍속을 유지하기 위하여 필요하다고 인정하는 때에는 영업자 및 종사원에 대하여 영업시간 및 영업행위에 관한 필요한 제한을 할 수 있다.

2 위생지도 및 개선명령(제10조)

(1) 시·도지사 또는 시장·군수·구청장은 영업자 또는 소유자에게 즉시 또는 일정기간을 정하여 개선을 명할 수 있다.

① 영업자는 시설 및 설비를 갖추거나 또는 중요사항 변경 시(보건복지부령), 신고(시장, 군수, 구청장)에 따른 시설 및 설비기준을 위반한 공중위생영업자
② 위생관리 의무 등을 위반한 공중위생영업자
③ 위생관리 의무를 위반한 공중위생시설의 소유자 등

3 영업소의 폐쇄(제11조 제1항)

(1) 시장·군수·구청장은 공중위생영업자가 다음 중 어느 하나에 해당하면 6월 이내의 기간을 정하여 영업의 정지 또는 일부 시설의 사용중지를 명하거나 영업소 폐쇄 등을 명할 수 있다.

① 영업신고를 하지 아니하거나 시설과 설비기준을 위반한 경우
② 변경신고를 하지 아니한 경우
③ 지위승계신고를 하지 아니한 경우
④ 공중위생영업자의 위생관리 의무 등을 지키지 아니한 경우
⑤ 영업소 외의 장소에서 이용 또는 미용 업무를 한 경우

⑥ 보고를 하지 아니하거나 거짓으로 보고한 경우 또는 관계 공무원의 출입, 검사 또는 공중위생영업 장부 또는 서류의 열람을 거부·방해하거나 기피한 경우
⑦ 개선명령을 이행하지 아니한 경우
⑧ 「성매매알선 등 행위의 처벌에 관한 법률」, 「풍속영업의 규제에 관한 법률」, 「청소년 보호법」, 「아동·청소년의 성보호에 관한 법률」 또는 「의료법」을 위반하여 관계 행정기관의 장으로부터 그 사실을 통보받은 경우

(2) 시장·군수·구청장은 위에 따른 영업정지처분을 받고도 그 영업정지 기간에 영업을 한 경우에는 영업소 폐쇄를 명할 수 있다.

(3) 시장·군수·구청장은 다음 중 어느 하나에 해당하는 경우에는 영업소 폐쇄를 명할 수 있다.
① 공중위생영업자가 정당한 사유 없이 6개월 이상 계속 휴업하는 경우
② 공중위생영업자가 「부가가치세법」 제8조에 따라 관할 세무서장에게 폐업신고를 하거나 관할 세무서장이 사업자 등록을 말소한 경우

(4) 행정처분의 세부기준은 그 위반행위의 유형과 위반 정도 등을 고려하여 보건복지부령으로 정한다.

(5) 영업자가 영업소 폐쇄명령을 받고도 계속하여 영업을 할 때 관계 공무원이 영업소를 폐쇄하기 위하여 다음의 조치를 할 수 있다.
① 당해 영업소의 간판 기타 영업표지물의 제거
② 당해 영업소가 위법한 영업소임을 알리는 게시물 등의 부착
③ 영업을 위하여 필수 불가결한 기구 또는 시설물을 사용할 수 없게 하는 봉인

(6) 봉인을 해제할 수 있는 조건
① 시장·군수·구청장이 영업을 위하여 필수 불가결한 기구 또는 시설물에 대하여 봉인한 후 봉인을 계속할 필요가 없다고 인정되는 때
② 영업자 또는 그 대리인이 당해 영업소를 폐쇄할 것을 약속할 때
③ 정당한 사유를 들어 봉인의 해제를 요청할 때
④ 당해 영업소가 위법한 영업소임을 알리는 게시물 등의 제거를 요청하는 경우

● 봉인해제 관청 : 시장·군수·구청장

4 과징금 처분(제11조 제2항)

(1) 공중위생 영업소의 폐쇄 등의 규정에 갈음하여 1억 원 이하의 과징금을 부과할 수 있다.

① 영업정지가 이용자에게 심한 불편을 줄 때
② 그 밖에 공익을 해할 우려가 있는 경우
③ 다만, 「성매매 알선 등 행위의 처벌에 관한 법률」, 「아동·청소년의 성보호에 관한 법률」, 「풍속영업의 규제에 관한 법률」 또는 이에 상응하는 위반행위로 인하여 처분을 받게 되는 경우를 제외한다.

(2) 과징금을 부과하는 위반행위의 종별, 정도 등에 따른 과징금의 금액 등에 관하여 필요한 사항은 대통령령으로 정한다.

(3) 시장·군수·구청장은 규정에 의한 과징금을 납부하여야 할 자가 납부기한까지 이를 납부하지 아니한 경우에는 대통령령으로 정하는 바에 따라 과징금 부과 처분을 취소하고, 영업정지 처분을 하거나 「지방세외수입금의 징수 등에 관한 법률」에 따라 이를 징수한다.

(4) 시장·군수·구청장이 부과·징수한 과징금은 당해 시·군·구에 귀속된다.

(5) 시장·군수·구청장은 과징금의 징수를 위하여 필요한 경우에는 다음의 사항을 기재한 문서로 관할 세무관서의 장에게 과세 정보의 제공을 요청할 수 있다.
① 납세자의 인적사항
② 사용목적
③ 과징금 부과기준이 되는 매출금액

5 행정제재처분 효과의 승계(제11조 제3항)

(1) 영업자가 그 영업을 양도하거나 사망한 때 또는 법인의 합병이 있는 때
① 종전의 영업자에 대하여 행정제재처분(제11조 제1항의 위반)의 효과는 그 처분기간이 만료된 날부터 1년간 양수인, 상속인 또는 합병 후 존속하는 법인에 승계한다.
② 종전의 영업자에 대하여 진행 중인 행정제재처분(제11조 제1항의 위반) 절차를 양수인, 상속인 또는 합병 후 존속하는 법인에 대하여 속행할 수 있다.

6 같은 종류의 영업금지(제11조 제4항)

(1) 「성매매 알선 등 행위의 처벌에 관한 법률」, 「아동·청소년의 성보호에 관한 법률」, 「풍속영업의 규제에 관한 법률」 또는 「청소년보호법」(이하 이 조에서 "「성매매 알선 등 행위의 처벌에 관한 법률」 등"이라 한다)을 위반하여 제11조 제1항의 폐쇄명령을 받은 자(법인인 경우에는 그 대표자를 포함한다. 이하 제2항에서 같다)는 그 폐쇄명령을 받은 후 2년이 경과하지 아니한 때에는 같은 종류의 영업을 할 수 없다.

① 「성매매 알선 등 행위의 처벌에 관한 법률」 등 이외의 법률을 위반할 때
　㉠ 폐쇄명령을 받은 자(사람) : 그 폐쇄명령을 받은 후 1년이 경과하지 아니한 때에는 같은 종류의 영업을 할 수 없다.
　㉡ 폐쇄명령이 있는 후(영업장소) : 6개월이 경과하지 아니한 때에는 누구든지 그 폐쇄명령이 이루어진 영업장소에서 같은 종류의 영업을 할 수 없다.
② 「성매매 알선 등 행위의 처벌에 관한 법률」 등을 위반할 때
　㉠ 폐쇄명령이 있는 후(영업장소) : 1년이 경과하지 아니한 때에는 누구든지 같은 종류의 영업을 할 수 없다.

7 위반사실 공표(제11조 제6항)

(1) 시장·군수·구청장은 행정처분이 확정된 공중위생영업자에 대한 처분 내용, 해당 영업소의 명칭 등 처분과 관련한 영업 정보를 대통령령으로 정하는 바에 따라 공표하여야 한다.

8 청문(제12조)

(1) 보건복지부장관 또는 시장·군수·구청장은 다음 중 어느 하나에 해당하는 처분을 하려면 청문을 하여야 한다.
① 신고사항의 직권 말소
② 이용사와 미용사의 면허취소 또는 면허정지
③ 영업정지명령, 일부 시설의 사용중지명령 또는 영업소 폐쇄명령

9 위생서비스 수준의 평가(제13조)

(1) 영업소의 위생관리 수준을 향상시키기 위하여 위생서비스 평가계획(이하 평가계획이라 함)을 수립하여 시장·군수·구청장에게 통보한다.

● 위생서비스 평가 계획권자 : 시·도지사

● 위생서비스 평가계획 통보를 받는 관청 : 시장·군수·구청장

(2) 평가계획에 따라 관할 지역별 세부평가계획을 수립한 후 영업소의 위생서비스 수준을 평가(이하 위생서비스 평가라 함)하여야 하며, 평가는 2년마다 실시함을 원칙으로 한다.

> **tip** 평가계획에 따른 세부평가계획 관청 : 시장·군수·구청장

(3) 위생서비스 평가의 전문성을 높이기 위하여 필요하다고 인정하는 경우에는 관련 전문기관 및 단체로 하여금 위생서비스 평가를 실시하게 할 수 있다.

> **tip** 위생서비스 평가와 관련하여 전문기관 및 단체에 위임할 수 있는 관청 : 시장·군수·구청장

(4) 위생서비스 평가의 주기, 방법, 위생관리 등급의 기준 기타 평가에 관하여 필요한 사항은 보건복지부령으로 정한다.

Section 07 | 업소위생등급

1 위생관리 등급 공표 등(제14조)

(1) 위생서비스 평가의 결과에 따른 위생관리 등급을 해당 영업자에게 통보하고 이를 공표하여야 한다.

- 위생관리 등급 통보 및 공표권(관청) : 시장·군수·구청장
- 보건복지부령 : 위생관리 등급

① 영업자는 통보받은 위생관리 등급의 표지를 영업소의 명칭과 함께 영업소의 출입구에 부착할 수 있다.
② 위생서비스평가의 결과 위생서비스의 수준이 우수하다고 인정되는 영업소에 대하여 포상을 실시할 수 있다.
③ 위생서비스 평가는 2년마다 실시한다.

- 위생서비스평가 결과 우수 영업소 포상 관청 : 시·도지사(또는 시장·군수·구청장)

④ 위생서비스 평가의 결과에 따른 위생관리 등급별로 영업소에 대한 위생감시를 실시한다.
  ㉠ 영업소에 대한 출입, 검사와 위생감시의 실시 주기 및 횟수 등 위생관리 등급별 위생감시기준은 보건복지부령으로 정한다.

- 위생서비스 등급별 영업소의 위생감시(관청) : 시·도지사(또는 시장·군수·구청장)
- 보건복지부령 : 영업소 출입, 검사, 위생감시 실시 주기 및 횟수, 위생관리 등급별 위생감시 기준

ⓒ 위생관리 등급의 구분

업소	색 등급
최우수업소	녹색 등급
우수업소	황색 등급
일반관리대상업소	백색 등급

2 공중위생감시원(제15조 제1항)

(1) 공중위생감시원

① 영업의 신고 및 폐업신고(제3조), 영업의 승계(제3조 2), 영업자의 위생관리의무(제4조) 또는 미용사 업무 범위(제8조), 영업소의 폐쇄 등(제11조) 규정에 의한 관계 공무원의 업무를 행하기 위하여 특별시, 광역시, 도 및 시, 군, 구(자치구에 한한다)에 공중위생감시원을 둔다.

② 공중위생감시원의 자격, 임명, 업무범위 기타 필요한 사항은 대통령령으로 정한다.

　㉠ 공중위생감시원의 자격 및 임명

　　특별시장, 광역시장, 도지사, 시장·군수·구청장은 각 호의 어느 하나에 해당하는 소속 공무원 중에서 공중위생감시원을 임명한다(공중위생감시원 규정에 따름).

- 위생사 또는 환경기사 2급 이상의 자격증이 있는 사람
- 「고등교육법」에 따른 대학에서 화학, 화공학, 환경공학 또는 위생학 분야를 전공하고 졸업한 사람 또는 법령에 따라 이와 같은 수준 이상의 학력이 있다고 인정되는 사람
- 외국에서 위생사 또는 환경기사의 면허를 받은 사람
- 1년 이상 공중위생 행정에 종사한 경력이 있는 사람
- 공중위생감시원의 인력확보가 곤란하다고 인정되는 때에는 공중위생 행정에 종사하는 사람 중에서 공중위생감시에 관한 교육훈련을 2주 이상 받은 사람을 공중위생 행정에 종사하는 기간 동안 공중위생감시원으로 임명할 수 있다.

　㉡ 공중위생감시원이 업무 범위

- 규정에 의한 시설 및 설비의 확인
- 공중위생영업 관련 시설 및 설비의 위생상태 확인·검사, 공중위생영업자의 위생관리 의무 및 영업자 준수사항 이행 여부의 확인
- 위생지도 및 개선명령 이행 여부의 확인
- 공중위생영업소의 영업의 정지, 일부 시설의 사용 중지 또는 영업소 폐쇄명령 이행 여부의 확인
- 위생교육 이행 여부의 확인

(2) 명예 공중위생감시원(제15조 제2항)

① 시·도지사는 공중위생의 관리를 위한 지도, 계몽 등을 행하게 하기 위하여 명예 공중위생감시원(이하 명예감시원이라 함)을 둘 수 있다.
② 명예감시원의 자격은 공중위생에 대한 지식과 관심이 있는 자, 소비자 단체, 공중위생 관련 협회 또는 단체의 소속 직원 중에서 당해 단체 등의 장이 추천하는 자로 한다.
③ 명예감시원의 활동지원 및 운영에 관한 필요사항과 함께 예산의 범위 안에서 수당을 지급할 수 있으며 명예감시원의 업무는 다음과 같다.
　㉠ 법령 위반 행위에 대한 신고 및 자료제공
　㉡ 공중위생감시원이 행하는 검사 대상물의 수거지원
　㉢ 그 밖에 공중위생에 관한 홍보계몽 등 공중위생관리 업무와 관련하여 시·도지사가 따로 정하여 부여하는 업무

3 공중위생 영업자 단체의 설립(제16조)

영업자는 공중위생과 국민보건의 향상을 기하고 그 영업의 건전한 발전을 도모하기 위하여 영업의 종류별로 전국적인 조직을 가지는 영업자 단체를 설립할 수 있다.

Section 08 위생교육

1 영업자 위생교육(제17조)

(1) 매년 위생교육(3시간)을 받아야 한다.
위생교육은 3시간으로 한다.

(2) 영업하고자 시설 및 설비를 갖추고 신고하고자 하는 자는 미리 위생교육을 받아야 한다.
다만, 부득이한 사유로 미리 교육을 받을 수 없는 경우에는 영업개시 후 6개월 이내에 위생교육을 받을 수 있다.

(3) 위생교육을 받아야 하는 자 중 영업에 직접 종사하지 아니하거나 2개 이상의 장소에서 영업을 하는 자
종업원 중 영업장별로 공중위생에 관한 책임자를 지정하고 그 책임자로 하여금 위생교육을 받게 하여야 한다.

(4) 위생교육은 보건복지부장관이 허가한 단체 또는 공중위생영업자 단체의 설립(제16조)에 따른 단체가 실시할 수 있다.

> **tip** 보건복지부장관(허가권자) : 위생교육 관련 공중위생 영업자 단체의 설립 및 고시

(5) 위생교육의 방법, 절차 등에 관한 필요사항은 보건복지부령으로 정한다.
① 위생교육 내용
㉠ 「공중위생관리법」 및 관련 법규
㉡ 소양교육(친절 및 청결에 관한 사항을 포함)
㉢ 기술교육
㉣ 그 밖에 공중위생에 관하여 필요한 내용으로 한다.

(6) 위생교육 대상자 중 보건복지부장관이 고시하는 도서, 벽지에서 영업하고 있거나 하려는 자
교육교재를 배부하여 이를 익히고 활용하도록 함으로써 교육에 갈음할 수 있다.

(7) 영업신고 전에 위생교육을 받아야 하는 자 중 다음의 어느 하나에 해당하는 자는 영업신고를 한 후 6개월 이내에 위생교육을 받을 수 있다.
① 천재지변, 본인의 질병, 사고, 업무상 국외 출장 등의 사유로 교육을 받을 수 없는 경우
② 교육을 실시하는 단체의 사정 등으로 미리 교육을 받기 불가능한 경우

(8) 위생교육을 받은 자가 위생교육을 받은 날부터 2년 이내에 위생교육을 받은 업종과 같은 업종의 영업을 하려는 경우 해당 영업에 대한 위생교육을 받은 것으로 본다.

(9) 위생교육을 실시하는 단체는 보건복지부장관이 고시한다.

(10) 위생교육기관
① 위생교육 실시 단체는 교육교재를 편찬하여 교육대상자에게 제공하여야 한다.
② 위생교육 실시 단체의 장은 다음 사항을 실시하여야 한다.
㉠ 위생교육을 수료한 자에게 수료증을 교부하여야 한다.
㉡ 교육실시 결과를 교육 후 1개월 이내에 시장·군수·구청장에게 통보하여야 한다.
㉢ 수료증 교부대장 등 교육에 관한 기록을 2년 이상 보관·관리하여야 한다.
③ 위생교육에 관하여 필요한 세부사항은 보건복지부장관이 정한다.

> **tip** 행정지원 : 위생교육 실시 단체장의 요청이 있으면 영업의 신고 및 폐업신고, 영업자의 지위승계 신고 수리에 따른 위생교육 대상자의 명단을 시장·군수·구청장에게 통보하여야 한다.

2 위임 및 위탁(제18조)

(1) 보건복지부장관은 이 법에 의한 권한 일부를 대통령령이 정하는 바에 의하여 시·도지사(또는 시장·군수·구청장)에게 위임할 수 있다.

(2) 보건복지부장관은 대통령령이 정하는 바에 의하여 관계 전문기관 등에 그 업무의 일부를 위탁할 수 있다.

> ● 보건복지부장관(위임 및 위탁권자)
> • 대통령령이 정한 공중위생관리 업무의 일부를 시, 도지사(또는 시장·군수·구청장)에게 위임
> • 대통령령이 정하는 관계 전문기관 등에 업무의 일부 위탁

3 국고보조(제19조)

국가 또는 지방자치단체는 위생서비스 평가의 전문성을 높이기 위하여 관련 전문기관 및 단체로 하여금 위생서비스 평가를 실시(제13조 제3항)하는 자에 대하여 예산의 범위 안에서 위생서비스 평가에 소요되는 경비의 전부 또는 일부를 보조할 수 있다.

4 수수료(제19조 제2항)

미용사의 면허(제6조)를 받고자 하는 자는 대통령령이 정하는 바에 따라 수수료를 납부하여야 한다.

Section 09 벌칙

1 벌칙(제20조)

(1) 1년 이하의 징역 또는 1천만 원 이하의 벌금
① 영업의 신고(제3조 제1항) 규정에 의한 신고를 하지 않는 자
② 영업정지 명령 또는 일부 시설 사용 중지 명령을 받고도 그 기간 중에 영업을 하거나 그 시설을 사용한 자 또는 영업소 폐쇄(제11조 제1항) 명령을 받고도 계속하여 영업을 한 자

(2) 6월 이하의 징역 또는 500만 원 이하의 벌금
① 중요 사항 변경신고(제3조 제1항 후단)를 하지 않은 자
② 영업자의 지위를 승계한 자로서 1월 이내에 신고하지 않은 자
③ 건전한 영업질서를 위하여 영업자가 준수하여야 할 사항을 준수하지 아니한 자

(3) 300만 원 이하의 벌금

① 다른 사람에게 이용사 또는 미용사의 면허증을 빌려주거나 빌린 사람
② 이용사 또는 미용사의 면허증을 빌려주거나 빌리는 것을 알선한 사람
③ 면허의 취소 또는 정지 중에 이용업 또는 미용업을 한 사람
④ 면허를 받지 아니하고 이용업 또는 미용업을 개설하거나 그 업무에 종사한 사람

(4) 과징금

① 과징금 산정 기준
  ㉠ 영업정지 1월은 30일로 계산한다.
  ㉡ 과징금 부과기준이 되는 매출금액은 당해 영업소에 대한 처분일에 속한 연도의 전년도로서 1년간 총 매출금액을 기준으로 한다.
   ※ 다만 신규사업, 휴업 등으로 인하여 1년 간의 총 매출금액을 산출할 수 없거나 1년 간의 총 매출 금액을 기준으로 하는 것이 불합리하다고 인정되는 경우에는 분기별, 월별 또는 일별 매출금액을 기준으로 산출 또는 조정한다.
  ㉢ 위반행위의 종별에 따른 과징금의 금액은 영업정지 기간에 다목에 따라 산정한 영업정지 1일당 과징금의 금액을 곱하여 얻은 금액으로 한다.
   ※ 다만, 과징금 산정금액이 1억 원을 넘는 경우에는 1억 원으로 한다.

② 과징금의 부과 및 납부
  ㉠ 과징금을 부과하고자 할 때 : 시장·군수·구청장은 그 위반 행위의 종별과 해당 과징금의 금액 등을 명시하여 이를 납부할 것을 서면으로 통지하여야 한다.
  ㉡ 통지를 받은 날로부터 20일 이내에 시장·군수·구청장이 정하는 수납기관에 납부하여야 한다. 다만, 천재지변 그 밖에 부득이한 사유로 그 기간에 납부할 수 없을 때에는 그 사유가 없어진 날부터 7일 이내에 납부하여야 한다.
  ㉢ 과징금의 납부를 받은 수납기관은 영수증을 납부자에게 교부하여야 한다.
  ㉣ 과징금의 수납기관은 규정에 따라 과징금을 수납한 때에는 지체 없이 그 사실을 시장·군수·구청장에게 통보하여야 한다.
  ㉤ 과징금은 분할 납부할 수 없다.
  ㉥ 과징금의 징수절차는 보건복지부령으로 정한다.

③ 과징금 부과 처분 취소 대상자
  과징금 부과 처분을 취소하고 영업정지 처분을 하거나 「지방세외수입금의 징수 등에 관한 법률」에 따라 과징금을 징수하여야 하는 대상자는 과징금을 기한 내에 납부하지 아니한 자로서 1회의 독촉을 받고 그 독촉을 받은 날부터 15일 이내에 과징금을 납부하지 아니한 자로 한다.

2 양벌규정(제21조)

(1) 법인의 대표자나 법인 또는 개인의 대리인, 사용인 그 밖의 종업원이 그 법인 또는 개인의 업무에 관하여 벌칙(제20조)에 위반행위를 하면 그 행위자를 벌하는 외에 그 법인 또는 개인에게도 해당 조문의 벌금형을 과한다. 다만, 법인 또는 개인이 그 위반 행위를 방지하기 위하여 해당 업무에 관하여 상당한 주의와 감독을 게을리하지 아니한 경우에는 그러하지 않다.

3 과태료(제22조)

(1) 300만 원 이하의 과태료
① 규정에 의한 보고를 하지 아니하거나 관계공무원의 출입·검사 기타 조치를 거부·방해 또는 기피한 자
② 규정에 의한 개선명령에 위반한 자

(2) 200만 원 이하의 과태료
① 미용업소의 위생관리 의무를 지키지 아니한 자
② 영업소 외의 장소에서 이용 또는 미용업무를 행한 자
③ 위생교육을 받지 아니한 자

(3) 과태료는 대통령령으로 정하는 바에 따라 보건복지부장관 또는 시장·군수·구청장이 부과·징수한다.

Section 10 | 시행령 및 시행규칙 관련사항

1 일반 기준

(1) 위반행위가 2 이상인 경우로서 그에 해당하는 각각의 처분기준이 다른 경우에는 그중 중한 처분기준에 의하되, 2 이상의 처분기준이 영업정지에 해당하는 경우에는 가장 중한 정지처분기간에 나머지 각각의 정지처분기간의 2분의 1을 더하여 처분한다.

(2) 행정처분을 하기 위한 절차가 진행되는 기간 중에 반복하여 같은 사항을 위반한 때에는 그 위반 횟수마다 행정처분 기준의 2분의 1씩 더하여 처분한다.

(3) 위반행위의 차수에 따른 행정처분기준은 최근 1년간 같은 위반행위로 행정처분을 받은 경우에 이를 적용한다. 이때 그 기준적용일은 동일 위반사항에 대한 행정처분일과 그 처분 후의 재적발일(수거검사에 의한 경우에는 검사결과를 처분청이 접수한 날)을 기준으로 한다.

(4) 행정처분권자는 위반사항의 내용으로 보아 그 위반 정도가 경미하거나 해당 위반사항에 관하여 검사로부터 기소유예의 처분을 받거나 법원으로부터 선고유예의 판결을 받은 때에는 개별기준에 불구하고 그 처분기준을 다음의 구분에 따라 경감할 수 있다.
  ① 영업정지 및 면허정지의 경우에는 그 처분기준 일수 2분의 1의 범위 안에서 경감할 수 있다.
  ② 영업장 폐쇄의 경우에는 3월 이상의 영업정지처분으로 경감할 수 있다.

(5) 영업정지 1월은 30일을 기준으로 하고, 행정처분기준을 가중하거나 경감하는 경우 1일 미만은 처분기준 산정에서 제외한다.

2 개별기준

(1) 미용업

위반행위	행정처분기준				관련 법규
	1차 위반	2차 위반	3차 위반	4차 위반	
가. 영업신고를 하지 않거나 시설과 설비기준을 위반한 경우					
(1) 영업신고를 하지 않은 경우	영업장 폐쇄명령				법 제11조 제1항 제1호
(2) 시설 및 설비기준을 위반한 경우	개선명령	영업정지 15일	영업정지 1월	영업장 폐쇄명령	
나. 변경신고를 하지 않은 경우					
(1) 신고를 하지 않고 영업소의 명칭 및 상호 또는 영업장 면적의 3분의 1 이상을 변경한 경우	경고 또는 개선명령	영업정지 15일	영업정지 1월	영업장 폐쇄명령	법 제11조 제1항 제2호
(2) 신고를 하지 아니하고 영업소의 소재지를 변경한 경우	영업정지 1월	영업정지 2월	영업장 폐쇄명령		
다. 지위승계신고를 하지 않은 경우	경고	영업정지 10일	영업정지 1월	영업장 폐쇄명령	법 제11조 제1항 제3호

위반사항	1차위반	2차위반	3차위반	4차위반	관련법규
라. 공중위생영업자의 위생관리의무 등을 지키지 않은 경우					법 제11조 제1항 제4호
(1) 소독을 한 기구와 소독을 하지 않은 기구를 각각 다른 용기에 넣어 보관하지 않거나 1회용 면도날을 2인 이상의 손님에게 사용한 경우	경고	영업정지 5일	영업정지 10일	영업장 폐쇄명령	
(2) 피부미용을 위하여 「약사법」에 따른 의약품 또는 「의료기기법」에 따른 의료기기를 사용한 경우	영업정지 2월	영업정지 3월	영업장 폐쇄명령		
(3) 점 빼기 · 귓볼 뚫기 · 쌍꺼풀 수술 · 문신 · 박피술 그 밖에 이와 유사한 의료행위를 한 경우	영업정지 2월	영업정지 3월	영업장 폐쇄명령		
(4) 미용업 신고증 및 면허증 원본을 게시하지 않거나 업소 내 조명도를 준수하지 않은 경우	경고 또는 개선명령	영업정지 5일	영업정지 10일	영업장 폐쇄명령	
(5) 개별 미용서비스의 최종 지불가격 및 전체 미용서비스의 총액에 관한 내역서를 이용자에게 미리 제공하지 않은 경우	경고	영업정지 5일	영업정지 10일	영업정지 1월	
마. 카메라나 기계장치를 설치한 경우	영업정지 1월	영업정지 2월	영업장 폐쇄명령		법 제11조 제1항 제4호의2
바. 면허 정지 및 면허 취소 사유에 해당하는 경우					
(1) 피성년후견인, 정신질환자, 감염병환자, 약물중독자	면허취소				법 제7조 제1항
(2) 면허증을 다른 사람에게 대여한 경우	면허정지 3월	면허정지 6월	면허취소		
(3) 「국가기술자격법」에 따라 자격이 취소된 경우	면허취소				
(4) 「국가기술자격법」에 따라 자격정지처분을 받은 경우(「국가기술자격법」에 따른 자격정지처분 기간에 한정한다)	면허정지				
(5) 이중으로 면허를 취득한 경우(나중에 발급받은 면허를 말한다)	면허취소				법 제7조 제1항
(6) 면허정지처분을 받고도 그 정지 기간 중 업무를 한 경우	면허취소				
사. 업소 외의 장소에서 미용 업무를 한 경우	영업정지 1월	영업정지 2월	영업장 폐쇄명령		법 제11조 제1항 제5호
아. 보고를 하지 않거나 거짓으로 보고한 경우 또는 관계 공무원의 출입, 검사 또는 공중위생영업 장부 또는 서류의 열람을 거부 · 방해하거나 기피한 경우	영업정지 10일	영업정지 20일	영업정지 1월	영업장 폐쇄명령	법 제11조 제1항 제6호
자. 개선명령을 이행하지 않은 경우	경고	영업정지 10일	영업정지 1월	영업장 폐쇄명령	법 제11조 제1항 제7호

위반행위		1차 위반	2차 위반	3차 위반	4차 위반	관련 법규
차. 「성매매알선 등 행위의 처벌에 관한 법률」, 「풍속영업의 규제에 관한 법률」, 「청소년 보호법」, 「아동·청소년의 성보호에 관한 법률」 또는 「의료법」을 위반하여 관계 행정기관의 장으로부터 그 사실을 통보받은 경우						법 제11조 제1항 제8호
(1) 손님에게 성매매 알선 등 행위 또는 음란행위를 하게 하거나 이를 알선 또는 제공한 경우						
	① 영업소	영업정지 3월	영업장 폐쇄명령			
	② 미용사	면허정지 3월	면허취소			
(2) 손님에게 도박 그 밖에 사행행위를 하게 한 경우		영업정지 1월	영업정지 2월	영업장 폐쇄명령		
(3) 음란한 물건을 관람·열람하게 하거나 진열 또는 보관한 경우		경고	영업정지 15일	영업정지 1월	영업장 폐쇄명령	
(4) 무자격 안마사로 하여금 안마사의 업무에 관한 행위를 하게 한 경우		영업정지 1월	영업정지 2월	영업장 폐쇄명령		
카. 영업정지처분을 받고도 그 영업정지 기간에 영업을 한 경우		영업장 폐쇄명령				법 제11조 제2항
타. 공중위생영업자가 정당한 사유 없이 6개월 이상 계속 휴업하는 경우		영업장 폐쇄명령				법 제11조 제3항 제1호
파. 공중위생영업자가 「부가가치세법」 제8조에 따라 관할 세무서장에게 폐업신고를 하거나 관할 세무서장이 사업자 등록을 말소한 경우		영업장 폐쇄명령				법 제11조 제3항 제2호

출제예상문제

01 세계보건기구에서 규정한 보건행정의 범위에 속하지 않는 것은?
① 보건관계 기록의 보존
② 환경위생과 감염병 관리
③ 보건통계와 만성병 관리
④ 모자보건과 보건간호

해설 | ③ 보건행정의 범위에 속하지 않는다.

02 윈슬로우가 정의한 공중보건의 정의로 틀린 것은?
① 질병 치료
② 질병 예방
③ 수명 연장
④ 신체적·정신적 효율 증진

03 지역사회의 보건관리에 속하지 않는 것은?
① 환경 위생사업
② 산업보건
③ 보건의료 보장제도
④ 개인 보건교육

해설 | ② 환경보건 분야이다.

합격 Point 지역사회에서 개별접촉은 노인층 인구에게 가장 적절한 보건교육방법이다.

04 공중보건의 목적을 가장 올바르게 설명한 것은?
① 질병이 없는 상태로 시대와 학자에 따라 다양하게 정의된다.
② 건강이란 단순히 질병이 없는 상태를 말한다.
③ 인간은 누구나 태어나면서부터 건강과 장수의 권리를 실현할 수 있다.
④ 건강이란 신체적, 정신적, 사회적으로 완전히 안녕한 상태라고 정의하였다.

해설 | ① ② ④ 건강의 정의이다.

05 공중보건의 3대 사업에 속하지 않는 것은?
① 보건영양
② 보건교육
③ 보건행정
④ 보건관계법

해설 | ① 보건관리 분야이다.

06 공중보건의 평가지표에 속하지 않는 것은?
① 영아사망률
② 평균수명
③ 비례사망지수
④ 모자보건

해설 | ④ 공중보건의 범위 중 보건관리 분야이다.

07 공중보건의 대표적 수준 평가지표는?
① 평균수명
② 비례사망지수
③ 영아사망률
④ 질병이환율

해설 | ③ 영아사망률은 지역 간, 국가 간의 보건수준을 나타내는 대표지수이다.

08 다음은 질병 발생의 생성 과정이다. 순서가 올바른 것은?
① 병원체 → 병원소 → 전파 → 병원체의 탈출 → 새로운 숙주에 침입 → 숙주감염
② 병원소 → 병원체 → 병원체의 탈출 → 전파 → 새로운 숙주에 침입 → 숙주감염
③ 병원소 → 병원체 → 병원체의 탈출 → 새로운 숙주에 침입 → 전파 → 숙주감염
④ 병원체 → 병원소 → 병원체의 탈출 → 전파 → 새로운 숙주에 침입 → 숙주감염

01 ③ 02 ① 03 ② 04 ③ 05 ① 06 ④ 07 ③ 08 ④

09 공기의 자정작용이 아닌 것은?

① 산소, 오존, 과산화수소 등에 의한 산화작용
② 태양광선 중 자외선에 의한 살균작용
③ 식물의 탄소동화작용에 의한 CO_2의 생산작용
④ 공기 자체의 희석작용

해설 | ③ 교환작용이다.

10 역학의 목적이 아닌 것은?

① 인구 집단에서의 질병문제 발생을 예견한다.
② 병원체의 전파조건이 되는 환경요인을 찾아낸다.
③ 계절에 따른 감염병 발생 시 환경위생을 통제한다.
④ 계절에 따른 감염병 발생 시 예방접종 등을 실시한다.

해설 | ② 감염병 관리에서 감염경로(환경)에 관한 설명이다.

11 질병관리의 내용이 아닌 것은?

① 예방보다 질병 치료에 중점을 두고 있다.
② 현재의 건강상태를 보다 더 건강하게 하는 데에 있다.
③ 심신(몸과 마음)의 육성에 기반한다.
④ 최고 수준의 건강을 목표로 한다.

해설 | ① 질병의 치료보다 예방에 중점을 두고 있다.

12 질병을 일으키는 데 직접적인 원인이 되는 것은?

① 병원체(병원소)
② 감염경로(환경요인)
③ 사람(면역성)
④ 사람(감수성)

해설 | ② 환경, ③ ④ 숙주에 관한 설명이다.

합격 Point 병인 : 병원체ㆍ병원소를 포함하는 모든 감염원으로서 질병을 일으키는 데 직접적인 원인이 된다.

13 수인성 감염병의 경로에 해당하는 것은?

① 벼룩 ② 이질
③ 이 ④ 진드기

해설 | ① ③ ④ 절족동물로서 매개감염을 한다.

14 토양을 통해 간접 감염되는 질병이 아닌 것은?

① 파상풍 ② 보툴리누스
③ 결핵 ④ 구충

15 숙주에 대한 설명으로 적절하지 않은 것은?

① 감염병을 받아들이는 인간을 말한다.
② 감수성은 사람에 따라 다르다.
③ 병원체의 전파 조건을 말한다.
④ 병원체에 대한 저항력을 말한다.

해설 | ③ 감염경로(환경)에 대한 설명이다.

09 ③ 10 ② 11 ① 12 ① 13 ② 14 ③ 15 ③

16 자연능동면역으로서 연결이 잘못된 것은?

① 영구면역(질병이환 후) – 두창, 홍역, 수두, 백일해
② 영구면역(불현성 감염 후) – 일본뇌염, 소아마비
③ 약한면역(질병이환 후) – 폐렴, 디프테리아, 인플루엔자
④ 감염면역 – 콜레, 성홍열, 페스트

해설 | ④ 감염면역만 형성시키는 질병 – 매독, 임질, 말라리아

17 감염원(병인)에서 병원체의 경로가 아닌 것은?

① 세균   ② 바이러스
③ 리케차   ④ 감염자

해설 | ④ 감염원(병인)에서 병원소의 경로이다.

18 세균성 식중독의 특징이 아닌 것은?

① 잠복기가 짧다.
② 면역 획득이 된다.
③ 다량의 세균이나 독소량에 의해 발병한다.
④ 주로 식품섭취로 발생하고 2차 감염은 드물다.

해설 | ② 면역 획득은 되지 않는다.

19 제3급 감염병은 발생 또는 유행 시 언제까지 신고해야 하는가?

① 즉시   ② 12시간 이내
③ 24시간 이내   ④ 48시간 이내

해설 | 제1급 감염병은 즉시, 제2급과 제3급은 24시간 이내에 신고해야 한다.

20 다음 중 세균과 거리가 먼 것은?

① 결핵   ② 콜레라
③ 폴리오   ④ 파상풍

해설 | ③ 폴리오는 소아마비로서 바이러스에 의해 감염된다.

21 발생 감염병 환자는 어디에 신고해야 하나?

① 소재지 관할 보건소장
② 소재지 관할 동사무소
③ 소재지 관할 보건소
④ 소재지 관할 경찰서

22 병원체를 매개하는 비활성 매개체 또는 개달물이 아닌 것은?

① 음료, 식품   ② 공기, 토양
③ 파리, 모기   ④ 의복, 침구

합격 Point 질병 전파의 개달물은 손수건, 완구, 침구, 의복, 책 등으로서 매개체 자체가 숙주의 내부로 들어가지 않고 병원체를 전달하는 수단이 되며 식품, 음료, 공기, 토양 등은 비활성 매개체이다.

23 다음 중 이·미용실에서 사용하는 타월을 철저하게 소독하지 않았을때 주로 발생할 수 있는 감염병은?

① 장티푸스   ② 트라코마
③ 페스트   ④ 일본뇌염

24 병원체가 간균(원충)인 것은?

① 곰팡이   ② 무좀
③ 칸디다진균증   ④ 아메바성 이질

해설 | ① ② ③ 진균(사상균)을 병원체로 한다.

16 ④ 17 ④ 18 ② 19 ③ 20 ③ 21 ① 22 ③ 23 ② 24 ④

25 바이러스를 병원체로 한 것은?
① 매독균   ② 렙토스피라증
③ 트라코마   ④ 희귀열

해설 | ① ② ④ 세균 중에서 나선균 형태를 가진 병원체이다.

26 병원소가 사람인 것은?
① 광견병   ② 홍역
③ 탄저병   ④ 페스트

해설 | ① 개, ③ 말, 돼지, 소, ④ 쥐로부터 질병이 야기된다.

27 건강 병원소(불현성 보균자)와 관련된 병원소는?
① 백일해   ② 폴리오(소아마비)
③ 홍역   ④ 장티푸스

해설 | ① ③ 잠복기(발병 전 보균자), ④ 병후(만성회복기 보균자) 병원소이다.

합격 Point 접촉 감수성(감염) 지수는 미감염자가 병원체에 접촉되어 발병하는 비율을 말한다. 접촉 감염지수가 가장 높은 질병은 두창과 홍역이며, 가장 낮은 질병은 폴리오(소아마비)가 있다.

28 고양이가 병원소인 질병이 아닌 것은?
① 살모넬라증
② 야토병
③ 서교증
④ 톡소플라스마증

해설 | ② 토끼가 병원소인 질병이다.

29 탄저병을 야기하는 병원소가 아닌 것은?
① 소   ② 개
③ 돼지   ④ 말

해설 | ② 개는 탄저병의 병원소가 아니다.

30 다음 중 건강 보균자에 대한 설명인 것은?
① 균을 지속적으로 보유하고 있는 자
② 증상이 나타나기 전에 균을 보유하고 있는 자
③ 증상이 없으면서 균을 보유하고 있는 자
④ 은닉환자, 간과환자

해설 | ① 병후 보균자, ② 잠복기 보균자, ④ 환자병원소에 대한 설명이다.

31 보건관리가 가장 어려운 보균자는?
① 병후 보균자   ② 잠복기 보균자
③ 건강 보균자   ④ 발병 전 보균자

합격 Point 건강 보균자가 감염병 관리가 어려운 대상인 이유는 활동영역이 광범위하여 색출과 격리가 어렵기 때문이다.

32 벼룩이 병원소인 것은?
① 콜레라   ② 페스트
③ 파라티푸스   ④ 트라코마

해설 | ② 페스트, 발진열은 벼룩에 의해 전파된다.
① ③ ④ 파리를 병원소로 한다.

33 이(lice)가 병원소인 것은?
① 발진열   ② 발진티푸스
③ 일본뇌염   ④ 뎅기열

해설 | ① 벼룩, ③ ④ 모기를 병원소로 한다.

합격 Point 재귀열, 발진티푸스는 이에 의해 전파된다.

34 병원소가 토양인 것은?
① 파상풍   ② 콜레라
③ 이질   ④ 장티푸스

해설 | ② ③ ④ 파리, 바퀴벌레가 병원소이다.

합격 Point 파상풍은 토양이 병원소의 역할을 하는 대표적인 질병이다.

25 ③   26 ②   27 ②   28 ②   29 ②   30 ③   31 ③   32 ②   33 ②   34 ①

35 침입경로가 호흡기계인 것은?
① 콜레라   ② 세균성 이질
③ 장티푸스   ④ 유행성 이하선염

해설 | ① ② ③ 침입경로가 소화기계이다.

36 개방병소와 관련된 질병은?
① 말라리아   ② 나병
③ 매독   ④ 임질

해설 | ① 기계적 탈출, ③ ④ 피부 직접 접촉(성기점막피부)을 침입 경로로 한다.

합격 Point 말라리아는 제3급 감염병으로 발생을 계속 감시할 필요가 있어 발생 또는 유행 시 24시간 이내에 신고해야 한다.

37 주로 분변을 통해 탈출하는 질병인 것은?
① 디프테리아   ② 수막구균성 수막염
③ 폐렴   ④ 세균성 이질

해설 | ① ② ③ 비말 또는 비말핵을 통한 호흡기계를 침입 경로로 한다.

38 말라리아의 침입경로는?
① 기계적 탈출   ② 호흡기계
③ 피부기계   ④ 피부 직접 접촉

해설 | ① 기계적 탈출은 이, 벼룩, 모기 등 흡혈성 곤충의 침입 경로이다.

39 토양이나 퇴비 접촉과 교상에서 전파되는 감염은?
① 경피 감염   ② 경구 감염
③ 토양 감염   ④ 진애 감염

40 경피감염에 의한 질환인 것은?
① 결핵   ② 파상풍
③ 세균성 이질   ④ 두창

41 개달감염에 의한 질환인 것은?
① 두창   ② 파상풍
③ 양충병   ④ 광견병(공수병)

해설 | ② ③ ④ 경피감염에 의한 질병이다.

42 경구감염에 의한 질환인 것은?
① 세균성 이질   ② 결핵
③ 백일해   ④ 디프테리아

해설 | ② ③ ④ 진애 감염으로서 공기를 통해 전파된다.

43 사람과 동물이 병원소가 되는 것은?
① 인수 공통 감염병
② 환자 병원소
③ 병인 병원소
④ 병원소

해설 | ① 사람과 동물이 병원소(인수 공통 감염병)는 동물에 감염되는 병원체가 동시에 사람에게도 전염되어 감염을 일으키는 질병을 말한다. 탄저, 공수병(광견병), 살모넬라 등이다.

합격 Point 인수 공통 감염병(동물병원소)는 척추동물이 병원소의 역할을 한다.
- 소 : 결핵, 탄저, 파상열, 살모넬라, 보툴리즘
- 돼지 : 일본뇌염, 탄저, 살모넬라, 렙토스피라증
- 양 : 탄저, 보툴리즘, 큐열
- 개 : 광견병, 톡소플라즈마증
- 말 : 탄저, 살모넬라. 유행성 뇌염
- 고양이 : 살모넬라, 톡소플라즈마증
- 쥐 : 발진열, 페스트, 살모넬라. 렙토스피라증, 유행성 출혈열, 쯔쯔가무시병

44 법정 지정감염병은 누가 지정하는가?
① 시 · 도지사
② 시장 · 군수 · 구청장
③ 보건복지부장관
④ 대통령

35 ④   36 ②   37 ④   38 ①   39 ①   40 ②   41 ①   42 ①   43 ①   44 ③

45 예방접종 중 생균백신을 사용하는 질병은?

① 폴리오 ② 백일해
③ 장티푸스 ④ 디프테리아

합격 Point 예방접종 시 세균의 독소를 사용한다.
- 순화(약독화) 독소 – 파상풍, 디프테리아
- 생균백신 – 홍역, 결핵, 폴리오
- 사균백신 – 백일해, 콜레라, 일본뇌염, 장티푸스, 파라티푸스

46 제1급 감염병인 것은?

① 콜레라 ② 디프테리아
③ 백일해 ④ 홍역

해설 | ①, ③, ④는 제2급 감염병이다.

합격 Point 제1급 감염병(17종) : 에볼라바이러스병, 마버그열, 라싸열, 크리미안콩고출혈열, 남아메리카출혈열, 리프트밸리열, 두창, 페스트, 탄저, 보툴리눔독소증, 야토병, 신종감염병증후군, 중증급성호흡기증후군(SARS), 중동호흡기증후군(MERS), 동물인플루엔자인체감염증, 신종인플루엔자, 디프테리아

47 제2급 감염병이 아닌 것은?

① 파라티푸스 ② 세균성이질
③ B형간염 ④ 풍진

해설 | ③은 제3급 감염병이다.

합격 Point 제2급 감염병(20종) : 결핵, 수두, 홍역, 콜레라, 장티푸스, 파라티푸스, 세균성이질, 장출혈성대장균감염증, A형간염, 백일해, 유행성이하선염, 풍진, 폴리오, 수막구균감염증, b형헤모필루스인플루엔자, 폐렴구균감염증, 한센병, 성홍열, 반코마이신내성황색포도알균(VRSA)감염증, 카바페넴내성장내세균속균종(CRE)감염증

48 제3급 감염병이 아닌 것은?

① C형간염 ② 쯔쯔가무시증
③ 말라리아 ④ 인플루엔자

해설 | ④ 제4급 감염병이다.

49 전파가능성을 고려하여 발생 또는 유행 시 24시간 이내에 신고하여야 하고 격리가 필요한 감염병은?

① 제1급 감염병 ② 제2급 감염병
③ 제3급 감염병 ④ 제4급 감염병

50 제1급 감염병에 대한 설명으로 옳지 않은 것은?

① 발생 또는 유행 시 24시간 이내에 신고해야 한다.
② 높은 수준의 격리가 필요하다.
③ 치명률이 높은 감염병이다.
④ 페스트, 탄저가 여기에 속한다.

해설 | ① 제2급 또는 제3급 감염병에 대한 설명이다.

51 제4급 감염병에 속하는 것은?

① 세균성이질 ② 백일해
③ 수족구병 ④ 디프테리아

해설 | ①, ② 제2급 감염병 ④ 제1급 감염병

52 BCG 예방접종과 연관된 질병은?

① 백일해 ② 파상풍
③ 결핵 ④ 디프테리아

해설 | ① ② ④는 DPT 예방접종을 받는다.

합격 Point 결핵과 한센병은 환자격리가 중요한 관리방법이다.

53 뇌에 염증을 일으키는 감열병은?

① 유행성 일본뇌염
② 발진열
③ 말라리아
④ 발진티푸스

해설 | ② 발열, 발진, ③ 발열, 오한, ④ 발열, 발진, 근통, 정신신경 증상을 일으킨다.

45 ① 46 ② 47 ③ 48 ④ 49 ② 50 ① 51 ③ 52 ③ 53 ①

54 고 출혈성질환을 일으키는 감염병은?

① 브루셀라 ② 성병
③ 렙토스피라증 ④ 쯔쯔가무시병

해설 | ① 급성 발열성 증상, ② 요도염, 요도에서 고름 생성, 배뇨 곤란, ③ 급성 발열성 증상을 일으킨다.

55 중추신경계 손상을 일으키는 감염병은?

① 세균성 이질
② 폴리오
③ 파라티푸스
④ 장 출혈성 대장균 감염증

해설 | ① 발열, 구토, 경련, ③ 고열, 위장염, 식중독과 혼동, ④ 오심, 구토, 복통, 미열 등

56 식욕 부진, 체중 감량, 발열, 만성 설사 등을 일으키는 감염병은?

① 후천성 면역결핍증
② B형 간염
③ 렙토스피라증
④ 탄저병

해설 | ② 오심, 구토, 피곤감, 황달, ③ 급성 발열성 증상, ④ 급성 패열증 등

57 소아 감염병 중 가장 사망률이 높은 질병은?

① 디프테리아 ② 백일해
③ 파상풍 ④ 홍역

58 모자보건의 지표가 아닌 것은?

① 모성사망률 ② 노인사망률
③ 영아사망률 ④ 시설분만율

해설 | 모자보건의 지표 : 모성사망률, 영아사망률, 성비, 시설분만율 등

59 모자보건에 대한 설명과 거리가 먼 것은?

① 한 국가나 지역사회의 보건수준을 제시하는 지표로 사용되고 있다.
② 모체와 영·유아에게 대한 보건의료서비스 제공에 기여한다.
③ 모자보건 사업체를 발전시키는 데 기여한다.
④ 모성 및 영·유아의 사망률을 저하시키는 데 기여한다.

60 지역사회의 보건수준을 대표하는 지표는?

① 모성사망률 ② 영아사망률
③ 성비 ④ 시설분만율

해설 | 영아사망률 : 지역사회의 보건수준을 나타내는 대표적 지표이다.

61 모성사망률에 대한 설명으로 맞는 것은?

① 남녀 간의 비율을 뜻한다.
② 보건의료기관 등의 시설에서 분만하는 비율을 뜻한다.
③ 임산부의 산전, 산후관리 수준을 반영한다.
④ 지역사회의 보건수준을 표시한다.

해설 | ① 성비, ② 시설분만율, ④ 영아사망률이다.

62 영·유아에 대한 설명이 잘못된 것은?

① 초생아 – 출생 1주 이내
② 신생아 – 출생 4주 이내
③ 영아 – 출생 1년 이내
④ 유아 – 만 5세 이하

해설 | ④ 유아 : 만 4세 이하이다.

54 ④ 55 ② 56 ① 57 ② 58 ② 59 ③ 60 ② 61 ③ 62 ④

63 성인병의 개념이 아닌 것은?

① 질병 자체가 영구적인 기간을 가진다.
② 단기간에 걸쳐 지도 및 관찰이 요구되는 질환이다.
③ 재활을 위한 훈련이 특수하게 요구된다.
④ 기능장애에 따른 전문적인 관리가 요구되는 질환이다.

해설 | ② 장기간에 걸쳐 지도 및 관찰이 요구되는 질환이다.

64 혈압의 정상범위(우리나라의 순환기 학회규정)는?

① 최저혈압 70mm/Hg 이상 ~ 최고혈압 140mm/Hg 이하
② 최저혈압 100mm/Hg 이상 ~ 최고혈압 120mm/Hg 이하
③ 최저혈압 90mm/Hg 이상 ~ 최고혈압 140mm/Hg 이하
④ 최저혈압 80mm/Hg 이상 ~ 최고혈압 100mm/Hg 이하

65 당뇨병의 증상이 아닌 것은?

① 다뇨, 다음, 다식 등의 증상이 나타난다.
② 체중 감소, 피로감, 권태감 등이 나타난다.
③ 시력장애, 망막증, 신경통, 지각장애의 합병증을 유발한다.
④ 어지럽고 숨이 차고, 코피가 나고 귀에서 소리가 나는 증상이 나타난다.

해설 | ④ 고혈압 증상이다.

66 환경위생에 대한 설명으로 올바르지 않은 것은?

① 재산의 보호 및 동·식물의 생육에 필요한 생활환경을 말한다.
② 인간의 발육과 생존에 유해한 영향을 미칠 가능성이 있는 모든 환경요소를 관리하는 것을 말한다.
③ 환경위생 대상은 공기(기온, 습기), 물(지표수, 지하수), 토지 등이다.
④ 신체의 구조적, 기능적 장애로 항상성이 파괴된 상태이다.

해설 | ④ 질병의 정의이다.

67 환경위생의 범위를 설명한 것으로 틀린 것은?

① 자연적 환경 - 대기, 수질, 소음, 진동, 악취 등이 속한다.
② 사회적 환경 - 정치, 경제, 종교, 인구 등이 속한다.
③ 인위적 환경 - 우리 생활에 간접적으로 영향을 주는 환경이다.
④ 생물학적 환경 - 동·식물, 미생물, 파리, 모기 등이 속한다.

해설 | ③ 사회적 환경에 대한 설명이다.

68 공기의 성분 중 가장 많이 차지하는 성분은?

① 질소　　　　② 산소
③ 아르곤　　　④ 이산화탄소

해설 | 공기의 성분은 질소 78%, 산소 21%, 아르곤 0.93%, 이산화탄소 0.03%이다.

63 ② 64 ③ 65 ④ 66 ④ 67 ③ 68 ①

69 다음 중 온열인자가 아닌 것은?

① 기온　　② 기습
③ 기압　　④ 기류

합격 Point 기후의 3요소 – 기온, 기습, 기류
온열인자 – 기온, 기습, 기류, 복사열

70 다음은 질소에 대한 설명이다. 틀린 것은?

① 공기 중의 약 78%를 차지한다.
② 고기압 환경 또는 감압 시에 잠함병이 나타난다.
③ 불완전 연소 시 많이 발생한다.
④ 질소 부족 시 전신의 동통과 신경마비, 보행 곤란 등이 있다.

해설 | ③ 일산화탄소에 대한 설명이다.

71 실내공기 오염의 지표로 삼는 것은?

① 질소(N_2)
② 일산화탄소(CO)
③ 이산화탄소(CO_2)
④ 산소(O_2)

해설 | ③ CO_2는 실내공기의 오염이나 환기 유·무를 결정하는 척도이다.

합격 Point 사람이 많은 밀집장소에서는 CO_2의 양이 증가하기 때문에 실내공기 오염의 지표로 사용된다.

72 일산화탄소에 대한 설명으로 틀린 것은?

① 혈액 내 헤모글로빈과 결합한다.
② 헤모글로빈과의 친화성이 산소에 비해 250~300배 강하다.
③ 최대 서한량은 8시간 기준 100ppm이다.
④ 무색으로서 공기보다 무거우며 자극성이 강하다.

해설 | CO는 무색, 무취, 무자극성 기체이며 독성이 크고, 비중이 0.976으로 공기보다 가볍다.

73 대기오염의 지표로 삼는 것은?

① SO_2　　② O_3
③ CO　　④ CO_2

해설 | ① 아황산가스(SO_2)는 pH 5.6 이하로서 대기오염의 지표가 되며 산성비의 원인이 된다.

74 오존에 대한 설명으로 틀린 것은?

① 냉매, 발포제, 분사제, 세정제 등의 사용은 오존층을 파괴시킨다.
② 지상 25~30km에 있는 오존층은 자외선을 흡수한다.
③ 최대 서한량은 연간 0.05ppm이다.
④ 염화불화탄소(CFC)는 성층권의 오존층을 파괴하는 대표적인 가스이다.

해설 | ③ 아황산가스에 대한 설명이다.

75 다음 설명으로 올바르지 않은 것은?

① 쾌적한 온도는 18±2℃로 지상 1.5m 높이에서 측정한다.
② 쾌적한 습도는 40~70%이다.
③ 쾌적한 기류는 실내가 0.2~0.3m/sec이며 실외는 2m/sec이다.
④ 실내의 기류는 0.5m/sec일 때 항상 존재하나 느끼지 못한다.

해설 | ③ 실내 0.2~0.3m/sec, 실외 1m/sec이다.

합격 Point 실·내외 공기의 기온차이 및 기류는 자연적 환기에 가장 큰 비중을 차지하는 요소가 된다.

69 ③　70 ③　71 ③　72 ④　73 ①　74 ③　75 ③

76 다음 대기 오염에 대한 설명으로 틀린 것은?

① 기온역전 – 하부 기온이 상부 기온보다 높아지면서 대기가 안정화된다.
② 온난화 현상 – 지구 전체의 온도가 과도하게 상승하는 현상
③ 오존층 파괴 – 지상에서의 자외선 증가는 오존량을 증가시켜 스모그를 발생한다.
④ 산업폐기물을 배출하는 매연, 분진 등 황산화물 또는 질소산화물의 배출량을 줄여야 한다.

해설 | ① 기온역전 : 상부 기온이 하부 기온보다 높아지면서 공기의 수직 확산이 일어나지 않아 대기가 안정화되는 현상

합격 Point 기상조건에서 대기오염에 가장 영향을 미치는 것이 기온역전이다.

77 다음 설명으로 올바르지 않은 것은?

① 지구 표면에 도달하는 태양광선은 가시광선, 적외선, 자외선, 복사선 등이다.
② 복사선은 대기를 통과하면서 얼마간은 대기에 의해서 흡수된다.
③ 10℃ 이하에서는 난방이 요구되며 26℃ 이상에서는 냉방이 필요하다.
④ 머리와 다리의 온도 차이는 4~5℃ 이상이어야 한다.

해설 | ④ 머리와 다리의 온도 차이는 2~3℃ 이상이어야 한다.

78 대기오염이 증가하는 원인으로 틀린 것은?

① 연료 소모가 적고 인구의 증가가 크다.
② 기온이 낮고 연료 소모가 많다.
③ 주민의 관심이 낮고 풍력이 낮다.
④ 시설 확충과 인구의 증가가 크다.

해설 | ① 연료 소모가 많고 인구의 증가가 클수록 대기오염이 증가한다.

합격 Point 대기오염을 일으키는 원인
• 교통량의 증가
• 기계문명의 발달
• 중화학 공업의 난립
• 도시 인구 증가

79 수돗물로 사용할 수 있는 상수 설명으로 옳지 않은 것은?

① 색도는 5도, 탁도는 2도 이하이어야 한다.
② 대장균수는 물 100㎖ 중 미검출되어야 한다.
③ 일반 세균수는 1cc 중 100CFU 이하로 검출되어야 한다.
④ 불소는 다량이어야 한다.

해설 | ④ 불소는 미량이어야 한다.

합격 Point 대장균은 그 자체가 직접 유해하지는 않으나 다른 미생물이나 분변의 오염을 추측할 수 있다. 검출방법이 간단하고 정확하기 때문에 음용수의 일반적인 오염지표로 사용된다.

80 물을 소독하는 방법 중 옳지 않은 것은?

① 자외선 소독
② 오존 소독
③ 염소 소독
④ 승홍수 소독

해설 | 승홍수(염화 제2수은)는 살균력이 강하고 음료수, 점막, 금속기구 소독에는 부적당하다. 피부소독(0.1% 용액), 매독성 질환(0.2% 용액)에 사용된다.

81 다음 설명으로 옳지 않은 것은?

① 염소 소독 – 살균 효과가 우수하며 가장 많이 이용된다.
② 오존 소독 – 강한 표백작용을 하며 비용이 많이 든다.
③ 자비 소독 – 100℃ 끓는 물에서 10~30분 이상 가열한다.
④ 자외선 소독 – 살균력이 약하다.

해설 | ④ 매우 강한 살균효과가 있다.

82 다음은 자비 소독에 대한 설명이다. 틀린 것은?

① 100℃ 끓는 물에서 10~30분 이상 가열한다.
② 잔류효과가 크고 조작이 간편하다.
③ 가정에서 소독할 때 많이 사용한다.
④ 아포 및 바이러스 등은 사멸시키지 못한다.

해설 | ② 염소 소독의 장점이다.

83 물의 인공정수 방법의 순서로 가장 적합한 것은?

① 여과 → 침전 → 소독
② 침전 → 여과 → 소독
③ 소독 → 여과 → 침전
④ 소독 → 침전 → 여과

84 질병 발생의 증상을 나타낸 것이다. 옳지 않은 것은?

① 수은 – 미나마타병
② 카드뮴 – 신경장애
③ 납 – 빈혈, 구토증상
④ 비소 – 경련, 마비증상

해설 | ② 카드뮴 중독은 이타이이타이병을 발생시킨다.
합격 Point 납중독은 빈혈, 신경마비, 뇌중독 증상을 일으킨다.

85 수인성 질병의 감염원으로 틀린 것은?

① 장티푸스
② 세균성 이질
③ 간디스토마
④ 유행성 감염

해설 | ③ 기생충 질환의 감염원이다.

86 다음 설명으로 옳지 않은 것은?

① 간디스토마, 회충, 구충, 광두열두조충은 수인성 질병의 감염원이다.
② 반상치는 불소 첨가물을 장기 복용했을 때 발생된다.
③ 우식치는 불소량이 적은 물을 장기 복용했을 때 발생된다.
④ 불소와 우식치는 8~9세의 어린이에게 주로 발생된다.

해설 | ① 기생충 질환의 감염원이다.

87 주택에서 채광의 조건이다. 올바르지 못한 것은?

① 창의 면적은 벽 높이의 ⅓이 되어야 한다.
② 환기 면적은 방바닥 면적의 1/20 이상 되어야 한다.
③ 거실 안쪽의 길이는 실내 천장이나 벽색을 고려하지 않아도 된다.
④ 입사각은 28° 이상이어야 하며, 개각은 4~5°가 되어야 한다.

해설 | ③ 거실 안쪽의 길이는 실내 천장이나 벽색을 고려해야 한다.

81 ④ 82 ② 83 ② 84 ② 85 ③ 86 ① 87 ③

88 조명의 조건으로 속하지 않는 것은?

① 조도는 균일해야 한다.
② 광원은 주황색에 가까운 조명이 좋다.
③ 그림자가 약간 생겨도 괜찮다.
④ 수명이 길고 효율이 높아야 한다.

해설 | ③ 그림자가 생기지 않아야 한다.

합격 Point 조도는 룩스(Lux)로서 미용실 내 조도는 70Lux 이상 (공중위생관리법상) 되도록 유지해야 한다.

89 다음은 수원의 종류이다. 연결이 바르지 않은 것은?

① 지하수 - 깊은 물일수록 탁도가 높고 경도가 낮다.
② 해수 - 음용수로 사용 시 화학처리를 하여 정화시킨 후 사용한다.
③ 복류수 - 하천 아래 주변에서 얻는 방법으로 소도시의 수원으로 이용한다.
④ 천수 - 가장 순수한 물로서 대기가 오염된 지역에서는 세균량이 많다.

해설 | ① 지하수 : 깊은 물일수록 탁도가 낮고 경도가 높다.

90 다음은 하수처리의 과정이다. 순서가 올바른 것은?

① 예비처리 → 오니처리 → 본처리
② 예비처리 → 본처리 → 오니처리
③ 오니처리 → 예비처리 → 본처리
④ 오니처리 → 본처리 → 예비처리

91 하수처리 중 호기성 처리 방법에 속하지 않는 것은?

① 활성오니법   ② 살수여상법
③ 접촉여상법   ④ 사상건조법

해설 | ④ 오니 처리에 대한 방법이다.

합격 Point 소각법·소화법·사상건조법은 오니 처리 방법이다.

92 다음은 하수 오염도를 측정하는 방법에 대한 설명이다. 틀린 것은?

① BOD가 높으면 오염도가 높다.
② COD는 유기물을 무기물로 산화시킬 때 필요로 하는 산소요구량이다.
③ 용존산소의 부족은 오염도가 낮다.
④ BOD는 유기물질을 산화시키는 데 소비되는 산소량이다.

해설 | ③ 용존산소의 부족은 오염도가 높다.

93 식품의 보존법 중 물리적 보존법에 대한 설명이다. 올바르지 않은 것은?

① 건조법 - 세균 억제를 위해 15%의 수분을 남긴다.
② 냉동법 - 냉동은 -50℃에서 급속 냉동시켜 -20℃에서 보관한다.
③ 가열법 - 초고온 살균법은 135℃에서 1~2초간 멸균 후 냉각시킨다.
④ 통조림법에는 염장법, 당장법이 있다.

해설 | ② 냉동법 : 냉동은 -40℃에서 급속 냉동시켜 -20℃에서 보관한다.

94 화학적 식품 보존법에 속하지 않는 것은?

① 훈증법   ② 훈연법
③ 가스 저장법   ④ 가열법

해설 | ④ 물리적 보존법이다.

합격 Point 화학적 소독방법인 훈증소독법은 가스나 증기를 이용하는 소독방법으로 위생해충 구제에 많이 이용된다.

88 ③   89 ①   90 ②   91 ④   92 ③   93 ②   94 ④

95 식품의 변질에 대한 개념으로 연결이 올바르지 않은 것은?

① 산패 – 지질의 변패로서 냄새나 색이 변질된 상태이다.
② 변패 – 단백질의 성분이 변질된 상태이다.
③ 부패 – 단백질 분해로 유해물질이 발생하여 냄새를 일으킨다.
④ 발효 – 좋은 미생물에 의해 더 좋은 상태로 발현된다.

해설 | ② 변패 : 탄수화물과 지질의 성분이 변질된 상태이다.

96 세균성 식중독에 대한 설명이다. 연결이 올바른 것은?

① 독소형 식중독 – 포도상구균, 병원성대장균
② 감염형 식중독 – 살모넬라증, 장염비브리오균
③ 생체 독소형 – 웰치균, 보툴리누스균
④ 독소형 식중독 – 보툴리누스균, 장염비브리오균

해설 | ① ④ 독소형 식중독 : 포도상구균, 보툴리누스균, 부패산물형
② 살모넬라 식중독은 복통, 설사, 급성위장염 등의 증상이 있으나 발열증상이 가장 심한 식중독이다.
③ 생체독소형 : 웰치균

97 식중독에 대한 설명으로 연결이 올바르지 않은 것은?

① 살모넬라증 – 통조림, 고등어
② 보툴리누스균 – 통조림, 소시지
③ 포도상구균 – 우유 및 유제품
④ 장염비브리오균 – 어패류, 생선류

해설 | ① 살모넬라증 : 두부, 유제품, 어패류, 어육제품이 원인이다.
② 보툴리누스균 : 통조림, 소시지 등 혐기성 상태에서 신경독소를 분비함으로써 중독되는 식중독 중 가장 치명적이다.
③ 포도상구균 : 유제품과 육류제품이 식중독의 원인이다.
④ 장염 비브리오균 : 어패류가 식중독 원인이 되며 주로 7~8월에 많이 발생한다.

98 다음 식물성 자연독에 대한 설명으로 연결이 틀린 것은?

① 감자 – 솔라닌
② 독버섯 – 무스카린
③ 독미나리 – 시큐톡신
④ 청매 – 태물린

해설 | ④ 청매는 아미그달린이다.

99 다음 중 연결이 틀린 것은?

① 베네루핀 – 모시조개, 굴, 바지락
② 테트로도톡신 – 복어
③ 삭시톡신 – 섭조개, 대합
④ 무스카린 – 청매

100 3대 영양소에 속하지 않는 것은?

① 비타민 ② 단백질
③ 지방   ④ 탄수화물

101 다음은 무기질에 대한 설명이다. 연결이 바르지 않은 것은?

① 나트륨 – 체액의 평형을 유지하며, 체내의 노폐물을 촉진한다.
② 요오드 – 갑상선 호르몬의 구성요소로 육류에 함유되어 있다.
③ 셀레늄 – 강력한 항산화제로 과잉되면 탈모, 위장장애, 부종이 동반된다.
④ 아연 – 인슐린 합성에 필요한 성분으로 결핍 시 성장장애, 성기능부전이 있을 수 있다.

해설 | ② 요오드 : 갑상선 호르몬의 구성요소로 해조류 및 해산물에 함유되어 있다.

95 ② 96 ② 97 ① 98 ④ 99 ④ 100 ① 101 ②

102 지용성 비타민으로 옳은 것은?

> ㉠ 비타민 A　　㉡ 비타민 B
> ㉢ 비타민 C　　㉣ 비타민 D
> ㉤ 비타민 E　　㉥ 비타민 K

① ㉠, ㉣, ㉤, ㉥
② ㉠, ㉡, ㉢
③ ㉣, ㉤, ㉥
④ ㉠, ㉡, ㉢, ㉣, ㉤, ㉥

합격 Point 비타민 E의 결핍은 불임증 및 생식 불능과 피부의 노화를 주도한다.

103 영양형과 포낭형으로 구분되는 원충류는?

① 동양 모양 선충증
② 간흡충증
③ 이질 아메바
④ 말라리아 원충

해설 | ① ② 후생동물이다.
④ 학질이라고 하며 모기에 의해 발생된다.

104 다음 중 선충류인 것은?

① 무구조충　　② 유구조충
③ 광절열두조충　　④ 회충증

해설 | ① ② ③ 후생동물 가운데 조충류에 속한다.

105 회충증에 관한 내용인 것은?

① 항문 소양증이 있다.
② 감염 후 권태, 복통, 빈혈이 있다.
③ 침구, 침실 등의 충란으로 오염된다.
④ 집단감염과 자가감염(수지)을 일으킨다.

해설 | ① ③ ④ 요충증에 관한 내용이다.

106 집단적으로 구충제를 복용해야 하는 감염증은?

① 회충증　　② 요충증
③ 편충증　　④ 흡증

해설 | ② 도시 소아의 항문 주위에 산란됨으로써 침구, 침실 등에 충란으로 오염되며, 집단 감염과 자가 감염(수지)을 일으킨다.

107 경피감염 시 채독으로서 피부 염증과 소양감을 일으키는 충류는?

① 구충증　　② 회충증
③ 동양모양선충증　　④ 선모충증

해설 | ① 구충증 : 인체의 경구와 경피를 통해 감염된다. 감염 시 채독으로서 피부 염증과 소양감이 나타낸다.

108 간흡충증에 관한 내용이 아닌 것은?

① 경구감염에 의해 인체에 침입하면 소장에 기생한다.
② 제1중간숙주(왜우렁이)에 기생한다.
③ 제2중간숙주(참붕어, 잉어)에 기생한다.
④ 인체 간의 담관에 기생한다.

해설 | ① 동양모양선충증의 감염경로이다.

109 환자의 객담을 위생적으로 처리해야 하는 충류는?

① 폐흡충증　　② 구충증
③ 간흡충증　　④ 요충증

110 장염, 출혈성 설사, 복통 등의 증상이 있는 충류는?

① 요꼬가와흡충증
② 폐흡충증
③ 간흡충증
④ 광절열두조충증(긴촌충증)

해설 | ① 요꼬가와흡충증 : 감염 시 내장 조직이 때로 파괴되어 장염, 복부불안 등과 함께 출혈성 설사, 복통 등의 증상이 나타낸다.

102 ① 　103 ③ 　104 ④ 　105 ② 　106 ② 　107 ① 　108 ① 　109 ① 　110 ①

111 황달, 빈혈, 간 및 비장 비대증상을 일으키는 기생충은?

① 구충증　　② 편충증
③ 간흡충증　④ 유구조충증

112 무구조충(민촌충)에 대한 관리방법은?

① 쇠고기를 익혀서 먹는다.
② 돼지고기를 익혀서 먹는다.
③ 송어를 생식하지 않는다.
④ 민물고기를 생식하지 않는다.

해설 | ② 유구조충 ③ ④ 광절열두조충(긴촌충)에 대한 설명이다.

113 유구조충(갈고리 촌충)에 대한 설명인 것은?

① 돼지고기를 익혀서 먹는다.
② 제1중간숙주(물벼룩)를 가진다.
③ 제2중간숙주(연어, 송어, 농어)를 가진다.
④ 무구낭미충이 성충으로 발육한다.

해설 | ② ③ 광절열두조충, ④ 무구조충에 대한 설명이다.

111 ③　112 ①　113 ①

실전
모의
고사

제1회 실전모의고사
제2회 실전모의고사
제3회 실전모의고사
제4회 실전모의고사
제5회 실전모의고사
제6회 실전모의고사

제1회 실전모의고사

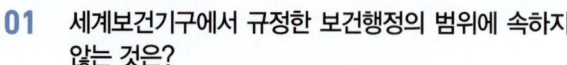

01 세계보건기구에서 규정한 보건행정의 범위에 속하지 않는 것은?

① 보건관계 기록의 보존
② 환경위생과 감염병 관리
③ 보건통계와 만성병 관리
④ 모자보건과 보건간호

해설 | 세계보건기구(WHO)가 정한 보건행정의 범위 : 보건자료, 대중에 대한 보건교육, 환경위생, 감염병 관리, 모자보건, 의료, 보건보호

02 공기의 자정작용현상이 아닌 것은?

① 산소, 오존, 과산화수소 등에 의한 산화작용
② 태양광선 중 자외선에 의한 살균작용
③ 식물의 탄소동화작용에 의한 CO_2의 생산작용
④ 공기 자체의 희석작용

해설 | ③ 교환작용이다.

03 제3군 감염병에 속하는 것은?

① 결핵 ② 신종인플루엔자
③ 말라리아 ④ 풍진

해설 | ①, ④ 제2급 감염병 ② 제1급 감염병

04 다음 중 감염병 관리상 가장 중요하게 취급해야 할 대상자는?

① 건강보균자 ② 잠복기 환자
③ 현성환자 ④ 회복기 보균자

해설 | 건강보균자는 증상이 없으면서 균을 보유하고 있는 자로서 활동 영역이 넓어 보건관리가 가장 어렵다.
② 증상이 나타나기 전에 균을 보유하고 있는 자
③ 환자 병원소
④ 균을 지속적으로 보유하고 있는 자

05 절지동물에 의해 매개되는 감염병이 아닌 것은?

① 유행성 일본뇌염
② 발진티푸스
③ 탄저
④ 페스트

해설 | ③ 동물매개 감염병이다.

06 다음 기생충 중 송어, 연어 등의 생식으로 주로 감염될 수 있는 것은?

① 유구낭충증
② 유구조충증
③ 무구조충증
④ 긴촌충증

해설 | ①, ② 돼지고기 ③ 쇠고기

07 영아사망률의 계산공식으로 옳은 것은?

① $\dfrac{\text{연간 출생아수}}{\text{인구}} \times 1000$

② $\dfrac{\text{그해의 1-4세 사망아수}}{\text{어느해의 1-4세 인구}} \times 1000$

③ $\dfrac{\text{그해의 1세 미만사망아수}}{\text{어느해의 연간출생아수}} \times 1000$

④ $\dfrac{\text{그해의 생후 28일 이내의 사망아수}}{\text{어느해의 연간출생아수}} \times 1000$

해설 | 영아란 생후 1년 미만의 아이로 비위생적 생활환경에 가장 영향을 많이 받기 때문에, 영아사망률은 한 국가나 지역사회의 보건수준을 제시하는 지표로 사용된다.

01 ③ 02 ③ 03 ③ 04 ① 05 ③ 06 ④ 07 ③

08 호기성 세균이 아닌 것은?
① 결핵균
② 백일해균
③ 파상풍균
④ 녹농균

해설 | ③ 흙, 먼지, 토양에 의해 전파되는 혐기성 세균이다.

09 석탄산 10% 용액 200ml를 2% 용액으로 만들고자 할 때 첨가해야 하는 물의 양은?
① 200ml
② 400ml
③ 800ml
④ 1000ml

해설 | $\frac{10}{100} \times 200 = \frac{2}{100} \times (200+x)$
$2000 = 400 + 2x$
$1600 = 2x$
$\therefore x = 800ml$

10 석탄산 소독에 대한 설명으로 틀린 것은?
① 단백질 응고작용이 있다.
② 저온에서는 살균효과가 떨어진다.
③ 금속기구 소독에 부적합하다.
④ 포자 및 바이러스에 효과적이다.

해설 | 석탄산은 의류, 가구, 용기, 오물 등의 소독에 사용되며, 세균포자와 바이러스에는 작용력이 거의 없다.

11 자비소독법 시 일반적으로 사용하는 물의 온도와 시간은?
① 150℃에서 15분간
② 135℃에서 20분간
③ 100℃에서 20분간
④ 80℃에서 30분간

해설 | ③ 자비소독은 100℃ 끓는 물에 15~20분간 처리한다.

12 다음 중 이·미용실에서 사용하는 타월을 철저하게 소독하지 않았을 때 주로 발생할 수 있는 감염병은?
① 장티푸스
② 트라코마
③ 페스트
④ 일본뇌염

해설 | 트라코마는 환자의 안분비물이 사람과 사람 간 접촉에 의해 직접 전파되거나, 환자의 수건이나 옷 등을 통해 간접적으로 전파되기도 한다.

13 소독용 승홍수의 희석 농도로 적합한 것은?
① 10~20%
② 5~7%
③ 2~5%
④ 0.1~0.5%

해설 | ④ 피부 소독에는 0.1%~0.5% 수용액을 사용한다.

14 세균 증식에 가장 적합한 최적 수소 이온 농도는?
① pH 3.5~5.5
② pH 6.0~8.0
③ pH 8.5~10.0
④ pH 10.5~11.5

해설 | 진균은 pH 4~6, 세균은 pH 5~7.5에서 가장 활발하게 번식한다.

15 피부의 면역에 관한 설명으로 옳은 것은?
① 세포성 면역에는 보체, 항체 등이 있다.
② T림프구는 항원전달세포에 해당한다.
③ B림프구는 면역글로불린이라고 불리는 항체를 생성한다.
④ 표피에 존재하는 각질형성세포는 면역조절에 작용하지 않는다.

해설 | ① 체액성 면역이 항체를 생산한다.
② T림프구는 항원전달세포에 해당하지 않는다.
④ 각질형성세포는 면역조절에 작용한다.

16 멜라노사이트(Melanocyte)가 분포되어 있는 곳은?

① 투명층 ② 과립층
③ 각질층 ④ 기저층

해설 | ① 엘라이딘이라는 반유동성 물질이 존재한다.
② 유핵과 무핵세포가 같이 공존한다.
③ 케라틴, 천연보습인자 NMF(Natural Moisturizing Factor), 각질 세포 사이의 지질(세라마이드)이 존재한다.
④ 케라티노사이트, 멜라노사이트, 머켈세포 등이 존재한다.

17 다음 중 자외선 B(UV-B)의 파장 범위는?

① 100~190nm ② 200~280nm
③ 290~320nm ④ 330~400nm

해설 | ② UV-C 단파장
④ UV-A 장파장

18 다음 중 원발진(Primary Lesions)에 해당하는 피부질환은?

① 면포 ② 미란
③ 가피 ④ 반흔

해설 | ②, ③, ④ 속발진에 속한다.

19 비타민에 대한 설명 중 틀린 것은?

① 비타민 A가 결핍되면 피부가 건조해지고 거칠어진다.
② 비타민 C는 교원질 형성에 중요한 역할을 한다.
③ 레티노이드는 비타민 A를 통칭하는 용어이다.
④ 비타민 A는 많은 양이 피부에서 합성된다.

해설 | ④ 자외선을 받으면 비타민 D가 생성된다.

20 바이러스성 피부질환은?

① 모낭염 ② 절종
③ 용종 ④ 단순포진

해설 | ①, ② 세균성 피부질환이다.
③ 원발진에 속한다.

21 피부의 기능과 그 설명이 틀린 것은?

① 보호기능 - 피부 표면의 산성막은 박테리아의 감염과 미생물의 침입으로부터 피부를 보호한다.
② 흡수기능 - 피부는 외부의 온도를 흡수, 감지한다.
③ 영양분 교환기능 - 프로비타민 D가 자외선을 받으면 비타민 D로 전환된다.
④ 저장기능 - 진피조직은 신체 중 가장 큰 저장기관으로 각종 영양분과 수분을 보유하고 있다.

해설 | 저장기능은 피하지방에 관한 설명이다.

22 공중위생관리법상 이·미용업자의 변경 신고사항 중 틀린 것은?

① 업소의 소재지 변경
② 영업소의 명칭 또는 상호변경
③ 대표자의 성명 또는 생년월일
④ 신고한 영업장 면접의 2분의 1 이하의 변경

해설 | ④ 신고한 영업장 면적의 3분의 1 이상 증감 시

16 ④ 17 ③ 18 ① 19 ④ 20 ④ 21 ④ 22 ④

23 과징금을 기한 내에 납부하지 아니한 경우에 이를 징수하는 방법은?

① 지방세외 수입금의 징수 등에 관한 법률에 의하여 징수
② 부가가치세 체납처분의 예에 의해 징수
③ 법인세 체납처분의 예에 의하여 징수
④ 소득세 체납처분의 예에 의하여 징수

해설 | ① 시장, 군수, 구청장은 지방세외 수입금의 징수 등에 관한 법률에 의하여 이를 징수한다.

24 공중위생영업소의 위생서비스 평가 계획을 수립하는 자는?

① 시·도지사
② 행정자치부장관
③ 대통령
④ 시장, 군수, 구청장

해설 | 위생서비스 평가 계획권자는 시·도지사이며, 위생서비스 평가계획 통보를 받는 관청은 시장·군수·구청장이다.

25 이·미용업 영업과 관련하여 과태료 부과대상이 아닌 사람은?

① 위생관리 의무를 위반한 자
② 위생교육을 받지 않은 자
③ 무신고 영업자
④ 관계공무원 출입, 검사 방해자

해설 | ③ 1년 이하의 징역 또는 1천만 원 이하의 벌금에 속한다.

26 이·미용업소 내에 게시하지 않아도 되는 것은?

① 이·미용업 신고증
② 개설자의 면허증 원본
③ 근무자의 면허증 원본
④ 이·미용요금표

해설 | ③ 근무자의 면허증 사본을 게시한다.

27 다음 중 이·미용사 면허를 받을 수 없는 자는?

① 교육부장관이 인정하는 고등기술학교에서 6개월 이상 이·미용에 관한 소정의 과정을 이수한 자
② 전문대학에서 이·미용에 관한 학과를 졸업한 자
③ 국가기술자격법에 의한 이·미용사의 자격을 취득한 자
④ 고등학교에서 이·미용에 관한 학과를 졸업한 자

해설 | ① 교육부장관이 인정하는 고등기술학교에서 1년 이상 이·미용에 관한 소정의 과정을 이수해야 한다.

28 다음 중 공중위생감시원이 상주해야 하는 기관은?

㉠ 특별시	㉡ 광역시
㉢ 도	㉣ 군

① ㉡, ㉢
② ㉠, ㉢
③ ㉠, ㉡, ㉢
④ ㉠, ㉡, ㉢, ㉣

해설 | 영업의 신고 및 폐업신고, 공중이용시설의 위생관리, 미용사 업무 범위, 영업소의 폐쇄 등 규정에 의한 관계 공무원의 업무를 행하기 위하여 특별시, 광역시, 도 및 시·군·구에 공중위생감시원을 둔다.

29 피부표면에 물리적인 장벽을 만들어 자외선을 반사하고 분산하는 자외선 차단 성분은?

① 옥틸메톡시신나메이트
② 파라아미노안식향산(PABA)
③ 이산화티탄
④ 벤조페논

해설 | ①, ②, ④ 자외선 흡수제 성분이다.

23 ① 24 ① 25 ③ 26 ③ 27 ① 28 ④ 29 ③

30 다량의 유성 성분을 물에 일정기간 동안 안정한 상태로 균일하게 혼합시키는 화장품 제조기술은?

① 유화
② 경화
③ 분산
④ 가용화

해설 | ③ 물 또는 오일성분에 미세한 고체 입자가 계면활성제에 의해 균일하게 혼합된 상태로 립스틱, 아이섀도, 마스카라, 아이라이너, 파운데이션 등이 있다.
④ 물에 녹지 않는 소량의 오일 성분이 계면활성제에 의해 투명하게 용해된 상태의 제품으로 화장수, 향수, 에센스, 네일에나멜 등이 있다.

31 화장품의 원료로서 알코올의 작용에 대한 설명으로 틀린 것은?

① 다른 물질과 혼합해서 그것을 녹이는 성질이 있다.
② 소독작용이 있어 화장수, 양모제 등에 사용한다.
③ 흡수작용이 강하기 때문에 건조의 목적으로 사용한다.
④ 피부에 자극을 줄 수도 있다.

해설 | ③ 알코올은 휘발성이 강해 피부에 청량감과 가벼운 수렴 효과를 준다.

32 기초 화장품을 사용하는 목적이 아닌 것은?

① 세안
② 피부 정돈
③ 피부 보호
④ 피부 결점 보완

해설 | ④ 베이스 메이크업 중 파운데이션에 대한 설명이다.

33 네일 에나멜(Nail Enamel)에 대한 설명이 아닌 것은?

① 손톱에 광택을 부여하고 아름답게 할 목적으로 사용하는 화장품이다.
② 피막 형성제로 톨루엔이 함유되어 있다.
③ 대부분 니트로셀룰로오스를 주성분으로 한다.
④ 안료가 배합되어 손톱에 아름다운 색채를 부여하기 때문에 네일컬러(Nail Color)라고도 한다.

해설 | ② 피막 형성제의 성분은 니트로셀룰로오스이다.

34 다음 중 화장품의 4대 요인이 아닌 것은?

① 안전성
② 안정성
③ 유효성
④ 기능성

해설 | 화장품의 4대 요건은 안전성, 안정성, 유효성, 사용성이다.

35 다음 중 햇빛에 노출했을 때 색소침착의 우려가 있어 사용 시 유의해야 하는 에센셜 오일은?

① 라벤더
② 티트리
③ 제라늄
④ 레몬

해설 | ① 라벤더 – 일광 화상, 상처 치유에 사용
② 티트리 – 살균, 소독작용(여드름에 효과적)
③ 제라늄 – 호르몬 조절, 향균
④ 레몬 – 항박테리아, 살균·미백, 기미·주근깨에 효과적이며 민감한 피부에 자극을 주어 광과민성을 일으킬 수 있다. 색소침착의 우려가 있으므로 감광성에 주의해야 한다.

30 ① 31 ③ 32 ④ 33 ② 34 ④ 35 ④

36 신경조직과 관련된 설명으로 옳은 것은?

① 말초신경은 외부나 체내에 가해진 자극에 의해 감각기에 발생한 신경흥분을 중추신경에 전달한다.
② 중추신경계 체성신경은 12쌍의 뇌신경과 31쌍의 척수신경으로 이루어져 있다.
③ 중추신경계의 뇌신경, 척수신경 및 자율신경으로 구성된다.
④ 말초신경은 교감신경과 부교감신경으로 구성된다.

해설 | ② 말초신경계에 대한 설명이다.
③ 중추신경계는 뇌신경과 척수신경으로 이루어진다.
④ 자율신경계에 대한 설명이다.

37 하이포니키움(하조피)에 대한 설명으로 옳은 것은?

① 네일 매트릭스를 병원균으로부터 보호한다.
② 손톱 아래 살과 연결된 끝부분으로 박테리아의 침입을 막아준다.
③ 손톱 측면의 피부로 네일 베드와 연결된다.
④ 매트릭스 윗부분으로 손톱을 성장시킨다.

해설 | ① 조표피에 대한 설명이다.
③ 네일 그루브에 대한 설명이다.
④ 조모에 대한 설명이다.

38 손톱의 생리적인 특성에 대한 설명으로 틀린 것은?

① 일반적으로 1일 평균 0.1~0.15mm 정도 자란다.
② 손톱의 성장은 조소피의 조직이 경화되면서 오래된 세포를 밀어내는 현상이다.
③ 손톱의 본체는 각질층이 변형된 것으로 얇은 층이 겹으로 이루어져 단단한 층을 이루고 있다.
④ 주로 경단백질인 케라틴과 이를 조성하는 아미노산 등으로 구성되어 있다.

해설 | ② 손톱의 성장은 조모(Matrix)에서 시작한다.

39 손톱의 구조에 대한 설명으로 옳은 것은?

① 매트릭스(조모) : 손톱의 성장이 진행되는 곳으로 이상이 생기면 손톱의 변형을 가져온다.
② 네일 베드(조상) : 손톱의 끝부분에 해당되며 손톱의 모양을 만들 수 있다.
③ 루눌라(반월) : 매트릭스와 네일 베드가 만나는 부분으로 미생물 침입을 막는다.
④ 네일 바디(조체) : 손톱 측면으로 손톱과 피부를 밀착시킨다.

해설 | ② 프리에지(자유연)에 대한 설명이다.
③ 조표피에 대한 설명이다.
④ 네일 그루브에 대한 설명이다.

40 네일의 길이와 모양을 자유롭게 조절할 수 있는 것은?

① 프리에지(자유연)
② 네일 그루브(조구)
③ 네일 폴드(조주름)
④ 에포니키움(조상피)

해설 | ② 스트레스 포인트를 중심으로 조체를 따라 자라는 조상의 양 측면에 패인 홈을 말한다.
③ 손톱 베이스에 피부가 깊이 접혀 있는 부분이다.
④ 조반월의 주변을 감싸고 있는 피부로 외부 미생물로부터 방어 역할을 한다.

41 고객을 위한 네일 미용인의 자세가 아닌 것은?

① 고객의 경제상태 파악
② 고객의 네일상태 파악
③ 선택 가능한 작업방법 설명
④ 선택 가능한 관리방법 설명

해설 | 고객의 경제상태는 네일관리와 관련이 없다.

42 큐티클이 과잉 성장하여 손톱 위로 자라는 질병은?

① 표피조막(테리지움)
② 교조증(오니코파지)
③ 조갑 비대증(오니콕시스)
④ 고랑 파진 손톱(휘로우네일)

해설 | ② 손톱을 씹거나 깨무는 버릇에 의해 나타나는 심리적인 증상이다.
③ 과잉 발육으로서 거대한 손톱과 발톱을 말한다.
④ 가로 또는 세로로 패인 주름 또는 고랑진 손톱을 말한다.

43 변색된 손톱(Discolored Nails)의 특성이 아닌 것은?

① 네일 바디에 퍼런 멍이 반점처럼 나타난다.
② 혈액순환이나 심장이 좋지 못한 상태에서 나타날 수 있다.
③ 베이스 코트를 바르지 않고 유색 네일 폴리시를 바를 경우 나타날 수 있다.
④ 손톱의 색상이 청색, 황색, 검푸른색, 자색 등으로 나타난다.

해설 | ① 혈종에 대한 설명이다.

44 건강한 손톱의 특성이 아닌 것은?

① 매끄럽고 광택이 나며 반투명한 핑크빛을 띤다.
② 약 8~12%의 수분을 함유하고 있다.
③ 모양이 고르고 표면이 균일하다.
④ 탄력이 있고 단단하다.

해설 | 건강한 손톱은 수분을 12~18% 함유하고 있다.

45 둘째~다섯째 손가락에 작용을 하며 손허리뼈의 사이를 메워주는 손의 근육은?

① 벌레근(충양근)
② 위침근(회의근)
③ 손가락폄근(지신근)
④ 엄지맞섬근(무지대립근)

해설 | 제2~5지의 중수지절관절에 관여하며 손허리뼈 사이를 메워주는 근육은 충양근이다.

46 젤 램프기기와 관련한 설명으로 틀린 것은?

① LED 램프는 400~700nm 정도의 파장을 사용한다.
② UV 램프는 UV-A 파장 정도를 사용한다.
③ 젤네일에 사용되는 광선은 자외선과 적외선이다.
④ 젤네일의 광택이 떨어지거나 경화 속도가 떨어지면 램프를 교체함이 바람직하다.

해설 | ③ 자외선과 가시광선이다.

47 매니큐어의 어원으로 손을 지칭하는 라틴어는?

① 패디스(Pedis)
② 마누스(Manus)
③ 큐라(Cura)
④ 매니스(Manis)

해설 | 매니큐어는 손을 의미하는 라틴어 '마누스(manus)'와 관리를 의미하는 '큐라(cura)'에서 유래되었다.

42 ① 43 ① 44 ② 45 ① 46 ③ 47 ②

48 손톱의 특징에 대한 설명으로 틀린 것은?

① 네일 바디와 네일 루트는 산소를 필요로 한다.
② 지각 신경이 집중되어 있는 반투명의 각질판이다.
③ 손톱의 경도는 함유된 수분의 함량이나 각질의 조성에 따라 다르다.
④ 네일 베드의 모세혈관으로부터 산소를 공급받는다.

해설 | ① 네일바디는 신경조직이 없는 각질화된 딱딱한 세포로 산소를 필요로 하지 않는다.

49 네일관리의 유래와 역사에 대한 설명으로 틀린 것은?

① 중국에서는 네일에도 연지를 발라 '조홍'이라 하였다.
② 기원전 시대에는 관목이나 음식물, 식물 등에서 색상을 추출하였다.
③ 고대 이집트에서는 왕족은 짙은 색으로 낮은 계층의 사람들은 옅은 색만을 사용하게 하였다.
④ 중세시대에는 금색이나 은색 또는 검정색이나 흑적색 등의 색상으로 특권층의 신분을 표시했다.

해설 | ④ B.C 600년경 중국에서 금색과 은색을 손톱에 발랐다.

50 몸쪽 손목뼈(근위 수근골)가 아닌 것은?

① 손배뼈(주상골)
② 알머리뼈(유두골)
③ 세모뼈(삼각골)
④ 콩알뼈(두상골)

51 파고드는 발톱을 예방하기 위한 발톱 모양으로 적합한 것은?

① 라운드형   ② 스퀘어형
③ 포인트형   ④ 오발형

해설 | ① 둥글게 굴려주는 형태
③ 뾰족하게 만들어주는 형태
④ 라운드보다 더 둥글게 굴려주는 형태

52 매니큐어 작업에 관한 설명으로 옳은 것은?

① 손톱모양을 만들때 양쪽 방향으로 파일링한다.
② 큐티클은 상조피 바로 밑 부분까지 깨끗하게 제거한다.
③ 네일 폴리시를 바르기 전에 유분기는 깨끗하게 제거한다.
④ 자연네일이 약한 고객은 네일컬러링 후 톱 코트(Top Coat)를 2회 바른다.

해설 | ① 한쪽 방향으로 파일링해야 한다.
② 큐티클을 너무 많이 제거하면 감염이 발생할 수 있다.
④ 자연네일이 약한 고객은 네일 보강제를 발라준다.

53 아크릴릭 네일의 작업과 보수에 관련한 내용으로 틀린 것은?

① 공기방울이 생긴 인조네일은 촉촉하게 젖은 브러시의 사용으로 인해 나타날 수 있는 현상이다.
② 노랗게 변색되는 인조네일은 제품과 작업하는 과정에서 발생한 것으로 보수를 해야 한다.
③ 적절한 온도 이하에서 작업했을 경우 인조네일에 금이 가거나 깨지는 현상이 나타날 수 있다.
④ 기존에 작업된 인조네일과 새로 자라나온 자연네일을 자연스럽게 연결해 주어야 한다.

해설 | ① 브러시에 리퀴드가 충분히 젖지 않았을 경우 공기방울이 생길 수 있다.

54 자연네일의 형태 및 특성에 따른 네일팁 적용 방법으로 옳은 것은?

① 넓적한 손톱에는 끝이 좁아지는 내로우 팁을 적용한다.
② 아래로 향한 손톱(Claw Nail)에는 커브 팁을 적용한다.
③ 위로 솟아 오른 손톱(Spoon Nail)에는 옆선에 커브가 없는 팁을 적용한다.
④ 물어뜯는 손톱에는 팁 적용이 어렵다.

해설 | ② 커브 팁을 사용하지 않는다.
③ 커브가 있는 팁을 적용한다.
④ 물어뜯는 손톱에도 손톱 교정을 위해 팁을 적용한다.

55 그라데이션 기법의 컬러링에 대한 설명으로 틀린 것은?

① 색상 사용의 제한이 없다.
② 스폰지를 사용하여 작업할 수 있다.
③ UV젤의 적용 시에도 활용할 수 있다.
④ 일반적으로 큐티클 부분으로 갈수록 컬러링 색상이 자연스럽게 진해지는 기법이다.

해설 | ④ 큐티클 부분으로 갈수록 컬러링 색상이 자연스럽게 연해지는 기법이다.

56 아크릴릭 네일 재료인 프라이머에 대한 설명으로 틀린 것은?

① 손톱 표면의 유수분을 제거하고 건조시켜 아크릴의 접착력을 강하게 해준다.
② 산성 제품으로 피부에 화상을 입힐 수 있으므로 최소량만을 사용한다.
③ 인조네일 전체에 사용하며 방부제 역할을 한다.
④ 손톱 표면의 pH 밸런스를 맞춰준다.

해설 | 프라이머는 손톱의 유분기를 없애주고 아크릴 볼 사용 시 접착이 잘 되도록 도와준다.

57 손톱의 프리에지 부분을 유색 폴리시로 칠해주는 컬러링 테크닉은?

① 프렌치 매니큐어(French Manicure)
② 핫오일 매니큐어(Hot oil Manicure)
③ 레귤러 매니큐어(Regular Manicure)
④ 파라핀 매니큐어(Paraffin Manicure)

해설 | ③ 손톱모양과 큐티클 정리 및 풀코트 컬러링을 포함한다.
②, ④ 유·수분과 보습효과를 줄 때 사용한다.

58 오렌지 우드스틱의 사용 용도로 적합하지 않은 것은?

① 큐티클을 밀어 올릴 때
② 폴리시의 여분을 닦아 낼 때
③ 네일 주위의 굳은살을 정리할 때
④ 네일 주위의 이물질을 제거할 때

해설 | ③ 니퍼에 대한 설명이다.

59 투톤 아크릴 스컬프처의 작업에 대한 설명으로 틀린 것은?

① 프렌치 스컬프처(French Sculpture)라고도 한다.
② 화이트 파우더 특성상 프리에지가 퍼져 보일 수 있으므로 핀칭에 유의해야 한다.
③ 스트레스 포인트에 화이트 파우더가 얇게 작업되면 떨어지기 쉬우므로 주의한다.
④ 스퀘어 모양을 잡기 위해 파일은 30° 정도 살짝 기울여 파일링한다.

해설 | ④ 스퀘어 모양을 잡기 위한 파일 각도는 90° 정도이다.

54 ① 55 ④ 56 ③ 57 ① 58 ③ 59 ④

60 젤네일에 관한 설명으로 틀린 것은?

① 아크릴릭에 비해 강한 냄새가 없다.
② 일반 네일 폴리시에 비해 광택이 오래 지속된다.
③ 소프트젤(Soft Gel)은 아세톤에 녹지 않는다.
④ 젤네일은 하드젤(Hard Gel)과 소프트 젤(Soft Gel)로 구분된다.

해설 | ③ 소프트젤은 아세톤으로 녹여 제거할 수 있다.

60 ③

제2회 실전모의고사

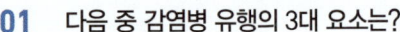

01 다음 중 감염병 유행의 3대 요소는?

① 병원체, 숙주, 환경
② 환경, 유전, 병원체
③ 숙주, 유전, 환경
④ 감수성, 환경, 병원체

해설 | ① 감염병 유행요소는 질병 발생 요인과 동일한 의미로서 병인(감염원), 환경(감염경로), 숙주(모든 면역성과 감수성)를 나타낸다.

02 일반적으로 이·미용업소의 실내쾌적습도 범위로 가장 알맞은 것은?

① 10 ~ 20%   ② 20 ~ 40%
③ 40 ~ 70%   ④ 70 ~ 90%

해설 | 일반적으로 쾌적습도는 40~70%이다.

03 자력으로 의료문제를 해결할 수 없는 생활 무능력자 및 저소득층을 대상으로 공적으로 의료를 보장하는 제도는?

① 의료보험   ② 의료보호
③ 실업보험   ④ 연금보험

해설 | ② 의료보호제도 : 개인적인 보험료 납부가 없으며, 병원 이용 비용의 전액 또는 일부를 국가와 지방정부가 담당한다.

04 공중보건의 범위 중 보건관리 분야에 속하지 않는 사업은?

① 보건통계   ② 사회보장제도
③ 보건행정   ④ 산업보건

해설 | 공중보건의 범위는 환경보건, 질병관리, 보건관리 등 3가지 분야로 연구되고 있다. ④는 환경보건 분야 중 일부이다.

05 다음 중 수인성 감염병에 속하는 것은?

① 유행성 출혈열   ② 성홍열
③ 세균성 이질   ④ 탄저병

해설 | 수인성(소화기계) 전염병으로는 세균성 이질, 장티푸스, 파라티푸스, 콜레라, 유행성 간염, 파상열, 폴리오 등이 있다.

06 인공조명을 할 때 고려 사항 중 틀린 것은?

① 광색은 주광색에 가깝고, 유해 가스의 발생이 없어야 한다.
② 열의 발생이 적고, 폭발이나 발화의 위험이 없어야 한다.
③ 균등한 조도를 위해 직접조명이 되도록 해야 한다.
④ 충분한 조도를 위해 빛이 좌상방에서 비춰줘야 한다.

해설 | ③ 균등한 조도와 시력 보호를 위해 간접조명이 되도록 해야 한다.

07 솔라닌(Solanine)의 원인이 되는 식중독과 관계 깊은 것은?

① 버섯   ② 복어
③ 감자   ④ 조개

해설 | ① 버섯 : 무스카린
② 복어 : 테트로도톡신
④ 조개 : 삭시톡신, 베네루핀

01 ①　02 ③　03 ②　04 ④　05 ③　06 ③　07 ③

08 미생물의 발육과 그 작용을 제거하거나 정지시켜 음식물의 부패나 발효를 방지하는 것은?

① 방부
② 소독
③ 살균
④ 살충

해설 | ② 사람에게 유해한 미생물을 파괴해 감염의 위험을 제거한다. 세균의 포자에는 작용하지 못한다.
③ 미생물을 여러 가지 물리·화학적 작용을 통해 급속하게 죽이는 것을 말한다.
④ 농작물, 가축, 인체에 해로운 벌레를 죽이거나 없애는 것을 말한다.

09 물의 살균에 많이 이용되고 있으며 산화력이 강한 것은?

① 포름알데히드(Formaldehyde)
② 오존(O_3)
③ E.O(Ethylene Oxide) 가스
④ 에탄올(Ethanol)

해설 | 오존(O_3)은 무미, 무취, 무색의 기체로서 산화력이 강하다. 세균, 바이러스를 사멸시키며 강한 표백작용을 한다.

10 소독제를 수돗물로 희석하여 사용할 경우 가장 주의해야 할 점은?

① 물의 경도
② 물의 온도
③ 물의 취도
④ 물의 탁도

해설 | 수돗물은 연수로서 정수(살균, 소독, 침전, 정화 등)되어 있기 때문에 경도와는 관련이 없다. 그러나 센물(우물물, 지하수), 즉 경수일 때는 소독제와 희석할 경우 불활성 침전이 생길 수 있다.

11 소독제를 사용할 때 주의사항이 아닌 것은?

① 취급 방법
② 농도 표시
③ 소독제병의 세균 오염
④ 알코올 사용

해설 | 소독제를 사용할 때는 취급 방법, 농도 표시, 소독제 병의 세균 오염 등에 주의해야 한다.

12 다음 중 금속제품 기구소독에 가장 적합하지 않은 것은?

① 알코올
② 역성비누
③ 승홍수
④ 크레졸수

해설 | 승홍수는 살균력이 강하며, 맹독성으로서 금속을 부식시키는 단점이 있다.

13 다음 중 하수도 주위에 흔히 사용되는 소독제는?

① 생석회
② 포르말린
③ 역성비누
④ 과망간산칼륨

해설 | 생석회는 물을 가(소석회)했을 때 발생기 산소에 의해 소독작용을 한다. 값이 싸고 탈취력이 있어 분변, 하수, 오수, 토사물 등의 소독에 좋다.

14 개달전염(介達傳染)과 무관한 것은?

① 의복
② 식품
③ 책상
④ 장난감

해설 | 오염물질이 감염원으로부터 시간적·거리적으로 상당히 떨어진 곳에서 감염되는 개달감염은 인쇄물, 의류, 서적, 수건 등의 개달물에 의해 감염된다.

15 피부구조에서 지방세포가 주로 위치하고 있는 곳은?

① 각질층
② 진피
③ 피하조직
④ 투명층

해설 | 지방세포는 주로 피하조직에 있다.

16 다음 중 기미의 생성 유발 요인이 아닌 것은?

① 유전적 요인
② 임신
③ 갱년기 장애
④ 갑상선 기능저하

해설 | 기미는 유전적 요인, 임신, 갱년기 장애, 자외선 등에 의해 생성된다.

08 ① 09 ② 10 ① 11 ④ 12 ③ 13 ① 14 ② 15 ③ 16 ④

17 외인성 피부질환의 원인과 가장 거리가 먼 것은?

① 유전인자 ② 산화
③ 피부건조 ④ 자외선

해설 | ①은 내인성 피부질환과 관련된다.

18 다음 중 원발진에 해당하는 피부변화는?

① 가피 ② 미란
③ 위축 ④ 구진

해설 | ①, ②, ③ 속발진에 해당된다.

19 자외선으로부터 어느 정도 피부를 보호하며 진피조직에 투여하면 피부 주름과 처짐 현상에 가장 효과적인 것은?

① 콜라겐 ② 엘라스틴
③ 무코다당류 ④ 멜라닌

해설 | 콜라겐(교원섬유)은 강력한 견인력과 함께 피부 주름을 예방하는 수분 보유원의 역할을 한다.

20 정상피부와 비교하여 점막으로 이루어진 피부의 특징으로 옳지 않은 것은?

① 혀와 경구개를 제외한 입안의 점막은 과립층을 가지고 있다.
② 당김미세섬유사(Tonofilament)의 발달이 미약하다.
③ 미세융기가 잘 발달되어 있다.
④ 세포에 다량의 글리코겐이 존재한다.

해설 | 구강점막에는 과립층이 없다.

21 성장기 어린이의 대사성 질환으로 비타민 D 결핍 시 뼈 발육에 변형을 일으키는 것은?

① 석회결석 ② 골막파열증
③ 괴혈증 ④ 구루병

해설 | 비타민 D 결핍 시 구루병과 골연화증이 생긴다.

22 시 · 도지사 또는 시장 · 군수 · 구청장은 공중위생관리상 필요하다고 인정하는 때에 공중위생영업자 등에 대하여 필요한 조치를 취할 수 있다. 이 조치에 해당하는 것은?

① 보고 ② 청문
③ 감독 ④ 협의

해설 | 보고 및 출입 · 검사(제9조 제1항) 권한자는 시 · 도시사 (또는 시장, 군수, 구청장)이다.

23 법령상 위생교육에 대한 기준으로 ( ) 안에 적합한 것은?

> 공중위생관리법령상 위생교육을 받은 자가 위생교육을 받은 날부터 ( ) 이내에 위생교육을 받은 업종과 같은 업종의 영업을 하려는 경우에는 해당 영업에 대한 위생교육을 받은 것으로 본다.

① 2년 ② 2년 6월
③ 3년 ④ 3년 6월

해설 | 위생교육을 받은 자가 위생교육을 받은 날부터 2년 이내에 위생교육을 받는 업종과 같은 업종의 영업을 하려는 경우 해당 영업에 대한 위생교육을 받은 것으로 본다.

24 미용사에게 금지되지 않는 업무는 무엇인가?

① 얼굴의 손질 및 화장을 행하는 업무
② 의료기기를 사용하는 피부관리 업무
③ 의약품을 사용하는 눈썹손질 업무
④ 의약품을 사용하는 제모

해설 | 미용사는 의료기기 또는 의약품을 사용하여 업무를 할 수 없다.

17 ① 18 ④ 19 ① 20 ① 21 ④ 22 ① 23 ① 24 ①

25 다음 중 이·미용업에 있어서 과태료 부과대상이 아닌 사람은?

① 위생관리 의무를 지키지 아니한 자
② 영업소 외의 장소에서 이용 또는 미용업무를 행한 자
③ 보건복지부령이 정하는 중요사항을 변경하고도 변경 신고를 하지 아니한 자
④ 관계 공무원의 출입·검사를 거부·기피 방해한 자

해설 | ①, ② 200만 원 이하의 과태료를 부과한다.
③ 6월 이하의 징역 또는 500만 원 이하의 벌금에 처한다.
④ 300만 원 이하의 과태료를 부과한다.

26 손님에게 음란행위를 알선한 사람에 대한 관계행정기관의 장의 요청이 있는 때, 1차 위반에 대하여 행할 수 있는 행정처분으로 영업소와 업주에 대한 행정 처분기준이 바르게 짝지어진 것은?

① 영업정지 1월 – 면허정지 1월
② 영업정지 1월 – 면허정지 2월
③ 영업정지 3월 – 면허정지 3월
④ 영업정지 3월 – 면허정지 5월

해설 | 영업소 – 영업정지 3월, 미용사(업주) – 면허정지 3월

27 이·미용업 영업장 안의 조명도 기준은 몇 룩스 이상인가?

① 50룩스 이상 ② 75룩스 이상
③ 100룩스 이상 ④ 125룩스 이상

해설 | 영업장안의 조명도는 75룩스 이상 유지되도록 한다.

28 이·미용업 영업신고를 하면서 신고인이 확인에 동의하지 아니하는 때에 첨부하여야 하는 서류가 아닌 것은? (단, 신고인이 전자정부법에 따른 행정정보의 공동이용을 통한 확인에 동의하지 아니하는 경우임)

① 영업시설 및 설비개요서
② 교육필증
③ 이·미용사 자격증
④ 면허증

해설 | 이·미용사 자격증은 실기교사 또는 이·미용 교육을 하기 위한 증명서이다.

29 동물성 단백질의 일종으로 피부의 탄력 유지에 매우 중요한 역할을 하며 피부의 파열을 방지하는 스프링 역할을 하는 것은?

① 아줄렌 ② 엘라스틴
③ 콜라겐 ④ DNA

해설 | ① 항염증작용 및 진정효과
③ 피부의 결합조직을 구성하는 역할
④ 핵을 가지고 있으며, 세포 전체의 대사활동 조절

30 식물의 꽃, 잎, 줄기, 뿌리, 씨, 과피, 수지 등에서 방향성이 높은 물질을 추출한 휘발성 오일은?

① 동물성 오일 ② 에센셜 오일
③ 광물성 오일 ④ 밍크 오일

해설 | 향을 의미하는 에센셜(아로마)은 향기가 나는 식물성 향료이다.

31 화장품의 피부 흡수에 관한 설명으로 옳은 것은?
① 분자량이 적을수록 피부 흡수율이 높다.
② 수분이 많을수록 피부 흡수율이 높다.
③ 동물성 오일 〈 식물성 오일 〈 광물성 오일 순으로 피부 흡수력이 높다.
④ 크림류 〈 로션류 〈 화장수류 순으로 피부 흡수력이 높다.

해설 | 피부 표피의 각질층이 라멜라층으로 되어 있어서 화장품이 대체적으로 침투하지 못하나, 모공이나 땀샘 등을 통해서 거의 흡수된다. 따라서 화장품 제조 시에는 성분을 나노 상태의 미립자로 만들어 흡수율을 높인다.

32 여드름 피부에 맞는 화장품 성분으로 가장 거리가 먼 것은?
① 캄퍼   ② 로즈마리 추출물
③ 알부틴   ④ 하마멜리스

해설 | ③은 미백 성분이다.

33 보습제가 갖추어야 할 조건으로 틀린 것은?
① 다른 성분과 혼용성이 좋을 것
② 모공 수축을 위해 휘발성이 있을 것
③ 적절한 보습능력이 있을 것
④ 응고점이 낮을 것

해설 | 보습제는 흡착력이 높아 수분 증발을 억제해야 한다.

34 메이크업 화장품에 주로 사용되는 제조방법은?
① 유화   ② 가용화
③ 겔화   ④ 분산

해설 | 분산은 물 또는 오일 성분에 미세한 고체 입자가 계면활성제에 의해 균일하게 혼합된 상태로 립스틱, 아이섀도, 마스카라, 아이라이너, 파운데이션 등에 쓰인다.

35 화장품법상 기능성 화장품에 속하지 않는 것은?
① 미백에 도움을 주는 제품
② 여드름 완화에 도움을 주는 제품
③ 주름 개선에 도움을 주는 제품
④ 자외선으로부터 피부를 보호하는 데 도움을 주는 제품

해설 | 기능성 화장품은 주름 개선제, 미백제, 자외선 차단제로 분류한다.

36 손톱이 나빠지는 후천적 요인이 아닌 것은?
① 잘못된 푸셔와 니퍼사용에 의한 손상
② 손톱 강화제 사용 빈도수
③ 과도한 스트레스
④ 잘못된 파일링에 의한 손상

해설 | 손톱 강화제는 부러지고 약한 손톱에 견고함을 부여한다.

37 손톱의 특성이 아닌 것은?
① 손톱은 피부의 일종이며, 머리카락과 같은 케라틴과 칼슘으로 만들어져 있다.
② 손톱의 손상으로 조갑이 탈락되고 회복되는 데는 6개월 정도 걸린다.
③ 손톱의 성장은 겨울보다 여름이 잘 자란다.
④ 엄지손톱의 성장이 가장 느리며, 중지 손톱이 가장 빠르다.

해설 | 새끼손톱의 성장이 가장 느리다.

38 고객을 응대할 때 네일아티스트의 자세로 틀린 것은?
① 고객에게 알맞은 서비스를 하여야 한다.
② 모든 고객은 공평하게 하여야 한다.
③ 진상고객은 단념하여야 한다.
④ 안전 규정을 준수하고 충실히 하여야 한다.

해설 | 진상고객이라도 끝까지 친절하게 대한다.

31 ① 32 ③ 33 ② 34 ④ 35 ② 36 ② 37 ④ 38 ③

39 손톱에 색소가 침착되거나 변색되는 것을 방지하고 네일표면을 고르게 하여 폴리시의 밀착성을 높이는 데 사용되는 네일미용 화장품은?

① 톱 코트
② 베이스 코트
③ 폴리시 리무버
④ 큐티클 오일

해설 | ① 손톱에 광택 부여
③ 폴리시를 지울 때 사용
④ 큐티클을 제거할 때 사용

40 에나멜을 바르는 방법으로 손톱을 가늘어 보이게 하는 것은?

① 프리에지
② 루눌라
③ 프렌치
④ 프리 월

해설 | 프리 월은 손톱을 길고 가늘어 보이도록 하는 방법으로, 손톱 양 옆을 1.5mm 남겨놓고 바른다.

41 골격근에 대한 설명으로 틀린 것은?

① 인체의 약 60%를 차지한다.
② 횡문근이라고도 한다.
③ 수의근이라고도 한다.
④ 대부분이 골격에 부착되어 있다.

해설 | 체중의 40~50%를 차지하는 수의근 또는 골격근은 뼈에 부착된 횡문근, 즉 뼈대 근육에 있는 섬유로서 줄무늬 근육이라고도 한다.

42 매니큐어를 가장 잘 설명한 것은?

① 네일 에나멜을 바르는 것이다.
② 손톱모양을 다듬고 색깔을 칠하는 것이다.
③ 손 매뉴얼 테크닉과 네일 에나멜을 바르는 것이다.
④ 손톱모양을 다듬고 큐티클 정리, 유분기 제거 등을 포함한 관리이다.

해설 | 매니큐어는 엄밀하게 말하면 1단계인 손질(Care)과 2단계인 색조화장으로 대별된다. 여기서 말하는 매니큐어는 손과 손톱을 건강하고 아름답게 유지하기 위한 손질과정으로서 12개의 절차로 구분된다.

43 매니큐어의 유래에 관한 설명 중 틀린 것은?

① 중국은 특권층의 신분을 드러내기 위해 홍화를 손톱에 바르기 시작했다.
② 매니큐어는 고대 희랍어에서 유래된 말로 마누와 큐라의 합성어이다.
③ 17세기 경 인도의 상류층 여성들은 손톱의 뿌리 부분에 신분을 나타내는 목적으로 문신을 했다.
④ 건강을 기원하는 주술적 의미에서 손톱에 빨간색을 물들이게 되었다.

해설 | ②는 라틴어에서 유래된 말로 손을 의미하는 '마누스'와 관리를 의미하는 '큐라'에서 파생되었다.

44 다음 중 하지의 신경에 속하지 않는 것은?

① 총비골 신경
② 액와신경
③ 복재신경
④ 배측신경

해설 | ②는 상지신경에 속하며, 겨드랑이를 말한다.

39 ② 40 ④ 41 ① 42 ④ 43 ② 44 ②

45 표피성 진균증 중 네일몰드는 습기, 열, 공기에 의해 균이 번식되어 발생한다. 이때 몰드가 발생한 수분 함유율이 옳게 표기된 것은?

① 2% ~ 5% ② 7% ~ 10%
③ 12% ~ 18% ④ 23% ~ 25%

해설 | 미생물은 80~90%가 수분으로 이루어져 습도가 높은 환경에서 증식한다. 곰팡이(Mold)는 생육에 필요한 수분 함유율이 세균, 효모보다 적은 23~25% 정도이다.

46 손톱의 역할 및 기능과 가장 거리가 먼 것은?

① 물건을 잡거나 성상을 구별하는 기능
② 작은 물건을 들어 올리는 기능
③ 방어와 공격의 기능
④ 몸을 지탱해주는 기능

해설 | ④는 골격의 기능이다.

47 네일 재료에 대한 설명으로 적합하지 않은 것은?

① 네일 에나멜 시너 – 에나멜을 묽게 해주기 위해 사용한다.
② 큐티클 오일 – 글리세린을 함유하고 있다.
③ 네일 블리치 – 20볼륨 과산화수소를 함유하고 있다.
④ 네일 보강제 – 자연네일이 강한 고객에게 사용하면 효과적이다.

해설 | 네일 보강제 또는 강화제는 부러지고 약한 네일에 견고함을 부여한다. 자연네일이 약한 고객에게 사용하면 효과적이다.

48 뼈의 기능이 아닌 것은?

① 지렛대 역할 ② 흡수기능
③ 보호작용   ④ 무기질 저장

해설 | 뼈는 신체 내에서 보호, 조혈, 저장, 지지, 운동기능을 한다.

49 매니큐어 작업 시에 미관상 제거의 대상이 되는 손톱을 덮고 있는 각질세포는?

① 네일 큐티클(Nail Cuticle)
② 네일 플레이트(Nail Plate)
③ 네일 프리에지(Nail Free Edge)
④ 네일 그루브(Nail Groove)

해설 | ② 네일 바디, 조체, 조갑이라고도 하며, 손톱자체를 말한다.
③ 조체의 외부로 향하는 잘려나가는 부분인 옐로우 라인의 가장 바깥 면을 말한다.
④ 조구, 조벽, 조곽이라고도 하며, 조체의 양 측면에서 패인 홈을 말한다.

50 다음 ( ) 안의 a와 b에 알맞은 단어를 바르게 짝지은 것은?

(a)는 폴리시 리무버나 아세톤을 담아 펌프식으로 편리하게 사용할 수 있다.
(b)는 아크릴 리퀴드를 덜어 담아 사용할 수 있는 용기이다.

① a – 다크디시, b – 작은종지
② a – 디스펜서, b – 다크디시
③ a – 다크디시, b – 디스펜서
④ a – 디스펜서, b – 디펜디시

해설 | 디스펜서(Despenser)는 액체용액을 덜어 사용하며, 디펜디시(Dependish)는 아크릴 리퀴드 또는 파우더를 덜어 사용하는 용기이다.

51 패디큐어 작업 과정에서 베이스 코트를 바르기 전 발가락이 서로 닿지 않게 하기 위해 사용하는 도구는?

① 엑티베이터   ② 콘커터
③ 클리퍼   ④ 토우 세퍼레이터

해설 | ① 글루나 젤을 건조시켜준다.
② 발바닥의 굳은살 및 각질을 제거할 때 사용한다.
③ 자연네일의 길이를 자를 때 사용한다.

45 ④ 46 ④ 47 ④ 48 ② 49 ① 50 ④ 51 ④

52 큐티클 정리 및 제거 시 필요한 도구로 알맞은 것은?

① 파일, 톱코트
② 라운드 패드, 니퍼
③ 샌딩블럭, 핑거볼
④ 푸셔, 니퍼

해설 | • 푸셔 – 큐티클을 밀어올린다.
• 니퍼 – 네일 주변 굳은살과 거스러미를 제거할 때 사용되는 가위이다.
• 라운드 패드(다크니 패드) – 파일링 후 먼지나 조구 내의 거스러미 제거에 사용한다.
• 샌딩블럭 – 조체면의 거칠음을 제거한다.
• 파일 – 인조네일의 모양 또는 길이를 변경할 때 사용한다.

53 네일팁 접착 방법의 설명으로 틀린 것은?

① 네일팁 접착 시 자연네일의 1/2 이상 덮지 않는다.
② 올바른 각도의 팁 접착으로 공기가 들어가지 않도록 유의한다.
③ 손톱과 네일팁 전체에 프라이머를 도포한 후 접착한다.
④ 네일팁 접착할 때 5~10초 동안 누르면서 기다린 후 팁의 양쪽 꼬리부분을 살짝 눌러준다.

해설 | 프라이머는 자연손톱에만 도포한다.

54 UV 젤네일 작업 시 리프팅이 일어나는 이유로 적절하지 않은 것은?

① 네일의 유·수분기를 제거하지 않고 작업했다.
② 젤을 프리에지까지 작업하지 않았다.
③ 젤을 큐티클 라인에 닿지 않게 작업했다.
④ 큐어링 시간을 잘 지키지 않았다.

해설 | ③ 젤을 큐티클 라인에 닿게 작업했을 경우 리프팅의 원인이 된다.

55 습식 매니큐어 작업에 관한 설명 중 틀린 것은?

① 베이스 코트를 가능한 한 얇게 1회 전체에 바른다.
② 벗겨짐을 방지하기 위해 도포한 폴리시를 완전히 커버하여 톱 코트를 바른다.
③ 프리에지 부분까지 깔끔하게 바른다.
④ 손톱의 길이 정리는 클리퍼를 사용할 수 없다.

해설 | ④ 클리퍼는 자연네일과 인조네일의 길이를 자르는 도구이다.

56 아크릴릭 네일의 설명으로 맞는 것은?

① 두꺼운 손톱 구조로만 완성되며 다양한 형태를 만들 수 없다.
② 투톤 스컬프처인 프렌치 스컬프처에 적용할 수 없다.
③ 물어뜯는 손톱에 사용하여서는 안된다.
④ 네일폼을 사용하여 다양한 형태로 조형이 가능하다.

해설 | ① 혼합량에 따라 네일 두께는 달라진다.
② 아크릴 오버레이, 원톤 스컬프처, 프렌치 스컬프처에 모두 적용할 수 있다.
③ 아크릴 네일은 물어뜯는 손톱의 교정을 위해 작업된다.

57 아크릴릭 스컬프처 작업 시 손톱에 부착해 길이를 연장하는 데 받침대 역할을 하는 재료로 옳은 것은?

① 네일폼　　② 리퀴드
③ 모노머　　④ 아크릴 파우더

58 다른 모형보다 강한 느낌을 주며, 대회용으로 많이 사용되는 손톱모양은?

① 오벌 모형　② 라운드 모형
③ 스퀘어 모형　④ 아몬드형 모형

해설 | ① 손의 노출이 많은 여성에게 좋다.
② 자연스러운 모양으로 남·녀 모두에게 어울리는 타입이다.
④ 충격이 가해지면 흡수 면적이 작기 때문에 부러지기 쉬운 단점이 있다.

59 발톱의 모형으로 가장 적절한 것은?

① 라운드형　② 오발형
③ 스퀘어형　④ 아몬드형

해설 | 발톱은 스퀘어형이 가장 좋다.

60 아크릴릭 보수 과정 중 옳지 않은 것은?

① 심하게 들뜬 부분은 파일과 니퍼를 적절히 사용하여 세심히 잘라내고 경계가 없도록 파일링한다.
② 새로 자라난 손톱 부분에 에칭을 주고 프라이머를 바른다.
③ 적절한 양의 비드로 큐티클 부분에 자연스러운 라인을 만든다.
④ 새로 비드를 얹은 부위는 파일링이 필요하지 않다.

해설 | ④는 리프팅이 발생하지 않도록 파일링을 필요로 한다.

58 ③　59 ③　60 ④

제3회 실전모의고사

01 세계보건기구에서 정의하는 보건행정의 범위에 해당하지 않는 것은?

① 산업행정
② 모자보건
③ 환경위생
④ 감염병 관리

해설 | 세계보건기구(WHO)에서 보건행정의 범위 : 보건 관련 기록 보존, 대중에 대한 보건교육, 환경위생, 감염병 관리, 모자보건, 의료서비스 제공, 보건간호

02 질병 발생의 3대 요소는?

① 숙주, 환경, 병명
② 병인, 숙주, 환경
③ 숙주, 체력, 환경
④ 감정, 체력, 숙주

해설 | 질병 발생의 3대 요소는 병인(감염원), 환경(감염경로), 숙주(감수성)이다.

03 상수(上水)에서 대장균 검출의 주된 의의는?

① 소독 상태가 불량하다.
② 환경위생 상태가 불량하다.
③ 오염의 지표가 된다.
④ 감염병 발생의 우려가 있다.

해설 | 대장균은 음용수의 일반적인 오염지표로 사용된다.

04 결핵 예방접종으로 사용하는 것은?

① DPT
② MMR
③ PPD
④ BCG

해설 | 생균백신인 BCG을 예방접종함으로써 인공능동면역에 의해 항체가 형성된다.

05 폐흡충 감염이 발생할 수 있는 경우는?

① 가재를 생식했을 때
② 우렁이를 생식했을 때
③ 은어를 생식했을 때
④ 소고기를 생식했을 때

해설 | ②, ③은 오꼬가와 흡충증이며, 소고기를 생식하면 무구조충에 감염될 수 있다.

06 한 나라의 건강수준을 다른 국가들과 비교할 수 있는 지표로 세계보건기구가 제시한 것은?

① 인구증가율, 평균수명, 비례사망지수
② 비례사망지수, 조사망율, 평균수명
③ 평균수명, 조사망율, 국민소득
④ 의료시설, 평균수명, 주거상태

해설 | WHO에서는 비례사망지수, 평균수명, 조사망률을 국가 간 건강수준을 비교할 수 있는 지표로 제시하였다.

07 장티푸스, 결핵, 파상풍 등의 예방접종으로 얻어지는 면역은?

① 인공능동면역
② 인공수동면역
③ 자연능동면역
④ 자연수동면역

해설 | • 생균백신 : 두창, 탄저, 결핵, 홍역, 광견병, 폴리오
• 사균백신 : 백일해, 콜레라, 폴리오, 일본뇌염, 장티푸스, 파라티푸스
• 순화독소 : 파상풍, 디프테리아

01 ① 02 ② 03 ③ 04 ④ 05 ① 06 ② 07 ①

08 계면활성제 중 가장 살균력이 강한 것은?

① 음이온성   ② 양이온성
③ 비이온성   ④ 양쪽이온성

해설 | 양이온성 계면활성제는 살균·소독작용이 뛰어나고 유연 효과로 정전기 발생을 억제한다.

09 미생물의 증식을 억제하는 영양의 고갈과 건조 등의 불리한 환경 속에서 생존하기 위하여 세균이 생성하는 것은?

① 아포   ② 협막
③ 세포벽   ④ 점질층

해설 | 세균은 외부환경 조건에 대해서 강한 저항성을 가지기 위해 균체 세포질에 아포를 형성한다.

10 물리적 소독법에 속하지 않는 것은?

① 건열멸균법   ② 고압증기멸균법
③ 크레졸 소독법   ④ 자비소독법

해설 | 크레졸은 화학적 소독법이다. 물리적 소독법은 가열멸균법과 습열멸균법이 있다.

11 소독제인 석탄산의 단점이라 할 수 없는 것은?

① 유기물 접촉 시 소독력이 약화된다.
② 피부에 자극성이 있다.
③ 금속에 부식성이 있다.
④ 독성과 취기가 강하다.

해설 | 석탄산은 유기물 접촉에도 소독력이 약화되지 않는다.

12 소독제의 구비조건에 해당하지 않는 것은?

① 높은 살균력을 가질 것
② 인체에 해가 없을 것
③ 저렴하고 구입과 사용이 간편할 것
④ 용해성이 낮을 것

해설 | 소독제는 용해성이 높아야 한다.

13 미생물의 종류에 해당하지 않는 것은?

① 벼룩   ② 효모
③ 곰팡이   ④ 세균

해설 | 미생물은 세균, 바이러스, 리케차, 진균, 조류, 원생동물 등이며, 벼룩은 병원체(소)로서 절족동물이다.

14 재질에 관계없이 빗이나 브러시 등의 소독방법으로 가장 적합한 것은?

① 70% 알코올 솜으로 닦는다.
② 고압증기멸균기에 넣어 소독한다.
③ 락스액에 담근 후 씻어낸다.
④ 세제를 풀어 세척한 후 자외선 소독기에 넣는다.

해설 | 중성세제로 세척한 후 자외선 소독기에 보관한다.

15 표피와 진피의 경계선의 형태는?

① 직선   ② 사선
③ 물결상   ④ 점선

해설 | 표피는 혈관과 신경이 없고 진피층의 유두층과 인접된 기저층이 있다. 기저층은 한 줄의 원주세포층으로 물결상의 이랑과 돌기 형태를 취한다. 유두층은 혈관이 집중되어 있다.

16 건강한 피부를 유지하기 위한 방법이 아닌 것은?

① 적당한 수분을 항상 유지해야 한다.
② 두꺼운 각질층은 제거해야 한다.
③ 일광욕을 많이 해야 건강한 피부가 된다.
④ 충분한 수면과 영양을 공급해야 한다.

해설 | 일광(햇빛)에는 자외선(UV-A, UV-B, UV-C)이 포함되어 있어 정오에 10분만 노출되어도 홍반이 생길 수 있다.

08 ②   09 ①   10 ③   11 ①   12 ④   13 ①   14 ④   15 ③   16 ③

17 다음 중 영양소와 그 최종 분해로 연결이 옳은 것은?

① 탄수화물 – 지방산
② 단백질 – 아미노산
③ 지방 – 포도당
④ 비타민 – 미네랄

해설 | ① 탄수화물 – 포도당
③ 지방 – 지방산, 글리세린
④ 비타민 – 지용성, 수용성

18 자외선 차단지수의 설명으로 옳지 않은 것은?

① SPF라 한다.
② SPF 1이란 대략 1시간을 의미한다.
③ 자외선 강약에 따라 차단제의 효과 시간이 변한다.
④ 색소침착 부위에는 가능하면 1년 내내 차단제를 사용하는 것이 좋다.

해설 | SPF(Sun Protection Factor) 1은 10분 내에 홍반이 나타남을 수치화한 것이다.

19 백반증에 관련 내용 중 틀린 것은?

① 멜라닌 세포의 과다한 증식으로 일어난다.
② 백색반점이 피부에 나타난다.
③ 후천적 탈색소 질환이다.
④ 원형, 타원형 또는 부정형의 흰색 반점이 나타난다.

해설 | 백반증은 멜라닌 색소 결핍으로 인해 일어난다.

20 기계적 손상에 의한 피부질환이 아닌 것은?

① 굳은살   ② 티눈
③ 종양   ④ 욕창

해설 | 종양은 1차적 피부질환인 원발진에 속한다.

21 사람의 피부 표면은 주로 어떤 형태인가?

① 삼각 또는 마름모꼴의 다각형
② 삼각 또는 사각형
③ 삼각 또는 오각형
④ 사각 또는 오각형

해설 | 사람의 피부결은 촘촘하게 연결된 삼각 또는 마름모꼴의 다각형으로 이루어져 있다.

22 이·미용업 영업신고를 하지 않고 영업을 한 자에 대한 벌칙기준은?

① 6월 이하의 징역 또는 100만 원 이하의 벌금
② 6월 이하의 징역 또는 300만 원 이하의 벌금
③ 1년 이하의 징역 또는 500만 원 이하의 벌금
④ 1년 이하의 징역 또는 1천만 원 이하의 벌금

해설 | 영업의 신고(제3조 제1항) 규정에 의한 신고를 하지 않는 자에게는 1년 이하의 징역 또는 1천만 원 이하의 벌금을 부과한다.

23 공중위생관리법상 위생교육에 관한 설명으로 틀린 것은?

① 위생교육은 교육부장관이 허가한 단체가 실시할 수 있다.
② 공중위생영업의 신고를 하고자 하는 자는 원칙적으로 미리 위생교육을 받아야 한다.
③ 공중위생영업자는 매년 위생교육을 받아야 한다.
④ 위생교육을 받아야 하는 자 중 영업에 직접 종사하지 아니하나 2 이상의 장소에서 영업을 하는 자는 종업원 중 영업장별로 공중위생에 관한 책임자를 지정하고 그 책임자로 하여금 위생교육을 받게 하여야 한다.

해설 | 위생교육은 보건복지부장관이 허가한 단체가 실시할 수 있다.

17 ② 18 ② 19 ① 20 ③ 21 ① 22 ④ 23 ①

24 시장·군수·구청장이 영업정지 처분에 갈음하여 과징금을 부과할 경우 그 금액은 얼마인가?

① 1천만 원 이하　② 3천만 원 이하
③ 5천만 원 이하　④ 1억 원 이하

해설 | 영업정지가 이용자에게 심한 불편을 주거나 공익을 해할 우려가 있는 경우에 1억 원 이하의 과징금으로 갈음할 수 있다.

25 이·미용업자는 신고한 영업장 면적을 얼마 이상 증감하였을 때 변경신고를 하여야 하는가?

① 5분의 1　② 4분의 1
③ 3분의 1　④ 2분의 1

해설 | 신고한 영업장 면적의 3분의 1 이상 증감 시 변경신고를 해야 한다.

26 공중위생영업자가 영업소 폐쇄명령을 받고도 계속하여 영업을 하는 때에 대한 조치사항으로 옳은 것은?

① 당해 영업소가 위법한 영업소임을 알리는 게시물 등의 부착
② 당해 영업소의 출입자 통제
③ 당해 영업소의 출입금지구역 설정
④ 당해 영업소의 강제 폐쇄 집행

해설 | ① 이외에 당해 영업소의 간판·기타 영업표지물의 제거, 영업을 위하여 필수 불가결한 기구 또는 시설물을 사용할 수 없게 봉인 등을 한다.

27 공중위생관리법상 이·미용업 영업장 안의 조명도는 얼마 이상이어야 하는가?

① 50룩스　② 75룩스
③ 100룩스　④ 125룩스

해설 | 영업장 안의 조명도는 75룩스 이상이 되도록 유지하여야 한다.

28 다음 중 이·미용사 면허를 발급할 수 있는 사람만으로 짝지어진 것은?

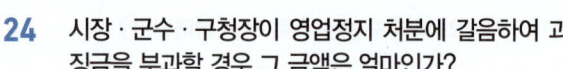
㉠ 특별·광역시장　　㉡ 도지사
㉢ 시장　　㉣ 구청장　　㉤ 군수

① ㉠, ㉡　② ㉠, ㉡, ㉢
③ ㉠, ㉡, ㉢, ㉣　④ ㉢, ㉣, ㉤

해설 | 미용사가 되고자 하는 자는 보건복지부령이 정하는 바에 의하여 시장·군수·구청장이 발부하는 면허를 받아야 한다.

29 일반적으로 많이 사용하고 있는 화장수의 알코올 함유량은?

① 70% 전후　② 10% 전후
③ 30% 전후　④ 50% 전후

해설 | 일반적으로 무알코올 화장수는 알코올 함유량이 0~4%, 유연 화장수는 4~10%, 수렴화장수는 16~22%로 알코올 함유량은 10% 전후이다.

30 화장품의 분류에 관한 설명 중 틀린 것은?

① 샴푸, 헤어 린스는 모발용 화장품에 속한다.
② 팩, 마사지 크림은 스페셜 화장품에 속한다.
③ 퍼퓸(Perfume), 오데코롱(Eau De Cologne)은 방향 화장품에 속한다.
④ 자외선 차단제나 태닝 제품은 기능성 화장품에 속한다.

해설 | 기초 화장품은 피부보호제에 속한다.

24 ③　25 ③　26 ①　27 ②　28 ④　29 ②　30 ②

31 AHA에 대한 설명으로 옳은 것은?

① 물리적으로 각질을 제거하는 기능을 한다.
② 글리콜산은 사탕수수에 함유된 것으로 침투력이 좋다.
③ pH 3.5 이상에서 15% 농도가 각질 제거에 가장 효과적이다.
④ AHA보다 안정성은 떨어지나 효과가 좋은 BHA가 많이 사용된다.

해설 | AHA(α-Hydraxy Acid)는 5가지 과일산으로 이루어져 수용성을 띠며, 각질제거와 피부 재생효과가 뛰어나다. pH 3.5 이상에서 10% 이하의 농도가 사용된다.

32 손을 대상으로 하는 제품 중 알코올을 주 베이스로 하며, 청결 및 소독을 주된 목적으로 하는 제품은?

① 핸드 워시(Hand Wash)
② 새니타이저(Sanitizer)
③ 비누(Soap)
④ 핸드크림(Hand Cream)

해설 | 새니타이저는 알코올이 함유되어 있어 손, 피부 등의 살균 소독에 쓰이는 손 소독제이다.

33 피부의 미백을 돕는 데 사용되는 화장품 성분이 아닌 것은?

① 플라센타, 비타민 C
② 레몬추출물, 감초추출물
③ 코직산, 구연산
④ 캄퍼, 카모마일

해설 | 알부틴, 하이드로퀴논, 비타민 C, 코직산, 감초, 레몬 등은 미백용으로 쓰인다. 캄퍼는 살균작용, 카모마일은 진정작업을 돕는 성분이다.

34 라벤더 에센셜 오일의 효능에 대한 설명으로 가장 거리가 먼 것은?

① 재생 작용
② 화상 치유 작용
③ 이완 작용
④ 모유 생성 작용

해설 | 라벤더 에센셜 오일은 세포 성장 촉진, 피지 분비 균형, 진정, 화상 상처 회복 등에 효과가 있다.

35 SPF에 대한 설명으로 틀린 것은?

① Sun Protection Factor의 약자로서 자외선 차단지수라 불린다.
② 엄밀히 말하면 UV-B 방어효과를 나타내는 지수라고 볼 수 있다.
③ 오존층으로부터 자외선이 차단되는 정도를 알아보기 위한 목적으로 이용된다.
④ 자외선 차단제를 바른 피부에 최소한의 홍반을 일어나게 하는 데 필요한 자외선 양을 바르지 않은 피부에 최소한의 홍반을 일어나게 하는 데 필요한 자외선 양으로 나눈 값이다.

해설 | SPF는 실험실 내에서 측정한 자외선 차단 효과를 지수로 표시한 단위로, 피부로부터 자외선이 차단되는 정도를 알아보는 데 쓰인다.

36 마누스(Manus)와 큐라(Cura)라는 말에서 유래된 용어는?

① 네일팁   ② 매니큐어
③ 페디큐어 ④ 아크릴릭

해설 | 매니큐어는 손을 의미하는 라틴어 '마누스(manus)'와 관리를 의미하는 '큐라(cura)'에서 유래되었다.

37 손목을 굽히고 손가락을 구부리는 데 작용하는 근육은?

① 회내근　　② 회외근
③ 장근　　　④ 굴근

해설 | ①은 손목을 안쪽으로 하는 근육이다.
②는 손바닥을 위로 향하게 하는 근육이다.

38 네일 역사에 대한 설명으로 잘못 연결된 것은?

① 1930년대 – 인조네일 개발
② 1950년대 – 페디큐어 등장
③ 1970년대 – 아몬드형 네일 유행
④ 1990년대 – 네일 시장의 급성장

해설 | 1970년대는 스퀘어형 손톱모양이 유행하였다.

39 에포니키움과 관련한 설명으로 틀린 것은?

① 네일 매트릭스를 보호한다.
② 에포니키움 위에는 큐티클이 존재한다.
③ 에포니키움 아래편은 끈적한 형질로 되어 있다.
④ 에포니키움의 부상은 영구적인 손상을 초래한다.

해설 | 에포니키움 아래에 큐티클이 존재한다.

40 자율신경에 대한 설명으로 틀린 것은?

① 복재신경 – 종아리 뒤 바깥쪽으로 내려와 발뒤꿈치의 바깥쪽 뒤에 분포
② 배측신경 – 발등에 분포
③ 요골신경 – 손등의 외측과 요골에 분포
④ 수지골신경 – 손가락에 분포

해설 | 복재신경은 하체의 내측부터 무릎 아래까지 분포한다.

41 네일숍에서 작업이 불가능한 손톱 병변에 해당하는 것은?

① 조갑 박리증(오니코리시스)
② 조갑 위축증(오니케트로피아)
③ 조갑 비대증(오니콕시스)
④ 조갑 익상편(테리지움)

해설 | 조갑 박리증은 조체의 전부 또는 일부가 조상에서 이완되거나 분리되는 것이며, 건선의 한 증상으로 네일 작업이 불가능한 질환이다.

42 다음 중 손톱 밑의 구조에 포함되지 않는 것은?

① 반월(루눌라)
② 조모(매트릭스)
③ 조근(네일 루트)
④ 조상(네일 베드)

해설 | 조근은 모세혈관으로부터 산소를 공급받아 손·발톱이 자라나기 시작하는 부분이다.

43 손톱의 구조에 대한 설명으로 가장 거리가 먼 것은?

① 네일 플레이트(조판)는 단단한 각질 구조물로 신경과 혈관이 없다.
② 네일 루트(조근)는 손톱이 자라나기 시작하는 곳이다.
③ 프리에지(자유연)는 손톱의 끝부분으로 네일 베드와 분리되어 있다.
④ 네일 베드(조상)는 네일 플레이트 위에 위치하며 손톱의 신진대사를 돕는다.

해설 | 네일 베드(조상)는 조체의 밑부분이다.

37 ④　38 ③　39 ②　40 ①　41 ①　42 ③　43 ④

44 다음 중 고객관리카드의 작성 시 기록해야 할 내용과 가장 거리가 먼 것은?

① 손발의 질병 및 이상증상
② 작업 시 주의사항
③ 고객이 원하는 서비스의 종류 및 작업내용
④ 고객의 학력 여부 및 가족사항

해설 | 고객 카드 작성 시 고객의 생활습관, 건강상태, 기호를 이해하며 작성한다.

45 네일의 구조에서 모세혈관, 림프 및 신경조직이 있는 것은?

① 매트릭스
② 에포니키움
③ 큐티클
④ 네일바디

해설 | 매트릭스는 네일 판 밑에 위치하며 림프관과 혈관, 신경이 많이 분포한다.

46 네일 큐티클에 대한 설명으로 옳은 것은?

① 살아있는 각질 세포이다.
② 완전히 제거가 가능하다.
③ 네일 베드에서 자라나온다.
④ 손톱 주위를 덮고 있다.

해설 | 네일 큐티클(조표피)은 조모와 조체의 경계선에 있는 피부로서 손톱 주위를 덮고 있다.

47 손과 발의 뼈 구조에 대한 설명으로 틀린 것은?

① 한 손은 손목뼈 8개, 손바닥뼈 5개, 손가락뼈 14개로 총 27개의 뼈로 구성되어 있다.
② 한 발은 발목뼈 7개, 발바닥뼈 5개, 발가락뼈 14개로 총 26개의 뼈로 구성되어 있다.
③ 손목뼈는 손목을 구성하는 뼈로 8개의 작고 다른 뼈들이 두 줄로 손목에 위치하고 있다.
④ 발목뼈는 몸의 무게를 지탱하는 5개의 길고 가는 뼈로 체중을 지탱하기 위해 튼튼하고 길다.

해설 | 발목뼈는 7개의 관절로 이루어져 있으며 몸의 무게를 지탱하는 역할을 한다.

48 건강한 네일의 조건에 대한 설명으로 틀린 것은?

① 건강한 네일은 유연하고 탄력성이 좋아서 튼튼하다.
② 건강한 네일은 네일 베드에 단단히 잘 부착되어야 한다.
③ 건강한 네일은 연한 핑크빛을 띠며 내구력이 좋아야 한다.
④ 건강한 네일은 25~30%의 수분과 10%의 유분을 함유해야 한다.

해설 | 건강한 네일은 12~18%의 수분과 0.15~0.75%의 지질을 함유하고 있다.

49 다음 중 네일팁의 재질이 아닌 것은?

① 아세테이트
② 플라스틱
③ 아크릴
④ 나일론

해설 | 네일팁의 재료는 나일론, 플라스틱, 아세테이트 등이다.

44 ④ 45 ① 46 ④ 47 ④ 48 ④ 49 ③

50 다음은 조갑 종렬증(오니코렉시스)의 관한 설명으로 옳은 것은?

① 손톱의 색이 푸르스름하게 변하는 증상이다.
② 멜라닌 색소가 착색되어 일어나는 증상이다.
③ 손톱이 갈라지거나 부서지는 증상이다.
④ 큐티클이 과잉성장하여 네일 플레이트 위로 자라는 증상이다.

해설 | 특발성 종렬이 나타나며, 세로로 갈라지고 부러지며 골이 파지는 현상이다.

51 아크릴릭 네일의 제거 방법으로 가장 적합한 것은?

① 드릴머신으로 갈아준다.
② 솜에 아세톤을 적셔 호일로 감싸 30분 정도 불린 후 오렌지 우드스틱으로 밀어서 떼어준다.
③ 100그릿 파일로 파일링하여 제거한다.
④ 솜에 알코올을 적셔 호일로 감싸 30분 정도 불린 후 오렌지 우드스틱으로 밀어서 떼어준다.

해설 | 아크릴릭 네일은 100% 아세톤을 솜에 적셔 휘발되지 않도록 호일로 감싸주어 불린 후 오렌지 우드스틱으로 프리에지 방향으로 밀어내어 제거한다.

52 프렌치 컬러링에 대한 설명으로 옳은 것은?

① 옐로우 라인에 맞추어 완만한 U자 형태로 컬러링한다.
② 프리에지의 컬러링의 너비는 규격화되어 있다.
③ 프리에지의 컬러링 색상은 흰색으로 규정되어 있다.
④ 프리에지 부분만을 제외하고 컬러링한다.

해설 | 프렌치 컬러링은 프리에지 중앙 쪽으로 옐로우 라인의 흐름을 따라 둥글게 바른 다음, 다른 편에서 프리에지 중앙을 향해 완만한 U자 형태로 컬러링하는 것이다.

53 아크릴릭 작업에서 핀칭(Pinching)을 하는 주된 이유는?

① 리프팅(Lifting) 방지에 도움이 된다.
② C 커브에 도움이 된다.
③ 하이 포인트 형성에 도움이 된다.
④ 에칭(Etching)에 도움이 된다.

해설 | 아크릴 볼이 완전히 마르기 전에 스트레스 포인트를 눌러주면 C 커브 형성에 도움을 준다.

54 네일 종이 폼의 적용 설명으로 틀린 것은?

① 다양한 스컬프처 네일 작업 시에 사용한다.
② 자연스러운 네일의 연장을 만들 수 있다.
③ 디자인 UV 젤 팁 오버레이 시에 사용한다.
④ 일회용이며 프렌치 스컬프처에 적용한다.

해설 | ③ UV젤 팁 오버레이 시에는 네일폼이 필요하지 않다.

55 페디큐어 작업 순서로 가장 적합한 것은?

① 소독하기 – 폴리시 지우기 – 발톱 모양만들기 – 큐티클 오일 바르기 – 큐티클 정리하기
② 폴리시 지우기 – 소독하기 – 발톱 표면 정리하기 – 큐티클 오일 바르기 – 큐티클 정리하기
③ 소독하기 – 발톱 표면 정리하기 – 폴리시 지우기 – 발톱 모양만들기 – 큐티클 정리하기
④ 폴리시 지우기 – 소독하기 – 발톱 모양만들기 – 큐티클 오일 바르기 – 큐티클 정리하기

해설 | 페디큐어 작업 순서 : 소독하기 – 폴리시 지우기 – 발톱 모양만들기 – 큐티클 오일 바르기 – 큐티클 정리하기

50 ③ 51 ② 52 ① 53 ② 54 ③ 55 ①

56 페디큐어 작업 시 굳은살을 제거하는 도구의 명칭은?

① 푸셔　　② 토우 세퍼레이터
③ 콘커터　　④ 클리퍼

해설 | ① 큐티클을 밀어 올릴 때 사용하는 도구이다.
② 발가락과 발가락 사이를 벌려 컬러가 묻지 않게 사용하는 도구이다.
④ 자연네일의 길이를 자르는 도구이다.

57 푸셔로 큐티클을 밀어 올릴 때 가장 적합한 각도는?

① 15°　　② 30°
③ 45°　　④ 60°

해설 | 푸셔를 45°로 연필처럼 잡고 자연손톱 판이 최대한 긁히지 않도록 가볍게 밀어준다.

58 팁 워드 랩 작업 시 사용하지 않는 재료는?

① 글루 드라이　　② 실크
③ 젤글루　　④ 아크릴 파우더

해설 | 아크릴 파우더는 아크릴 인조네일에 사용되는 재료이다.

59 UV 젤의 특징이 아닌 것은?

① 올리고머 형태의 분자구조를 가지고 있다.
② 톱 젤의 광택은 인조네일 중 가장 좋다.
③ 젤은 농도에 따라 묽기가 약간씩 다르다.
④ UV 젤은 상온에서 경화가 가능하다.

해설 | UV 젤은 UV 램프에서 경화된다.

60 컬러링의 설명으로 틀린 것은?

① 베이스 코트는 폴리시의 착색을 방지한다.
② 폴리시 브러시의 각도는 90°로 잡는 것이 가장 적합하다.
③ 폴리시는 얇게 바르는 것이 빨리 건조하고 색상이 오래 유지된다.
④ 톱 코트는 폴리시의 광택을 더해주고 지속력을 높인다.

해설 | 브러시 각도는 45°로 잡는 것이 적당하다.

56 ③　57 ③　58 ④　59 ④　60 ②

제4회 실전모의고사

01 영양소의 3대 작용으로 틀린 것은?
① 신체의 생리기능 조절
② 에너지 열량 감소
③ 신체의 조직 구성
④ 열량 공급 작용

해설 | 영양소는 인체에 필요한 에너지를 제공한다.

02 다음 중 식물에게 가장 피해를 많이 줄 수 있는 기체는?
① 일산화탄소   ② 이산화탄소
③ 탄화수소   ④ 이산화황

해설 | 이산화황은 아황산가스·아황산무수물이라고도 하며 도시 공해의 주범이다.

03 ( ) 안에 들어갈 알맞은 것은?

> (　)(이)란 감염병 유행지역의 입국자에 대하여 감염병 감염이 의심되는 사람의 강제 격리로서 '건강 격리'라고도 한다.

① 검역   ② 감금
③ 감시   ④ 전파예방

해설 | 검역이란 해외에서 전염병이나 해충이 들어오는 것을 막기 위하여 공항과 항구에서 하는 일들을 말하며, 감염병의 감염을 방지하고 예방하기 위한 조치이다.

04 감염병을 옮기는 질병과 그 매개곤충을 연결한 것으로 옳은 것은?
① 말라리아 – 진드기
② 발진티푸스 – 모기
③ 양충병(쯔쯔가무시) – 진드기
④ 일본뇌염 – 체체파리

해설 | ① 말라리아 – 모기
② 발진티푸스 – 이, 쥐벼룩, 집쥐
④ 일본뇌염 – 모기

05 사회보장의 종류에 따른 내용의 연결이 옳은 것은?
① 사회보험 – 기초생활보장, 의료보장
② 사회보험 – 소득보장, 의료보장
③ 공적부조 – 기초생활보장, 보건의료서비스
④ 공적부조 – 의료보장, 사회복지서비스

해설 | 사회보험의 종류 : 건강(의료)보험, 국민연금, 고용보험, 산재보험 등

06 일명 도시형, 유입형이라고도 하며 생산층 인구가 전체 인구의 50% 이상이 되는 인구 구성의 유형은?
① 별형(Star Form)
② 항아리형(Pot Form)
③ 표주박형(Guitar Form)
④ 종형(Bell Form)

해설 | ② 출생률이 사망률보다 낮으며 인구감퇴형이다.
③ 농촌 지역의 인구 구성으로 인구감소형이다.
④ 출생률과 사망률이 다 낮은 인구정지형이다.

---

01 ② 02 ④ 03 ① 04 ③ 05 ② 06 ①

07 다음 감염병 중 호흡기계 전염병에 속하는 것은?

① 발진티푸스　　② 파라티푸스
③ 디프테리아　　④ 황열

해설 | 호흡기계 전염병으로 디프테리아, 백일해, 홍역, 인플루엔자, 풍진, 수두, 성홍열이 있다.

08 이·미용업소에서 공기 중 비말감염으로 가장 쉽게 옮겨질 수 있는 감염병은?

① 인플루엔자　　② 대장균
③ 뇌염　　　　　④ 장티푸스

해설 | 비말감염에는 결핵, 디프테리아, 백일해, 발진티푸스, 인플루엔자, 성홍열 등이 있다.

09 소독약의 살균력 지표로 가장 많이 이용되는 것은?

① 알코올　　　　② 크레졸
③ 석탄산　　　　④ 포름알데히드

해설 | 소독약의 살균력을 비교하기 위하여 사용하는 것은 석탄산이다.

10 소독제의 구비조건과 가장 거리가 먼 것은?

① 높은 살균력을 가질 것
② 인축에 해가 없어야 할 것
③ 저렴하고 구입과 사용이 간편할 것
④ 냄새가 강할 것

해설 | 소독제의 구비조건
- 소독, 살균력이 강해야 할 것
- 생산이 용이하고 경제적이며 사용법이 간단할 것
- 소독물체나 인체에 무해할 것
- 취급방법이 간단할 것

11 다음 소독방법 중 완전 멸균으로 가장 빠르고 효과적인 방법은?

① 유통증기법　　② 간헐살균법
③ 고압증기법　　④ 건열소독

해설 | 고압증기법
고압, 고압하의 포화증기로 멸균하는 방법으로서 미생물뿐만 아니라 아포까지 사멸시키므로 포자형성균의 멸균에 가장 효과가 있다.

12 인체에 질병을 일으키는 병원체 중 대체로 살아있는 세포에서만 증식하고 크기가 가장 작아 전자현미경으로만 관찰할 수 있는 것은?

① 구균　　　　　② 간균
③ 바이러스　　　④ 원생동물

해설 | • 미생물의 크기
곰팡이 〉 효모 〉 세균 〉 리케차 〉 바이러스
• 바이러스는 병원체 중 가장 작아서 전자현미경으로 측정할 수 있다.

13 다음 중 아포(포자)까지도 사멸시킬 수 있는 멸균 방법은?

① 자외선조사법
② 고압증기멸균법
③ P.O(Propylene Oxide) 가스 멸균법
④ 자비소독법

해설 |
① 자외선 조사법 : 파장을 이용하여 균을 사멸 또는 균의 활동을 억제시킨다.
④ 자비소독법 : 100℃ 끓는 물에 15~20분간 처리하는 방법으로 내열성이 강한 미생물은 완전 멸균할 수 없다.

07 ③　08 ①　09 ③　10 ④　11 ③　12 ③　13 ②

14 이·미용업소 쓰레기통, 하수구 소독으로 효과적인 것은?

① 역성비누액, 승홍수
② 승홍수, 포르말린수
③ 생석회, 석회유
④ 역성비누액, 생석회

해설 | • 역성비누 : 조리기구, 식기류 등
• 승홍수 : 초자기구, 도자기, 목제품 등
• 포르말린수 : 의류, 금속기구, 도자기, 고무제품 등
• 생석회, 석회유 : 분변, 하수, 오수, 토사물 등

15 여드름을 유발하는 호르몬은?

① 인슐린(Insulin)
② 안드로겐(Androgen)
③ 에스트로겐(Estrogen)
④ 티록신(Thyroxine)

해설 | 피지선은 피지분비자극호르몬인 안드로겐에 의해 자극된다.

16 멜라닌 세포가 주로 위치하는 곳은?

① 각질층　　② 기저층
③ 유극층　　④ 망상층

해설 | 기저층에는 각질형성세포, 멜라닌색소세포, 머켈세포가 존재한다.

17 사춘기 이후 성호르몬의 영향을 받아 분비되기 시작하는 땀샘으로 체취선이라고 하는 것은?

① 소한선　　② 대한선
③ 갑상선　　④ 피지선

해설 | 아포크린선(대한선)은 성호르몬의 영향을 받아 사춘기 이후에 분비선이 발달하며, 체외로 분비되면 공기에 산화되어 유색을 띠며 냄새를 유발한다.

18 일광화상의 주된 원인이 되는 자외선은?

① UV-A　　② UV-B
③ UV-C　　④ 가시광선

해설 | UV-B는 290~320nm 범위의 중파장으로 여름철 낮 시간대에 투과량이 최고이다. 피부에 노출되면 일광 화상(Sunburn)과 색소침착(Suntan) 현상이 발생할 수 있다.

19 노화피부에 대한 전형적인 증세는?

① 피지가 과다 분비되어 번들거린다.
② 항상 촉촉하고 매끈하다.
③ 수분이 80% 이상이다.
④ 유분과 수분이 부족하다.

해설 | 피부 노화 증상 : 피부 늘어짐, 주름 발생, 피부 건조, 색소침착 등

20 다음 중 뼈와 치아의 주성분이며, 결핍되면 혈액의 응고현상이 나타나는 영양소는?

① 인(P)　　② 요오드(I)
③ 칼슘(Ca)　　④ 철분(Fe)

해설 | 칼슘은 인체 내에서 가장 풍부한 무기질로서 골격과 치아의 주성분이다. 결핍되면 골격 형성이 저하되고 치아 건강이 악화되며 혈액 응고 현상이 나타난다.

21 피지, 각질세포, 박테리아가 서로 엉겨서 모공이 막힌 상태를 무엇이라 하는가?

① 구진　　② 면포
③ 반점　　④ 결절

해설 |
① 구진 : 직경 1cm 미만의 피부 융기물로서 여드름의 초기 증상이다.
③ 반점 : 피부 표면의 색이 변한 것으로 주근깨, 기미, 자반 등이 속한다.
④ 결절 : 통증이 수반되고 치유 후 흉터가 생기며 경계가 명확하고 단단한 유기물이다.

22 과징금 부과 및 징수에 관한 설명으로 틀린 것은?

① 과징금 등에 관한 사항은 대통령령으로 정한다.
② 시장·군수·구청장이 과징금을 부과 및 징수한다.
③ 최대 3천만 원 이하의 과징금을 부과할 수 있다.
④ 과징금은 시·군·구에 귀속된다.

해설 | 공중위생 영업소의 폐쇄 등의 규정에 갈음하여 1억 원 이하의 과징금을 부과할 수 있다.

23 면허의 정지명령을 받은 자가 반납한 면허증은 정지기간 동안 누가 보관하는가?

① 관할 시·도지사
② 관할 시장·군수·구청장
③ 보건복지부장관
④ 관할 경찰서장

해설 | 면허 취소 또는 정지 처분을 받은 자는 지체 없이 시장·군수·구청장에게 면허증을 반납한다.

24 공중위생업자가 매년 받아야 하는 위생교육 시간은?

① 5시간   ② 4시간
③ 3시간   ④ 2시간

해설 | 영업자 위생교육은 매년 받아야 하며 교육 시간은 3시간으로 한다.

25 다음 중 청문의 대상이 아닌 때는?

① 면허취소 처분을 하고자 하는 때
② 면허정지 처분을 하고자 하는 때
③ 영업소 폐쇄명령의 처분을 하고자 하는 때
④ 벌금으로 처벌하고자 하는 때

해설 | 청문을 실시하는 경우
이용사 및 미용사의 면허취소·면허정지 규정의 의한 공중위생 영업의 정지, 일부 시설의 사용중지 및 영업소 폐쇄명령 등

26 신고를 하지 아니하고 영업소의 소재지를 변경한 때에 1차 위반 시 행정처분 기준은?

① 영업정지 1월   ② 영업정지 6월
③ 영업정지 3월   ④ 영업정지 2월

해설 | 신고를 하지 않고 영업소의 소재지를 변경한 때 1차 위반 행정처분은 영업정지 1월이다.

27 이·미용업 영업신고 신청 시 필요한 구비서류에 해당하는 것은?

① 이·미용사 자격증 원본
② 면허증 원본
③ 호적등본 및 주민등록등본
④ 건축물 대장

해설 | 영업신고 시 필요한 첨부서류
공중위생영업시설 및 설비개요서, 교육필증(미리 교육을 받은 경우), 신분증, 영업신고서, 면허증 원본 등

28 공중위생관리법상 이·미용 기구의 소독기준 및 방법으로 틀린 것은?

① 건열멸균소독 – 섭씨 100℃ 이상의 건조한 열에 10분 이상 쐬어준다.
② 증기소독 – 섭씨 100℃ 이상의 습한 열에 20분 이상 쐬어준다.
③ 열탕소독 – 섭씨 100℃ 이상의 물속에 10분 이상 끓여준다.
④ 석탄산수소독 – 석탄산수(석탄산 3%, 물 97%의 수용액)에 10분 이상 담근다.

해설 | 건열멸균소독 : 섭씨 100℃ 이상의 건조한 열에 20분 이상 쐬어준다

22 ③ 23 ② 24 ③ 25 ④ 26 ① 27 ② 28 ①

29 다음 중 미백기능과 가장 거리가 먼 것은?

① 비타민 C　　② 코직산
③ 캠퍼　　　　④ 감초

해설 | 미백기능 성분
알부틴, 하이드로 퀴논, 비타민 C, 닥나무 추출물, 감초, 코직산 등

30 린스의 기능으로 틀린 것은?

① 정전기를 방지한다.
② 모발 표면을 보호한다.
③ 자연스러운 광택을 준다.
④ 세정력이 강하다.

해설 | 린스의 기능
정전기 방지, 모발의 유분 보충, 모발의 윤기 및 광택 부여

31 화장수에 대한 설명 중 올바르지 않은 것은?

① 수렴화장수는 아스트린젠트라고 한다.
② 수렴화장수는 지성, 복합성피부에 효과적으로 사용된다.
③ 유연화장수는 건성 또는 노화피부에 효과적으로 사용된다.
④ 유연화장수는 모공을 수축시켜 피부결을 섬세하게 정리해준다.

해설 | 유연화장수는 보습제와 유연제를 함유하고 있어 피부를 부드럽고 촉촉하게 해준다.

32 화장품의 4대 요건에 속하지 않는 것은?

① 안전성　　② 안정성
③ 치유성　　④ 유효성

해설 | 화장품의 4대 요건은 안전성, 안정성, 사용성, 유효성이다.

33 아줄렌(Azulene)은 어디에서 얻어지는가?

① 카모마일(Camomile)
② 로얄젤리(Royal Jelly)
③ 아르니카(Arnica)
④ 조류(Algae)

해설 | 아줄렌은 카모마일에서 추출한 것으로 추출, 항염, 항알레르기, 상처 치유, 진정 작용이 있다.

34 화장품 성분 중 기초화장품이나 메이크업 화장품에 널리 사용되는 고형의 유성성분으로 화학적으로는 고급지방산에 고급알코올이 결합된 에스테르이며, 화장품의 굳기를 증가시켜주는 원료에 속하는 것은?

① 왁스(Wax)
② 폴리에틸렌글리콜(Polyethylene Glycol)
③ 피마자유(Caster Oil)
④ 바셀린(Vaseline)

해설 | ② 폴리에틸렌글리콜 : 고무, 수지, 합성섬유의 용제 등으로 쓰인다.
③ 피마자유 : 피마자의 종자에서 추출하고 유연작용, 광택작용이 우수하다.
④ 바셀린 : 발림성이 매끄럽고 가벼우며 끈적임이 없고 핸드크림에 많이 사용된다.

29 ③　30 ④　31 ④　32 ③　33 ①　34 ①

35 향수에 대한 설명으로 옳은 것은?

① 퍼퓸(Perfume Extract) - 알코올 70%와 향수원액을 30% 포함하며, 향이 3일 정도 지속된다.
② 오드 퍼퓸(Eau De Perfume) - 알코올 95% 이상, 향수원액 2~3%로 30분 정도 향이 지속된다.
③ 샤워 코롱(Shower Cologne) - 알코올 80%와 물 및 향수원액 15%가 함유된 것으로 5시간 정도 향이 지속된다.
④ 헤어 토닉(Hair Tonic) - 알코올 85~95%와 향수원액 8% 가량이 함유된 것으로 향이 2~3시간 정도 지속된다.

해설 | ② 오드 퍼퓸 : 부향률은 9~12% 정도이며 5~6시간 정도 향이 지속된다.
③ 샤워 코롱 : 부향률은 1~3%이며 목욕이나 샤워 후 사용하는 것으로 지속시간은 약 1시간 정도이다.
④ 헤어 토닉 : 두피나 모발을 청결히 하고 청량감과 시원한 느낌을 준다.

36 네일 숍(Shop)의 안전관리를 위한 대처방법으로 가장 적합하지 않은 것은?

① 화학물질을 사용할 때는 반드시 뚜껑이 있는 용기를 이용한다.
② 작업 시 마스크를 착용하여 가루의 흡입을 막는다.
③ 작업공간에서는 음식물이나 음료, 흡연을 금한다.
④ 가능하면 스프레이 형태의 화학물질을 사용한다.

해설 | 스프레이 형태의 화학물질은 공기 중에 분산되므로 피부·눈·코와 접촉함으로써 자극을 일으킬 수 있다.

37 손톱의 구조 중 조근에 대한 설명으로 옳은 것은?

① 손톱모양을 만든다.
② 연분홍의 반달 모양이다.
③ 손톱이 자라기 시작하는 곳이다.
④ 손톱의 수분 공급을 담당한다.

해설 | 조근은 손(발)톱의 근원으로서 피부 밑에 묻혀 있고, 모세혈관으로부터 산소를 공급받아 손(발)톱이 자라기 시작하는 곳이다.

38 네일 질환 중 교조증(오니코파지, Onychophagy)의 원인과 관리방법 중 가장 적합한 것은?

① 유전에 의하여 손톱의 끝이 두껍게 자라는 것이 원인으로 매니큐어나 페디큐어가 증상을 완화시킨다.
② 멜라닌 색소가 착색되어 일어나는 증상이 원인이며 손톱이 자라면서 없어지기도 한다.
③ 손톱을 심하게 물어뜯을 경우 원인이 되며 인조손톱을 붙여서 교정할 수 있다.
④ 식습관이나 질병에서 비롯된 증상이 원인이며 부드러운 파일을 사용하여 관리한다.

해설 | 교조증(오니코파지)는 손톱을 씹거나 깨무는 버릇에 의해 나타나는 심리적인 증상으로, 인조손톱으로 보강하거나 매니큐어 컬러링 등의 작업을 통해 지속적으로 관리한다.

35 ① 36 ④ 37 ③ 38 ③

39 네일미용 관리 중 고객관리에 대한 응대로 지켜야 할 사항이 아닌 것은?

① 작업의 우선순위에 대한 논쟁을 막기 위해서 예약 고객을 우선으로 한다.
② 고객이 도착하기 전에 필요한 물건과 도구를 준비해야 한다.
③ 관리 중에는 고객과 대화를 나누지 않는다.
④ 고객에게 소지품과 옷 보관함을 제공하고 바뀌는 일이 없도록 한다.

해설 | 고객과의 대화에 의해 전문가다운 언어를 사용하고, 고객과의 상담을 통해서 문제점을 조언하며 고객카드를 작성하여 고객관리를 한다.

40 다음 중 손톱의 역할과 가장 거리가 먼 것은?

① 손끝과 발끝을 외부 자극으로부터 보호한다.
② 미적 · 장식적 기능이 있다.
③ 방어와 공격의 기능이 있다.
④ 분비 기능이 있다.

해설 | 손톱의 역할
- 손(발)끝을 외부 자극으로부터 보호
- 미적 · 장식적 기능
- 물건을 잡거나 긁을 때 또는 성상을 구별하는 기능
- 방어와 공격의 기능

41 한국의 네일미용의 역사에 관한 설명 중 틀린 것은?

① 우리나라 네일장식의 시작은 봉선화 꽃물을 들이는 것이라 할 수 있다.
② 한국의 네일산업이 본격화되기 시작한 것은 1960년대 중반으로 미국과 일본의 영향으로 네일산업이 급성장하면서 대중화되기 시작했다.
③ 1990년대부터 대중화되었고, 1998년에는 민간자격증이 도입되었다.
④ 화장품 회사에서 다양한 색상의 폴리시를 판매하면서 일반인들이 네일에 대해 관심을 갖기 시작했다.

해설 | ② 1960년대 이후~1990년대 이전까지의 네일관리는 주로 이용실 또는 미용실에서 서비스 차원에서 손톱 손질을 제공하면서 시작되었다.

42 다음 중 네일미용 작업이 가능한 경우는?

① 사상균증   ② 조갑 구만증
③ 조갑 탈락증   ④ 행 네일

해설 | ④ 행 네일은 손가락의 거스러미로서 기부(基部)인 상조피 또는 측부의 조구 내 스트레스 포인트 등에서 피부가 조그맣게 들떠있는 모습이다.

43 화학물질로부터 자신과 고객을 보호하는 방법으로 틀린 것은?

① 화학물질은 피부에 닿아도 되기 때문에 신경 쓰지 않아도 된다.
② 통풍이 잘되는 작업장에서 작업한다.
③ 공중 스프레이 제품보다 찍어 바르거나 솔로 바르는 제품을 선택한다.
④ 콘택트렌즈의 사용을 제한한다.

해설 | 네일리스트는 숍에서 사용되는 성분에 대한 지식을 익힘으로써 화학제품으로부터 건강상 유해에 대한 대비를 할 수 있도록 한다.

44 손가락과 손가락 사이가 붙지 않고 벌어지게 하는 외향에 작용하는 손등의 근육은?

① 외전근
② 내전근
③ 대립근
④ 회외근

해설 | ② 허벅지 안쪽 근육을 말한다.
③ 물체를 집어 올리거나 다른 손가락들과 맞세우게 하는 근육을 말한다.
④ 손을 바깥으로 돌려주고 손바닥을 위로 향하게 한다.

45 고객관리에 대한 설명으로 옳은 것은?

① 피부 습진이 있는 고객은 처치를 하면서 서비스한다.
② 진한 메이크업을 하고 고객을 응대한다.
③ 네일제품으로 인한 알레르기 반응이 생길 수 있으므로 원인이 되는 제품의 사용을 멈추도록 한다.
④ 문제성 피부를 지닌 고객에게 주어진 업무 수행을 자유롭게 한다.

해설 | ① 피부습진이 있는 고객은 리무버·아세톤으로 인해 증상이 악화될 수 있기 때문에 시행하지 않는 것이 좋다.
② 단정한 용모 차림으로 고객을 응대한다.
④ 문제성 피부가 있는 고객은 문제를 파악하고 네일케어가 가능한지 여부를 판단해 시행한다.

46 네일미용의 역사에 대한 설명으로 틀린 것은?

① 최초의 네일미용은 기원전 3000년경에 이집트에서 시작되었다.
② 고대 이집트에서는 헤나를 이용하여 붉은 오렌지색으로 손톱을 물들였다.
③ 그리스에서는 계란 흰자와 아라비아산 고무나무 수액을 섞어 손톱에 칠하였다.
④ 15세기 중국의 명 왕조에서는 흑색과 적색으로 손톱에 칠하여 장식하였다.

해설 | ③ 중국에서는 벌꿀과 계란흰자, 아라비아산 고무나무 수액을 조제하여 손톱화장을 하였다.

47 손톱의 구조에서 자유연(프리에지) 밑 부분의 피부를 무엇이라 하는가?

① 하조피(하이포니키움)
② 조구(네일 그루브)
③ 큐티클
④ 조상연(페리오니키움)

해설 | ② 스트레스 포인트 중심으로 조체를 따라 자라는 조상의 양 측면에 만곡형으로 패인 홈을 말한다.
③ 조모와 조체의 경계선에 있는 피부로서 조반월의 주변을 감싸고 있는 피부이다.
④ 네일 판 전체를 에워싼 조구 주변의 피부이다.

48 다음 중 발의 근육에 해당하는 것은?

① 비복근
② 대퇴근
③ 장골근
④ 족배근

해설 | ① 종아리 근육
② 하체 근육
③ 엉덩이에 해당하는 근육

49 네일도구의 설명으로 틀린 것은?

① 큐티클 니퍼 – 손톱 위에 거스러미가 생긴 살을 제거할 때 사용한다.
② 아크릴릭 브러시 – 아크릴릭 파우더로 볼을 만들어 인조손톱을 만들 때 사용한다.
③ 클리퍼 – 인조팁을 잘라 길이를 조절할 때 사용한다.
④ 아크릴릭 폼지 – 팁 없이 아크릴릭 파우더만을 가지고 네일을 연장할 때 사용하는 일종의 받침대 역할을 한다.

해설 | ③ 클리퍼는 자연네일 길이를 자르는 도구이다.

44 ① 45 ③ 46 ③ 47 ① 48 ④ 49 ③

50 다음 중 발의 골격 명칭이 아닌 것은?
① 경골
② 요골
③ 중족골
④ 비골

해설 | 요골은 손목뼈와 연결되는 손의 골격이다.

51 폴리시를 바르는 방법 중 손톱이 길고 가늘게 보이도록 하기 위해 양쪽 사이드 부위를 남겨두는 컬러링 방법은?
① 프리에지(Free Edge)
② 풀코트(Full Coat)
③ 슬림 라인(Slim Line)
④ 루눌라(Lunula)

해설 | ① 손톱의 프리에지 부분에 컬러링하는 것이다.
② 손톱 전체를 채워 컬러링하는 것이다.
④ 흰색 반달모양의 루눌라 부분은 유색 폴리시로 컬러링하지 않고 나머지 부분을 바르는 방법이다.

52 UV젤네일의 설명으로 옳지 않은 것은?
① 젤은 끈끈한 점성을 가지고 있다.
② 파우더와 믹스되었을 때 단단해진다.
③ 네일 리무버로 제거되지 않는다.
④ 투명도와 광택이 뛰어나다.

해설 | ② UV 젤은 응고를 도와주는 별도의 카탈리스트가 필요하므로 램프를 이용하여 큐어링했을 때 단단해진다.

53 페디큐어의 작업방법으로 맞는 것은?
① 파고드는 발톱의 예방을 위하여 발톱의 모양(Shape)은 일자형으로 한다.
② 혈압이 높거나 심장병이 있는 고객은 마사지를 더 강하게 해준다.
③ 모든 각질은 콘커터를 사용하여 완벽하게 제거한다.
④ 발톱의 모양은 무조건 고객이 원하는 형태로 잡아준다.

해설 | ② 혈압이 높거나 심장병이 있는 고객은 약하게 마사지한다.
③ 페디파일, 콘커터 등을 이용하여 각질 제거를 한다. 콘커터는 날카롭기 때문에 주의하면서 사용한다.
④ 발톱모양은 스퀘어 형태인 일자형으로 한다.

54 습식 매니큐어 작업에 관한 설명으로 틀린 것은?
① 고객의 취향과 기호에 맞게 손톱모양을 잡는다.
② 자연손톱 파일링 시 한 방향으로 작업한다.
③ 손톱질환이 심각할 경우 의사의 진료를 권한다.
④ 큐티클은 죽은 각질피부이므로 반드시 모두 제거하는 것이 좋다.

해설 | 큐티클은 세균 및 진균의 감염과 외부 미생물로부터 방어 역할을 하기 때문에 모두 제거 하면 균에 감염될 수 있어 모두 제거하는 것은 옳지 않다.

55 페디파일의 사용방향으로 가장 적합한 것은?
① 바깥쪽에서 안쪽으로
② 왼쪽에서 오른쪽으로
③ 족문 방향으로
④ 사선 방향으로

해설 | 페디파일은 발바닥 무늬 결 방향인 족문 방향으로 시행한다.

56 네일팁에 대한 설명으로 틀린 것은?

① 네일팁 접착 시 손톱의 1/2 이상 커버해서는 안 된다.
② 네일팁은 손톱 크기에 너무 크거나 작지 않은 가장 잘 맞는 사이즈의 팁을 사용한다.
③ 웰 부분의 형태에 따라 풀웰(Full Well)과 하프웰(Half Well)이 있다.
④ 자연손톱이 크고 납작한 경우 커브 타입의 팁이 좋다.

해설 | 손톱이 크고 납작한 경우에 끝이 좁은 내로우 팁(Narrow tip)이 좋다.

57 큐티클을 정리하는 도구의 명칭으로 가장 적합한 것은?

① 핑거볼 ② 니퍼
③ 핀셋   ④ 클리퍼

해설 | ② 손톱 주변의 굳은살과 거스러미를 제거할 때 사용하는 도구이다.

58 네일팁 오버레이의 작업과정에 대한 설명으로 틀린 것은?

① 네일팁 접착 시 자연손톱길이의 1/2 이상 덮지 않는다.
② 자연손톱이 넓은 경우, 좁게 보이게 하기 위하여 작은 사이즈의 네일팁을 붙인다.
③ 네일팁의 접착력을 높여주기 위해 자연손톱의 에칭 작업을 한다.
④ 프리프라이머는 자연손톱에만 도포한다.

해설 | 자연손톱과 네일팁의 사이즈가 11자가 되는 동일한 것을 선택한다.

59 아크릴릭 작업 시 바르는 프라이머에 대한 설명 중 틀린 것은?

① 단백질을 화학작용으로 녹여준다.
② 아크릴릭 네일이 손톱에 잘 부착되도록 도와준다.
③ 피부에 닿으면 화상을 입힐 수 있다.
④ 충분한 양으로 여러 번 도포해야 한다.

해설 | ④ 프라이머 도포 시 손톱 표면에만 바르도록 하고, 충분한 양으로 여러 번 도포 시 피부에 닿을 수 있으므로 소량의 양으로 도포한다.

60 아크릴릭 네일의 보수 과정에 대한 설명으로 가장 거리가 먼 것은?

① 들뜬 부분의 경계를 파일링한다.
② 아크릴릭 표면이 단단하게 굳은 후에 파일링한다.
③ 새로 자라난 자연손톱 부분에 프라이머를 바른다.
④ 들뜬 부분에 오일 도포 후 큐티클을 정리한다.

해설 | ④ 리프팅(들뜸 현상)을 방지하기 위하여 오일을 사용하지 않고 정리한다.

56 ④ 57 ② 58 ② 59 ④ 60 ④

제5회 실전모의고사

01 야채를 고온에서 요리할 때 가장 파괴되기 쉬운 비타민은?

① 비타민 A   ② 비타민 C
③ 비타민 D   ④ 비타민 K

해설 | 비타민 C는 공기와 접촉시켜 열을 가하면 대부분 파괴된다.

02 다음 중 병원소에 해당하지 않는 것은?

① 흙   ② 물
③ 가축   ④ 보균자

해설 | 사람, 동물, 식물, 곤충, 흙 등이 병원소에 해당한다.

03 일반폐기물 처리방법 중 가장 위생적인 방법은?

① 매립법   ② 소각법
③ 투기법   ④ 비료화법

해설 | ② 불에 태워 멸균시키는 가장 쉽고 안전한 방법이다.

04 인구통계에서 5~9세 인구란?

① 만 4세 이상~만 8세 미만 인구
② 만 5세 이상~만 10세 미만 인구
③ 만 4세 이상~만 9세 미만 인구
④ 4세 이상~9세 이하 인구

05 모유 수유에 대한 설명으로 옳지 않은 것은?

① 수유 전 산모의 손을 씻어 감염을 예방하여야 한다.
② 모유 수유를 하면 배란을 촉진시켜 임신을 예방하는 효과가 있다.
③ 모유에는 림프구, 대식세포 등의 백혈구가 들어 있어 각종 감염으로부터 장을 보호하고 설사를 예방하는 큰 효과가 있다.
④ 초유는 영양가가 높고 면역제가 있으므로 아기에게 반드시 먹이도록 한다.

해설 | 모유 수유가 산모에게 미치는 영향
• 옥시토신(자궁 수축 호르몬)이 분비되어 자궁을 수축시키고 산후 출혈을 줄인다.
• 젖 분비 호르몬이 분비되어 배란이 억제되므로 자연 피임 효과가 있다.

06 감염병 감염 후 얻어지는 면역의 종류는?

① 인공능동면역   ② 인공수동면역
③ 자연능동면역   ④ 자연수동면역

해설 | ① 생균, 사균, 순화독소 등을 사용한 예방접종을 통해 얻어지는 면역
② 회복기 혈청, 면역 혈청, 감마글로불린(γ- globulin) 등을 주사하여 얻는 면역
④ 모체로부터 태반이나 수유를 통해 받는 면역

07 다음 중 출생 후 아기에게 가장 먼저 실시하게 되는 예방접종은?

① 파상풍   ② B형 간염
③ 홍역   ④ 폴리오

해설 |
- 파상풍 : 2개월 이내
- B형 간염 : 생후 4주 이내
- 홍역 : 12~15개월 이내
- 폴리오 : 2개월 이내

08 바이러스(Virus)의 특성으로 가장 거리가 먼 것은?

① 생체 내에서만 증식이 가능하다.
② 일반적으로 병원체 중에서 가장 작다.
③ 황열 바이러스가 인간 질병 최초의 바이러스이다.
④ 항생제에 감수성이 있다.

09 소독제의 적정 농도로 틀린 것은?

① 석탄산 1~3%
② 승홍수 0.1%
③ 크레졸수 1~3%
④ 알코올 1~3%

해설 | ④ 알코올은 70% 수용액을 사용한다.

10 병원성·비병원성 미생물 및 포자를 가진 미생물 모두를 사멸 또는 제거하는 것은?

① 소독   ② 멸균
③ 방부   ④ 정균

해설 | ① 병원 또는 비병원성 미생물을 죽이거나 감염력과 증식을 없애는 것
③ 미생물의 발육과 생활 작용을 억제 또는 정지시킴으로써 부패나 발효를 방지하는 조작
④ 세균의 성장과 대사 저지

11 다음 중 이·미용업소에서 가장 쉽게 옮겨질 수 있는 질병은?

① 소아마비   ② 뇌염
③ 비활동성 결핵 ④ 전염성 안질

12 다음 중 음용수 소독에 사용되는 소독제는?

① 석탄산   ② 액체염소
③ 승홍   ④ 알코올

해설 | ② 물의 소독에는 열처리법, 자외선 소독법, 오존 소독법, 염소 소독법 등이 있다.

13 다음 중 미생물학의 대상에 속하지 않는 것은?

① 세균(Vacteria)   ② 바이러스(Virus)
③ 원충(Protoza)   ④ 원시동물

해설 | 미생물의 종류에는 세균, 바이러스, 리케차, 진균, 조류, 원생동물 등이 있다.

14 소독제의 사용 및 보존상의 주의점으로 틀린 것은?

① 일반적으로 소독제는 밀폐시켜 보존해야 한다.
② 부식과 상관이 없으므로 보관 장소의 제한이 없다.
③ 승홍이나 석탄산 같은 것은 인체에 유해하므로 특별히 주의 취급하여야 한다.
④ 염소제는 일광과 열에 의해 분해되지 않도록 냉암소에 보존하는 것이 좋다.

해설 | ② 약품에 따라 밀폐해서 냉암소에 보관한다.

07 ② 08 ④ 09 ④ 10 ② 11 ④ 12 ② 13 ④ 14 ②

15 리보플라빈이라고도 하며 녹색 채소류, 밀의 배아, 효모, 계란, 우유 등에 함유되어 있고 결핍되면 피부염을 일으키는 것은?

① 비타민 B₂ ② 비타민 B
③ 비타민 K ④ 비타민 A

해설 | 비타민 B₂
- 노란색을 띠는 결정체로서 리보플라빈이라고 한다.
- 녹색채소, 밀의 배아, 효모, 우유, 간, 달걀노른자에 함유되어 있다.
- 피부의 보습 함량을 증진하고 모세혈관 순환을 촉진한다.
- 집중력과 기억력을 높여 성장 촉진에 기여하며, 어린이 성장에 도움이 된다.

16 다음 태양광선 중 파장이 가장 짧은 것은?

① UV-A ② UV-B
③ UV-C ④ 가시광선

해설 | ① UV-A : 장파장 320~400nm
② UV-B : 중파장 290~320nm
③ UV-C : 단파장 200~290nm
④ 가시광선 : 390~700nm

17 멜라닌 색소결핍의 선천적 질환으로 쉽게 일광화상을 입는 피부 병변은?

① 주근깨 ② 기미
③ 백색증 ④ 노인성 반점

해설 | 백색증 : 멜라닌 합성의 결핍으로 인해 눈, 피부, 털 등에서 색소 감소가 나타나는 선천성 유전질환이다.

18 진균에 의한 피부 병변이 아닌 것은?

① 족부백선 ② 대상포진
③ 무좀 ④ 두부백선

해설 | ② 허피스(포진) 바이러스에 의한 감염이다.

19 피부에 대한 자외선의 영향으로 피부의 급성 반응과 가장 거리가 먼 것은?

① 홍반반응 ② 화상
③ 비타민 D 합성 ④ 광노화

해설 | ① ② ③ UV-B(290~320nm) : 비타민 D 합성촉진, 색소 침착, 홍반, 부종, 물집, 일광 화상을 일으킨다.

20 얼굴에서 피지선이 가장 발달된 곳은?

① 이마 부분 ② 코 옆 부분
③ 턱 부분 ④ 뺨 부분

21 에크린 땀샘(소한선)이 가장 많이 분포된 곳은?

① 발바닥 ② 입술
③ 음부 ④ 유두

해설 | 에크린 선은 99% 수분으로 이루어져 있으며 특히 손바닥, 발바닥, 이마 부위에 많다.

22 이·미용업소 내에 반드시 게시하지 않아도 무방한 것은?

① 이·미용 신고증
② 개설자의 면허증 원본
③ 최종지불요금표
④ 이·미용사 자격증

해설 | 업소 내에 미용업 신고증, 개설자의 면허증 원본 및 미용 요금표를 게시하여야 한다.

15 ① 16 ③ 17 ③ 18 ② 19 ④ 20 ② 21 ① 22 ④

23 다음 중 이·미용업의 시설 및 설비기준으로 옳은 것은?

① 소독기, 자외선 살균기 등의 소독장비를 갖추어야 한다.
② 영업소 안에는 별실, 기타 이와 유사한 시설을 설치할 수 있다.
③ 응접 장소와 작업 장소를 구획하는 경우에는 커튼, 칸막이 기타 이와 유사한 장애물의 설치가 가능하며 외부에서 내부를 확인할 수 없어야 한다.
④ 탈의실, 욕실, 욕조 및 샤워기를 설치하여야 한다.

해설 | 이·미용업의 시설 및 설비기준
- 미용기구는 소독을 한 기구와 소독을 하지 아니한 기구를 구분하여 보관할 수 있는 용기를 비치하여야 한다.
- 소독기·자외선 살균기 등 미용기구를 소독하는 장비를 갖추어야 한다.
- 영업소 내의 작업장소와 응접장소·상담실·탈의실 등을 분리하여 칸막이를 설치하려는 때에는 외부에서 내부를 확인할 수 있도록 각각 출입구가 설치된 벽면 출입구의 3분의 1 이상은 투명하게 하여야 한다.

24 풍속관련 법령 등 다른 법령에 관계 행정 기관장의 요청이 있을 때 공중위생영업자를 처벌할 수 있는 자는?

① 시·도지사
② 시장·군수·구청장
③ 보건복지부장관
④ 행정자치부장관

해설 | 풍속 관련 법령 등 다른 법령에 관계 행정 기관장의 요청이 있을 때 공중위생영업자를 처벌할 수 있는 자는 시장·군수·구청장이다.

25 1차 위반 시의 행정처분이 면허취소가 아닌 것은?

① 국가기술자격법에 따라 이·미용사 자격이 취소된 때
② 이중으로 면허를 취득한 때
③ 면허정지 처분을 받고 그 정지 기간 중 업무를 행한 때
④ 국가기술자격법에 의하여 이·미용사 자격정지 처분을 받을 때

해설 | ④ 1차 위반 시 면허정지 처분을 받는다.

26 다음 중 영업소 외에서 이용 또는 미용 업무를 할 수 있는 경우는?

> ㄱ. 중병에 걸려 영업소에 나올 수 없는 자의 경우
> ㄴ. 혼례 기타 의식에 참여하는 자에 대한 경우
> ㄷ. 이용장의 감독을 받은 보조원이 업무를 하는 경우
> ㄹ. 미용사가 손님 유치를 위하여 통행이 빈번한 장소에서 업무를 하는 경우

① ㄷ
② ㄱ, ㄴ
③ ㄱ, ㄴ, ㄷ
④ ㄱ, ㄴ, ㄷ, ㄹ

해설 | 보건복지부령에 의한 특별한 사유
- 질병 기타의 사유로 인하여 영업소에 나올 수 없는 자에 대하여 미용을 하는 경우
- 혼례, 기타 의식에 참여하는 자에 대하여 그 의식 직전에 미용을 하는 경우
- 사회복지시설에서 봉사활동으로 미용을 하는 경우
- 위의 세 가지 사정 외에 특별한 사정이 있다고 시장·군수·구청장이 인정하는 경우

27 공중위생영업의 승계에 대한 설명으로 틀린 것은?

① 공중위생영업자가 그 공중위생영업을 양도하거나 사망한 때 또는 법인의 합병이 있는 때에는 그 양수인·상속인 또는 합병 후 존속하는 법인이나 합병에 의하여 설립되는 법인은 그 공중위생영업자의 지위를 승계한다.
② 이용업 또는 미용업의 경우에는 규정에 의한 면허를 소지한 자에 한하여 공중위생영업자의 지위를 승계할 수 있다.
③ 민사집행법에 의한 경매, 채무자 회생 및 파산에 관한 법률에 의한 환가나 국세징수법·관세법 또는 지방세 기본법에 의한 압류재산의 매각 그 밖에 이에 준하는 절차에 따라 공중위생영업 관련시설 및 설비의 전부를 인수한 자는 이 법에 의한 그 공중위생영업자의 지위를 승계한다.
④ 공중위생영업자의 지위를 승계한 자는 1월 이내에 보건복지부령이 정하는 바에 따라 보건복지부장관에게 신고하여야 한다.

해설 | ④ 영업자의 지위를 승계한 자는 1월 이내에 보건복지부령이 정하는 바에 따라 시장·군수·구청장에게 신고하여야 한다.

28 처분 기준이 2백만 원 이하의 과태료가 아닌 것은?

① 규정을 위반하여 영업소 이외의 장소에서 이·미용 업무를 행한 자
② 위생 교육을 받지 아니한 자
③ 위생 관리 의무를 지키지 아니한 자
④ 관계공무원의 출입·검사·기타 조치를 거부·방행 또는 기피한 자

해설 | ④ 300만 원 이하의 과태료에 해당된다.

29 향수의 부향률이 높은 순에서 낮은 순으로 바르게 정렬된 것은?

① 퍼퓸 > 오데 퍼퓸 > 오데 토일렛 > 오데 코롱
② 퍼퓸 > 오데 토일렛 > 오데 퍼퓸 > 오데 코롱
③ 오데 코롱 > 오데 퍼퓸 > 오데 토일렛 > 퍼퓸
④ 오데 코롱 > 오데 토일렛 > 오데 퍼퓸 > 퍼퓸

해설 | ① 퍼퓸 15~30%, 6~7시간 지속 → 오데퍼퓸 9~12%, 5~6시간 지속 → 오데토일렛 6~8%, 3~5시간 지속 → 오데코롱 3~5%, 1~2시간 지속 → 샤워코롱 1~3%, 약 1시간 지속

30 화장품의 요건 중 제품이 일정기간 동안 변질되거나 분리되지 않는 것을 의미하는 것은 무엇인가?

① 안전성　　② 안정성
③ 사용성　　④ 유효성

해설 | ① 안전성 : 피부자극 및 독성이 없을 것
③ 사용성 : 피부에 도포했을 때 사용감이 우수하고 피부에 잘 흡수될 것
④ 유효성 : 피부 보습, 자외선 차단, 세정, 미백, 색채효과 등을 부여할 것

31 자외선 차단 성분의 기능이 아닌 것은?

① 노화를 막는다.
② 과색소를 막는다.
③ 일광화상을 막는다.
④ 미백작용을 한다.

해설 | 자외선 차단 성분의 기능
• 노화 방지
• 과색소(기미, 주근깨) 방지
• 일광 화상과 색소침착 방지

32 다음 중 화장수의 역할이 아닌 것은?

① 피부의 수렴작용을 한다.
② 피부 노폐물의 분비를 촉진시킨다.
③ 각질층에 수분을 공급한다.
④ 피부의 pH 균형을 유지시킨다.

해설 | 기초 화장품의 종류
• 세안, 청결, 세정을 목적으로 하는 클렌징 제품
• 피부를 보호하거나 정돈하는 화장수, 팩, 크림, 에센스 등

33 양모에서 추출한 동물성 왁스는?

① 라놀린　　② 스쿠알렌
③ 레시틴　　④ 리바이탈

해설 | ② 상어 간에서 추출
③ 난황, 콩기름 등에서 추출

34 세정제(Cleanser)에 대한 설명으로 옳지 않은 것은?

① 가능한 한 피부의 생리적 균형에 영향을 미치지 않는 제품을 사용하는 것이 바람직하다.
② 대부분의 비누는 알칼리성의 성질을 가지고 있어서 피부의 산, 염기 균형에 영향을 미치게 된다.
③ 피부노화를 일으키는 활성산소로부터 피부를 보호하기 위해 비타민 C, 비타민 B를 사용한 기능성 세정제를 사용할 수도 있다.
④ 세정제는 피지선에서 분비되는 피지와 피부장벽의 구성요소인 지질 성분을 제거하기 위하여 사용된다.

해설 | ④ 세정제는 땀, 피지, 각질 등의 생리적 노폐물과 환경오염물인 먼지, 매연, 색조 화장품, 미생물 등을 제거한다.

35 바디샴푸(Body Shampoo)가 갖추어야 할 이상적인 성질과 가장 거리가 먼 것은?

① 각질의 제거능력
② 적절한 세정력
③ 풍부한 거품과 거품의 지속성
④ 피부에 대한 높은 안정성

해설 | ① 바디스크럽, 바디솔트에 해당된다.

36 파일의 거칠기 정도를 구분하는 기준은?

① 파일의 두께
② 그릿(Grit) 숫자
③ 소프트(Soft) 숫자
④ 파일의 길이

해설 | 그릿(Grit)의 숫자가 낮아질수록 거칠다.

37 부드럽고 가늘며 하얗게 되어 네일 끝이 굴곡진 상태의 증상으로 질병, 다이어트, 신경성 등에서 기인되는 네일병변으로 옳은 것은?

① 위축된 네일(Onychatrophia)
② 파란 네일(Onychocyanosis)
③ 계란껍질 네일(Onychomalacia)
④ 거스러미 네일(Hang Nail)

해설 | ① 강한 알칼리성 세제, 조모 손상, 내과적 질환에 의해 나타난다.
② 혈액순환이 제대로 이루어지지 않는 네일이다.
④ 피부가 건조하여 상조피 또는 측부의 조구 내 스트레스 포인트 등에서 피부가 조그맣게 들떠 있는 모습이다.

32 ②　33 ①　34 ④　35 ①　36 ②　37 ③

38 인체를 구성하는 생태학적 단계로 바르게 나열한 것은?

① 세포 – 조직 – 기관 – 계통 – 인체
② 세포 – 기관 – 조직 – 계통 – 인체
③ 세포 – 계통 – 조직 – 기관 – 인체
④ 인체 – 계통 – 기관 – 세포 – 조직

해설 |
- 세포는 모든 생물체의 생명을 영위하기 위한 최소 단위이다.
- 인체는 세포로부터 시작해 조직 – 기관 – 계통 – 인체로 구성되어 있다.

39 네일의 역사에 대한 설명으로 틀린 것은?

① 최초의 네일관리는 기원전 3000년경에 이집트와 중국의 상류층에서 시작되었다.
② 고대 이집트에서는 헤나라는 관목에서 빨간색과 오렌지색을 추출하였다.
③ 고대 이집트에서는 남자들도 네일관리를 하였다.
④ 네일관리는 지금까지 5000년에 걸쳐 변화했다.

해설 | ③ 전쟁에 나가는 군인들이 손톱에 색조를 넣었다.

40 고객의 홈 케어 용도로 큐티클 오일을 사용 시 주된 사용 목적으로 옳은 것은?

① 네일표면에 광택을 주기 위해서
② 네일과 네일 주변 피부에 트리트먼트 효과를 주기 위해서
③ 네일표면에 변색과 오염을 방지하기 위해서
④ 찢어진 손톱을 보강하기 위해서

해설 | ② 큐티클 오일은 네일과 큐티클에 유분과 수분을 공급한다.

41 폴리시 바르는 방법 중 네일을 가늘어 보이게 하는 것은?

① 프리에지   ② 라눌라
③ 프렌치   ④ 프리 월

해설 | 프리 월은 손톱을 가늘게 길게 보이도록 하는 방법으로 손톱 양옆을 1.5mm 남겨놓고 바르는 방법이다.

42 다음 중 네일의 병변과 그 원인의 연결이 잘못된 것은?

① 모반점(니버스) – 네일의 멜라닌 색소 작용
② 과잉 성장으로 두꺼운 네일 – 유전, 질병, 감염
③ 고랑 파진 네일 – 아연 결핍, 과도한 푸셔링, 순환계 이상
④ 붉거나 검붉은 네일 – 비타민과 레시틴 부족, 만성질환 등

해설 | ④ 청색모반이라고도 하며 푸른빛이 낀 피부착색으로서 특히 혈액 중의 환원 헤모글로빈 농도 증가로 인한 피부 및 점막의 변색을 말한다.

43 네일 매트릭스에 대한 설명 중 틀린 것은?

① 손·발톱의 세포가 생성되는 곳이다.
② 네일 매트릭스의 세로 길이는 네일 플레이트의 두께를 결정한다.
③ 네일 매트릭스의 가로 길이는 네일 베드의 길이를 결정한다.
④ 네일 매트릭스는 네일 세포를 생성시키는 데 필요한 산소를 모세혈관을 통해서 공급받는다.

44 다음 중 손의 중간근(중수근)에 속하는 것은?

① 엄지막섬근(무지대립근)
② 인지모음근(무지내전근)
③ 벌레근(충양근)
④ 작은원근(소원근)

해설 | 벌레근 : 둘째에서 다섯째 손가락을 굽히는 근육의 힘줄에서 일어나 손가락을 펴는 근육의 힘줄로 붙는 작은 근육

38 ① 39 ③ 40 ② 41 ④ 42 ④ 43 ③ 44 ③

45 다음 중 뼈의 구조가 아닌 것은?

① 골막　　　② 골질
③ 골수　　　④ 골조직

해설 | ② 골질은 골의 조직에서 세포간질을 형성하는 콜라겐의 한 종류이다.

46 건강한 손톱의 조건으로 틀린 것은?

① 12~18%의 수분을 함유하여야 한다.
② 네일 베드에 단단히 부착되어 있어야 한다.
③ 루눌라(반원)가 선명하고 커야 한다.
④ 유연성과 강도가 있어야 한다.

해설 |
- 루눌라는 일반적으로 엄지가 가장 크게 보이고 소지는 거의 보이지 않는다.
- 루눌라가 보이지 않는 것은 손톱을 감싸고 있는 피부의 위치, 유전과 관계가 있다.

47 일반적인 손·발톱의 성장에 관한 설명 중 틀린 것은?

① 소지 손톱이 가장 빠르게 자란다.
② 여성보다 남성의 경우 성장 속도가 빠르다.
③ 여름철에 더 빨리 자란다.
④ 발톱의 성장 속도는 손톱의 성장 속도보다 1/2 정도 늦다.

해설 | 손가락 중 중지의 손톱이 가장 빠르게 자란다.

48 다음 중 소독방법에 대한 설명으로 틀린 것은?

① 과산화수소 3% 용액을 피부 상처의 소독에 사용한다.
② 포르말린 1~1.5% 수용액을 도구 소독에 사용한다.
③ 크레졸 2%, 물 97% 수용액을 도구 소독에 사용한다.
④ 알코올 30%의 용액을 손, 피부 상처에 사용한다.

해설 | ④ 알코올은 70% 수용액(에틸알코올)으로 사용된다.

49 한국 네일미용의 역사와 가장 거리가 먼 것은?

① 고려시대부터 주술적 의미로 시작하였다.
② 1990년대부터 네일산업이 점차 대중화되었다.
③ 1998년 민간자격시험제도가 도입 및 시행되었다.
④ 상류층 여성들은 손톱 뿌리 부분에 문신 바늘로 색소를 주입하여 상류층임을 과시하였다.

해설 | 조모에 문신 바늘로 헤나를 주입하여 건강한 붉은손톱을 표현한 곳은 인도이다.

50 네일 도구를 제대로 위생처리하지 않고 사용했을 때 생기는 질병으로 작업할 수 없는 손톱의 병변은?

① 오니코렉시스(조갑 종렬증)
② 오니키아(조갑염)
③ 에그쉘 네일(조갑 연화증)
④ 니버슨(모반점)

해설 |
① 조체가 세로로 갈라지고 부서지며 골이 파지는 현상이다.
③ 손톱표면이 흰색을 띠며 얇고 끝이 부러져 있다. 심한 다이어트나 비타민 부족 등으로 발생하며 직업적 요인으로도 나타난다.

45 ②　46 ③　47 ①　48 ④　49 ④　50 ②

51 젤 큐어링 시 발생하는 히팅 현상과 관련된 내용으로 가장 거리가 먼 것은?

① 손톱이 얇거나 상처가 있을 경우에 히팅 현상이 나타날 수 있다.
② 젤 작업이 두껍게 되었을 경우에 히팅 현상이 나타날 수 있다.
③ 히팅 현상 발생 시 경화가 잘 되도록 잠시 참는다.
④ 젤 작업 시 얇게 여러 번 발라 큐어링하여 히팅 현상에 대처한다.

해설 | 한 번에 많은 양의 젤을 올려 큐어링을 할 경우 열에 의해 수축이 일어나기 때문에 2~3회에 걸쳐 발라주는 것이 좋다. 히팅 현상 시에는 램프 앞에서 10~20초 정도 있다가 손가락을 램프 안으로 넣으면 된다.

52 스마일 라인에 대한 설명 중 틀린 것은?

① 손톱의 상태에 따라 라인의 깊이를 조절할 수 있다.
② 깨끗하고 선명한 라인을 만들어야 한다.
③ 좌우 대칭의 밸런스보다 자연스러움을 강조해야 한다.
④ 빠른 시간에 작업해서 얼룩지지 않도록 해야 한다.

해설 | ③ 좌우 대칭의 밸런스를 맞추어 둥글게 컬러링한다.

53 프라이머의 특징이 아닌 것은?

① 아크릴릭 작업 시 자연손톱에 잘 부착되도록 돕는다.
② 피부에 닿으면 화상을 입힐 수 있다.
③ 자연손톱 표면의 단백질을 녹인다.
④ 알칼리 성분으로 자연손톱을 강하게 한다.

해설 | ④ 프라이머의 주성분은 메타크릴산이다. 강산성으로 이루어져 피부발진과 실명을 일으킬 수 있기 때문에 사용 시 주의해야 한다.

54 가장 기본적인 네일 관리법으로 손톱모양만들기, 큐티클 정리, 마사지, 컬러링 등을 포함하는 네일 관리법은?

① 습식 매니큐어
② 페디아트
③ UV 젤네일
④ 아크릴 오버레이

해설 | 습식 매니큐어는 손톱모양다듬기, 큐티클 정리, 컬러링 등이 포함되어 있는 네일 관리법이다.

55 원톤 스컬프처 제거에 대한 설명으로 틀린 것은?

① 니퍼를 뜨는 행위는 자연손톱에 손상을 주므로 피한다.
② 표면에 에칭을 주어 아크릴릭 제거가 수월하도록 한다.
③ 100% 아세톤을 사용하여 아크릴릭을 녹여준다.
④ 파일링으로 제거하는 것이 원칙이다.

해설 | ④ 100% 아세톤을 사용하여 접착제가 밀려나면 오렌지 우드스틱, 푸셔를 사용하여 제거한다.

56 페디큐어 과정에서 필요한 재료로 가장 거리가 먼 것은?

① 니퍼
② 콘커터
③ 액티베이터
④ 토우 세퍼레이터

해설 | ③ 액티베이터는 글루나 젤글루를 건조시킬 때 사용된다.

57 자연손톱에 인조팁을 붙일 때 유지하는 가장 적합한 각도는?

① 35°
② 45°
③ 90°
④ 95°

해설 | ② 인조팁을 접착할 때는 45°로 유지한다.

51 ③ 52 ③ 53 ④ 54 ① 55 ④ 56 ③ 57 ②

58 원톤 스컬프처의 완성 시 인조네일의 아름다운 구조 설명으로 틀린 것은?

① 옆선이 네일의 사이드 월 부분과 자연스럽게 연결되어야 한다.
② 컨벡스와 컨케이브의 균형이 균일해야 한다.
③ 하이포인트의 위치가 스트레스 포인트 부근에 위치해야 한다.
④ 인조네일의 길이는 길어야 아름답다.

해설 | ④ 전체 길이를 4등분했을 경우에 1/4 길이로 유지하는 것이 이상적인 비율이다.

59 네일폼의 사용에 관한 설명으로 옳지 않은 것은?

① 정면에서 볼 때 네일폼이 틀어지지 않도록 균형을 잘 조절하여 장착한다.
② 자연네일과 네일폼 사이가 벌어지지 않도록 장착한다.
③ 하이포니키움이 손상되지 않도록 주의하며 장착한다.
④ 네일폼이 틀어지지 않도록 균형을 잘 조절하여 장착한다.

60 페디큐어의 정의로 옳은 것은?

① 발톱을 관리하는 것을 말한다.
② 발과 발톱을 관리, 손질하는 것을 말한다.
③ 발을 관리하는 것을 말한다.
④ 손상된 발톱을 교정하는 것을 말한다.

해설 | ② 패디큐어는 발과 발톱을 건강하고 아름답게 가꾸는 것을 말한다.

58 ④ 59 ① 60 ②

제6회 실전모의고사

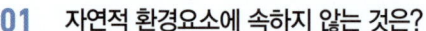

01 자연적 환경요소에 속하지 않는 것은?
① 기온   ② 기습
③ 소음   ④ 위생시설

해설ㅣ 자연적 환경요소에는 기후, 공기, 물, 토양, 광선, 소리 등이 있다.

02 역학에 대한 내용으로 옳은 것은?
① 인간 개인을 대상으로 질병 발생 현상을 설명하는 학문 분야이다.
② 원인과 경과보다 결과 중심으로 해석하여 질병 발생을 예방한다.
③ 질병 발생 현상을 생물학과 환경적으로 이분하여 설명한다.
④ 인간집단을 대상으로 질병 발생과 그 원인을 탐구하는 학문이다.

해설ㅣ 역학은 집단으로 발생하는 질병인 감염병이 미치는 영향을 연구하는 학문으로, 질병 예방에 기여함을 목적으로 한다.

03 파리가 매개할 수 있는 질병과 거리가 먼 것은?
① 아메바성 이질   ② 장티푸스
③ 발진티푸스   ④ 콜레라

해설ㅣ 발진티푸스는 이에 의해 전파된다.

04 인구 구성 중 14세 이하가 65세 이상 인구의 2배 정도이며 출생률과 사망률이 모두 낮은 형은?
① 피라미드형   ② 종형
③ 항아리형   ④ 별형

해설ㅣ ① 4세 이하 인구가 65세 이상 인구의 2배 이상으로 출생률이 높고 사망률이 낮은 인구증가형이다.
③ 14세 이하 인구가 65세 이상 인구의 2배 이하로 출생률이 사망률보다 낮은 인구감퇴형이다.
④ 생산 인구가 전체 인구의 1/2 이상으로 도시 지역의 인구 구성이다. 생산층 인구증가형이며 인구유입형이다.

05 식생활이 탄수화물이 주가 되며, 단백질과 무기질이 부족한 음식물을 장기적으로 섭취함으로써 발생되는 단백질 결핍증은?
① 펠라그라   ② 각기병
③ 콰시오르코르증   ④ 괴혈병

해설ㅣ ① 비타민 B_3(나이아신) 결핍 시
② 비타민 B_1(티아민) 결핍 시
④ 비타민 C 결핍 시

06 제1급 감염병으로만 묶인 것은?
① 중동호흡기증후군, 두창
② 장티푸스, 백일해
③ 뎅기열, 말라리아
④ 매독, 수족구병

해설ㅣ ② 제2급 감염병, ③ 제3급 감염병, ④ 제4급 감염병

01 ④ 02 ④ 03 ③ 04 ② 05 ③ 06 ①

07 흡연이 인체에 미치는 영향으로 가장 적합한 것은?

① 구강암, 식도암 등의 원인이 된다.
② 피부 혈관을 이완시켜서 피부 온도를 상승시킨다.
③ 소화 촉진, 식욕 증진 등에 영향을 미친다.
④ 폐기종에는 영향이 없다.

해설 | 습관성 흡연의 영향으로는 각종 암, 허혈성 심질환, 뇌혈관 질환, 만성 폐색성 폐질환, 저체중아, 유·조산 등이 있다.

08 대장균이 사멸되지 않는 경우는?

① 고압증기멸균   ② 저온소독
③ 방사선멸균   ④ 건열멸균

해설 | ② 우유, 아이스크림, 건조과실, 포도주 등은 저온살균법으로 63℃에서 30분간 처리한다.

09 다음 중 자외선 소독기의 사용으로 소독효과를 기대할 수 없는 경우는?

① 여러 개의 머리빗
② 날이 열린 가위
③ 염색용 볼
④ 여러 장의 겹쳐진 타월

해설 | ①②③ 자외선 멸균법 : 공기, 물, 식품, 기구, 식기류 등
④ 타월은 자비소독법으로 소독한다.

10 다음 중 가위를 끓이거나 증기 소독한 후 처리방법으로 가장 적합하지 않은 것은?

① 소독 후 수분을 잘 닦아낸다.
② 수분 제거 후 엷게 기름칠을 한다.
③ 자외선 소독기에 넣어 보관한다.
④ 소독 후 탄산나트륨을 발라둔다.

해설 | ④ 자비소독 시 소독효과를 높이기 위하여 석탄산(5%) 또는 크레졸(3%)을 첨가한다.

11 다음 중 미생물의 종류에 해당하지 않는 것은?

① 진균   ② 바이러스
③ 박테리아   ④ 편모

해설 | 미생물에는 세균(박테리아), 바이러스, 진균(곰팡이), 조류, 원생동물 등이 있다.

12 금속상 식기, 면 종류의 의류, 도자기의 소독에 적합한 소독방법은?

① 화염멸균법   ② 건열멸균법
③ 소각소독법   ④ 자비소독법

해설 | ① 화염 불꽃에 20초 이상 접촉시켜 미생물을 멸균시키는 방법으로 금속류, 유리기구, 이·미용도구, 도자기류, 바늘 등을 소독한다.
② 160~170℃에서 1~2시간 처리하는 방법으로 유리기구, 주사침 등을 소독한다.
③ 불에 태워 멸균시키는 가장 쉽고 안전한 방법으로 오염된 가운, 수건, 휴지, 쓰레기 등을 소독한다.

13 100℃에서 30분간 가열하는 처리를 24시간마다 3회 반복하는 멸균법은?

① 고압증기멸균법   ② 건열멸균법
③ 고온멸균법   ④ 간헐멸균법

해설 | 간헐멸균법은 24시간마다 100℃ 증기로 30분간씩 3회 실시한다.

14 여러 가지 물리학적 방법으로 병원성 미생물을 가능한 한 제거하여 사람에게 감염의 위험이 없도록 하는 것은?

① 멸균   ② 소독
③ 방부   ④ 살충

해설 | ① 병원 또는 비병원성 미생물을 모두 사멸시키거나 그 포자까지도 멸균시킨다.
③ 미생물의 발육과 생활 작용을 억제 또는 정지시킴으로써 부패나 발효를 방지하는 것을 뜻한다.
④ 벌레 또는 기생충을 죽이는 것이다.

07 ① 08 ② 09 ④ 10 ④ 11 ④ 12 ① 13 ④ 14 ②

15 피지선에 대한 설명으로 틀린 것은?
① 피지를 분비하는 선으로 진피 중에 위치한다.
② 피지선은 손바닥에는 없다.
③ 피지의 1일 분비량은 10~20g 정도이다.
④ 피지선이 많은 부위는 코 주위이다.

해설 | 1일 피지 분비량은 1~2g 정도이다.

16 다음 중 입모근과 가장 관련 있는 것은?
① 수분 조절　　② 체온 조절
③ 피지 조절　　④ 호르몬 조절

해설 | 입모근(기모근)은 추울 때 털을 세워 털세움근이라고도 한다.

17 적외선이 피부에 미치는 작용이 아닌 것은?
① 온열 작용
② 비타민 D 형성 작용
③ 세포 증식 작용
④ 모세혈관 확장 작용

해설 | 비타민 D 형성은 자외선이 미치는 영향이다.

18 얼굴에 있어 T존 부위는 번들거리고 볼 부위는 당기는 피부 유형은?
① 건성피부　　② 정상(중성)피부
③ 지성피부　　④ 복합성피부

해설 | 복합성 피부는 얼굴 부위(뺨, 광대뼈, T존 등)에 따라 피부 유형이 복합적으로 나타난다.

19 다음 중 기미의 유형이 아닌 것은?
① 표피형 기미　　② 진피형 기미
③ 피하조직형 기미　　④ 혼합형 기미

해설 | 기미의 유형 : 색소가 옅게 깔린 표피형, 색소가 깊은 곳까지 퍼져있는 진피형, 표피와 진피 모두에 있는 혼합형이 있다.

20 지용성 비타민이 아닌 것은?
① 비타민 D　　② 비타민 A
③ 비타민 E　　④ 비타민 B

해설 | 비타민 B는 수용성 비타민이다.

21 단순포진이 나타나는 증상으로 가장 거리가 먼 것은?
① 통증이 심하여 다른 부위로 통증이 퍼진다.
② 홍반이 나타나고 곧이어 수포가 생긴다.
③ 상체에 나타나는 경우 얼굴과 손가락에 잘 나타난다.
④ 하체에 나타나는 경우 성기와 둔부에 잘 나타난다.

22 공중위생관리법에서 사용하는 용어의 정의로 틀린 것은?
① 공중위생영업이라 함은 다수인을 대상으로 위생관리 서비스를 제공하는 영업으로서 숙박업, 목욕장업, 이용업, 미용업, 세탁업, 위생관리 용역업을 말한다.
② 숙박업이라 함은 손님이 잠을 자고 머물 수 있도록 시설 및 설비 등의 서비스를 제공하는 영업을 말한다.
③ 위생관리 용역업이라 함은 공중이 이용하는 건축물, 시설물 등의 청결 유지와 실내공기 정화를 위한 청소 등을 대행하는 영업을 말한다.
④ 미용업이라 함은 손님의 머리카락 또는 수염을 깎거나 다듬는 등의 방법으로 손님의 용모를 단정하게 하는 영업을 말한다.

해설 | ④ 미용업이란 손님의 얼굴, 머리, 피부 등을 손질하여 손님의 외모를 아름답게 꾸며주는 영업을 말한다.

15 ③　16 ②　17 ②　18 ④　19 ③　20 ④　21 ①　22 ④

23 공중위생관리법상의 규정에 위반하여 위생교육을 받지 아니한 때 부과되는 과태료의 기준은?

① 300만 원 이하 ② 500만 원 이하
③ 400만 원 이하 ④ 200만 원 이하

해설 | 200만 원 이하의 과태료
- 영업소의 위생관리 의무를 지키지 아니한 자
- 영업소 이외의 장소에서 미용 업무를 행한 자
- 위생교육을 받지 아니한 자
- 미용업소의 위생관리 의무를 지키지 아니한 자

24 이·미용사 면허가 취소되거나 면허의 정지명령을 받은 자는 누구에게 면허증을 반납하여야 하는가?

① 보건복지부장관
② 시·도지사
③ 시장·군수·구청장
④ 보건소장

해설 | 면허가 취소 또는 정지된 자는 지체 없이 시장·군수·구청장에게 면허증을 반납한다.

25 개선을 명할 수 있는 경우에 해당하지 않는 사람은?

① 공중위생영업의 종류별 시설 및 설비기준을 위반한 공중위생영업자
② 위생관리의무 등을 위반한 공중위생영업자
③ 공중위생영업자의 지위를 승계한 자로서 이에 관한 신고를 하지 아니한 자
④ 위생관리의무를 위반한 공중위생시설의 소유자 등

해설 | ③ 영업자의 지위를 승계한 후 1월 이내에 신고하지 아니한 때에 1차 위반 시 경고 처분을 할 수 있다.

26 이·미용업자의 위생관리기준에 대한 내용 중 틀린 것은?

① 요금표 외의 요금을 받지 않을 것
② 의료행위를 하지 않을 것
③ 의료용구를 사용하지 않을 것
④ 1회용 면도날은 손님 1인에 한하여 사용할 것

해설 | 미용업자의 위생관리기준
- 점 빼기·귓불 뚫기·쌍꺼풀 수술·문신·박피술 그 밖에 이와 유사한 의료 행위를 하여서는 아니 된다.
- 피부 미용을 위하여 「약사법」에 따른 의약품 또는 「의료기기법」에 따른 의료기기를 사용하여서는 아니 된다.
- 미용기구 중 소독을 한 기구와 소독을 하지 아니한 기구는 각각 다른 용기에 넣어 보관하여야 한다.
- 1회용 면도날은 손님 1인에 한하여 사용하여야 한다.
- 영업장 안의 조명도는 75룩스 이상 유지하여야 한다.
- 영업소 내부에 최종지불요금표를 게시 또는 부착하여야 한다.
- 신고한 영업장 면적이 66제곱미터 이상인 영업소의 경우 영업소 외부에도 손님이 보기 쉬운 곳에 「옥외광고물 등 관리법」에 적합하게 최종지불요금표를 게시 또는 부착하여야 한다. 이 경우 최종지불요금표에는 일부 항목(5개 이상)만을 표시할 수 있다.

27 위생서비스 평가 결과, 위생서비스의 수준이 우수하다고 인정되는 영업소에 대하여 포상을 실시할 수 있는 자에 해당하지 않는 것은?

① 구청장 ② 시·도지사
③ 군수   ④ 보건소장

해설 | 위생서비스 평가 결과 우수영업소 포상은 시·도지사 또는 시장·군수·구청장이 한다.

28 손님에게 도박 그 밖에 사행행위를 하게 한 때에 대한 1차 위반 시 행정처분 기준은?

① 영업정지 1월 ② 영업정지 2월
③ 영업정지 3월 ④ 영업장 폐쇄명령

해설 | ② 2차 위반 시 행정처분이다.
④ 3차 위반 시 행정처분이다.

23 ④ 24 ③ 25 ③ 26 ① 27 ④ 28 ①

29 에멀전의 형태를 가장 잘 설명한 것은?

① 지방과 물이 불균일하게 섞인 것이다.
② 두 가지 액체가 같은 농도의 한 액체로 섞여 있다.
③ 고형의 물질이 아주 곱게 혼합되어 균일한 것처럼 보인다.
④ 두 가지 또는 그 이상의 액상물질이 균일하게 혼합되어 있는 것이다.

해설 | 에멀전
- 형태 : 서로 녹지 않는 두 가지 액체 중 하나가 다른 쪽에 작은 입자 상태로 분산, 두 가지 액체가 균일하게 혼합되어 있다.
- 종류
  - 수중유형(O/W형) : 물에 오일이 분산되어 있는 형태
  - 유중수형(W/O형) : 오일에 물이 분산되어 있는 형태

30 다음 중 피부 상재균의 증식을 억제하는 항균기능을 가지고 있고, 발생한 체취를 억제하는 기능이 있는 것은?

① 바디샴푸   ② 데오도란트
③ 샤워코롱   ④ 오데토일렛

해설 | ① 세정제, ③ ④ 방향제

31 기능성 화장품에 사용되는 원료와 그 기능의 연결이 틀린 것은?

① 비타민 C – 미백효과
② AHA – 각질 제거
③ DHA – 자외선 차단
④ 레티노이드 – 콜라겐과 엘라스틴의 회복을 촉진

해설 | DHA는 뇌 기능을 향상시킨다.

32 방부제가 갖추어야 할 조건이 아닌 것은?

① 독특한 색상과 냄새를 지녀야 한다.
② 적용 농도에서 피부에 자극을 주어서는 안 된다.
③ 방부제로 인하여 효과가 상실되거나 변해서는 안된다.
④ 일정 기간 동안 효과가 있어야 한다.

해설 | 방부제의 조건
- 인체에 해가 없어야 한다.
- 첨가로 인해 내용물의 품질을 손상시키지 않아야 한다.
- 일정 기간 동안 효과가 지속되어야 한다.
- 피부에 자극을 주어서는 안된다.

33 화장품법상 화장품이 인체에 사용되는 목적 중 틀린 것은?

① 인체를 청결하게 한다.
② 인체를 미화한다.
③ 인체의 매력을 증진시킨다.
④ 인체의 용모를 치료한다.

해설 | 화장품은 용모를 밝게 변화시키고 피부의 건강을 유지 또는 증진시킨다.

34 에센셜 오일의 보관 방법에 관한 내용으로 틀린 것은?

① 뚜껑을 닫아 보관해야 한다.
② 직사광선을 피하는 것이 좋다.
③ 통풍이 잘되는 곳에 보관해야 한다.
④ 투명하고 공기가 통하는 용기에 보관한다.

해설 | 에센셜 오일 보관법
- 서늘하고 어두운 곳에 보관한다.
- 어린이 손이 닿지 않는 곳에 보관한다.
- 갈색 유리병에 반드시 뚜껑을 닫아 보관한다.

29 ④ 30 ② 31 ③ 32 ① 33 ④ 34 ④

35 기초 화장품의 기능이 아닌 것은?
① 피부 세정   ② 피부 정돈
③ 피부 보호   ④ 피부 결점 커버

해설| ④ 베이스 메이크업 화장품의 기능이다.

36 발허리뼈(중족골) 관절을 굴곡시키고 외측 4개 발가락의 지골간관절을 신전시키는 발의 근육은?
① 벌레근(충양근)
② 새끼벌림근(소지외전근)
③ 짧은새끼굽힘근(단소지굴근)
④ 짧은엄지굽힘근(단무지굴근)

해설| ② 제1손허리 손가락 관절에서 새끼손가락을 벌리고 첫마디 뼈를 구부린다.
③ 발바닥 소지 측의 표층에 있으며 제5중족 골저에서 일어나 소지의 기절 골저에 닿는다.
④ 엄지발가락에서 발바닥으로 이어지는 짧은 심부의 근육으로서 엄지발가락을 구부리고 족궁을 만드는 데 중요한 기능을 한다.

37 한국 네일미용에서 부녀와 처녀들 사이에서 염지갑화라고 하는 봉선화 물들이기 풍습이 이루어졌던 시기로 옳은 것은?
① 신라시대   ② 고구려시대
③ 고려시대   ④ 조선시대

38 네일 매트릭스에 대한 설명으로 옳은 것은?
① 네일 베드를 보호하는 기능을 한다.
② 네일 바디를 받쳐주는 역할을 한다.
③ 모세혈관, 림프, 신경조직이 있다.
④ 손톱이 자라기 시작하는 곳이다.

해설| ① 조체, ② 조상, ④ 조근

39 손톱의 성장과 관련한 내용 중 틀린 것은?
① 겨울보다 여름이 빨리 자란다.
② 임신 기간 동안에는 호르몬의 변화로 손톱이 빨리 자란다.
③ 피부유형 중 지성피부의 손톱이 더 빨리 자란다.
④ 연령이 젊을수록 손톱이 더 빨리 자란다.

해설| ③ 피부유형과 손톱의 성장속도는 관계가 없다.

40 손톱의 특성에 대한 설명으로 가장 거리가 먼 것은?
① 조체(네일 바디)는 약 5% 수분을 함유하고 있다.
② 아미노산과 시스테인이 많이 함유되어 있다.
③ 조상(네일 베드)은 혈관에서 산소를 공급받는다.
④ 피부의 부속물로 신경, 혈관, 털이 없으며 반투명의 각질판이다.

해설| 조체는 약 12~18%의 수분을 함유하고 있다.

41 손톱과 발톱을 너무 짧게 자를 경우 발생할 수 있는 것은?
① 오니코렉시스
② 오니코아트로피
③ 오니코파이마
④ 오니코크립토시스

해설| 조내생 또는 인그로우 네일이라 하며, 손톱이나 발톱이 조구로 파고 들어가는 현상이다.

42 다음 중 손의 근육이 아닌 것은?
① 바깥쪽뼈사이근(장측골간근)
② 등쪽뼈사이근(배측골간근)
③ 새끼맞섬근(소지대립근)
④ 반힘줄근(반건양근)

해설| 반힘줄근은 다리에 있는 근육으로서 넓적다리 뒷근육에 속한다.

43 자연네일이 매끄럽게 되도록 손톱표면의 거칠음과 기복을 제거하는 데 사용하는 도구로 가장 적합한 것은?

① 100그릿 네일파일
② 에머리 보드
③ 네일 클리퍼
④ 샌딩파일

해설 | ① 거친 파일로서 네일팁의 턱 또는 인조네일 작업 시 사용
② 자연네일의 모양이나 길이를 변경할 때 사용
③ 자연네일과 인조네일의 길이를 자르는 도구

44 네일 미용관리 후 고객이 불만족할 경우 네일 미용인이 우선적으로 해야 할 대처방법으로 가장 적합한 것은?

① 만족할 수 있는 주변의 네일숍 소개
② 불만족 부분을 파악하고 해결방안 모색
③ 숍 입장에서의 불만족 해소
④ 할인이나 서비스 티켓으로 상황 마무리

45 손톱의 주요한 기능 및 역할과 가장 거리가 먼 것은?

① 물건을 잡거나 긁을 때 또는 성상을 구별하는 기능이 있다.
② 방어와 공격의 기능이 있다.
③ 노폐물의 분비 기능이 있다.
④ 손끝을 보호한다.

해설 | 손톱에는 노폐물 분비기능이 없다.

46 외국의 네일미용 변천과 관련하여 그 시기와 내용의 연결이 옳은 것은?

① 1885년 – 폴리시의 필름 형성제인 니트로셀룰로오스가 개발되었다.
② 1892년 – 손톱 끝이 뾰족한 아몬드형 네일이 유행하였다.
③ 1917년 – 도구를 이용한 케어가 시작되었으며 유럽에서 네일관리가 본격적으로 시작되었다.
④ 1960년 – 인조손톱 작업이 본격적으로 시작되었으며 네일관리와 아트가 유행하기 시작하였다.

해설 | ② 1800년대 : 아몬드형 네일이 유행했다.
③ 1917년 : 보그 잡지에 홈케어 네일제품이 광고되었다.
④ 1970년대 : 인조팁과 아크릴 스컬프처가 본격화되었고, 네일케어와 네일아트가 유행하기 시작했다.

47 손톱 밑의 구조가 아닌 것은?

① 조근(네일 루트)
② 반월(루눌라)
③ 조모(매트릭스)
④ 조상(네일 배드)

해설 | ① 손발톱의 근원으로 피부 밑에 묻혀있다. 모세혈관으로부터 산소를 공급받아 손발톱이 자라기 시작하는 곳이다.

48 손톱의 이상증상 중 손톱을 심하게 물어뜯어 생기는 증상으로 인조손톱관리나 매니큐어를 통해 습관을 개선할 수 있는 것은?

① 고랑진 손톱
② 교조증
③ 조갑위축증
④ 조내생증

해설 | 교조증(Onychophagy)은 손톱을 씹거나 깨무는 버릇에 의해 나타나는 증상이다.

49 손가락 마디에 있는 뼈로서 총 14개로 구성되어 있는 뼈는?

① 손가락뼈(수지골)   ② 손목뼈(수근골)
③ 노뼈(요골)   ④ 자뼈(척골)

해설 | ② 8개의 뼈로 구성
③ 모지 방향으로 손목뼈와 연결
④ 아래팔의 안쪽에 위치

50 손톱에 대한 설명 중 옳은 것은?

① 손톱에는 혈관이 있다.
② 손톱의 주성분은 인이다.
③ 손톱의 주성분은 단백질이며, 죽은 세포로 구성되어 있다.
④ 손톱에는 신경과 근육이 존재한다.

해설 | ① 손톱에는 혈관이 없고 피부 속에 박혀 있는 조모(Nail Matrix)에 림프관, 혈관, 신경이 분포되어 있다.
② 손톱의 주성분은 케라틴(경단백질)이다.
④ 손톱은 죽은 세포로 구성되어 있기 때문에 신경과 근육이 존재하지 않는다.

51 인조네일을 보수하는 이유로 틀린 것은?

① 깨끗한 네일미용의 유지
② 녹황색균의 방지
③ 인조네일의 견고성 유지
④ 인조네일의 원활한 제거

해설 | 인조네일의 보수는 자연네일이 자라남에 따라 큐티클 주변에 들뜸이 생길 수 있으므로 들뜸 부위를 채워주는 작업이다.

52 페디큐어 컬러링 시 작업 공간 확보를 위해 발가락 사이에 끼워주는 도구는?

① 페디파일
② 푸셔
③ 토우 세퍼레이터
④ 콘커터

해설 | ① ④ 발바닥의 각질을 제거할 때 사용한다.
② 큐티클을 밀어 올릴 때 사용한다.

53 자연네일을 오버레이하여 보강할 때 사용할 수 없는 재료는?

① 실크   ② 아크릴
③ 젤   ④ 파일

해설 | ④ 파일은 자연네일, 인조네일의 모양과 길이를 다듬을 때 사용하는 도구이다.

54 남성 매니큐어 시 자연네일의 손톱모양 중 가장 적합한 형태는?

① 오발형   ② 아몬드형
③ 둥근형   ④ 사각형

해설 | ③ 기본적인 손톱의 형태로 손톱이 전체적으로 둥글고 각이 없으며 남성들에게도 적합한 형태이다.

55 페디큐어 작업과정 중 괄호에 해당하는 것은?

> 손·발 소독 – 폴리시 제거 – 길이 및 모양잡기 – ( ) – 큐티클 정리 – 각질 제거하기

① 매뉴얼 테크닉
② 족욕기에 발 담그기
③ 페디 파일링
④ 톱 코트 바르기

해설 | 큐티클 정리 전 족욕기에 발을 담가 큐티클을 연화시킨다.

49 ① 50 ③ 51 ④ 52 ③ 53 ④ 54 ③ 55 ②

56 라이트 큐어드 젤에 대한 설명으로 옳은 것은?
① 공기 중에 노출되면 자연스럽게 응고된다.
② 특수한 빛에 노출시켜 젤을 응고시키는 방법이다.
③ 경화 시 실내온도와 습도에 민감하게 반응한다.
④ 글루 사용 후 글루 드라이를 분사시켜 말리는 방법이다.

해설 | 라이트 큐어드 젤이란 특수한 빛(특수광선이나 할로겐 램프)에 노출시켜 젤을 굳히는 일반적인 방법이다.

57 네일팁 작업에서 팁을 접착하는 올바른 방법은?
① 자연네일보다 한 사이즈 정도 작은 팁을 접착한다.
② 큐티클에 최대한 가깝게 부착한다.
③ 45도 각도로 네일팁을 접착한다.
④ 자연네일의 절반 이상을 덮도록 한다.

해설 | ③ 팁을 붙일 때는 조체의 1/3이 적당하며 손톱길이의 반 이상을 덮지 않는다. 팁 선정 시 자연손톱보다 크기가 작거나 크지 않도록 한다.

58 베이스 코트와 톱 코트의 주된 기능에 대한 설명으로 가장 거리가 먼 것은?
① 베이스 코트는 손톱에 색소가 착색되는 것을 방지한다.
② 베이스 코트는 폴리시가 곱게 발리는 것을 도와준다.
③ 톱 코트는 폴리시에 광택을 더하여 컬러를 돋보이게 한다.
④ 톱 코트는 손톱에 영양을 주어 손톱을 튼튼하게 해준다.

해설 | ④ 네일 보강제에 대한 설명이다.

59 습식 매니큐어 작업 과정 중 가장 먼저 해야 할 절차는?
① 컬러 지우기
② 손톱모양만들기
③ 손 소독하기
④ 핑거볼에 손 담그기

해설 | 손 소독하기(수험자 + 모델) → 네일 폴리시 제거하기 → 손톱모양다듬기 → 샌딩하기 → 큐티클 연화시키기(핑거볼에 손 담그기) → 손가락 물기말리기 → 큐티클 리무버 바르기 → 큐티클 밀어올리기 → 큐티클 잘라내기 → 소독제 분무하기(모델 큐티클 부위) → 유분기 제거하기 → 컬러링하기

60 아크릴 프렌치 스컬프처 작업 시 형성되는 스마일 라인의 설명으로 틀린 것은?
① 선명한 라인 형성
② 일자 라인 형성
③ 균일한 라인 형성
④ 좌우 라인 대칭

해설 | ② 프렌치 작업 시에는 네일의 옐로우 라인에 따라 부드러운 곡선 모양이 나와야 한다.

56 ② 57 ③ 58 ④ 59 ③ 60 ②

NEW 완전합격
미용사 네일 필기시험문제

발 행 일	2026년 1월 10일 개정11판 1쇄 인쇄
	2026년 1월 20일 개정11판 1쇄 발행
저 자	류은주·윤미선·배현영 공저
발 행 처	크라운출판사 http://www.crownbook.co.kr
발 행 인	李尙原
신고번호	제 300-2007-143호
주 소	서울시 종로구 율곡로13길 21
공 급 처	(02) 765-4787, 1566-5937
전 화	(02) 745-0311~3
팩 스	(02) 743-2688, 02) 741-3231
홈페이지	www.crownbook.co.kr
I S B N	978-89-406-4953-4 / 13590

저자협의
인지생략

특별판매정가 23,000원

이 도서의 판권은 크라운출판사에 있으며, 수록된 내용은 무단으로 복제, 변형하여 사용할 수 없습니다.
Copyright CROWN, ⓒ 2026 Printed in Korea

이 도서의 문의를 편집부(02-6430-7007)로 연락주시면 친절하게 응답해 드립니다.